高等学校网络空间安全专业系列教材

网络安全法教程

A COURSE IN CYBER SECURITY LAW

主　编　夏　燕　赵长江

副主编　李晓磊　刘　波　吴映颖

西安电子科技大学出版社

内 容 简 介

本书立足于《网络安全法》的立法宗旨,遵循《网络安全法》的法律框架,结合最前沿的立法动态和国外网络安全法律经验,阐释我国网络安全法律理论、立法原则、具体条文、国家标准以及网络合规等内容。本书每章均配有延伸阅读,有效地将理论与实践紧密结合。

本书可作为网络空间安全相关专业以及法学专业本科生、研究生的教学用书,亦可作为司法实务部门、企事业单位人士学习《网络安全法》的培训用书。

图书在版编目(CIP)数据

网络安全法教程 / 夏燕,赵长江主编. —西安:西安电子科技大学出版社,2019.8
(2024.8 重印)
ISBN 978-7-5606-5472-0

Ⅰ. ①网… Ⅱ. ①夏… ②赵… Ⅲ. ①计算机网络—科学技术管理法规—中国—教材 Ⅳ. ①D922.17

中国版本图书馆 CIP 数据核字(2019)第 184237 号

策　　划　陈　婷
责任编辑　雷鸿俊
出版发行　西安电子科技大学出版社(西安市太白南路 2 号)
电　　话　(029)88202421　88201467　　　邮　　编　710071
网　　址　www.xduph.com　　　　　　　电子邮箱　xdupfxb001@163.com
经　　销　新华书店
印刷单位　西安日报社印务中心
版　　次　2019 年 8 月第 1 版　　2024 年 8 月第 5 次印刷
开　　本　787 毫米×1092 毫米　1/16　印 张 20.25
字　　数　478 千字
定　　价　40.00 元

ISBN 978 - 7 - 5606 - 5472 - 0

XDUP 5774001-5

如有印装问题可调换

前　言

2017 年 6 月 1 日，《中华人民共和国网络安全法》(以下简称《网络安全法》)正式实施。《网络安全法》作为我国网络安全领域最重要的基础性法律，其正式实施有利于提高我国网络空间管理水平，增强网络空间安全综合防御能力，推进网络社会法治创新以及提升我国在网络空间的国际话语权和规则制定权等，可谓意义重大。

本书立足于《网络安全法》的立法宗旨，遵循法律的基本框架，内容既有立法背景、理念、基本原则和具体条文的详细论述，又配有相关案例和典型事件作为阅读资料，满足教师授课和学生学习的需求。

本书主要有以下特点：

(1) 将网络空间安全技术与法律知识有效融合。教材编写组成员有网络空间安全技术的高级专家与教授，有专注网络法学领域多年的研究人员，其中部分成员具有法学和理工科双重知识背景。编写组经过多次研讨和修改，有效融合了网络空间安全技术与法学知识点，这也是重庆邮电大学在信息法学交叉领域多年默默耕耘所产出的"硕果"。

(2) 内容编写紧密结合学生学习需求。在编写过程中，编写组多次邀请理工科和法学类学生试读编写章节，反复听取学生的意见。针对互联网背景下现代学生的思维特点，编写组不断调整教材内容，修正教材重点、难点的展现方式。

(3) 逻辑清晰，内容丰富。本书每章均以思维导图引入，重要流程皆有图表演示，增强逻辑性与适用性。本书不仅涵盖《网络安全法》所有条文内容，而且涉及相关理论前沿、立法背景以及配套制度介绍，可以帮助学生更好地理解《网络安全法》的内容。

(4) 注重理论联系实际。本书相关章节皆配有法条释义、案例分析以及延伸阅读，有助于学生从理论到实践全面掌握我国网络空间安全的法律体系。本书专设网络安全合规审查章节，有效帮助网络安全从业人员、企业管理人员在实务中快速确立网络安全合规要点。

(5) 配套实时更新的电子资源。本书建立网络安全相关规范性文件和网络安全相关技术标准电子资源，并实时关注网络安全立法最新动态，更新电子资源内容，作为本书授课的重要参考资料。

本书由重庆邮电大学网络空间安全与信息法学院夏燕教授等编写，法学系与网络安全系教师共同讨论确定大纲并撰写各章内容，具体分工如下：

第一章	网络与网络安全基础	刘 波
第二章	网络空间安全战略	吴 渝 夏 燕
第三章	《网络安全法》概述	吴映颖
第四章	网络空间主权制度	汪友海
第五章	网络安全支持与促进	吴映颖
第六章	网络运行安全一般规定	刘 波
第七章	关键信息基础设施安全	李晓磊
第八章	数据本地化与数据跨境流动	夏 燕
第九章	网络信息内容安全与管理	赵长江
第十章	个人信息保护	李晓磊
第十一章	网络安全监测预警与应急处理制度	汪振林
第十二章	未成年人网络安全保护	徐 伟
第十三章	网络安全技术标准	沈天月
第十四章	网络安全合规审查	夏 燕 李晓磊 赵长江
第一章～第十四章技术指导		王 练 吴 渝

本书最终统稿工作由夏燕、李晓磊、吴映颖、沈天月完成，统稿后校对工作由夏燕、郑驰负责完成，沈天月负责网络安全相关规范性文件和技术标准电子资源的建设与完善。

由于编写时间和编者水平所限，书中难免出现疏漏及不足之处，敬请读者批评指正！

编 者

2019 年 3 月 22 日

目　录

第一章 网络与网络安全基础

内容提要

本章介绍网络与网络安全的相关概念、网络体系结构及数据传输流程、网络安全的基本特征和具体内容、网络安全主要威胁类型，力图使读者了解网络与网络安全的基本框架。

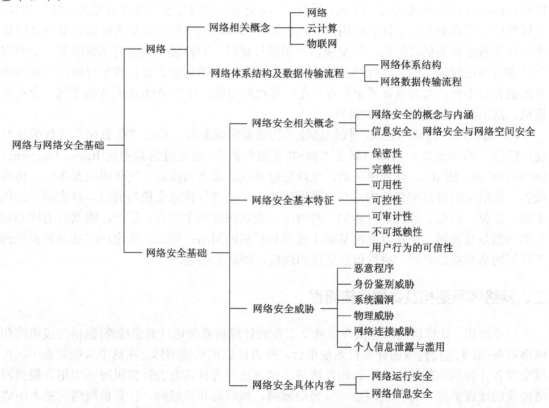

第一节 网络

一、网络相关概念

现代社会的重要特征是数字化、网络化和信息化，这是一个以网络为核心的信息时代，要实现信息化就必须依靠完善的网络。广义的网络是指"三网",即电信网络、有线电视网络和计算机网络。这三种网络在信息化过程中都起到十分重要的作用,但其中发展最快并起到核心作用的是计算机网络。①计算机网络是指将地理位置不同的具有独立功能的多台计算机及其外部设备通过通信线路连接起来,在网络操作系统、网络管理软件及网络通信协议的管理和协调下,实现资源共享和信息传递的计算机系统。计算机网络向用户提供的最重要的功能是连通和共享。《中华人民共和国网络安全法》(以下简称《网络安全法》)第七十六条将"网络"定义为"由计算机或者其他信息终端及相关设备组成的按照一定的规则和程序对信息进行收集、存储、传输、交换、处理的系统",通过与"计算机网络"定义的对比不难发现,《网络安全法》下的"网络"以计算机网络为主。

此外,当前网络的热门领域——云计算和物联网(Internet of Things)所面临的威胁也正在改变网络安全的攻守情势。

(1) 云计算。云计算是一种新的 IT 资源提供模式。云计算技术是通过网络将庞大的计算处理程序自动拆分成无数个较小的子程序,再交由多部服务器所组成的庞大系统经搜寻、计算分析之后将处理结果回传给用户。通过这项技术,网络服务提供者可以在数秒之内处理数以千万计甚至亿计的信息,实现和"超级计算机"同样强大效能的网络服务。企业客户只需通过比较简单的云计算客户端连上位于互联网上的运营商云计算平台即可享受所购买的服务和平台,大大节省了企业客户在计算机网络软、硬件平台(如服务器系统、企业交换机、路由器和防火墙等)上的投资。

(2) 物联网。物联网是新一代信息技术的重要组成部分,也是"信息化"时代的重要发展阶段。简单地说,物联网就是"物–物相联的网",是通过射频识别(Radio Frequency Identification,RFID)、红外感应器、全球定位系统、激光扫描器、气体感应器等信息传感设备,按约定的协议把任何物品与互联网连接起来,进行信息交换和通信,以实现智能化识别、定位、跟踪、监控和管理的一种网络。物联网有两个特点:第一,物联网的核心和基础仍然是互联网,是在互联网基础上延伸和扩展的网络;第二,其用户端延伸和扩展到了任何物品与物品之间,进行信息交换和通信,即物物相通。

二、网络体系结构及数据传输流程

简单地说,计算机网络是由许多独立工作的计算机系统通过通信线路(包括连接电缆和网络设备)相互连接构成的计算机系统集合,或者计算机系统团体。在这个系统集合中,可以实现各计算机间的资源共享、相互访问,可以进行各种需要的计算机网络应用。根据网络覆盖的地理范围,计算机网络可分为局域网、城域网和广域网。计算机网络的基本组成包括计算机(或者是只具有计算机功能的计算机终端)、网络连接和通信设备、传输介质、网络通信软件(包括网络通信协议)。其中通信设备又包括网卡、网关、交换机、路由器、硬件防火墙、硬件入侵检测系统(Intrusion Detection System,IDS)、硬件入侵防御系统

---

① 随着技术的发展,电信网络和有线电视网络都逐渐融入现代计算机网络技术,这就产生了"网络融合"的概念。2010 年,国家提出进行三网融合相关试点工作。但是,三网融合并不意味着电信网络、计算机网络和有线电视网络三大网络的物理合一,而主要指高层业务应用的融合,即电信网络、广播电视网络和计算机网络的相互渗透、互相兼容,并逐步整合成为全世界统一的信息通信网络。

(Intrusion Prevention System，IPS)、宽带接入服务器(Broadband Remote Access Server，BRAS)、不间断电源(Uninterruptible Power System，UPS)等；网络通信软件系统包括计算机/服务器上所安装的 Windows 操作系统、Linux 操作系统、UNIX 操作系统，Cisco 交换机/路由器/防火墙上安装的 CatOS、IOS 操作系统，以及 TCP/IP 协议族、IEEE 802 协议族等。

由于用户的资源和信息存储在可能采用不同操作系统的主机中，这些主机通常位于网络的不同地方，需要在不同的传输介质上实现采用不同操作系统的主机之间的通信，于是产生了分层次的模块式网络体系结构。

(一) 网络体系结构

网络体系即为了完成计算机之间的通信合作，将互联功能划分为有明确定义的各个层，并规定同层的进程通信协议，以及相邻层之间的接口和所提供的服务。网络体系结构分层，是为了便于程序开发人员在进行网络系统开发时针对不同网络功能进行独立开发而无须考虑其他层的功能，同时也为了便于从宏观上把握整个网络体系构架，实现快速分析与排除网络故障。因此，出现了开放系统互连参考模型(Open System Interconnection Reference Model，OSI/RM)。

国际标准化组织(International Organization for Standardization，ISO)给出了第一个标准化的计算机网络互连体系结构，即 OSI/RM。该模型将网络分为 7 个层次，由低到高分别是物理层、数据链路层、网络层(网际互联层)、传输层、会话层、表示层和应用层。但是，目前互联网基本上采用的是 4 层结构的 TCP/IP 协议体系，该体系是 OSI/RM 的改进版本，其层次从高到低依次为应用层、传输层、网际互联层和网络访问层。其中，应用层合并了原来的最高三层，而网络访问层包含了原来的物理层和数据链路层。

1. 应用层

应用层是用户进行具体网络应用的层次，是具体网络应用的体现者，负责接受用户的各种网络应用进程的调用。

2. 会话层和表示层

(1) 会话层。在 TCP/IP 中，会话层的作用太单一，所以其合并到了应用层中；在 OSI/RM 中，会话层为具体的用户应用建立会话进程。

(2) 表示层。因为 TCP/IP 是专门针对 TCP/IP 类型网络而开发的体系结构，不存在其他网络类型，所以不需要表示层；在 OSI/RM 中，表示层是对用户网络应用数据的具体解释，包括在网络通信时可采用的信息技术、加密方式等。

3. 传输层

传输层是在下面三层构建的网络平台基础上专门为通信双方构建的端对端(不是点对点)的数据传输通道，使通信双方就像直接进行数据传输一样。该端对端的传输通道是可以跨网络的。

4. 网络层

网络层为不同网段之间的数据转发提供路径选择，通过 IP 地址(也可能是其他网络地址)把数据包转发到目的节点。网络层的这种寻址功能就是我们常说的"路由寻址"，即选择哪条路径来到达下一个节点。网络层仅起到不同网络间转发数据包的作用，最终数据还是要在目的网络的数据链路层进行传输，在到达下一个网络节点设备(如路由器)时再进行路由、转发。

5. 数据链路层

数据链路层为同一局域网内部的网络/数据通信提供点对点的数据传输通道，通过MAC 地址寻址把数据转发到目的节点。每个网络中的数据链路层间的通信仅可以在同一网段内进行；要在不同网段间进行数据转发，必须依靠网络层和传输层。数据链路层提供的不是物理线路，而是在物理层的物理线路基础之上，通过数据链路层协议构建的虚拟数据传输通道，并且只能在同一网段内进行数据转发。

6. 物理层

物理层是计算机网络体系结构中的最底层，为所有网络/数据通信提供物理通信线路。另外，通信线路可以通过信道复用方式在一条物理线路中划分多条信道。默认情况下，一条物理线路就是一条信道。

7 层结构各层的主要功能及使用的典型设备/协议如表 1.1.1 所示。

表 1.1.1 7 层结构各层的主要功能及使用的典型设备/协议

层　次	主　要　功　能		典型设备/协议
物理层	对上一层的每一步怎样利用物理传输介质	• 规定网络设备的力学性能和电气特性，为网络/数据通信提供物理连接和传输通信 • 为数据信号进行编码，提供比特流的透明传输	• 集线器 • 中继器 • 网线
数据链路层	每一步应该怎样走	• 建立网络/数据通信的逻辑通道，使有差错的物理线路变成无差错的数据链路 • 为同一网络内部通信提供两层 MAC 地址寻址及帧格式封装 • 以帧为基本格式对数据提供流量控制和差错控制	• 网卡 • 二层交换机
网络层	走哪条路可以到达	• 为不同网络间的主机通信提供网络寻址和路由转发 • 以分组为基本格式对数据提供流量控制、拥塞控制和差错控制	• 三层交换机 • 路由器 • 防火墙
传输层	对方在何处	• 以端到端方式建立数据传输连接和通道，屏蔽途经网络中所有低层服务上的差异 • 以数据段为基本格式提供流量控制、拥塞控制和差错控制	• 进程和端口 • TCP[①] • UDP[②]
会话层	对方是谁	• 维护通信双方应用进程会话 • 管理通信双方数据交换进程	
表示层	对方看起来像什么	• 数据格式转换 • 数据加密与解密 • 数据压缩与解压缩	
应用层	做什么	• 为各种网络应用提供服务	应用程序，如FTP、SMTP、HTTP

---

① TCP(Transmission Control Protocol，传输控制协议)：提供可靠的面向连接的服务，传输数据前需先建立连接，结束后释放。

② UDP(User Datagram Protocol，用户数据报协议)：发送数据前无需建立连接，不使用拥塞控制，不保证可靠交付，只保证最大努力交付。

(二) 网络数据传输流程

在各种计算机网络体系结构的网络连接建立和数据传输的流程中，发送端是把通信连接建立指令和用户应用数据从上层向下层传输，直到最低的物理层；而接收端是把通信连接建立指令和用户应用数据从下层(从最低的物理层开始)向上层传输，直到与发送端发起通信的对等层。另外，在整个数据传输过程中，数据由发送端经过各层时都要附加上相应层的协议头和协议尾(仅数据链路层需要封装协议尾)部分，即对数据进行协议封装，以标识对应用层所用的通信协议。在数据接收端，数据由低向高层传输，这样当数据到达某一层后，就会去掉对应下层的协议头和协议尾部分，这个过程就是一个解封装的过程。

OSI 模型中的数据通信及其可能的网络链路情况如图 1.1.1 所示。假设此时某高校的 A 同学在主机 A 上通过网络服务提供商(Internet Service Provide，ISP)上网并与处于异地的 B 同学对话，发送消息"早上好"(图 1.1.1 中的"数据")。数据在 A 同学的计算机上层层封装，直到在数据链路层(计算机网卡)完成数据帧的封装后，数据到达物理层，并以二进制的形式在网络中传输。数据每次遇到中间节点时，都有一个先解封再重新封装的过程，直到到达目的主机 B。主机 B 的网络层进行帧的解封，提取数据中的"网络层"地址信息，并提交给上层，最终在应用界面为 B 同学显示出数据"早上好"。

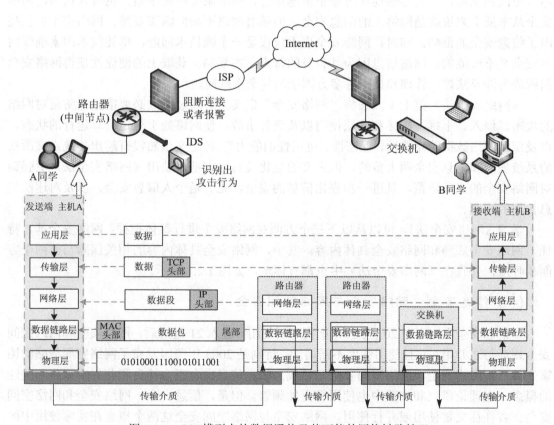

图 1.1.1　OSI 模型中的数据通信及其可能的网络链路情况

💡 **注意**：计算机中安装的操作系统绝大部分是网络操作系统，具有网络功能，可以提供网络体系结构中的各层功能。安装在操作系统中的 TCP/IP 也包括网络层和传输层的协议和服务。在主机间的通信过程中，各种应用数据需要通过主机中的网络层进行封装。

在图 1.1.1 所示的网络链路中，交换机、路由器属于网络专用设备，而硬件防火墙、硬件 IDS 属于网络安全专用产品，它们在网络连接和网络安全中发挥着关键的作用，《网络安全法》对这些设备和产品有着特别的要求。

第二节　网络安全基础

《网络安全法》基本
概念学者观点采摘

一、网络安全相关概念

（一）网络安全的概念与内涵

网络安全是网络应用中重点需要解决的问题，目前网络安全已经上升到关系国家主权和国家安全的高度，成为影响社会经济可持续发展的重要因素。一般认为，网络安全泛指网络系统的硬件、软件及其系统中的数据受到保护，不因偶然的或者恶意的原因而遭到破坏、更改和泄漏，系统能够连续可靠正常地运行，网络服务不被中断。也有人认为，网络安全从本质上来说就是网络上的信息安全。但随着网络不断向纵深发展，网络安全早已超出了信息安全的范畴。同时，网络安全也不仅仅是一个纯技术问题，单凭技术因素确保网络安全是不可能的。网络信息因为其自身的特点，在复制、获取上的便捷性使得网络安全问题成为涉及法律、管理和技术等多方因素的复杂系统问题。

《网络安全法》第七十六条将"网络安全"定义为"通过采取必要措施，防范对网络的攻击、侵入、干扰、破坏和非法使用以及意外事故，使网络处于稳定可靠运行的状态，以及保障网络数据的完整性、保密性、可用性的能力"。该定义虽然没有超出传统定义所指的系统安全和信息安全两大范畴，但定义的变化及其内容都反映出《网络安全法》更强调对网络安全的主动防范，且进一步强化信息的安全，尤其是个人信息安全，以及对违法信息传播的控制。

学习《网络安全法》，可以从以下三个方面对网络安全进行整体把握：网络安全基本特征、网络安全威胁和网络安全具体内容。其中，网络安全具体内容的相关保障与前两个方面相呼应，并且在《网络安全法》中也都有体现，如图 1.2.1 所示。

（二）信息安全、网络安全与网络空间安全

"信息安全"一词在 20 世纪 90 年代广泛使用，进入 21 世纪后，网络安全和网络空间安全逐渐与之并用，并且使用频度不断增加。特别是 2003 年美国发布了网络空间战略的国家文件后，网络安全和网络空间安全开始成为较之信息安全更为社会和业界所聚焦和关注的概念，在理论研究和实践中也使用得更加频繁。但是，信息安全、网络安全和网络空间安全三者往往交替使用或并行使用。网络安全与网络空间安全这两个概念在实际使用中区分也并不严格，那么信息安全、网络安全和网络空间安全这三个概念究竟应当如何理解并区分呢？

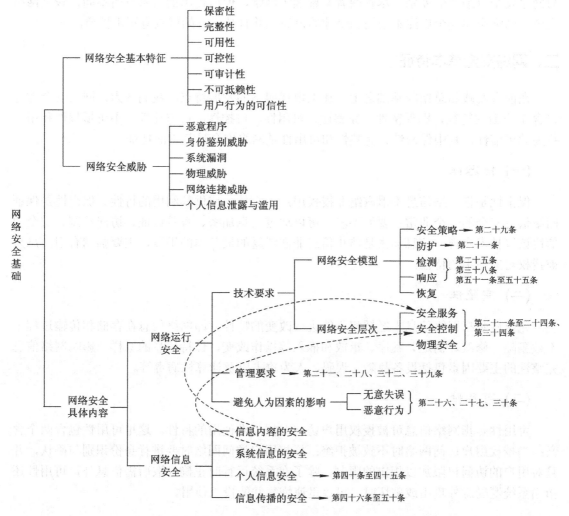

图 1.2.1　网络安全相关问题及其与《网络安全法》的对应关系

可以说，三者均类属于非传统安全领域，都聚焦于信息安全。信息安全可泛称各类信息安全问题，把握信息安全概念的两个关键之处：一是信息安全所涉信息包含了现实物理形式呈现的信息和电子虚拟形式呈现的信息，即信息安全已经从线下发展到线上；二是信息安全的本质特征表现在保密性、可用性和完整性三个方面。信息安全可以理解为保障国家、机构、个人的信息空间、信息载体和信息资源不受来自内外各种形式的危险、威胁、侵害和误导。网络安全、网络空间安全的核心也是信息安全，只是出发点和侧重点有所差别：

(1) 网络安全指称网络所带来的各类安全问题，它更多地聚焦互联网部件组成的信息系统，更加注重基础技术设施方面的网络、系统的安全、信息内容安全及网络信息的传播安全。

(2) 网络空间安全则特指与陆域、海域、空域、太空并列的全球五大空间中的网络空间安全问题。与网络安全相比，网络空间安全作为一个相对的概念，具有针对性和专指性，与网络安全有细微的差别。尽管两者都聚焦于网络，但所提出的对象有所不同，较之网络安全，网络空间安全更注重空间和全球的范畴，并且从一开始就具有军事性质。

二、网络安全基本特征

在前人实践和总结的基础之上，加上现代网络的发展特点，我们认为，网络安全大体包含 7 方面的特征，即保密性、完整性、可用性、可控性、可审计性、不可抵赖性和用户行为的可信性，其中保密性、完整性和可用性是网络安全最基本的特征。

(一) 保密性

保密性是指网络信息不泄露给非授权用户、实体，或供其利用的特性。保密性是保证网络信息安全的一个非常重要的手段，可以通过信息加密、身份认证、访问控制、安全通信协议等技术实现。信息加密是防止信息非法泄露的最基本的手段，主要强调有用信息只被授权对象使用的特征。

(二) 完整性

完整性是指网络信息未经授权不能进行改变的特性，即网络信息在存储和传输过程中不被删除、修改、伪造、乱序、重放和插入等操作改变，保持信息的原样。影响网络信息完整性的主要因素包括设备故障、误码、人为攻击以及计算机病毒等。

(三) 可用性

可用性是指网络信息可被授权用户访问并按需求使用的特性。这里可用性包含两个含义：当授权用户访问网络时不致被拒绝；授权用户访问网络时要进行身份识别与确认，并且对用户的访问权限加以规定的限制。除了在系统运行时正确存取所需信息外，可用性还指当系统遭受意外攻击或破坏时，可以迅速恢复并能投入使用。

(四) 可控性

可控性要求能对信息的传播及内容具有控制能力，不允许不良内容通过公共网络进行传输。

(五) 可审计性

可审计性指出现安全问题时能够提供依据与手段。通过对互联网和信息系统的工作过程进行详尽的审计跟踪，可以监控和捕捉各种安全事件；保存、维护和管理审计日志，可以发现系统出现问题的依据。

(六) 不可抵赖性

不可抵赖性也称不可否认性，主要用于网络信息的交换过程，保证信息交换的参与者本身和所提供的信息真实同一性，即所有参与者都不可能否认或抵赖曾进行的操作，类似于发文或收文过程中的签名和签收过程。

(七) 用户行为的可信性

用户行为指用户在使用网络服务过程中产生的浏览、点击、下载等行为，是用户使用网络服务的体现。在可信网络中，用户身份可信并不等同于用户行为可信，高可信用户也可能存在不可靠的、低可信的用户行为。[①]用户行为的可信与否，涉及监控或阻止恶意用户的成本，也与网络资源的管理及有效利用有关。

三、网络安全威胁

一般来说，对网络进行攻击或者对其本身造成损害的行为或者危险都可称为网络安全威胁。

网络随时都可能面临大量的安全威胁，这些威胁主要表现为非法授权访问、线路窃听、黑客入侵、假冒合法用户、病毒破坏、干扰系统正常运行、修改或删除数据等。网络安全面临的主要威胁类型如图 1.2.2 所示。

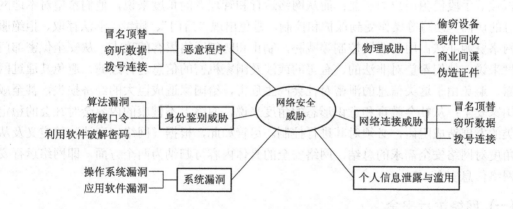

图 1.2.2　网络安全面临的主要威胁类型

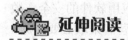 **延伸阅读**

乔治亚理工学院发布的 2016 年网络安全预测报告指出，网络安全威胁呈现以下几大趋势，且这些趋势目前仍在不断持续增加。

第一，个人隐私数据泄露问题将继续恶化。随着移动应用，特别是 Android 应用的数据和下载量的不断增长，以及企业对个人数据的欲望永无止境，除非出台新的隐私政策，否则个人用户实际上会沦陷为企业眼中"会走路的数据资产"。

---

① 例如，在数字化电子资源订购方面，一些用户常常使用网络下载工具大批量下载购买的电子资源或者私设代理服务器牟取非法所得等；更有甚者，甚至将个人可信身份附在恶意机器人上，让恶意机器人模拟用户行为进而产生大量不可信行为。这里，用户的身份是真实、可鉴别的(通常可根据 IP 地址确认用户的身份)，但用户的行为却不一定是可信的。

第二，专业网络安全人才全球"缺货"。在全球范围内，本土培训的网络安全人才出现巨大缺口，网络安全保险业则受制于难以把握的风险评估。安全人才的短缺将进一步推动云安全服务、安全系统外包以及威胁情报服务等市场的发展。

第三，物联网的高速发展使硬件成为黑客攻击的一个主要攻击面，工业控制网和智能硬件面临的威胁加剧。

第四，网络间谍活动将日益猖獗。世界很多国家的信息战术研究及各种境内外情报人员将更多、更快、更广泛地利用网络搜集、窃取和利用各种相关信息。

四、网络安全具体内容

在过去的信息安全时代，计算机的网络安全强调网络的系统安全和网络的信息安全，但随着网络不断深入人们的工作和生活，网络安全的要求也随着"角度"的变化而变化。例如，从用户(个人、企业等)的角度来说，他们希望涉及个人隐私或商业利益的信息在网络上传输时的机密性、完整性和真实性受到保护，避免其他人或对手利用窃听、冒充、篡改、抵赖等手段侵犯用户的利益；而从网络运行和管理者的角度来说，他们希望对本地网络信息的访问、读写等操作受到保护和控制，避免出现"后门"、病毒、非法存取、拒绝服务和网络资源非法占用和非法控制等威胁，制止和防御网络黑客的攻击；从安全保密部门的角度来说，他们希望对非法的、有害的或涉及国家机密的信息进行过滤，避免其通过网络泄露，避免由于这类信息的泄密对社会产生危害，给国家造成巨大的经济损失，甚至威胁到国家安全；从社会教育和意识形态的角度来说，网络上不健康的内容会对社会的稳定和人类的发展造成阻碍，必须对其进行控制。尽管如此，根据《网络安全法》的定义及从不同角度对网络安全需求的总结，网络安全的具体内容可归纳为两个方面，即网络运行安全和网络信息安全。

(一) 网络运行安全

网络运行安全，即保证网络对信息处理、传输和存储的安全，包括网络环境的保护、网络结构设计的安全性、硬件系统的可靠安全运行、网络操作系统和应用软件的安全、数据库系统的安全、电磁信息泄露的防护等。《网络安全法》要求网络运营者采取必要措施，防范对网络的攻击、侵入、干扰、破坏和非法使用以及意外事故，使网络处于稳定可靠运行的状态。网络运行安全的相关要求主要由《网络安全法》第二十一～三十九条进行规定。但是，要全面把握网络运行安全的具体要求及其缘由，需要综合考虑影响网络安全的主要因素，包括技术因素、管理因素和人为因素。这些因素的具体细节在《网络安全法》中都有相关的体现，如图 1.2.1 所示。

1. 网络运行安全的技术要求

1) 网络安全结构层次中的技术要求

表 1.1.1 所示的 7 层网络体系结构可以分为三层网络安全结构层次，包括物理安全、安全控制和安全服务，如图 1.2.3 所示，网络运行安全对每一层都有不同的安全要求。

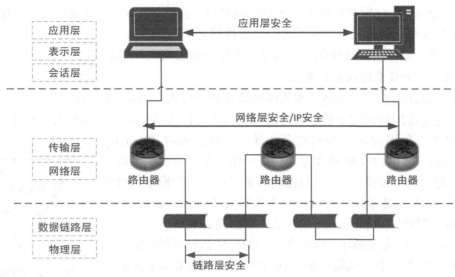

图 1.2.3 网络安全结构层次

(1) 物理安全。物理安全是指在物理介质层次上对存储和传输的网络信息的安全保护，即保护计算机网络设备、设施以及其他媒体免遭地震、水灾、火灾等环境事故，以及人为操作失误或错误及各种计算机犯罪行为导致的破坏。物理安全包括环境安全和设备安全，是网络信息安全的最基本保障，是整个安全系统不可缺少和忽视的组成部分。

(2) 安全控制。安全控制是指在网络系统中对存储和传输信息的操作和进程进行控制和管理，重点是在网络信息处理层次上对信息进行初步的安全保护。安全控制可以分为以下三个层次：

① 操作系统的安全控制，包括对用户的合法身份进行核实和对文件的读/写存取的控制等。此类安全控制主要保护被存储数据的安全。

② 网络接口模块的安全控制，指在网络环境下对来自其他机器的网络通信进程进行安全控制。此类安全控制主要包括身份认证、客户权限设置与判别、审计日志等。

③ 网络互连设备的安全控制，指对整个子网内的所有主机的传输信息和运行状态进行安全监测和控制。此类安全控制主要通过网络互连设备的安全控制软件或路由器配置实现。

(3) 安全服务。安全服务指在应用层对网络信息的保密性、完整性和信源的真实性进行保护和鉴别，以满足用户的安全需求，防止和抵御各种安全威胁和攻击。安全服务的具体内容包括身份鉴别、访问控制、数据保密、数据完整性和不可否认 5 种，主要内容包括安全机制、安全连接、安全协议和安全策略等。

① 安全机制，即用来检测、预防或从安全攻击中恢复的机制。与前述 5 种安全服务相关的安全机制有 8 种：加密机制、访问控制机制、数字签名机制、数据完整性机制、身份鉴别(认证)机制、通信业务填充机制、路由控制机制和公证机制。此外，还有与系统要求的安全级别直接有关的安全机制，如安全审计跟踪、可信功能、安全标号、事件检测和安全恢复等。

② 安全连接，主要包括会话密钥的产生、分发和身份验证，后者旨在保护信息处理和操作的对等双方身份的真实性和合法性。

③ 安全协议，使网络环境下互不信任的通信方能够相互配合，并通过安全连接和安全机制的实现来保证通信过程的安全性、可靠性和公平性。

④ 安全策略，为可接受的行为以及应对违规做出响应，确定界限。

2) 网络安全模型对技术的要求

安全具有动态性，需要适应变化的环境并能做出相应的调整以确保网络的运行安全。安全模型能准确地描述安全的重要方面及其与系统行为的关系，提高对成功实现安全需求的理解层次。美国国际互联网安全系统公司(Internet Security System，ISS)提出的 P^2DR 模型是可适应网络安全理论或称为动态信息安全理论的主要模型，也是目前被普遍采用的安全模型。P^2DR 模型包含 4 个主要部分：Policy(安全策略)、Protection(防护)、Detection(检测)和 Response(响应)。防护、检测和响应组成了一个"完整、动态"的安全循环，在安全策略的整体指导下保证信息系统的安全，即"安全 = 风险分析 + 执行策略 + 系统实施 + 漏洞监测 + 实时响应"，如图 1.2.4 所示。

图 1.2.4　P^2DR 模型

(1) 安全策略：定义系统的监控周期，确立系统恢复机制，制定网络访问控制策略和明确系统的总体安全规划和原则。

(2) 防护：通常是通过采用一些传统的静态安全技术及方法来实现的，主要有防火墙、加密、认证等方法。

(3) 检测：通过不断地检测和监控网络和系统发现新的威胁和弱点，通过循环反馈及时做出有效的响应。

(4) 响应：在检测到安全漏洞和安全事件之后必须及时做出正确的响应，阻断网络攻击，记录攻击的信息，以便事后审计和处理。

除了 P^2DR 模型外，另一个常用安全模型是 PDRR(Protection Detection Response Recovery)模型，其包括防护、检测、响应和恢复(Recovery)，该模型前三个环节与 P^2DR 模型的后三个环节的内涵基本相同，增加的恢复环节是指在网络因为攻击受到破坏后，能够尽快恢复网络系统的正常运行，尽量减少网络系统的中断时间和降低数据破坏的程度。系统的恢复过程通常需要解决两个问题：一是对入侵所造成的影响进行评估和系统的重建，二是采取恰当的技术措施。不同等级的网络所应具备的恢复功能在《网络安全技术　网络安全等级保护基本要求》(GB/T 22239—2019)中有明确的规定。

2. 网络运行安全的管理要求

技术方面侧重于防范外部的入侵，但安全问题中有相当一部分事件不是因为技术原因而是由于管理原因造成的。只有在采取安全技术措施的同时采取有力的安全管理措施，才能保证网络的安全性。因此，安全管理也是网络安全等级保护的重要内容，与技术方面相互补充，缺一不可。网络安全管理主要是以技术为基础，配以行政手段的管理活动，内容包括安全策略和管理制度、安全机构和人员管理、安全建设管理以及安全运维管理四大方面。网络安全管理的具体目标主要有两点：① 了解网络和用户的行为，对网络和用户的行为进行动态监测、审计和跟踪。若不了解情况，管理将无从谈起。② 对网络和系统的安全性进行评估，在了解情况的基础上，网络安全管理系统应该能够对网络当前的安全状态做出正确和准确的评估，发现存在的安全问题和安全隐患，从而为安全管理员改进系统的安全性提供依据。

3. 避免人为因素的影响

安全问题最终根源是人的问题。前面提到的技术因素和管理因素均可以归结到人的问题中。根据人的行为可以将网络安全问题分为人为的无意失误和人为的恶意行为。

(1) 人为的无意失误：此类问题主要是由系统本身故障、操作失误或软件出错导致的，如管理员安全配置不当造成的安全漏洞、网络用户安全意识不强带来的安全威胁等。

(2) 人为的恶意行为：包括利用系统中的漏洞而进行的攻击行为或直接破坏物理设备和设施的攻击行为等。此类问题的防范主要依靠法律进行规制。

(二) 网络信息安全

网络信息安全包括 4 个方面的内容：网络信息内容的安全、网络系统信息的安全、个人信息的安全和网络信息传播的安全。

1. 网络信息内容的安全

网络信息内容的安全即狭义的"信息安全"，指保护信息的保密性、真实性和完整性，避免攻击者利用系统的安全漏洞进行窃听、冒充、诈骗等有损合法用户的行为，其本质是保护用户的利益和隐私。网络信息内容的安全是传统信息安全一直着重解决的问题。

2. 网络系统信息的安全

网络系统信息的安全包括用户口令鉴别、用户存取权限控制、数据存取权限、方式控制、安全审计、安全问题跟踪、计算机病毒防治、数据加密等。

网络系统信息的安全相关要求在最早实施的信息安全等级保护制度中有明确的规定，同时也是网络安全层次结构中的安全服务和安全控制的主要目的，如图 1.2.1 中虚线所示。

3. 个人信息的安全

个人信息是指以电子或者其他方式记录的能够单独或者与其他信息结合识别自然人个人身份的各种信息，包括但不限于自然人的姓名、出生日期、身份证件号码、个人生物识别信息、住址、电话号码等。随着移动互联网等技术的广泛应用，个人信息泄露的现象越来越受到社会关注。而在一些地方，利用网络非法采集、窃取、贩卖和利用用户信息已形成黑色产业链，因用户信息泄露引发的"精准诈骗"案件增多，给人民群众财产安全造成严重危害。因此，个人信息已演变成敏感的网络数据，成为网络安全保护的重要内容之一。《网络安全法》第四十一～四十五条专门对个人信息的保护做出了相关规定。

4. 网络信息传播的安全

网络信息传播的安全是指信息传播后的安全，包括信息过滤等。它侧重于防止和控制非法、有害的信息传播的后果，避免公用通信网络上大量自由传输的信息失控，其本质是维护道德、法律和国家利益。

网络是一个开放的、甚至无国界的空间。信息网络在丰富人们文化生活的同时，也给非法信息或有伤风化信息的传播提供了土壤。英国米德尔塞克斯大学蒂姆莱教授在研究中发现，在互联网上的非学术信息中，47%与色情内容有关。这些内容不加限制地供人随意浏览，不但严重危害青少年的身心健康，而且毒化社会风气，阻碍我国和谐社会的建设。此外，由于自由性、开放性等特点，网络经常成为一些传播者非法散播扰乱社会秩序、危害公共安全的信息的平台。此类不良信息的发布和传播，以及利用网络发布进行违法活动的信息都应该受到规制。《网络安全法》第四十六～五十条对此做出了规定。

课 后 习 题

1. 简述网络体系结构。
2. 简述网络安全基本特征。
3. 针对自己所在学校的校园网，列举其可能遭受的网络安全威胁。

参 考 文 献

[1] 王世伟，曹磊，罗天雨. 再论信息安全、网络安全、网络空间安全[J]. 中国图书馆学报，2016，42（05）：4-28.

[2] 王世伟. 论信息安全、网络安全、网络空间安全[J]. 中国图书馆学报，2015，41（02）：72-84.

[3] 谢希仁. 计算机网络[M]. 7版. 北京：电子工业出版社，2017.

[4] 杨合庆. 中华人民共和国网络安全法解读[M]. 北京：中国法制出版社，2017.

[5] 张焕国. 信息安全工程师教程[M]. 北京：清华大学出版社，2016.

第二章　网络空间安全战略

内容提要 ✍

　　本章主要介绍网络空间安全战略的产生、相关语义和意义，国外主要国家(地区)网络空间安全战略，我国网络空间安全战略的背景、规范性文件以及主要内容，力图使读者对网络空间安全战略有一个整体性的认识。

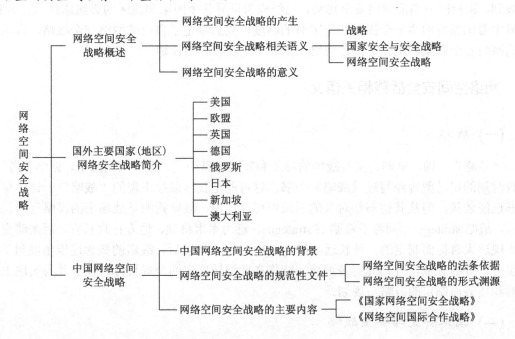

第一节　网络空间安全战略概述

一、网络空间安全战略的产生

　　安全是人类基本的需求，它意指没有威胁、没有危险与没有损失，是人类在现实社会中不断追求与维护的重要目标。21世纪以来，以互联网为代表的信息通信技术日新月异，深刻改变了人们的生产和生活方式，人类开始逐步进入互联网时代，网络空间越来越成为信息传播的新渠道、生产生活的新空间、经济发展的新引擎、文化繁荣的新载体、社会治理的新平台、交流合作的新纽带、国家主权的新疆域。

网络空间给人类带来了巨大机遇，同时也给人类带来了安全新问题和新风险。当前网络安全领域形势严峻：全球互联网"数字鸿沟"差距拉大，个别国家利用互联网资源优势大规模实施网络监控，严重危害国家政治安全；网络安全屏障脆弱性凸显，关键信息基础设施存在较大风险隐患；网络恐怖主义成为全球公害，网络犯罪呈蔓延之势；网络谣言肆虐，网络有害信息广泛流传；勒索软件等网络攻击事件频发，网络数据泄露问题严重。这一切说明突破了时间与空间限制、模糊了国家主权的网络空间，其安全与稳定对各国主权及经济、文化发展利益有着重要的意义，理所当然成为各国安全领域的重要内容。

网络空间安全成为互联网时代最基本最重要的问题，网络安全事关公民个人信息保护，事关企业商品经济贸易，事关社会文化建设，事关主权国家安全，事关世界和平与发展，事关人类共同利益。在国家公权力层面，将网络安全上升为国家战略，对其中重要问题进行规划，积极回应当前网络安全形势，已经成为世界各个国家和地区的必然选择。近年来，世界主要国家将网络安全提到前所未有的高度，先后制定了自己的网络安全战略，宣示本国的网络安全政策和主张，提出网络安全任务重点和行动计划。

二、网络空间安全战略相关语义

(一) 战略

"战略"一词，早期定义与战争的形成和发展息息相关。在中国词源中，据学者考证，西晋时期的司马彪曾经写过《战略》一书，这可能是我国最早出现的"战略"一词，尽管原书已经散佚，但从其他书籍对其的引录中可以发现，战略指的是战场上的谋略行为。在西方，战略 strategy 一词源于希腊语 strategos，意为军事将领、地方行政长官，后来演变为为实现远大目标而制定的一种长远的规划。20 世纪中期以后，战略的概念逐步拓展到了战争事务以外的领域，开始变得普遍化，特指在此领域确定的全局目标、任务并为实现上述目标和任务而制定的方略与规划。

(二) 国家安全与安全战略

国家安全是指国家政权、主权、统一和领土完整、人民福祉、经济社会可持续发展和国家其他重大利益相对处于没有危险和不受内外威胁的状态，以及保障持续安全状态的能力。为了保障国家安全，使国家不受外敌侵扰，保持和平安定状态，使人民能够在自己的国土过上和平安定的生活，免于被外敌侵扰，国家应当制定并不断完善国家安全战略，全面评估国际、国内安全形势，明确国家安全战略的指导方针、中长期目标、重点领域的国家安全政策、工作任务和措施。通过制定国家空间安全战略，促使人们在进行国家安全和发展建设时，实现人和物、时间和空间的有机统一，正确把握各种要素之间的相互关系，强调整体性、协调性和控制性，权衡利弊，优化方案，以实现效益的最大化。可见，安全战略总是与国家安全相连，安全战略是通过国家作为主体来统筹和安排的，国家安全是制定和实施国家安全战略的最终目标。

(三) 网络空间安全战略

随着互联网技术的迅捷发展与普遍使用，网络空间成为国家生存发展最新的非传统领域，网络空间安全已经成为国家必须面对的重要问题，网络空间安全战略的制定刻不容缓。国家网络空间安全战略是国家从网络空间安全国际国内形势和全局出发，确定网络空间安全工作目标、任务并为实现上述目标和任务而制定的方略与规划。国家网络空间安全战略具有全局性、综合性、整体性、长远性，是指导、统筹网络空间安全工作的最高原则和纲领。

近年来，世界许多国家和地区都纷纷发布网络空间安全战略，以美国为代表发布的《网络空间安全战略》等一系列战略文件形成了较为完善的网络空间安全战略体系，对网络空间安全的维护与发展做出积极回应。

2015 年 1 月 23 日，中共中央政治局会议审议通过了我国历史上第一部《国家安全战略纲要》。《国家安全战略纲要》指出网络安全是国家安全的重要组成部分，对网络安全进行全局规划与统筹在当前具有必要性与重要性。

2016 年 12 月 27 日，经中央网络安全与信息化小组批准，国家互联网信息办公室发布《国家网络空间安全战略》，此后又发布一系列以《网络空间国际合作战略》为代表的战略文件，逐步形成我国网络空间安全战略体系。

三、网络空间安全战略的意义

国家网络空间安全战略的制定具有重要意义：

第一，国家网络空间安全战略是国家管理网络意志的最高体现。随着互联网的发展以及在各行业的广泛适用，网络空间已经成为各国政治、经济、社会、文化、发展的重要基础领域，各个国家和地区对网络空间的治理意愿、能力和水平都在不断加强，将网络安全治理提升到国家战略与规划的高度迫切而有必要。

第二，国家网络空间安全战略是国家安全战略的重要组成部分。网络与信息安全是国家总体安全观的重要组成部分，它涵盖网络和信息核心产品及技术的安全、关键基础设施和重要领域信息系统的运行安全、数据安全以及内容安全，这些都是国家安全的重要元素。

第三，网络空间安全战略是维护网络空间主权，发展网络空间合作关系的重要宣言。虽然互联网具有高度全球化的特征，但每一个国家信息主权的利益都不应当受到侵犯，互联网技术再发展也不能侵犯他国的信息主权。网络空间的前途命运应当由世界各国共同掌握，各国应当加强沟通，扩大共识，深化合作，共同构建网络空间命运共同体。

第二节 国外主要国家(地区)网络空间安全战略简介

随着网络深入国家与社会的方方面面，网络安全已经成为国计民生运行的基础与保障，世界绝大多数国家与地区都制定了专门的网络安全国家战略。截至 2017 年 12 月，世界上已经有 76 个国家公布了专门的网络空间安全战略，还有 20 多个国家正在积极制定网络空间安全国家战略。[①]

一、美国

在网络空间安全战略方面，美国一直走在世界的前列。早在 2003 年 2 月，美国就颁布了《确保网络空间安全的国家战略》。2011 年 5 月，美国发布了世界上第一部《网络空间国际战略》，同年又发布了《网络空间行动战略》和《网络空间可信身份国家战略》，形成了较为完善的网络空间安全战略体系。[②]

2017 年 5 月，美国总统特朗普签署了《增强联邦政府网络与关键性基础设施网络安全》总统行政令，要求以更大力度全面推进政府网络安全现代化转型。以此为基础，美国政府于 2017 年 12 月发布《国家安全战略》，指出美国将"在冲突范围内改善网络工具，保护美国政府资产及关键信息基础设施，保障数据与信息的完整性"，同时将认真研究"针对网络空间内恶意行为者采取行动的机会"。2017 年的《国家安全战略》进一步强调了网络空间的竞争性，宣称美国将考虑动用各种手段以威慑和击败所有针对美国的网络攻击，并"根据需求"对敌对方实施网络行动。

在《国家安全战略》的基础上，美国政府于 2018 年 9 月 27 日发布了自 2003 年以来美国第一个全面阐述的《网络空间安全战略》，被称为联邦政府为保护美国免受网络威胁和加强网络空间能力所采取的新举措，其主要内容包括：第一，国家网络空间战略的核心是加强美国网络安全，保护美国人民、家庭和人们的生活方式；第二，国家网络空间战略将保护网络空间，将其作为经济增长和创新的引擎，促进美国的繁荣；第三，国家网络空间战略将加强力量阻止网络空间遭受破坏，以确保网络空间安全与稳定；第四，通过网络力量保持和平，以提升美国影响力；第五，国家空间网络战略将保持互联网的长期开放性，支持并加强美国的利益；第六，国家安全战略优先考虑美国在网络时代保证安全，政府承诺致力于确保未来网络的安全。随后，美国政府发布了一系列针对特定机构的战略和法案，加强美国网络安全建设。[③]

二、欧盟

2012 年 12 月 19 日，欧洲联盟(以下简称欧盟)发布了《国家网络安全战略：制定和实施的实践指南》，形成了统一和全面的国家网络安全战略的制定与实施、评估与调整两个阶段的 20 项具体行动。[④]2013 年 2 月 7 日，欧盟委员会与欧盟外交和安全政策高级代表公布了《网络安全战略》，旨在建设开放、安全和有保障的网络空间，展现了欧盟关于如何以最佳方式预防和应对网络破坏和攻击的全面愿景，以确保数字经济能够安全增长，欧洲的自由和民主价值观得以实现。该战略阐明了实现网络复原力、减少欧盟网络犯罪、制定共同

① Gudie to developing a national cybersecurity strategy-strategic engagement in Cyber security，https:// www. itu.int/pub/D-STR-CYB-GUIDE.01-208，2018 年 12 月 23 日最后访问.

② 刘峰，林东岱，等. 美国网络空间安全体系[M]. 北京：科学出版社，2015：33-43.

③ 特朗普总统公布了 15 年来美国首个网络安全战略，http://www.sohu.com/a/256453922_313834，2019 年 2 月 1 日最后访问.

④ 张冰，董宏伟. 他山之石：欧盟网络和信息安全局力推网络空间战略[J]. 通信世界，2019(2)：33.

安全和防御政策、开发网络安全的工业技术资源、制定协调一致的国际网络空间政策等5个优先事项，其具体内容如下：

第一，自由和公开性。欧盟战略概述了将欧盟的核心价值和基本权利应用到网络空间的前景与原则。欧盟认为人权也适用于网络空间，并要将网络空间建设成为一个拥有自由和基本权利的空间。扩大互联网的使用范围，需要在世界范围内推动民主改革。伴随全球联系的加强，带来的不应是审查制度和大范围的监督管制。

第二，欧盟在网络空间应用了与实体世界同等的法律、规范以及核心价值。建设更为安全的网络空间是全球信息社会所有成员包括国民及政府机构的职责，欧盟支持制定针对所有利益相关者在网络空间应遵守的行为规范。正如欧盟期望公民在上网时履行公民义务、社会责任和遵守相关法律一样，欧盟也期望各成员国遵守规范及现行法律，建设一个有利于全球政治和经济发展的自由公开的互联网，其中重要的先决条件就是保持一个多方参与管理模式的互联网。

第三，促进网络安全能力建设。欧盟将与国际合作伙伴及组织、私营部门及民间团体一道致力于支持第三世界国家的网络安全能力建设。这将包括增进公开互联网上的信息获取，以及防范网络威胁。欧盟将踊跃参与到援助国的协调发展工作中去，继续在网络安全能力建设上发挥作用。相关行动举措将重点放在加强培养检察官和法官的刑事司法能力建设上，在受援国的法律体系中采用《打击网络犯罪布达佩斯公约》中的条例，加强执法能力建设，以加大网络犯罪的调查力度和提高协助各国应对网络事件的能力。

第四，促进网络空间问题的国际合作。保持一个安全的网络环境是全球的共同责任，为此，欧盟和相关的国际合作伙伴及组织、私营部门、民间团体一道应对挑战。欧盟再次强调加强与第三世界国家和国际组织间的对话，尤其是那些和欧盟志同道合的合作伙伴。另外，在双边层面上，与美国的合作尤为重要，并将得到进一步发展。

第五，在共同安全和防务政策上，欧洲防务局(European Defence Agency，EDA)正在开发网络防御技术，提升网络防御能力以及改进网络防御的训练和演习。鉴于所面临的网络威胁是多方面的，在保护关键网络资源的问题上，应加强民用和军用途径的协同配合。这些举措需得到研究与开发机构的支持，以及要加强欧盟各成员国政府、私营部门和学术界之间更为密切的合作。欧盟还推进了早期参与进来的工业和学术部门开发解决方案的能力，加强了国防工业基础建设，同时增强了民用和军用组织中研究与开发创新技术的能力。[①]

三、英国

2009年6月，英国出台了首部《国家网络安全战略》。2011年11月，英国又发布了为期5年的《国家网络安全战略：在数字世界中保护和促进英国的发展》计划，其主要目标是强化英国对于网络威胁的恢复能力。

2016年11月，英国发布《国家网络安全战略(2016—2021年)》。该战略指出将投入约19亿英镑用于提升网络防御技术水平，加强网络空间建设。该战略重申了政府解决网络威胁的决心，强调了防御、威慑和发展三大要点，涵盖了以下8个方面的内容，具体如下：

---

① See Gudie to developing a national cybersecurity strategy, https://www.itu.int/en/ITU-D/Pages/publications.aspx #/publication，2018年12月23日最后访问.

第一，开展国际行动，加大同国际伙伴的合作，在推动全球网络空间发展的同时保障英国的经济和利益安全。

第二，加大政府对于网络的干预力度，加强国家关键基础设施的网络安全，同时借助市场的力量推动互联网市场的良性发展。

第三，联合工业界，开发和应用主动式网络防御措施，提高打击恶性行为的能力。

第四，启动国家网络安全中心，修补系统漏洞，传播网络安全知识，为国家网络安全关键问题提供指导。

第五，加强武装部队的网络弹性和防御性，从而为应对重大网络攻击提供坚实的后盾。

第六，提升网络攻击应对能力，确保用最恰当的方式解决任何形式的网络问题。

第七，通过政府、学校和其他机构组织的号召，促进网络方向人才的选拔和培养。

第八，建立两个新的网络创新中心，投资创立网络基金，推动网络安全公司的发展。

四、德国

为了加强德国网络安全的顶层设计，德国政府于2011年出台了国家首部《网络安全战略》。该战略对网络空间的威胁进行了评估，指出未来网络安全形式的严峻性。该战略强调，保障网络安全需要政府在国内国外两个层面进行更多的努力，其战略目标是采取综合手段和实质性的措施以保障网络空间。该战略提出了相关措施，主要集中于关键信息基础设施的保护、德国IT系统的安全、公共行政领域的IT安全、设立国家网络响应中心和国家网络安全委员会、有效的网络犯罪控制和可靠的信息技术的应用等。[①]

2016年11月，德国发布新的《网络安全战略》，用以应对越来越多的针对政府机构、关键基础设施、企业以及公民的网络威胁活动。根据新战略，德国政府将重点关注以下十大领域：保护关键信息基础设施、保护信息系统安全、加强公共管理领域信息安全、成立网络应急响应中心、成立网络安全委员会、有效控制网络空间犯罪行为、加强同欧洲及全球的网络安全信息共享和协作、使用安全可靠的信息技术、培养联邦政府的网络安全人才、开发应对网络攻击的工具。新战略指出，为抵御各类针对政府机构和关键基础设施的网络威胁，将建立一支由联邦信息安全办公室领导的快速响应部队；同时，在联邦警察局、情报机构内设置类似的应急响应小组。德国网络防御中心将成为内政部下辖机构，并继续负责协调各政府机构对网络威胁及网络攻击的响应工作。新战略还呼吁公共与私营机构之间共享网络威胁与攻击相关信息。德国政府希望国内企业能够逐步提高安全意识，同时更为积极地应对各类网络威胁，保护关键基础设施，包括能源与水资源供应、医疗卫生系统、数字路由系统以及交通运输系统等。这项新战略还要求各级政府机构维持更为出色的IT安全管理系统，同时呼吁提升民众意识，推广加密工具应用，为IT产品添加安全水平标签，并着力在校园内展开网络安全培训与教育。

五、俄罗斯

2000年第1版《信息安全学说》是俄罗斯历史上首份维护信息安全的国家战略文件，

---

① 高荣伟. 德国网络空间安全建设启示[J]. 发展改革理论与实践，2018(6)：52-54.

它的颁布标志着信息安全正式成为俄罗斯国家安全的组成部分。《信息安全学说》是俄罗斯官方对信息安全保障的目的、任务、原则和基本内容的看法和观点，是国家安全纲要在信息领域的发展。《信息安全学说》认为，随着信息技术的发展，国家安全对信息安全的依赖关系将越来越突出，必须制定信息安全保护领域的国家政策，从法律、方法、科学技术和组织上完善信息安全保障。《信息安全学说》确立了俄罗斯在信息领域的国家利益，提出了通过制定和实施法律调节机制、培养信息领域人才、采取综合手段对抗信息战等保护信息安全的重要举措，为俄罗斯网络空间安全政策的形成提供了政策导向。

2008 年，俄罗斯制定《俄联邦信息社会发展战略》，战略提出，建设信息社会的优先方向之一是利用信息技术发展国民经济。为此，政府要为提高国产信息产品、设备及软件竞争力创造条件，吸引信息技术产业投资，鼓励建立生产高新技术产品的信息技术公司。为有效应对互联网安全挑战，俄罗斯提出了"国家机关应在公民自由交换信息和保障国家安全的必要限制之间保持平衡"的互联网治理原则，采取了一系列措施强化对互联网的监管：第一，加强网络安全职能机构建设。以俄联邦安全委员会为核心，赋予联邦安全局、内务部、通信与信息技术部等机构网络执法、网络监控、网络对抗等更广泛的职能。第二，加大网络安全审查力度。出台《禁止极端主义网站法案》《网络黑名单法》《知名博主管理法案》等网络安全法，加大对"推特""脸书"等新兴媒体的监管力度，发展本国互联网监控系统，禁止利用互联网传播有关恐怖主义、煽动公众等有害信息。

2011 年，俄罗斯在其外交部网站上公布了《保障国际信息安全公约》，倡议各国遵守防止网络威胁的相关规定，反对利用网络空间达成军事政治目的。2015 年，俄罗斯依托上海合作组织向联合国大会提出了《信息安全国际行为准则》，为推动国际社会制定网络空间行为准则提供了重要的公共安全产品。

2016 年，中俄签署了《中俄元首关于推进网络空间发展的联合声明》，旨在共同致力于推进网络空间的发展。俄罗斯积极推动建立网络空间国际行为准则的主要出发点主要表现在：第一，网络的互通性和信息的流动性决定了维护网络空间安全需要国际社会的共同努力；第二，打破美欧对网络空间的主导优势和控制优势，以网络空间主权原则反对网络自由主义，使各国平等地参与到网络空间的治理当中；第三，借鉴军备控制经验，限制美国的网络霸权，防止"网络军备竞赛"，达到约束对方、保护自己的目的。[①]

六、日本

2011 年 7 月，日本出台《信息安全研究发展战略》。2013 年 6 月，日本发布《网络空间安全战略——塑造一个世界领先、有弹性、有活力的网络空间》。2013 年 10 月，日本发布《网络安全合作国际战略》。

2015 年 9 月，日本正式推出了新版《网络安全战略》，重新评估日本网络安全面临的形势，提出了新的日本网络安全战略的目标、原则、措施，确定了日本网络安全的体制和未来方向。此战略被日本称为"未来网络安全政策的指南针"和"日本安全保障的重要战略支柱"。[②]

① 张孙旭. 俄罗斯网络空间安全战略发展研究[J]. 情报杂志，2017(12)：6-9.
② 韩宁. 日本网络安全战略[J]. 国际研究参考，2017(6)：34-42.

2015 年推出的新版《网络安全战略》在巩固日美同盟的基点上，体现了以下新特点：

第一，树立新理念，将民主自由、经济增长和网络安全紧密结合，形成战略新目标。

第二，强调国际责任，谋求获得国际网络空间的主导权，保障日本安全和国际社会的和平与稳定。

第三，新版《网络安全战略》确立和加强了体制保障，明确了主导部门的职责和任务，规定网络安全战略本部是推进《网络安全战略》的指挥部，网络安全中心(National Information Security Center，NISC)作为网络安全战略本部的事务局承担着具体实施各项措施的职能。日本新版《网络安全战略》提出："日本网络安全中心为确保职责能够履行，将从民间招募高水平的网络安全人才，构建各政府部门间的快速信息共享体制，以确保可以应对网络问题和执行各项措施。"

第四，新版《网络安全战略》特别强调了监管范围的扩大，提出"要全面加强应对、扩大监管范围。为强化所有政府机关的网络安全，将对独立行政法人、政府各部委及所涉及的组织机构和人员采取全面的加强(监管)措施"。

第五，新增网络情报安全工作规划，提出日本网络安全将重点加强三个能力建设：① 拓展网络对外情报合作能力，以价值观为基础开展网络情报合作；② 加强网络情报搜集和研判分析能力，特别强调要"灵活运用"网络技术手段获取情报信息；③ 加强网络反情报能力。

第六，将日本打造成网络"积极和平主义"旗手，谋求在网络空间成为"普通国家"，实现在 2020 年"夺回强大的日本"的企图。为此，日本在网络安全战略的实施中，重点突出国家能力建设，不断加强物联网社会安全能力、关键基础设施保障能力和网络攻防等三方面能力。

2017 年 6 月底，日本推出《网络安全战略》2017 年修订版，战略指出日本开启新的强大网络安全模式，即构建以军民融合为基础的"人+人工智能＝强大网络安全"的新模式，这一模式将军民技术融合作为基础，将用情报来掌控个人或国家行为，把从源头上控制网络风险作为网络安全的防范根本，将用人工智能技术来发现、解决网络风险，并作为保障网络安全的手段。日本网络安全战略呈现出军民融合化、情报化和人工智能化的三大走向。[①]

七、新加坡

2016 年 10 月，新加坡正式发布《网络安全战略》，统筹规划网络安全建设，提出四大战略目标：

第一，建立具备较强适应性的基础设施。政府将与运营商和安全机构加强合作，建立统一协调的网络风险管理和应急响应流程，采用基于供应链的安全建设。具体而言，即突出对关键网络基础设施部门的保护。由于新加坡突出的经济地位，政府十分重视在全球经济贸易体系中发挥重要作用的本土金融、海事、民航等部门，防止它们遭到经常性网络犯罪的袭扰。新加坡政府提高治理网络犯罪的经费预算，通过跨领域演习和成立更多专业小组提升应对能力。

---

① サイバーセキュリティ研究開発戦略(案)，http://www.nisc.go.jp/active/kihon/pdf/kenkyu2017.pdf，2019 年 2 月 20 日最后访问。

第二，创造更加安全的网络空间。新加坡政府制定"国家打击网络犯罪新行动计划"(National Cybercrime Action Plan，NCAP)，打击网络犯罪。为了突出对人才的重视，政府为数据信息保护专员制定职业发展轨道，打造网络空间治理"人才摇篮"，以此来提升新加坡作为可靠数据中心的地位。

第三，发展具有活力的网络空间安全系统。新加坡政府意识到，进行网络空间治理，并非简单的防治网络犯罪，更要在治理的过程中完善网络空间生态，并从中发现新的经济增长点。因此，新加坡政府大力推广国际认可的网络技术认证机制，制定可满足业界需求的教材，为加入者提供增长技能的机会等；吸引国际顶尖网络科技企业在新加坡生根，培养有潜力的初创公司，发展本地卓越的公司，帮助本地研发的方案并令其技术打入全球市场；鼓励政府、学术界和企业界协同开展世界先进水准网络技术的研发等。

第四，加强网络安全国际合作。与各国尤其是东盟成员国合作，互相沟通网络风险信息机制，并利用国际刑警资源打击犯罪；通过举办新加坡"国际网络周"等活动，与各国研判网络空间治理的现状和未来发展趋势等，在政策上确保网络空间治理的科学性与合理性。①

八、澳大利亚②

澳大利亚是世界上较早关注网络安全的国家之一。早在 2001 年，澳大利亚政府就发布了《国家信息安全章程》和《保护国家信息基础设施政策》。2005 年，澳大利亚专门成立通信与媒体管理局(Australian Communication and Media Authority，ACMA)，对包括网络在内的所有媒体的信息传播进行管理。2007 年，澳大利亚政府发布《电子安全国家政策声明》。2009 年 11 月，澳大利亚政府正式出台了《网络安全战略》纲领性文件。

2016 年，澳大利亚政府推出新版《国家网络安全战略》，涵盖 33 个网络安全计划，主要内容聚焦网络安全五大主题：

第一，国家网络伙伴关系。《国家网络安全战略》指出，一个开放、自由和安全的互联网对国家未来繁荣稳定很重要，确立国家网络伙伴关系是其中的重点。战略倡导政府和私人部门在开展国内合作的同时，还强调同全球性、区域性伙伴开展合作，从而保证互联网开放、自由和安全的必要性。

第二，提升网络防御能力。面对网络安全威胁呈愈演愈烈的趋势，该安全战略的重点在于如何在网络环境中保护澳大利亚人，以及如何提高对恶意网络行为的抵抗力。澳大利亚政府将为 33 项保障国家网络安全新举措提供 2.3 亿澳元的基金支持。此外，这些举措还可直接产生 100 多个新的就业岗位。

第三，全球责任与影响。《国家网络安全战略》指出，当前互联网经济发展迅速，给澳大利亚带来了巨大的机遇。要想把握好这些机遇，澳大利亚需要对在线互动保有信任和信心。同时，企业必须安全地提供它们的在线产品和服务。强有力的网络安全将使澳大利亚成为一个全球贸易的理想地，从而促进国家繁荣发展。

① 汪炜. 论新加坡网络空间治理及对中国的启示[J]. 太平洋学报，2018，26(2)：35-45.
② 王光厚，王媛. 澳大利亚网络安全战略论析[J]. 中国与世界，2016(00)：163-173.

第四，促进网络空间的发展与创新。该战略的制定基于政府同私营部门、国际合作伙伴和各研究机构的广泛协商。互联网正在沿着其创立者所无法想象的方向，改变着我们的社会生活方式和商业经营方式。一个安全的网络空间，能够为私人、企业和公共部门进行观点分享、合作和创新提供足够的安全感和信心。

第五，集合各种力量建立网络合作网。澳大利亚政府计划任命新一任网络大使，并在大学中建立网络安全精英学术中心以培养更多网络安全专家。该战略计划建立一个新的网络安全发展中心，在政府、研究者和企业之间建立一个国家"网络合作网"，并构建一个能够更加有效地监测、阻止和应对网络威胁、可预测风险的强有力的"网络防御网"。

2017年，澳大利亚发布年度修订版《国家网络安全战略》，在坚持2016年《国家网络安全战略》的基础上，重点关注打击网络犯罪、联合业界以提高物联网设备安全性、降低政府IT系统的供应链风险等，政府将加速推出联合网络安全中心计划，采取措施帮助中小企业提高网络安全性。

第三节　中国网络空间安全战略

一、中国网络空间安全战略的背景

2014年2月27日，习近平总书记在中央网络安全和信息化领导小组第一次会议上的讲话中指出："没有网络安全就没有国家安全，没有信息化就没有现代化……网络安全和信息化是事关国家安全和国家发展、事关广大人民群众工作生活的重大战略问题，要从国际国内大势出发，总体布局，统筹各方，创新发展，努力把我国建设成为网络强国。"这一论述，把网络安全上升到国家安全层面，为加快我国网络安全能力建设指明了方向，提供了遵循。

在我国，网络安全处于特殊重要位置，国家将把网络安全置于顶层加以重视。中央网络安全和信息化领导小组把网络安全和信息化并列在一起，说明了国家的重视程度。习近平总书记谈网信事业，将网络安全与信息化内在统一在一起，当作事关现代化全局的同一个事业，也体现了网络安全不同寻常的重要地位，这为网络空间安全提供了坚强的政治保障。

我国强调维护国家主权、安全、发展利益，实现建设网络强国的战略目标。将安全与发展当作核心利益，像维护国家主权那样加以维护，体现出我国独立自主发展的坚强意志。实践证明，独立自主发展是我国自立于世界民族之林之本。在实体空间，中国没有像一些国家那样，在国际风云变幻中发生国土分裂、丧失民族利益的事情；在网络空间，也绝不允许类似的事情发生。我国强调统筹发展安全两件大事，体现出推进网信事业的中国特色。不能因为安全而错过发展的机遇，失去安全的目的；也不能因为发展而丧失安全，从而失去发展的成果。为此，要维护和平发展、稳定发展的环境，在保障网络空间安全条件下，通过开放与合作，实现有序发展，最终将我国建设为网络强国，实现中国梦。

习近平总书记关于推进全球互联网治理体系变革的"四项原则"和构建网络空间命运共同体的"五点主张",体现了人类对于和平、安全、开放、合作、有序的共同意愿,具有强大的包容性,为我国网络空间安全战略出台提供了指导思想。习近平总书记提出的构建网络空间命运共同体是我国在网络空间安全方面提出的世界性的主张,体现了打造网络强国与维护网络和平的信心和决心。同时,对于加强中国网络空间安全工作,维护国家网络空间主权,实现安全发展利益,建设世界一流水平的网络强国,具有极强的指导意义。

二、网络空间安全战略的规范性文件

(一) 网络空间安全战略的法条依据

《网络安全法》第四条:国家制定并不断完善网络安全战略,明确保障网络安全的基本要求和主要目标,提出重点领域的网络安全政策、工作任务和措施。

本条对我国网络空间安全战略的主要内容做了原则规定,包括保障网络空间安全的基本要求、保障网络空间安全的主要目标和重点领域的网络安全政策、工作任务与措施。

(二) 网络空间安全战略的形式渊源

网络空间安全战略的形式渊源如表 2.3.1 所示。

表2.3.1 网络空间安全战略的形式渊源

发布时间	发布机构	文 件 名 称
2016 年 7 月	中共中央办公厅、国务院办公厅	《国家信息化发展战略纲要》
2016 年 12 月	国家互联网信息办公室	《国家网络空间安全战略》
2017 年 3 月	国家网信办和外交部	《网络空间国际合作战略》
2017 年 12 月	工业与信息化部	《信息通信网络与信息安全规划(2016—2020)》
2017 年 12 月	工业与信息化部	《工业控制系统信息安全行动计划(2018—2020)》

另有其他重要文件对网络空间安全问题做出了重要部署与规划,如表 2.3.2 所示。

表2.3.2 部署规划网络空间安全问题的其他重要文件

发布时间	发布机构	文 件 名 称
2017 年 1 月	工业与信息化部	《大数据发展产业规划(2016—2020)》
2017 年 4 月	工业与信息化部	《云计算发展三年行动计划(2017—2019)》
2017 年 7 月	国务院	《新一代人工智能发展规划》
2017 年 11 月	中共中央办公厅、国务院办公厅	《推进互联网协议第六版(IPv6)规模部署行动计划》
2017 年 11 月	国务院	《国务院关于深化"互联网+先进制造业"发展工业互联网的指导意见》
2018 年 6 月	工业与信息化部	《工业互联网发展行动计划(2018—2020)》

《国家网络空间安全战略》

三、网络空间安全战略的主要内容

(一)《国家网络空间安全战略》

2016年12月27日，国家互联网信息办公室发布《国家网络空间安全战略》(以下简称《安全战略》)。《安全战略》共分为4个部分：机遇与挑战、目标、原则和战略任务。

1. 重大机遇与严峻挑战

伴随信息革命的飞速发展，互联网、通信网、计算机系统、自动化控制系统、数字设备及其承载的应用、服务和数据等组成的网络空间，正在全面改变人们的生产生活方式，深刻影响人类社会历史的发展进程，主要表现在：第一，网络空间成为信息传播的新渠道；第二，网络空间成为生产生活的新空间；第三，网络空间成为经济发展的新引擎；第四，网络空间成为文化繁荣的新载体；第五，网络空间成为社会治理的新平台；第六，网络空间成为交流合作的新纽带。

网络空间安全形势日益严峻，国家政治、经济、文化、社会、国防安全及公民在网络空间的合法权益面临严峻风险与挑战，主要表现在：第一，网络渗透危害政治安全；第二，网络攻击威胁经济安全；第三，网络有害信息侵蚀文化安全；第四，网络恐怖和违法犯罪破坏社会安全；第五，网络空间的国际竞争方兴未艾。

2. 五大目标

以总体国家安全观为指导，贯彻落实创新、协调、绿色、开放、共享的发展理念，增强风险意识和危机意识，统筹国内国际两个大局，统筹发展安全两件大事，积极防御，有效应对，推进网络空间和平、安全、开放、合作、有序，维护国家主权、安全、发展利益，实现建设网络强国的战略目标。

网络空间安全五大目标[1]如下：

和平：信息技术滥用得到有效遏制，网络空间军备竞赛等威胁国际和平的活动得到有效控制，网络空间冲突得到有效防范。

安全：网络安全风险得到有效控制，国家网络安全保障体系健全完善，核心技术装备安全可控，网络和信息系统运行稳定可靠。网络安全人才满足需求，全社会的网络安全意识、基本防护技能和利用网络的信心大幅提升。

开放：信息技术标准、政策和市场开放、透明，产品流通和信息传播更加顺畅，数字鸿沟日益弥合。不分大小、强弱、贫富，世界各国特别是发展中国家都能分享发展机遇、共享发展成果、公平参与网络空间治理。

合作：世界各国在技术交流、打击网络恐怖和网络犯罪等领域的合作更加密切，多边、民主、透明的国际互联网治理体系健全完善，以合作共赢为核心的网络空间命运共同体逐步形成。

有序：公众在网络空间的知情权、参与权、表达权、监督权等合法权益得到充分保障，

---

[1]《网络空间安全战略》全文，http://www.cac.gov.cn/2016-12/27/c_1120195926.htm，2019年2月11日最后访问。

网络空间个人隐私获得有效保护，人权受到充分尊重。网络空间的国内和国际法律体系、标准规范逐步建立，网络空间实现依法有效治理，网络环境诚信、文明、健康，信息自由流动与维护国家安全、公共利益实现有机统一。

3. 四大原则

一个安全稳定繁荣的网络空间，对各国乃至世界都具有重大意义。中国愿与各国一道，加强沟通，扩大共识，深化合作，积极推进全球互联网治理体系变革，共同维护网络空间和平安全。为此需要遵循四大原则：

第一，尊重维护网络空间主权。网络空间主权不容侵犯，尊重各国自主选择发展道路、网络管理模式、互联网公共政策和平等参与国际网络空间治理的权利。

第二，和平利用网络空间。和平利用网络空间符合人类的共同利益。各国应遵守《联合国宪章》关于不得使用或威胁使用武力的原则，防止信息技术被用于与维护国际安全与稳定相悖的目的，共同抵制网络空间军备竞赛，防范网络空间冲突。

第三，依法治理网络空间。全面推进网络空间法治化，坚持依法治网、依法办网、依法上网，让互联网在法治轨道上健康运行。

第四，统筹网络安全与发展。没有网络安全就没有国家安全，没有信息化就没有现代化。网络安全和信息化是一体之两翼、驱动之双轮。正确处理发展和安全的关系，坚持以安全保发展，以发展促安全。

4. 九大战略任务

中国的网民数量和网络规模世界第一，维护好中国网络安全，不仅是自身需要，对于维护全球网络安全乃至世界和平都具有重大意义。中国致力于维护国家网络空间主权、安全、发展利益，推动互联网造福人类，推动网络空间和平利用和共同治理。

(1) 坚定捍卫网络空间主权。根据宪法和法律法规管理我国主权范围内的网络活动，保护我国信息设施和信息资源安全，采取包括经济、行政、科技、法律、外交、军事等一切措施，坚定不移地维护我国网络空间主权。坚决反对通过网络颠覆我国国家政权、破坏我国国家主权的一切行为。

(2) 坚决维护国家安全。防范、制止和依法惩治任何利用网络进行叛国、分裂国家、煽动叛乱、颠覆或者煽动颠覆人民民主专政政权的行为；防范、制止和依法惩治利用网络进行窃取、泄露国家秘密等危害国家安全的行为；防范、制止和依法惩治境外势力利用网络进行渗透、破坏、颠覆、分裂活动。

(3) 保护关键信息基础设施。国家关键信息基础设施是指关系国家安全、国计民生，一旦数据泄露、遭到破坏或者丧失功能可能严重危害国家安全、公共利益的信息设施，包括但不限于提供公共通信、广播电视传输等服务的基础信息网络，能源、金融、交通、教育、科研、水利、工业制造、医疗卫生、社会保障、公用事业等领域和国家机关的重要信息系统、重要互联网应用系统等。采取一切必要措施保护关键信息基础设施及其重要数据不受攻击破坏。坚持技术和管理并重、保护和震慑并举，着眼识别、防护、检测、预警、响应、处置等环节，建立实施关键信息基础设施保护制度，从管理、技术、人才、资金等方面加大投入，依法综合施策，切实加强关键信息基础设施安全防护。

(4) 加强网络文化建设。加强网上思想文化阵地建设，大力培育和践行社会主义核心价值观，实施网络内容建设工程，发展积极向上的网络文化，传播正能量，凝聚强大精神力量，营造良好的网络氛围。鼓励拓展新业务、创作新产品，打造体现时代精神的网络文化品牌，不断提高网络文化产业规模水平。实施中华优秀文化网上传播工程，积极推动优秀传统文化和当代文化精品的数字化、网络化制作和传播。发挥互联网传播平台优势，推动中外优秀文化交流互鉴，让各国人民了解中华优秀文化，让中国人民了解各国优秀文化，共同推动网络文化繁荣发展，丰富人们的精神世界，促进人类文明进步。

(5) 打击网络恐怖和违法犯罪。加强网络反恐、反间谍、反窃密能力建设，严厉打击网络恐怖和网络间谍活动。坚持综合治理、源头控制、依法防范，严厉打击网络诈骗、网络盗窃、贩枪贩毒、侵害公民个人信息、传播淫秽色情、黑客攻击、侵犯知识产权等违法犯罪行为。

(6) 完善网络治理体系。坚持依法、公开、透明管网治网，切实做到有法可依、有法必依、执法必严、违法必究。健全网络安全法律法规体系，制定出台网络安全法、未成年人网络保护条例等法律法规，明确社会各方面的责任和义务，明确网络安全管理要求。加快对现行法律的修订和解释，使之适用于网络空间。完善网络安全相关制度，建立网络信任体系，提高网络安全管理的科学化、规范化水平。

(7) 夯实网络安全基础。坚持创新驱动发展，积极创造有利于技术创新的政策环境，统筹资源和力量，以企业为主体，产学研用相结合，协同攻关、以点带面、整体推进，尽快在核心技术上取得突破。重视软件安全，加快安全可信产品的推广应用。发展网络基础设施，丰富网络空间信息内容。实施"互联网+"行动，大力发展网络经济。实施国家大数据战略，建立大数据安全管理制度，支持大数据、云计算等新一代信息技术创新和应用。优化市场环境，鼓励网络安全企业做大做强，为保障国家网络安全夯实产业基础。

(8) 提升网络空间防护能力。网络空间是国家主权的新疆域。建设与我国国际地位相称、与网络强国相适应的网络空间防护力量，大力发展网络安全防御手段，及时发现和抵御网络入侵，铸造维护国家网络安全的坚强后盾。

(9) 强化网络空间国际合作。在相互尊重、相互信任的基础上，加强国际网络空间对话合作，推动互联网全球治理体系变革。深化同各国的双边、多边网络安全对话交流和信息沟通，有效管控分歧，积极参与全球和区域组织网络安全合作，推动互联网地址、根域名服务器等基础资源管理国际化。通过积极有效的国际合作，建立多边、民主、透明的国际互联网治理体系，共同构建和平、安全、开放、合作、有序的网络空间。

《安全战略》概要如图 2.3.1 所示。

(二) 《网络空间国际合作战略》

2017 年 3 月 1 日，经中央网络安全和信息化领导小组批准，外交部和国家互联网信息办公室共同发布了《网络空间国际合作战略》。《网络空间国际合作战略》提出以和平、主权、共治、普惠等四项基本原则推动网络空间国际合作。战略倡导各国切实遵守《联合国宪章》的宗旨与原则，确保网络空间的和平与安全；坚持主权平等，不搞网络霸权，不干涉他国内政；各国共同制定网络空间国际规则，建立多边、民主、透明的全球互联网治理体系；推动在网络空间优势互补，共同发展，跨越"数字鸿沟"，确保人人共享互联网发展成果。

《网络空间国际合作战略》

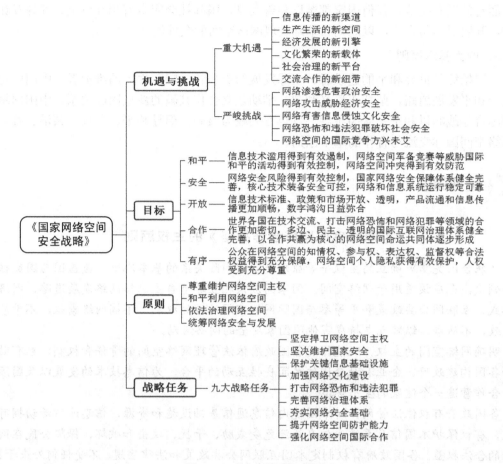

图 2.3.1 《安全战略》概要

《网络空间国际合作战略》分为 4 章，分别为机遇与挑战、四大基本原则、战略目标以及行动计划。

1. 机遇与挑战

在世界多极化、经济全球化、文化多样化深入发展，全球治理体系深刻变革的背景下，人类迎来了信息革命的新时代。以互联网为代表的信息通信技术日新月异，深刻改变了人们的生产和生活方式，日益激励市场创新，促进经济繁荣，推动社会发展。网络空间越来越成为信息传播的新渠道、生产生活的新空间、经济发展的新引擎、文化繁荣的新载体、社会治理的新平台、交流合作的新纽带、国家主权的新疆域。

网络空间给人类带来了巨大机遇，同时也带来了不少新的课题和挑战，网络空间的安全与稳定成为攸关各国主权、安全和发展利益的全球关切。互联网领域发展不平衡、规则不健全、秩序不合理等问题日益凸显；国家和地区间的"数字鸿沟"不断拉大；关键信息基础设施存在较大风险隐患；全球互联网基础资源管理体系难以反映大多数国家的意愿和利益。网络恐怖主义成为全球公害，网络犯罪呈蔓延之势；滥用信息通信技术干涉别国内政、从事大规模网络监控等活动时有发生；网络空间缺乏普遍有效规范各方行为的国际规则，自身发展受到制约。

面对问题和挑战，任何国家都难以独善其身，国际社会应本着相互尊重、互谅互让的精神，开展对话与合作，以规则为基础实现网络空间的全球治理。

2. 四大基本原则

中国始终是世界和平的建设者、全球发展的贡献者、国际秩序的维护者。中国坚定不移地走和平发展道路，坚持正确义利观，推动建立合作共赢的新型国际关系。中国网络空间国际合作战略以和平发展为主题，以合作共赢为核心，倡导和平、主权、共治、普惠作为网络空间国际交流与合作的基本原则。

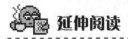 延伸阅读

《网络空间国际合作战略》的主权原则[①]

《联合国宪章》确立的主权平等原则是当代国际关系的基本准则，覆盖国与国交往的各个领域，也应该适用于网络空间。国家间应该相互尊重自主选择网络发展道路、网络管理模式、互联网公共政策和平等参与国际网络空间治理的权利，不搞网络霸权，不干涉他国内政，不从事、纵容或支持危害他国国家安全的网络活动。

明确网络空间的主权，既能体现各国政府依法管理网络空间的责任和权利，也有助于推动各国构建政府、企业和社会团体之间良性互动的平台，为信息技术的发展以及国际交流与合作营造一个健康的生态环境。

各国政府有权依法管网，对本国境内信息通信基础设施和资源、信息通信活动拥有管辖权，有权保护本国信息系统和信息资源免受威胁、干扰、攻击和破坏，保障公民在网络空间的合法权益。各国政府有权制定本国互联网公共政策和法律法规，不受任何外来干预。各国在根据主权平等原则行使自身权利的同时，也需履行相应的义务。各国不得利用信息通信技术干涉别国内政，不得利用自身优势损害别国信息通信技术产品和服务供应链安全。

3. 战略目标

中国参与网络空间国际合作的战略目标是：坚定维护中国网络主权、安全和发展利益，保障互联网信息安全有序流动，提升国际互联互通水平，维护网络空间和平安全稳定，推动网络空间国际法治，促进全球数字经济发展，深化网络文化交流互鉴，让互联网发展成果惠及全球，更好地造福各国人民。

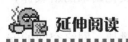 延伸阅读

《网络空间国际合作战略》战略目标之构建国际规则体系

网络空间作为新疆域，亟须制定相关规则和行为规范。中国主张在联合国框架下制定各国普遍接受的网络空间国际规则和国家行为规范，确立国家及各行为体在网络空间应遵

[①] 中国发布《网络空间国际合作战略》，http://www.xinhuanet.com//2017-03/01/c_1120552256.htm，2019年2月11日最后访问。

循的基本准则，规范各方行为，促进各国合作，以维护网络空间的安全、稳定与繁荣。中国支持并积极参与国际规则制定进程，并将继续与国际社会加强对话合作，做出自己的贡献。

中国是网络安全的坚定维护者，中国也是黑客攻击的受害国。中国反对任何形式的黑客攻击，无论何种黑客攻击，都是违法犯罪行为，都应该根据法律和相关国际公约予以打击。网络攻击通常具有跨国性、溯源难等特点，中国主张各国通过建设性协商合作，共同维护网络空间安全。

《网络空间国际合作战略》战略目标之促进数字经济合作[①]

中国大力实施网络强国战略、国家信息化战略、国家大数据战略、"互联网+"行动计划，大力发展电子商务，着力推动互联网和实体经济深度融合发展，促进资源配置优化，促进全要素生产率提升，为推动创新发展、转变经济增长方式、调整经济结构发挥积极作用。

中国秉持公平、开放、竞争的市场理念，在自身发展的同时，坚持合作和普惠原则，促进世界范围内投资和贸易发展，推动全球数字经济发展。中国主张推动国际社会公平、自由贸易，反对贸易壁垒和贸易保护主义，促进建立开放、安全的数字经济环境，确保互联网为经济发展和创新服务。中国主张进一步推动实现公平合理普遍的互联网接入、互联网技术的普及化、互联网语言的多样性，加强中国同其他国家和地区在网络安全和信息技术方面的交流与合作，共同推进互联网技术的发展和创新，确保所有人都能平等分享数字红利，实现网络空间的可持续发展。

中国坚持以安全保发展，以发展促安全。要保持数字经济健康、强劲发展，既不能追求绝对安全，阻碍发展的活力、限制开放互通、禁锢技术创新，也不能以市场自由化、贸易自由化为由，回避必要的安全监管措施。各国、各地区互联网发展水平和网络安全防护能力不同，应为广大发展中国家提升网络安全能力提供力所能及的援助，弥合发展中国家和发达国家间的"数字鸿沟"，实现数字经济互利共赢，补齐全球网络安全短板。

4. 行动计划

中国将积极参与网络领域相关国际进程，加强双边、地区及国际对话与合作，增进国际互信，谋求共同发展，携手应对威胁，以期最终达成各方普遍接受的网络空间国际规则，构建公正合理的全球网络空间治理体系。

第一，倡导和促进网络空间和平与稳定。参与双多边建立信任措施的讨论，采取预防性外交举措，通过对话和协商的方式应对各种网络安全威胁。加强对话，研究影响国际和平与安全的网络领域新威胁，共同遏制信息技术滥用，防止网络空间军备竞赛。推动国际社会就网络空间和平属性展开讨论，从维护国际安全和战略互信、预防网络冲突角度，研究国际法适用网络空间问题。

第二，推动构建以规则为基础的网络空间秩序。发挥联合国在网络空间国际规则制定中的重要作用，支持并推动联合国大会通过信息和网络安全相关决议，积极推动并参与联

---

① 中国发布《网络空间国际合作战略》，http://www.xinhuanet.com//2017-03/01/c_1120552256.htm，2019年2月11日最后访问。

合国信息安全问题政府专家组等进程。

第三，不断拓展伙伴关系网络空间。中国致力于与国际社会各方建立广泛的合作伙伴关系，积极拓展与其他国家的网络事务对话机制，广泛开展双边网络外交政策交流和务实合作。

第四，积极推进全球互联网治理体系改革。参与联合国信息社会世界峰会成果落实后续进程，推动国际社会巩固和落实峰会成果共识，公平分享信息社会发展成果，并将加强信息社会建设和互联网治理列为审议的重要议题。推进联合国互联网治理论坛机制改革，积极参与和推动世界经济论坛"互联网的未来"行动倡议等一系列全球互联网治理平台活动。

第五，深化打击网络恐怖主义和网络犯罪国际合作。探讨国际社会合作打击网络恐怖主义的行为规范及具体措施，包括探讨制定网络空间国际反恐公约，增进国际社会在打击网络犯罪和网络恐怖主义问题上的共识，并为各国开展具体执法合作提供依据。

第六，倡导对隐私权等公民权益的保护。支持联合国大会及人权理事会有关隐私权保护问题的讨论，推动网络空间确立个人隐私保护原则。推动各国采取措施制止利用网络侵害个人隐私的行为，并就尊重和保护网络空间个人隐私的实践和做法进行交流。促进企业提高数据安全保护意识，支持企业加强行业自律，就网络空间个人信息保护最佳实践展开讨论。推动政府和企业加强合作，共同保护网络空间个人隐私。

第七，推动数字经济发展和数字红利普惠共享。推动落实联合国信息社会世界峰会确定的建设以人为本、面向发展、包容性的信息社会目标，以此推进落实 2030 年可持续发展议程。支持向广大发展中国家提供网络安全能力建设援助，包括技术转让、关键信息基础设施建设和人员培训等，将"数字鸿沟"转化为数字机遇，让更多发展中国家和人民共享互联网带来的发展机遇。

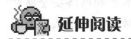 延伸阅读

《网络空间国际合作战略》行动计划之
推动数字经济发展和数字红利普惠共享①

支持基于互联网的创新创业，促进工业、农业、服务业数字化转型，促进中小微企业信息化发展，促进信息通信技术领域投资。扩大宽带接入，提高宽带质量。提高公众的数字技能，提高数字包容性。增强在线交易的可用性、完整性、保密性和可靠性，发展可信、稳定和可靠的互联网应用。

推动制定完善的网络空间贸易规则，促进各国相关政策的有效协调。开展电子商务国际合作，提高通关、物流等便利化水平。保护知识产权，反对贸易保护主义，形成世界网络大市场，促进全球网络经济的繁荣发展。

加强互联网技术合作共享，推动各国在网络通信、移动互联网、云计算、物联网、大数据等领域的技术合作，共同解决互联网技术发展难题，共促新产业、新业态的发展。加

---

① 中国发布《网络空间国际合作战略》，http://www.xinhuanet.com//2017-03/01/c_1120552256.htm，2019年 2 月 11 日最后访问。

强人才交流，联合培养创新型网络人才。紧密结合"一带一路"建设，推动并支持中国的互联网企业联合制造、金融、信息通信等领域企业率先走出去，按照公平原则参与国际竞争，共同开拓国际市场，构建跨境产业链体系。鼓励中国企业积极参与他国能力建设，帮助发展中国家发展远程教育、远程医疗、电子商务等行业，促进这些国家的社会发展。

第八，加强全球信息基础设施建设和保护。共同推动全球信息基础设施建设，铺就信息畅通之路。推动与周边及其他国家信息基础设施互联互通和"一带一路"建设，让更多国家和人民共享互联网带来的发展机遇。加强国际合作，提升保护关键信息基础设施的意识，推动建立政府、行业与企业的网络安全信息有序共享机制，加强关键信息基础设施及其重要数据的安全防护。

第九，促进网络文化交流互鉴。推动各国开展网络文化合作，让互联网充分展示各国各民族的文明成果，成为文化交流、文化互鉴的平台，增进各国人民的情感交流、心灵沟通。以动漫游戏产业为重点领域之一，务实开展与"一带一路"沿线国家的文化合作，鼓励中国企业充分依托当地文化资源，提供差异化网络文化产品和服务。

中国在推进建设网络强国战略部署的同时，将秉持以合作共赢为核心的新型国际关系理念，致力于与国际社会携起手来，加强沟通交流，深化互利合作，构建合作新伙伴，同心打造人类命运共同体，为建设一个安全、稳定、繁荣的网络空间做出更大贡献。

《网络空间国际合作战略》概要如图 2.3.2 所示。

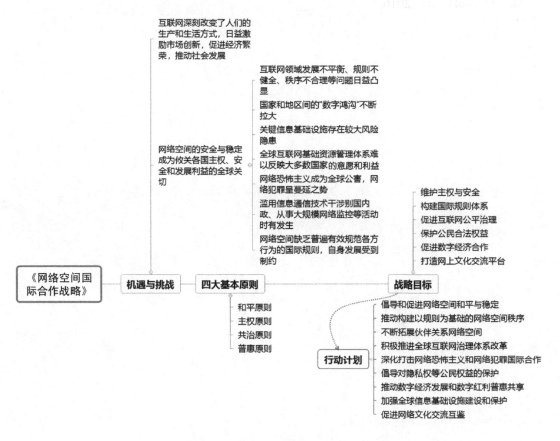

图 2.3.2 《网络空间国际合作战略》概要

课 后 习 题

1．阐释我国《安全战略》的九大战略任务。
2．阐释我国《网络空间国际合作战略》的战略目标。

参 考 文 献

[1]　360 法律研究院. 中国网络安全法法治绿皮书(2018)[M]. 北京：法律出版社，2018.

[2]　国际电信联盟.国家网络安全战略发展指南[EB/OL]. [2018-12-31]. https://www.itu.int/ pub/D-STR-CYB_GUIDE.01-2018.

[3]　马民虎. 网络安全法适用指南[M]. 北京：中国民主法制出版社，2018.

[4]　王春晖. 维护网络空间安全：中国网络安全法解读[M]. 北京：电子工业出版社，2018.

[5]　杨合庆. 中华人民共和国网络安全法解读[M]. 北京：中国法制出版社，2017.

[6]　中国信息通信研究院，腾讯研究院. 网络空间法治化的全球视野与中国实践[M]. 北京：法律出版社，2016.

第三章　《网络安全法》概述

内容提要

本章介绍我国网络安全立法的发展历程和国外主要国家网络安全立法概况、我国《网络安全法》的整体框架及其相关法律法规，力图使读者对我国《网络安全法》有一个整体性的了解。

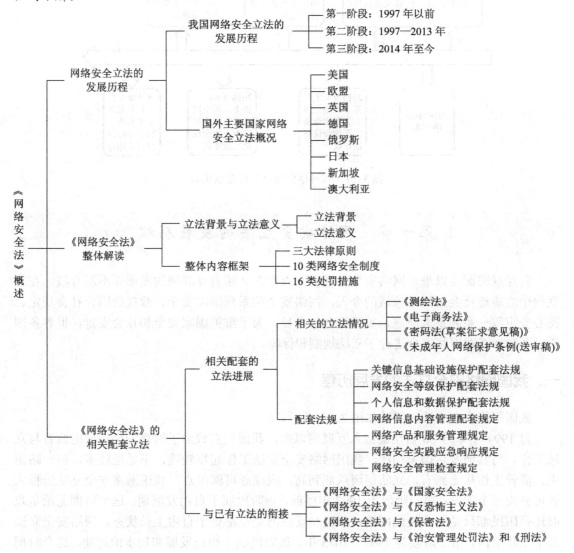

　　我国《网络安全法》从 2013 年下半年提上日程，2014 年形成草案，2015 年初形成征求意见稿。2015 年 6 月，第十二届全国人大常委会第十五次会议初次审议了《中华人民共和国网络安全法(草案)》。2015 年 7 月 6 日～8 月 5 日，该草案面向全社会公开征求意见。2016 年 6 月，第十二届全国人大常委会第二十一次会议对草案第二次审议稿进行了审议，随后将《中华人民共和国网络安全法(草案第二次审议稿)》向社会公开征求意见。2016 年 10 月 31 日，《中华人民共和国网络安全法(草案第三次审议稿)》提请全国人大常委会审议。2016 年 11 月 7 日，十二届全国人大常委会高票(154 票赞成、0 票反对、1 票弃权)通过了《中华人民共和国网络安全法》(以下简称《网络安全法》)。

　　《网络安全法》共七章七十九条，2017 年 6 月 1 日正式施行。

　　《网络安全法》的发展历程如图 3.0.1 所示。

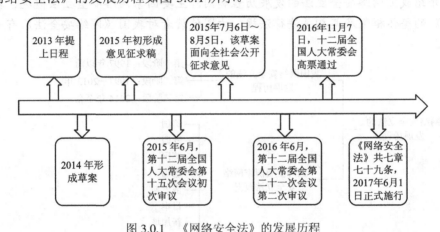

图 3.0.1　《网络安全法》的发展历程

第一节　网络安全立法的发展历程

　　自互联网诞生以来，网络安全问题便一直存在并随着互联网的发展而不断升级。在互联网全面渗透社会生活各领域的今天，网络安全关系到国家安全、政权稳固、社会稳定、民心安定等一系列重大问题，重要性愈加凸显。为了维护国家安全和社会安定，世界各国通过各种形式对网络安全进行了立法规制和保障。

一、我国网络安全立法的发展历程

　　我国网络安全立法时间轴如图 3.1.1 所示。

　　自 1994 年 4 月 20 日全面接入互联网以来，我国一直致力于网络安全领域的监管与立法工作。与其他发达国家相比，我国网络安全立法工作起步较晚，不足也较多，但一路走来，监管工作从无到有，立法层级从低到高，成绩亦可圈可点。我国网络安全立法历程大致可分为三个阶段：第一阶段为 1997 年以前，该阶段属于自由发展期。这个时期无论是政府还是国民都只是初步接触网络，网民和互联网企业都处于自由生长状态，网络安全立法几乎一片空白。第二阶段为 1997—2013 年，该阶段属于快速发展和初步治理期。这个时期网民数量持续高速增长，互联网开始向社会各个领域渗透。在互联网极大地便利了人们的工作和生活的同时，网络安全事件也开始层出不穷，不良影响日趋扩大，网络安全问题逐渐成为互联网治理的核心问题。鉴于此，我国政府开始主动出击，构建防范和治理体系，网络安全立法呈现出多元化与积极性的特点。第三阶段为 2014 年至今，该阶段属于战略法治期。网络安全问题已成为全球各国共同面对的难题，许多问题已经上升到国家安全层面，网络安全战略性日趋凸显。为此，我国提出建设网络强国的新目标，网络安全相关立法层级迅速提高，配套规则全面上马。

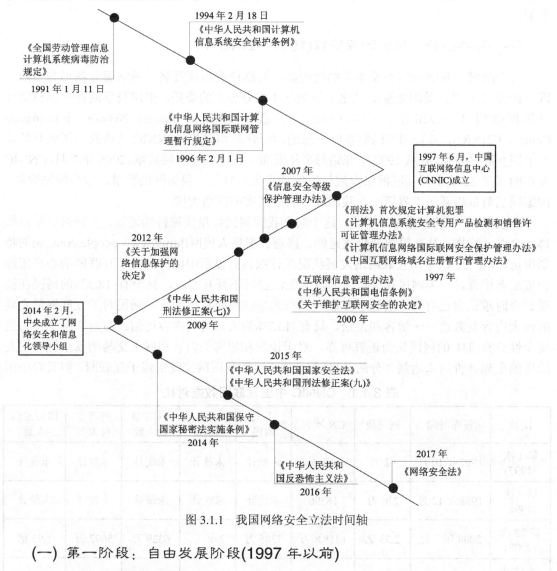

图 3.1.1 我国网络安全立法时间轴

(一) 第一阶段：自由发展阶段(1997 年以前)

1997 年以前，我国互联网尚处于引进、建设阶段。在这个阶段，互联网被视为一项新技术，政府关注的重点是网络基础设施的建设和运行，网络安全治理还没有进入政府的视野，互联网是一个相对自由的空间。在此期间，我国仅出台了三部有关信息化和计算机信息安全的行政法规和规章，立法层级较低，适用范围狭窄，条文内容简单。

1991 年 1 月 11 日，劳动部发布了《全国劳动管理信息计算机系统病毒防治规定》，这是我国最早的一部有关网络安全的行政规章。

1994 年 2 月 18 日，国务院发布了《中华人民共和国计算机信息系统安全保护条例》，这是我国首部保护计算机信息系统安全的行政法规。该条例初步规定了我国信息系统的安全保护制度、监督制度及相应的法律责任。

1996 年 2 月 1 日，国务院发布了《中华人民共和国计算机信息网络国际联网管理暂行规定》，其目标是加强对计算机信息网络国际联网的管理，保障国际计算机信息交流的健康发展。

(二) 第二阶段：探索治理阶段(1997—2013 年)

这个阶段，我国网络普及率大幅度提高，网络产业迅速发展，网络服务新形态不断涌现。1997 年 6 月，受国务院信息化工作领导小组办公室的委托，中国科学院在中国科学计算机网络信息中心组建了中国互联网络信息中心(China Internet Network Information Center，CNNIC)，负责国家网络基础资源的运行管理和服务。CNNIC 从成立当年就开始发布中国互联网数据，并从 1998 年开始每半年发布一次中国互联网数据。2008 年 7 月，CNNIC 发布的《第 22 次中国互联网络发展状况统计报告》显示，我国网民数量、宽带网民数量、国家域名数量均跃居世界第一，我国成为名副其实的网络大国。

从表 3.1.1 中的数据可以看出，这个时期我国网民数量快速持续增加，互联网开始向媒体、金融、购物、社交等领域快速延伸、渗透。根据人民网(http://www.people.com.cn)的特别报道，《第 22 次中国互联网络发展状况统计报告》显示中国网民对于互联网的心理依赖程度显著增强，一半网民认为自己的日常生活已离不开互联网，甚至有 18.3% 的网民在接受调查时承认自己有时会沉迷于互联网。与此形成鲜明对比的是，网民对于互联网最主要的两大内容发源地——博客和论坛，只有 15.7% 的人认为其内容可信；而对于网上交易的安全性只有 1/4 的网民认为还算可靠。对于论坛和博客的内容和网上交易的安全性，网友给出的主观评价均未达到 3 分的及格线。[①]这个时期我国网民既依赖于互联网，但又对中国

表 3.1.1　CNNIC 中国互联网数据对比[②]

次数	发布时间	网民数	CN 域名	手机网民	网络新闻	网络购物人数	网络支付人数	即时通信人数
第 1 次 (1997)	1997 年 10 月	62 万	4066	未统计	未统计	未统计	未统计	未统计
第 3 次 (1998)	1998 年 12 月	210 万	18396	未统计	未统计	未统计	未统计	未统计
第 22 次 (2008)	2008 年 7 月	2.53 亿	1218.8 万	7305 万	2.06 亿	6329 万	5697 万	1.95 亿
第 33 次 (2013)	2014 年 1 月	6.18 亿	1341 万	5 亿	4.91 亿	3.02 亿	2.6 亿	5.32 亿

① 85% 的中国网民不信任互联网，信任危机严重，http://it.people.com.cn/ GB/42891/ 42894/7562619.html，2018 年 12 月 27 日最后访问。

② 表中所有数据均来自中国互联网络信息中心(http://www.cnnic.net.cn)，2018 年 12 月 27 日最后访问。

互联网的内容和安全问题严重不信任，加之这个时期网络安全问题大事件的出现与国内外计算机病毒的爆发，我国政府意识到网络攻击行为和网络信息内容传播行为难以控制，互联网安全需要全面治理和法律保障。

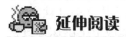 **延伸阅读**

中美黑客大战[①]

2001 年 4 月 1 日，美军一架侦察机侵入中国领空，引发了一场大规模的中美黑客大战。这次网络大战，中美两国不少网站损失惨重。大战中被攻破的美国网站大约有 1600 多个，其中主要网站(包括美国政府和军方的网站)有 900 多个；中国被攻破的网站有 1100 多个，其中重要网站多达 600 多个。

"熊猫烧香"病毒[②]

2006 年年底至 2007 年年初，国内一款名为"熊猫烧香"的病毒不断侵入个人计算机，感染门户网站，击溃数据系统，给百万个人用户、网吧、企业、局域网用户带来无法估量的损失，"熊猫烧香"病毒传播性极高，中病毒者会在短时间内传染局域网内的其他用户，之后通过变种持续危害网络安全，其直到 2016 年才逐渐消失，被《2006 年度中国大陆地区电脑病毒疫情和互联网安全报告》评为"毒王"。"熊猫烧香"病毒制作者李俊[③]于 2007 年 9 月 24 日被湖北省仙桃市人民法院以破坏计算机信息系统罪处以 4 年有期徒刑。

"震网"病毒[④]

2010 年 6 月检测出来的"震网"病毒(又名 Stuxnet 病毒)是全球第一个专门定向攻击真实世界中基础(能源)设施(如核电站、水坝、国家电网)的"蠕虫"病毒。作为世界上首个网络"超级破坏性武器"，"震网"病毒已经感染了全球超过 45000 个网络，其中伊朗遭到的攻击最为严重，60%的个人计算机感染了这种病毒。根据中国解放军报 2013 年 3 月的报道，美国曾利用"震网"病毒攻击伊朗的铀浓缩设备，已经造成伊朗核电站推迟发电的后果。目前国内已有近 500 万网民及多个行业的领军企业遭此病毒攻击。

"火焰"病毒[⑤]

2012 年 5 月 28 日，俄罗斯计算机病毒防控机构卡巴斯基实验室宣布，他们发现了一种破坏力巨大的全新计算机蠕虫病毒——"火焰"(Flame)。"火焰"病毒在中东地区大范围传播，其中伊朗受病毒影响最严重。"火焰"病毒是一种破坏力巨大的全新计算机蠕虫病毒，与"震网"病毒相比，"火焰"病毒更为智能，攻击机制更为复杂，且攻击目标具有特定地域的特点。

① 马民虎. 网络安全法律遵从[M]. 北京：电子工业出版社，2018：34.
② 赵晓力. 从"熊猫烧香"案引发的启示[J]. 信息网络安全，2007(11)：72.
③ 李俊，https://baike.baidu.com/item/%E9%9C%87%E7%BD%91%E7%97%85%E6%AF%92/3559601?fr=aladdin，2018 年 12 月 27 日最后访问.
④ 秦安. "震网"升级版袭击伊朗，网络毁瘫离我们有多远[J]. 网络空间安全，2018(11)：41.
⑤ 吕尧. 基于火焰病毒攻击分析对我国信息安全工作的参考[J]. 信息安全与技术，2014(5)：16.

这个阶段我国立法目标开始明确，安全与可控成为网络安全立法的重点。国家有关信息化和计算机信息安全的法律法规陆续出台，调控手段开始多样化，调控领域逐步扩大。

　　1997年10月1日开始实施的《中华人民共和国刑法》(以下简称《刑法》)首次规定了计算机相关犯罪，并纳入了分则第六章"妨害社会管理秩序罪"第一节"扰乱公共秩序罪"项下。第二百八十五条规定了非法侵入计算机系统罪，第二百八十六条规定了破坏计算机信息系统罪，第二百八十七条对利用计算机实施犯罪进行了提示性规定。

　　1997年12月12日施行了《计算机信息系统安全专用产品检测和销售许可证管理办法》。该办法的出台主要是加强计算机信息系统安全专用产品(以下简称安全专用产品)的管理，保证安全专用产品的安全功能，维护计算机信息系统的安全。

　　1997年12月11日由国务院批准，公安部于1997年12月16日发布第33号令，于1997年12月30日开始实施《计算机信息网络国际联网安全保护管理办法》。该办法的实施，对于加强计算机信息网络国际联网安全保护工作发挥了重要作用。

　　1997年，国务院信息化工作领导小组办公室制定了《中国互联网络域名注册暂行管理办法》。该办法的出台主要是为了保证和促进我国互联网络的健康发展，加强我国互联网络域名系统的管理。

　　2000年9月，国务院292号令发布了《互联网信息服务管理办法》。该办法对互联网信息服务提供者及其信息服务行为进行规范，用法规形式保障信息运动与内容安全，标志着我国互联网监管进入体系化阶段。

　　2000年9月25日公布实施的《中华人民共和国电信条例》旨在规范电信市场秩序，维护电信用户和电信业务经营者的合法权益，保障电信网络和信息安全，促进电信业的健康发展。该条例专列一章规定了电信安全，也开启了信息安全的立法先例。

　　2000年12月28日，全国人大常委会通过了《关于维护互联网安全的决定》。决定规定为保障国家安全、公共利益、个人合法权益，特别强调危害互联网的运行安全、危害国家安全和社会稳定、社会主义市场经济秩序和社会管理秩序，危害个人、法人和其他组织的人身、财产等合法权利的行为，构成刑事犯罪的应依法追究刑事责任。违反行政法规或民事法律的，依法承担相应责任。与此同时，要求各级政府和有关部门加强监管，司法机关、执法机关各司其职，推进网络领域法制化建设。

　　2007年6月22日，公安部、国家保密局、国家密码管理局、国务院信息化工作办公室联合发布印发《信息安全等级保护管理办法》的通知。该办法是《中华人民共和国计算机信息系统安全保护条例》中所规定的关于安全等级划分标准和安全等级保护的具体办法。该办法强调国家信息安全等级保护应坚持自主定级、自主保护原则，将信息系统的安全保护等级分为5级。不同等级受到不同程度的建设、运营和监管。该办法对涉及国家秘密的系统分级保护进行了专门规定，并对信息安全等级保护的密码分级管理进行了规定。

　　2009年2月28日，全国人大常委会通过《中华人民共和国刑法修正案(七)》。在《刑法》第二百五十三条后增加侵犯公民个人信息罪，犯罪主体为国家机关或金融、电信交通、教育、医疗等单位的工作人员，并规定了单位犯罪。在《刑法》第二百八十五条在将国家事务、国防建设、尖端科学技术领域计算机信息系统规定为保护对象的基础上，又将其他领域的计算机信息系统新增为保护对象。首次将制作入侵程序、工具，对明知他人违法行为而为其提供程序、工具帮助作为犯罪行为构成要件进行规定。

2010 年 10 月 1 日施行的《中华人民共和国国家秘密法》对国家秘密的范围进行了缩小，明确保密与公开的关系，保密工作既要确保国家秘密安全，又要便利信息资源合理利用，增加了确定国家秘密事项的标准，增加了定密责任人制度，增加了定密层级的定密权限的规定，增加了保密期限与及时解密条件规定。

2012 年 12 月 28 日，全国人大常委会发布了《关于加强网络信息保护的决定》。该决定从维护信息内容安全、保障个人信息安全、落实实名制等角度加强网络信息保护。

与此同时，互联网企业也快速发展壮大，成立了行业协会，开始行业治理自律探索。2001 年 5 月 25 日，由国内从事互联网行业的网络运营商、服务提供商、设备制造商、系统集成商及科研、教育机构等 70 多家互联网从业者共同发起的中国互联网协会正式成立。中国互联网协会积极开展互联网行业自律活动，先后组织制定了《中国互联网行业自律公约》《搜索引擎服务商抵制违法和不良信息自律规范》《互联网站禁止传播淫秽、色情等不良信息自律规范》《中国互联网协会抵制网络谣言倡议书》等多项自律公约。

总体来看，这一时期互联网产业高速发展，我国政府开始对互联网进行管理和监控，与之配套的网络安全立法由单一领域走向各领域交叉融合。值得肯定的是，不仅国家层面开启了网络治理探索的步伐，行业协会也开始了行业自律规范的探索。这个阶段网络安全治理与监管呈现出多元化、战略性和操作性相结合的特征，在治理方面取得了不小的成绩。

(三) 第三阶段：战略法治阶段(2014 年至今)

这个阶段随着互联网的进一步发展，互联网的现实性、互动性、广域性和即时性特征越发明显，网络虚拟世界与现实世界加速融合，互联网的社会属性显现，治理难度加大。[1]加之这个时期世界级的网络安全大事件频繁发生，直接危及国家安全，世界各国的网络安全治理上升到国家战略层面。

 延伸阅读

棱 镜 门[2]

2013 年 6 月前，中央情报局(Central Intelligence Agency，CIA)职员爱德华·斯诺登将美国国家安全局关于"棱镜计划"监听项目的秘密文档披露给了《卫报》和《华盛顿邮报》。通过该计划，美国国家安全局可以接触到大量个人聊天日志、存储的数据、语言通信、文件传输、个人社交网络数据。随着事件的进一步发酵，各项证据证明美国的监控目标还包括世界多国领导人及多个政府部门和银行。这是一起美国有史以来最大的监控事件，引发了一系列后续反应，包括欧盟在内的多个国际组织和受监听国家表示将重新审视与美国的数据共享协议，美国国内民权组织也提出了针对侵犯公民言论自由和隐私权方面的政府违宪诉讼。

① 李雅文，李长喜. 互联网立法若干问题研究[J]. 北京邮电大学学报(社会科学版)，2013，15(04)：13-17+89.
② 陈印昌，朱新光. "棱镜门"事件及其对我国政治安全的影响和启示[J]. 云南社会科学，2014(3)：23.

红色十月①

2013 年 1 月 16 日，卡巴斯基的安全研究人员宣布发现了一个有 5 年历史的大规模网络间谍活动——"红色十月行动(Operation Red October)"，该行动以至少 39 个国家的外交使馆、政府和科研机构为攻击目标，目标国家包括美国、巴西、澳大利亚和俄罗斯等。红色十月行动的活动始于 2007 年，目的是窃取一些国家的秘密文件和地缘政治情报，包括大使馆、原子能研究中心以及石油天然气研究机构等。该恶意软件不仅能窃取加密文件，甚至还能恢复被删除的文件。

乌克兰电网遭攻击②

2015 年 12 月，乌克兰电网遭受攻击。黑客攻击乌克兰电网的控制系统，使得其首都基辅附近断电超过一小时，数百万户家庭被迫供电中断。这是有史以来首次导致停电的网络攻击。

WannaCry 勒索蠕虫③

2017 年 5 月 12 日，WannaCry 勒索蠕虫通过 MS17-010 漏洞在全球范围大爆发，感染了大量的计算机，该蠕虫感染计算机后会向计算机中植入敲诈者病毒，导致计算机大量文件被加密。受害者计算机被黑客锁定后，病毒会提示支付价值相当于 300 美元(约合人民币 2069 元)的比特币才可解锁。近一周时间有 100 多个国家的数十万用户中招，政府、医疗、教育、能源、通信、金融等多个重点领域受到影响，损失超过 10 亿美元。

加密货币组织被攻击④

2018 年年初，日本数字交易所 Coincheck 遭受黑客攻击，加密货币 NEM 被窃取，总价值高达 5.3 亿美元。其中，26 万客户共损失 4 亿美元。

2018 年 3 月 7 日晚间，知名加密货币交易平台币安疑似遭遇黑客攻击，交易系统出现故障，多名投资者山寨币在不知情的情况下以市价被卖出换成比特币，主要涉及超过 20 个币种。后来，币安发布全球通缉令，以 25 万美元的等值赏金追缉黑客。

2018 年 6 月 10 日，韩国加密货币交易所 Coinrail 称系统遭遇"网络入侵"，损失超过 4000 万美元。此事件导致比特币连续三天下跌。

2014 年 2 月，中央成立了网络安全和信息化领导小组，标志着我国正式将网络安全提升至国家安全的高度。2014 年 10 月，党的十八届四中全会通过的《中共中央关于全面推进依法治国若干重大问题的决定》提出："加强互联网领域立法，完善网络信息服务、网络

---

① 红色十月，https://baike.baidu.com/item/%E7%BA%A2%E8%89%B2%E5%8D%81%E6%9C%88/5296504?fr=aladdin，2018 年 12 月 27 日最后访问。

② 马民虎. 网络安全法律遵从[M]. 北京：电子工业出版社，2018：41.

③ 高荣伟. 勒索病毒"想哭"肆虐全球[J]. 检察风云，2017(20)：56.

④ 加密货币2018大事记/你来偷，他来抢，币圈是否真的无宁日？http://www.sohu.com/a/236911783-354899，2018 年 12 月 27 日最后访问。

安全保护、网络社会管理等方面的法律法规，依法规范网络行为。"至此，我国加快了网络安全立法的进程，立法层级迅速提升。

2014 年 3 月，由国务院发布的《中华人民共和国保守国家秘密法实施条例》开始实施。该条例规范了国家秘密保护与信息公开的关系，大大提高了《中华人民共和国保密法》(以下简称《保密法》)具体条款的操作性。

2015 年 7 月 1 日通过的《中华人民共和国国家安全法》(以下简称《国家安全法》)，以法律的形式确立了总体国家安全观的指导地位和国家安全领导体制。该法规定了国家安全保障内容，强调健全国家安全法律制度体系，推动国家安全法治建设。该法规定了国家要建设网络与信息安全保障体系，并加强网络管理，防范、制止和依法惩治网络攻击、网络入侵、网络窃密、散布违法有害信息等网络违法犯罪行为，维护国家网络空间主权、安全和发展利益。

2015 年 11 月 1 日《刑法修正案(九)》开始正式实施。该修正案加强了公民个人信息保护，加大了非法侵入计算机信息系统罪、破坏计算机信息系统罪的处罚力度，新增了编造虚假信息罪和网络服务提供者违反安全管理义务罪。

2015 年 12 月 27 日，全国人大常委会通过了《中华人民共和国反恐怖主义法》(以下简称《反恐怖主义法》)，并于 2016 年 1 月 1 日开始实施。该法对恐怖活动组织和人员的认定、安全防范、情报信息、调查、应对处置、国际合作、保障措施、法律责任等方面进行了规定。该法还特别强调了监管部门的职责及电信业务经营者、互联网服务提供者的屏蔽与报告义务。

2017 年 6 月 1 日实施的《网络安全法》是我国第一部网络安全综合性法律，有效地弥补了我国网络安全法律领域的空缺，在我国网络安全立法进程中具有里程碑式的意义。

这一时期立法层级升高，多部安全方面的法律法规出台。总体来看，法律法规紧跟时代要求，监管开始深入细致，权责逐步清晰，可操作性大大增强，我国的网络安全法治体系建设成果初现。

经过三个阶段的立法发展，我国网络安全立法进程与时俱进，不断完善，紧跟国际网络安全治理步伐。未来网络安全的治理，一方面需要基于本国国情不断创新、夯实技术与经济基础。另一方面也需要走出去，加强国际交流与合作，借鉴优秀经验，共同抵御网络安全威胁；防治结合，共建国际层面多边、民主、透明的互联网治理体系。①

二、国外主要国家(组织)网络安全立法概述

互联网技术的飞速发展和对社会生活的全面渗透使得网络安全形势越发严峻，并逐渐上升为影响国家安全和社会安定的全局性问题。网络空间需要法律治理已成为世界各国政府的共识，目前全世界 90 多个国家均已制定、颁布针对网络安全及相关问题的法律法规。下面就美国、欧盟、英国、德国、俄罗斯、日本、新加坡、澳大利亚等 8 个国家及组织的网络安全立法进行简要介绍，以资借鉴。

---

① 马民虎. 网络安全法律遵从[M]. 北京：电子工业出版社，2018：44.

(一) 美国

美国是世界上网络信息技术发展最早和应用最广泛的国家，也是颁布网络信息安全相关政策和法案最多的国家。美国互联网监管体系主要包括立法、司法和行政三大领域以及联邦与州两个层次，法案既有针对网络安全宏观整体的规范，也有微观的具体规定，为美国的网络安全提供了强有力的法律保障。表 3.1.2 列举了美国部分法律文件，以供参考。

表 3.1.2　美国部分网络安全法律文件摘要

时间	法律名称	基本内容及评价
1987 年	《计算机安全法》	法案通过法律的形式授权国家标准与技术局为美国联邦政府计算机系统制定网络信息安全的政策和标准，是美国关于网络信息安全的根本大法，真正打开了网络信息安全法制建设的大门
1997 年	《公共网络安全法》	法案重在调整应用于商务、通信、教育和公共服务等领域的公共网络的信息安全
1999 年	《网络空间电子信息安全法》	法案对访问和使用存储的恢复信息、机密信息保护、获取联邦调查局技术支持、信息拦截等问题做了详细的规定
2001 年	《2001 爱国者法》	根据法案的内容，警察机关有权搜索电话、电子邮件通信、医疗、财务和其他种类的记录。该法案极具争议性，它极大地增强了联邦政府搜集和分析美国民众私人信息的权力
2002 年	《网络信息安全研究与发展法》	法案赋予了国家科学基金会与国家标准和技术研究院研究网络安全的职责
2014 年	《联邦信息安全管理法》	法案的立法目的旨在确保信息网络安全，为联邦政府业务和资产信息的有效控制提供一个全面的框架
2014 年	《国家网络安全保护法》	法案明确了国家网络安全和通信整合中心(National Cybersecurity and Communication Integration Centre，NCCIC)的运行原则。该中心应当在可能的范围内确保及时分享网络安全风险事件的相关信息
2015 年	《网络安全法》	法案由《网络安全信息共享法》《国家网络安全促进法》《联邦网络安全人力资源评估法》组成。《网络安全法》是美国网络安全立法上的重要进步，是对历年美国网络安全立法内容的提炼与总结
2017 年	《2017 NIST 网络安全框架》	这份框架专为拥有并运营关键行业的公司制定。对于采用该框架的机构而言，遵守这项法案，就不必满足联邦信息安全规则的传统合规要求
2018 年	《NIST 小企业网络安全法》	法案修订了国家标准与技术法案，要求国家标准与技术研究院促进与支持基于共识的自愿性行业指导方针和有效降低关键基础设施网络风险程序的发展

(二) 欧盟

欧盟自成立以来，便以超国家的形态在欧洲各个领域的发展中都起到了举足轻重的作用。欧盟是较早有网络安全管制意识的国际组织之一，在网络安全法律规则方面，通过颁布决议、指令、建议、条例等方式，内容涉及数字网集服务、网络准入制度、信息保护等互联网安全诸多方面，指导各成员国的网络管理实践。欧盟网络安全法律框架的制定和不断完善，有效地保证了欧盟的信息安全。表 3.1.3 列举了欧盟部分法律文件，以供参考。

表 3.1.3 欧盟部分网络安全法律文件摘要

时间	法律名称	基本内容及评价
1992 年	《信息安全框架决议》	该决议翻开了欧盟信息安全立法的新篇章。决议的目标在于给一般用户、行政管理部门和工商业界存储电子信息提供有效切实的安全保护，使之不危及公众的利益
2005 年	《打击信息系统犯罪的框架决议》	该决议规定的应受到惩罚的犯罪包括三类：非法接触信息系统；非法进行系统干扰和非法进行数据干扰；同时规定从事鼓动、帮助、教唆和试图实施上述任何犯罪行为的，也要负法律责任。成员国必须通过有效的、成比例的、劝诫的犯罪处罚来对上述犯罪行为的惩罚做出规定
2016 年	《欧盟网络与信息系统安全指令》	该指令是欧盟首部网络安全法，旨在加强基础服务运营者、数字服务提供者的网络与信息系统的安全。要求这两者履行网络风险管理、网络安全事故应对与通知等义务。欧盟成员国必须在该指令生效后的 21 个月内将该指令转换为国内法。此外，该指令要求成员国制定网络与信息安全国家战略，要求加强成员国间的合作与国际合作，要求在网络安全技术研发方面加大资金投入与支持力
2016 年	《通用数据保护条例》	该条例堪称史上最严格的数据保护法案，欧盟对个人信息的保护及监管达到了前所未有的高度。该条例全面加强了个人数据权利，明确了相关主体的安全保护责任，完善了数据资源的监管机制
2018 年	《非个人数据自由流动框架条例》	该条例旨在欧洲单一市场内，消除非个人数据在储存和处理方面的地域限制，有助于欧盟在单一数字市场战略下推动欧盟打造富有竞争力的数字经济

(三) 英国

目前，英国的网络安全立法比较完整。英国不仅通过国家网络安全战略等形式对网络安全治理方向进行规制，还在关键信息基础设施保护、个人信息安全、跨境数据流动等方面进行专门立法。表 3.1.4 列举了英国部分法律文件，以供参考。

表 3.1.4　英国部分网络安全法律文件摘要

时间	法律名称	基 本 内 容
1990 年	《计算机滥用法》	法案将未经授权非法占用计算机数据并意图犯罪，故意损坏、破坏、修改计算机数据或程序的行为认定为违法
2000 年	《信息自由法》	法案赋予了公民依法知道某种政府信息是否存在，并获得这些信息的权利，同时给政府机构增加了依法主动公开政府信息并处理个人信息请求的义务。这不仅促进了英国政府新文化的形成，而且促进了英国知识经济的发展
2000 年	《通信监控权法》	法案规定在法定程序条件下，为维护公众的通信自由和安全以及国家利益，可以动用皇家警察和网络警察。该法规定了对网上信息的监控。"为国家安全或为保护英国的经济利益"等目的，可截收某些信息，或强制性公开某些信息
2014 年	《紧急通信与互联网数据保留法》	该法案是允许警察和安全部门获得电信及互联网公司用户数据的应急法案，旨在进一步打击犯罪与恐怖主义活动
2017 年	《数据保护法案》	法案主要内容：① 阐明英国法律与《通用数据保护条例》的不同之处；② 对英国本国法律进行升级与改进，从而尽可能简单且顺利地完成与《通用数据保护条例》的协调工作以及英国脱离欧洲经济区的工作

（四）德国

德国作为欧洲发达的国家之一，其信息网络的发展水平也一直处于世界前列。德国很早就通过立法的方式来维护互联网的信息安全，将法律制度普及到网络社会中，实现全社会的和谐稳定。表 3.1.5 列举了德国部分重要法律文件，以供参考。

表 3.1.5　德国部分网络安全法律文件摘要

时间	法律名称	基 本 内 容
1997 年	《多媒体法》（《信息和通信服务法》）	法案为建设自由的信息和通信服务市场提供一个可靠的法律基础，即通过为信息产业创立一个稳定而可靠的法律环境刺激人们在信息产业方面的投资，同时通过市场竞争保护该领域的创新和创造。另外，法案还希望保护用户的公民权利和公共的利益
2015 年	《德国网络安全法》	法案首次明确了关键基础设施运营者的责任，确定了网络安全报告制度
2015 年	《联邦信息技术安全法》	法案对能源、信息与通信、交通运输、卫生保健、供水、食品以及金融保险等行业中被认定为关键基础设施的运营者进行重点保护。法案从受保护资产的可用性、完整性、保密性和可靠性的角度，强化信息技术安全局的职能，以应对信息技术系统面临的现实和未来的威胁
2017 年	《改进社交网络执行的法案》（简称《网络执行法》）	法案强制要求在德国境内符合条件的社交网络平台建立虚假新闻、煽动性言论和仇恨言论等违法信息的投诉与处理机制，并对处理不力、不当者设置最高达 5000 万欧元的巨额罚款
2018 年	《新联邦数据保护法》	法案结合了德国本国法律和欧盟新数据保护法，以取代现行的《德国联邦数据保护法》，将和《通用数据保护条例》在同一天正式生效

(五) 俄罗斯

相较于西方国家，俄罗斯的网络安全立法起步较晚。俄罗斯政府很快认识到社会的稳定、公民权利和自由的保障、法治秩序以及国家财富甚至国家完整的维护，很大程度上取决于信息安全和信息防护问题的解决。因此，俄罗斯政府不断制定纲领性文件，从国家战略的高度对信息和信息化领域提出全方位的要求，并提供理论指导和政策支持。表3.1.6列举了俄罗斯部分重要法律文件，以供参考。

表3.1.6 俄罗斯部分网络安全法律文件摘要

时间	法律名称	基本内容
1995年	《信息、信息技术和信息保护法》	法案规定了俄罗斯联邦有关网络信息安全的职责，明确了俄罗斯网络信息安全的目的。该法律是俄罗斯国家网络信息安全最基础的法律，为俄罗斯网络信息安全后续立法奠定了重要的基础，同时也保障着俄罗斯网络信息的安全
2000年	《发展和利用互联网之国家政策法》	这是俄罗斯真正意义上有关网络信息安全的立法。法案明确规定了联邦权力机构的职责、公民享受网络信息的相关权利和义务及网络供应商的职责
2009年	《保护青少年免受对其健康和发展有害信息干扰(修订)》	规定育有未成年子女的家庭在使用互联网时应每天定期对网络信息采取技术过滤措施，以此防止网络中淫秽、色情信息对未成年人的成长造成不利影响
2018年	《关键信息基础设施安全保障法》	法案确立了关键信息基础设施安全保障的基本原则，当信息和电信网络、运输管理自动化系统、通信、能源、银行、燃料和能源综合体、核电、国防、火箭与太空、冶金等领域计算机遭遇网络攻击时，能更好地起到法律保护作用

(六) 日本

在亚洲国家中，日本网络技术发展起点高，网络规制意识较早。在完善立法的同时，日本政府还采取了完善信息安全机构、扩充网络安全力量、健全信息安全保障机制、研发网络安全技术、举行信息安全演习、举办黑客技术比赛、严厉打击网络违法行为、广泛开展交流合作等一系列举措，以加强信息网络安全建设。表3.1.7列举了日本部分重要法律文件，以供参考。

表3.1.7 日本部分网络安全法律文件摘要

时间	法律名称	基本内容
1999年	《非法接入网络禁止法》	法案共有14条。根据该法规定，非法接入的计算机事前应该已采取了适当的非法接入预防手段，只要已经非法接入就应受到惩罚，即使实际损害并没有发生；禁止不当取得、保管他人的密码，禁止不当要求输入他人的密码；同时要求日本各地方公安委员会在确切证明该类行为确实发生并接到该类犯罪的检举时，应该为受害者提供各种援助，如受害者所需要的资料、指导等。该法第11～14条规定了一系列惩罚措施来制裁非法接入计算机系统的犯罪行为

续表

时间	法律名称	基 本 内 容
2001 年	《网络提供者损害赔偿责任限制及发送者信息开示法》①	法案共有 4 条，其中第 3 条规定了网络服务提供商承担损害赔偿责任的条件，第 4 条规定了网络服务提供商向被害人开示侵权信息发布者身份的义务
2011 年	《刑法》(部分修正)	法案要求网络运营商原则上保存用户 30 天上网和通信记录，根据必要还可以再延长 30 天
2014 年	《网络安全基本法》	法案规定电力、金融等重要社会基础设施运营商、网络相关企业、地方自治体等有义务配合网络安全相关举措或提供相关情报，此举旨在加强日本政府与民间在网络安全领域的协调和运用，更好地应对网络攻击

(七) 新加坡

2017 年 7 月 5 日，国际电信联盟发布《2017 年全球网络安全指数》，新加坡的网络安全指数位列全球第一②，这得益于其严格的网络管理体制和超前的网络治理思维。表 3.1.8 列举了新加坡部分重要法律文件，以供参考。

表 3.1.8　新加坡部分网络安全法律文件摘要

时间	法律名称	基 本 内 容
1997 年	《网络行为法》	由新加坡广播局对网络内容进行管制，规定了网络服务提供商 (Internet Service Provider，ISP)和网络内容提供商(Internet Content Provider，ICP)在网络内容传播方面所负的责任及禁止性资料的范围
2012 年	《个人信息保护法》	法案规定，机构或个人在收集、使用或披露个人资料时必须征得同意，必须为个人提供可以接触或修改其信息的渠道。手机软件等应用服务平台也属于该法案的管控范围，法案禁止向个人发送市场推广类短信，用网络发送信息的软件也同样受到该法案的管制
2016 年	《互联网操作规则》	法案明确规定互联网服务提供商和内容提供商应承担自审义务，配合政府的要求对网络内容自行审查，发现违法信息时应及时举报，且有义务协助政府屏蔽或删除相关非法内容
2018 年	《网络安全法》	法案旨在加强保护提供基本服务的计算机系统，防范网络攻击。该法案提出针对关键信息基础设施(Critical Information Infrastructure，CII)的监管框架，并明确了 CII 所有者确保网络安全的职责

(八) 澳大利亚

澳大利亚有良好的信息安全保护传统，其信息安全立法可谓是走在世界前列。澳大利亚政府还积极开展网络安全教育，提高全民网络风险意识。例如，免费在计算机上安装软件，屏蔽不良网站，建立青少年网络安全保护公益组织，并为公众投诉非法的互联网内容

① 该法案日文为《特定電気通信役務提供者の損害賠償責任の制限及び発信者情報の開示に関する法律》。
② 王丹娜. 全球网络安全指数衡量各国网络安全承诺[J]. 中国信息安全，2017(10)：82.

设立了举报投诉机制。表 3.1.9 列举了澳大利亚部分重要法律文件，以供参考。

表 3.1.9 澳大利亚部分网络安全法律文件摘要

时间	法律名称	基本内容
1992 年	《联邦政府互联网审查法》	法案对网络服务商的责任、义务做出具体规定，还授权政府调查机关必要时可对互联网信息进行公开或秘密的监控
2000 年	《广播服务修订法(1999)》	法案以正式的互联网审查法规的面目出现，标志着澳大利亚互联网法治化进入新的轨道
2003 年	《反垃圾邮件法》	根据该法案要求，网络服务供应商和其他邮件服务供应商必须为客户提供足够的垃圾邮件过滤机制，否则就要面临高额罚款
2007 年	《传播立法修正案〔内容服务(2007)〕》	法案规定了各种互联网的审查新规定，这些规定不但涉及面广，惩处力度也在不断加大
2018 年	《强制性数据泄露通知法》	法案规定所有在"1988 年隐私法"覆盖下的组织都有义务向澳大利亚信息专员办公室报告严重的数据泄露事件及向受影响客户进行通知
2018 年	《2018 关键基础设施安全法案》	法案旨在管理外国对澳大利亚关键基础设施带来的破坏、间谍和胁迫性国家安全风险

第二节 《网络安全法》整体解读

一、立法背景与立法意义

(一) 立法背景

1. 时代背景

当前我国面临的国内和国际信息安全形势相当复杂和严峻，境外敌对势力的网络浸透日益泛化，国内各种极端势力进行的网络恐怖活动及社会矛盾交融所产生的国家安全和社会稳定任务更加迫切。"多网域跨际"和"供应链渗透"威胁着能源、通信、金融、工业等国家关键基础设施的安全。大数据挖掘和数据跨境流动广泛融入现代商业的发展模式中，给涉及我国商业运行数据、公民个人敏感数据等国家数据主权，特别是国家独立的司法权力架构带来了结构性的挑战。

在这样的形势下制定《网络安全法》是适应我国网络安全工作新形势、新任务，落实中央决策部署，保障网络安全和发展利益的重大举措，是落实国家总体安全观的重要举措。

2. 国际背景

国际层面，和平与发展仍然是当今时代的主题，但随着世界政治多极化、经济全球化、文化多样化、社会信息化的深入发展，国家间的竞争空前激烈，传统安全问题与非传统安全问题交织，国际关系复杂程度前所未有。网络空间已成为各国竞争与博弈的新领域，其安全性与战略性已成为各国关注的重点。为了应对这种局面，各国纷纷加大了对网络安全治理与立法的力度，网络安全相关法案相继出台。

（二）立法意义

《网络安全法》是国家安全法律制度体系中的重要组成部分，是网络安全领域的基础性大法，对于确立我国网络安全基本管理制度具有里程碑式的重要意义。

《网络安全法》的出台有助于我国网络空间安全战略和重要领域安全规划的法治化建设，有助于推进我国与其他国家或组织就网络安全问题展开有效的战略博弈，有助于公民个人信息保护进入正轨，有助于打击网络暴力、网络谣言、网络欺诈等网络违法犯罪行为，为我国"互联网+"的长远发展保驾护航。

二、整体内容框架

（一）三大法律原则[①]

法律原则是指集中反映法的一定内容的法律活动的指导原理和准则，是实现法的目的的基本保证。《网络安全法》的原则是贯穿网络安全立法、司法、执法全过程，是实现维护网络安全的法制目的的根本规则。我国《网络安全法》有以下三大原则。

1. 网络空间主权原则

《网络安全法》第一条立法目的开宗明义，明确规定要维护我国网络空间主权。第二条明确规定，《网络安全法》适用于我国境内网络以及网络安全的监督管理。这是我国网络空间主权对内最高管辖权的具体体现。网络空间主权是一国国家主权在网络空间中的自然延伸和表现。

近年来网络空间的不断扩展，动摇了传统国家安全空间的范围认定，也改变了国与国之间的权力博弈方式。由于各国在网络核心资源、核心技术的市场占有份额及文化价值观念等方面的差异，网络空间的治理思路仍存在不少分歧和矛盾。尤其是网络的跨国界性、去中心化性使得传统的"主权"边界趋于模糊，同时"网络自由主义"的不断兴起，成为网络强国挑衅他国网络主权的得力工具。基于此背景，网络空间主权原则从学术研究范畴迈入立法视野，成为我国网络空间治理的基本原则。[②]

2. 网络安全与信息化发展并重原则

习近平总书记指出，安全是发展的前提，发展是安全的保障，安全和发展要同步推进。网络安全和信息化是一体之两翼、驱动之双轮，必须统一谋划、统一部署、统一推进、统一实施。《网络安全法》第三条明确规定，国家坚持网络安全与信息化并重，遵循积极利用、

---

① 关于《网络安全法》的基本原则，学界有"三原则"说，也有"四原则"说，参见夏冰主编的《网络安全法和网络安全等级保护 2.0》以及马民虎主编的《网络安全法律遵从》。综合学者观点和各类相关新闻报道及宣传，本书采用"三原则说"。
② 马民虎. 网络安全法律遵从[M]. 北京：电子工业出版社，2018：60.

科学发展、依法管理、确保安全的方针；既要推进网络基础设施建设，鼓励网络技术创新和应用，又要建立健全网络安全保障体系，提高网络安全保护能力。

3. 共同治理原则

网络涉及社会各个领域，安全问题仅仅依靠政府是无法解决的，需要政府、企业、社会组织、技术社群和公民等网络利益相关者的共同参与。《网络安全法》坚持共同治理原则，要求采取措施鼓励全社会共同参与，政府部门、网络建设者、网络运营者、网络服务提供者、网络行业相关组织、高等院校、职业学校、社会公众等应根据各自的角色参与到网络安全治理工作中来。

(二) 10 类网络安全法律制度

《网络安全法》内容丰富，构建了一系列网络安全的相关法律制度，亮点突出，特色分明。

1. 网络安全标准体系法律制度

《网络安全法》第十五条规定："国家建立和完善网络安全标准体系。国务院标准化行政主管部门和国务院其他有关部门根据各自的职责，组织制定并适时修订有关网络安全管理以及网络产品、服务和运行安全的国家标准、行业标准。国家支持企业、研究机构、高等学校、网络相关行业组织参与网络安全国家标准、行业标准的制定。"经中央网络安全和信息化领导小组同意，中央网信办、国家质检总局、国家标准化管理委员会于 2016 年 8 月联合印发了《关于加强国家网络安全标准化工作的若干意见》，要求建立统筹协调、分工协作的工作机制，加强标准体系建设，提升标准质量和基础能力，强化标准宣传实施，加强国际标准化工作，抓好标准化人才队伍建设，做好资金保障。按照部署，我国将系统地围绕国家战略需求，开展关键信息基础设施保护、网络安全审查、工业控制系统安全、大数据安全、个人信息保护、网络安全信息共享等领域标准的研制工作。

2. 网络安全等级保护法律制度

《网络安全法》第二十一条规定："国家实行网络安全等级保护制度。网络运营者应当按照网络安全等级保护制度的要求，履行下列安全保护义务，保障网络免受干扰、破坏或者未经授权的访问，防止网络数据泄露或者被窃取、篡改：(一) 制定内部安全管理制度和操作规程，确定网络安全负责人，落实网络安全保护责任；(二) 采取防范计算机病毒和网络攻击、网络侵入等危害网络安全行为的技术措施；(三) 采取监测、记录网络运行状态、网络安全事件的技术措施，并按照规定留存相关的网络日志不少于六个月；(四) 采取数据分类、重要数据备份和加密等措施；(五) 法律、行政法规规定的其他义务。"

3. 个人信息保护法律制度

《网络安全法》第二十二条规定："网络产品、服务具有收集用户信息功能的，其提供者应当向用户明示并取得同意；涉及用户个人信息的，还应当遵守本法和有关法律、行政法规关于个人信息保护的规定。"同时第四十条规定："网络运营者应当对其收集的用户信息严格保密，并建立健全用户信息保护制度。"

《网络安全法》第四十二条和四十四条也对保护个人信息进行了明确规定，如"网络运营者不得泄露、篡改、毁损其收集的个人信息""任何个人和组织不得窃取或者以其他非法方式获取个人信息，不得非法出售或者非法向他人提供个人信息"等。

4．网络用户身份管理法律制度

《网络安全法》第二十四条规定："网络运营者为用户办理网络接入、域名注册服务，办理固定电话、移动电话等入网手续，或者为用户提供信息发布、即时通讯等服务，在与用户签订协议或者确认提供服务时，应当要求用户提供真实身份信息。用户不提供真实身份信息的，网络运营者不得为其提供相关服务。"

5．网络安全事件应急预案法律制度

《网络安全法》第二十五条规定："网络运营者应当制定网络安全事件应急预案，及时处置系统漏洞、计算机病毒、网络攻击、网络侵入等安全风险；在发生危害网络安全的事件时，立即启动应急预案，采取相应的补救措施，并按照规定向有关主管部门报告。"

6．关键信息基础设施运行安全保护法律制度

《网络安全法》第三十一条首次在法律层面提出关键信息基础设施的概念和重点保护范围。为了强化对关键信息基础设施安全保护的责任，《网络安全法》从国家主体和关键信息基础设施运营者两大层面，分别明确了对关键信息基础设施安全保护的法律义务和责任。

7．关键信息基础设施重要数据存储流动法律制度

《网络安全法》第三十七条是关于关键信息基础设施有关数据境内存储和向境外提供的规定。涉及国家对经济社会事务管理和社会公共服务的关键信息基础设施汇集了大量的个人信息和涉及国家安全、经济安全的重要数据，这些重要数据对国家运行管理十分重要，存储不当极易增加安全风险。因此，《网络安全法》专门规定："关键信息基础设施的运营者在中华人民共和国境内运营中收集和产生的个人信息和重要数据应当在境内存储。因业务需要，确需向境外提供的，应当按照国家网信部门会同国务院有关部门制定的办法进行安全评估；法律、行政法规另有规定的，依照其规定。"

8．网络安全监测预警和信息通报制度

近几年，国家关键基础设施领域内网络信息安全事件频繁发生，呈现出不确定性、全局性和连锁性等特点。加强监测预警与应急处置已经成为国际社会的普遍共识，尤其是建立应急处置已经成为治理网络安全活动的基本措施。[①]《网络安全法》第五十一条规定："国家建立网络安全监测预警和信息通报制度。国家网信部门应当统筹协调有关部门加强网络安全信息收集、分析和通报工作，按照规定统一发布网络安全监测预警信息。"《网络安全法》第五十二条规定："负责关键信息基础设施安全保护工作的部门，应当建立健全本行业、本领域的网络安全监测预警和信息通报制度，并按照规定报送网络安全监测预警信息。"

9．网络通信管制制度

《网络安全法》第五十八条规定："因维护国家安全和社会公共秩序，处置重大突发社会安全事件的需要，经国务院决定或者批准，可以在特定区域对网络通信采取限制等临时措施。"

---

① 王春晖. 解析《网络安全法》的十大法律制度和基本特征[J]. 中国电信业，2016(12)：11-16.

10. 未成年人网络安全保护制度

《网络安全法》第十三条规定："国家支持研究开发有利于未成年人健康成长的网络产品和服务，依法惩治利用网络从事危害未成年人身心健康的活动，为未成年人提供安全、健康的网络环境。"通过鼓励和惩治两方面，确立了未成年人网络保护的原则，构建了未成年人网络安全保护机制。

(三) 16 种处罚措施

《网络安全法》在第六章规定了详尽的法律责任，其涵盖了民事、刑事、行政三大领域，主要有以下 16 种处罚措施：责令改正、警告、罚款、暂停相关业务、停业整顿、关闭网站、吊销相关业务许可证、吊销营业执照、没收违法所得、拘留、从业禁止、处分、信用惩戒、民事责任、刑事责任、冻结财产。

1. 责令改正

责令改正是指有关主管部门要求违法行为人停止违法行为并将其行为恢复到合法状态。

2. 警告

警告是指有关主管部门对违法行为人进行训诫，使其认识到其行为的违法性。

3. 罚款

罚款是行政处罚手段之一，是行政执法单位对违反行政法规的个人和单位给予的行政处罚。

《网络安全法》规定，运营者的罚款范围为一万至一百万元，个人的罚款范围为五千至十万元。执行罚款的部门主要由运营者的主管部门、公安部门组成。

4. 暂停相关业务、停业整顿、关闭网站、吊销相关业务许可证、吊销营业执照

暂停相关业务、停业整顿、关闭网站的处罚措施由相关业务主管部门实施，吊销相关业务许可证、吊销营业执照的处罚措施由证照的颁发部门实施。

5. 没收违法所得

没收违法所得，是指行政机关或司法机关依法将违法行为人取得的违法所得财物，运用国家法律法规赋予的强制措施，对其违法所得财物的所有权予以强制性剥夺的处罚方式。

6. 拘留

《网络安全法》中的拘留是行政拘留，是指法定的行政机关(专指公安机关)依法对违反行政法律规范的人，在短期内限制人身自由的一种行政处罚。

7. 从业禁止

《网络安全法》要求关键信息基础设施的运营者设置专门的安全管理机构和安全管理负责人，并对该负责人和关键岗位的人员进行安全背景审查。如果发现受到治安管理处罚的人员，则五年内不得从事网络安全管理和网络运营关键岗位的工作；如果发现受到刑事处罚的人员，则终身不得从事网络安全管理和网络运营关键岗位的工作。

8. 处分

处分，是指国家有关部门对在网络安全领域违法失职的国家工作人员的一种惩罚措施，

包括警告、记过、记大过、降级、撤职、留用察看、开除等。

9. 信用惩戒

有本法规定的违法行为的，依照有关法律、行政法规的规定记入信用档案，并予以公示。

信用档案是政府部门或者征信机构对个人、组织的信用信息进行采集、保存、加工而提供的信用记录，体现了个人、组织在市场活动中的可信度、公信力，是证实其是否诚实守信、遵纪守法或有无违法违约、欺诈等行为的重要凭证和依据，是出具信用报告和进行信用惩戒的基础。

10. 民事责任

民事责任，是指民事主体在民事活动中，因实施了民事违法行为，根据民法所承担的对其不利的民事法律后果或者基于法律特别规定而应承担的民事法律责任。

11. 刑事责任

刑事责任是指犯罪人因实施犯罪行为应当承担的法律责任，按刑事法律的规定追究其法律责任。

12. 冻结财产

《网络安全法》第七十五条规定："境外的机构、组织、个人从事攻击、侵入、干扰、破坏等危害中华人民共和国的关键信息基础设施的活动，造成严重后果的，依法追究法律责任；国务院公安部门和有关部门并可以决定对该机构、组织、个人采取冻结财产或者其他必要的制裁措施。"

第三节　《网络安全法》的相关配套立法

《网络安全法》于 2016 年 11 月通过后，成为我国首部全面规范网络安全和信息安全的基础性法律。为了贯彻落实《网络安全法》，后续相关领域的立法需与《网络安全法》进行呼应和衔接，一系列的配套的法律法规陆续出台。《网络安全法》作为我国法律体系中的一员，也与已经颁布的部分法律法规存在着衔接与互补。

一、相关配套的立法进展

(一) 相关的立法情况

《中华人民共和国测绘法》

1.《中华人民共和国测绘法》

2017 年 7 月 1 日，新修订的《中华人民共和国测绘法》(以下简称《测绘法》)生效实施。新修订的《测绘法》共 10 章 68 条，分别是总则、测绘基准和测绘系统、基础测绘、界线测绘和其他测绘、测绘资质资格、测绘成果、测量标志保护、监督管理、法律责任、附则。新修订的《测绘法》在原法的基础上增加了"监督管理"一章。该法的亮点就是在维护国家地理信息安全和对个人信息的保护方面进行了修改完善，与《网络安全法》在相关制度上形成呼应。①

2.《中华人民共和国电子商务法》

2018 年 8 月 31 日，中华人民共和国第十三届全国人民代表大会常务委员会第五次会议通过了《中华人民共和国电子商务法》(以下简称《电商法》)，于 2019 年 1 月 1 日施行。该法是我国第一部电商领域的综合性法律。

《中华人民共和国电子商务法》

电子商务与网络天然联系，因此《电商法》在网络安全领域与《网络安全法》在立法精神和基本规则上是一脉相承的。《电商法》第二十三条和二十四条对个人信息的收集、使用和保护延续了《网络安全法》中对个人信息保护的总体思路。②《电商法》在结合电子商务领域特点的基础上，对《网络安全法》的一般性规则进行了细化和延伸。《电商法》第三十一条则在《网络安全法》的一般规定基础上，根据电子商务的特点进行了要求更高更详尽的规定。③

3.《中华人民共和国密码法(草案征求意见稿)》

2017 年 4 月 13 日，国家密码管理局发布了关于《中华人民共和国密码法(草案征求意见稿)》(以下简称《草案》)公开征求意见的通知。《草案》在以下几个方面体现了与《网络安全法》的立法精神一脉相承和具体规则衔接：第一，《草案》第一条规定了保障网络与信息安全是制定本法的目的之一；第二，《草案》第九条规定了国家提升使用密码保障网络和信息安全水平的任务；第三，《草案》第十二条规定了关键信息基础设施密码使用要求；第四，《草案》第二十条规定了电信业务经营者、互联网服务提供者的解密技术支持义务。④

《中华人民共和国密码法
(草案征求意见稿)》

4.《未成年人网络保护条例(送审稿)》

2017 年 1 月 6 日，国务院法制办公室公布了《未成年人网络保护条例(送审稿)》(以下

---

① 《测绘法》第四十七条：地理信息生产、保管、利用单位应当对属于国家秘密的地理信息的获取、持有、提供、利用情况进行登记并长期保存，实行可追溯管理。从事测绘活动涉及获取、持有、提供、利用属于国家秘密的地理信息，应当遵守保密法律、行政法规和国家有关规定。地理信息生产、利用单位和互联网地图服务提供者收集、使用用户个人信息的，应当遵守法律、行政法规关于个人信息保护的规定。

② 《电商法》第二十三条：电子商务经营者收集、使用其用户的个人信息，应当遵守法律、行政法规有关个人信息保护的规定。第二十四条：电子商务经营者应当明示用户信息查询、更正、删除以及用户注销的方式、程序，不得对用户信息查询、更正、删除以及用户注销设置不合理条件。

③ 《电商法》第三十一条：电子商务平台经营者应当记录、保存平台上发布的商品和服务信息、交易信息，并确保信息的完整性、保密性、可用性。商品和服务信息、交易信息保存时间自交易完成之日起不少于三年；法律、行政法规另有规定的，依照其规定。

④ 《草案》第一条：为了规范密码应用和管理，保障网络与信息安全，保护公民、法人和其他组织的合法权益，维护国家安全和利益，制定本法。第九条：国家积极规范和促进密码应用，提升使用密码保障网络与信息安全的水平，保护公民、法人和其他组织依法使用密码的权利。第二十条：因国家安全或者追查刑事犯罪的需要，人民检察院、公安机关、国家安全机关可以依法要求电信业务经营者、互联网服务提供者提供解密技术支持。电信业务经营者、互联网服务提供者应当配合，并对有关情况予以保密。

简称《条例(送审稿)》。《条例(送审稿)》包括总则、网络信息内容建设、未成年人网络权益保障、预防和干预、法律责任、附则等 6 章，共 36 条。该条例主要规定了以下内容：明确了未成年人网络保护的管理体制、建立了网上内容管理制度、强化了对未成年人上网的个人信息保护、规定了网络欺凌问题、规范了沉迷网络的预防和干预活动的形式与责任承担、规定了违反条例的法律责任。《条例(送审稿)》延续了《网络安全法》对于未成年人特别保护的立法精神，是《网络安全法》第十三条未成年人网络保护制度措施的延伸和细化。

(二) 配套法规

《网络安全法》架构了网络安全的基本制度框架，框架制度设计较为宏观、抽象。为了贯彻落实《网络安全法》，相关部门出台了一系列的配套法规。在未来一段时间里，《网络安全法》的配套法规依然会是网络安全立法的重心。①

1. 关键信息基础设施保护配套法规

关键信息基础设施保护配套法规如表 3.3.1 所示。

表 3.3.1　关键信息基础设施保护配套法规

时间	文件名称	是否生效	发布机构	基 本 内 容
2017 年	《关键信息基础设施安全保护条例(征求意见稿)》	否	国家互联网信息办公室	该条例共 8 章 55 条，包括总则，支持与保障，关键信息基础设施范围，运营者安全保护，产品和服务安全，监测预警、应急处置和检测评估，法律责任以及附则，该条例试图进一步细化《网络安全法》的有关规定
2017 年	《工业控制系统信息安全防护能力评估工作管理办法》	是	工业和信息化部	该办法规定了管理组织机构的设置，规定设立全国工业控制安全防护能力评估专家委员会、全国工业控制安全防护能力评估工作组，规定了评估机构和评估人员的基本要求。 该办法制定了工业控制安全防护能力评估工作程序，包括受理评估申请、组建评估技术队伍、制订评估工作计划、开展现场评估工作、现场评估情况反馈、企业自行整改、开展复评估工作、形成评估报告，细化了各阶段工作要求。为保证工业控制安全防护能力评估工作顺利开展，评估工作组可通过公示、抽查、复核等方式对评估机构、人员进行监督管理，确保评估报告的准确性和合理性

2. 网络安全等级保护配套法规

网络安全等级保护配套法规如表 3.3.2 所示。

---

① 《网络安全法》的配套法规数量较多，鉴于教材正文篇幅有限，本节仅对 2017 年以后的配套法规分类选取进行简要介绍。

表 3.3.2 网络安全等级保护配套法规

时间	文件名称	是否生效	发布机构	基 本 内 容
2007 年	《信息安全等级保护管理办法》	是	公安部、国家保密局、国家密码管理局、国务院信息化工作办公室	该办法规定国家通过制定统一的信息安全等级保护管理规范和技术标准，组织公民、法人和其他组织对信息系统分等级实行安全保护，对等级保护工作的实施进行监督、管理
2018 年 4 月	《网络安全等级保护测评机构管理办法》	是	公安部	该办法主要用于加强网络安全等级保护测评机构管理，规范测评行为，提高等级测评能力和服务水平
2018 年 6 月	《网络安全等级保护条例(征求意见稿)》	否	公安部	该条例对网络安全等级保护的适用范围、各监管部门的职责、网络运营者的安全保护义务以及网络安全等级保护建设提出了更加具体、操作性也更强的要求，为开展等级保护工作提供了重要的法律支撑

3. 个人信息和数据保护配套法规

个人信息和数据保护配套法规如表 3.3.3 所示。

表 3.3.3 个人信息和数据保护配套法规

时间	文件名称	是否生效	发布机构	基 本 内 容
2017 年 4 月	《个人信息和重要数据出境安全评估办法(征求意见稿)》	否	国家互联网信息办公室	该办法提出网络运营者在我国境内运营收集和产生的个人信息和重要数据，因业务需要向境外提供的，应进行安全评估
2017 年 6 月	《最高人民法院、最高人民检察院关于办理侵犯公民个人信息刑事案件适用法律若干问题的解释》	是	最高人民法院、最高人民检察院	为依法惩治侵犯公民个人信息的犯罪活动，保护公民个人信息安全和合法权益提供了进步指引。该解释共 13 条，明确了"公民个人信息"的范围以及非法"提供公民个人信息"的认定标准；确定了侵犯公民个人信息罪的定罪量刑标准，基于不同类型公民个人信息的重要程度，明确"将在履行职责或者提供服务过程中获得的公民个人信息出售或者提供给他人"的认定"情节严重"的数量、数额标准减半计算

4. 网络信息内容管理配套规定

网络信息内容管理配套规定如表 3.3.4 所示。

表 3.3.4　网络信息内容管理配套规定

时间	文件名称	是否生效	发布机构	基 本 内 容
2017年 6月	《互联网信息内容管理行政执法程序规定》	是	国家互联网信息办公室	包括正文和附件两部分，其中正文共 8 章 49 条，附件 17 个。该规定包括 5 个方面：① 确定执法主体和范围；② 建立执法督查制度；③ 加强执法体系建设；④ 以行政执法办案为主线明确执法程序，全面规范了管辖、立案、调查取证、听证、约谈、决定、执行等各环节的具体程序要求；⑤ 规定常用文书格式范本
2017年 6月	《互联新闻信息服务管理规定》及配套的《互联网新闻信息服务许可管理实施细则》	是	国家互联网信息办公室	该规定分总则、许可、运行、监督检查、法律责任和附则 6 章，共 29 条。该规定主要是对互联网新闻信息服务许可管理、网信管理体制和互联网新闻信息服务提供者的主体责任等进行了修订
2017年 10月	《互联网跟帖评论服务管理规定》	是	国家互联网信息办公室	该规定共 13 条，从 8 个方面提出了落实网站主体责任
2017年 10月	《互联网论坛社区服务管理规定》	是	国家互联网信息办公室	该规定确定了互联网论坛社区服务提供者应当履行的法律义务
2017年 10月	《互联网群组信息服务管理规定》	是	国家互联网信息办公室	该规定确定了互联网群组信息服务提供者应当落实的信息内容安全管理主体责任
2017年 10月	《互联网用户公众账号信息服务管理规定》	是	国家互联网信息办公室	该规定确定了互联网用户公众账号服务提供者应当落实的信息内容安全管理主体责任
2017年 12月	《互联网新闻信息服务新技术新应用安全评估管理规定》	是	国家互联网信息办公室	新技术新应用安全评估是根据新技术新应用的新闻舆论属性、社会动员能力以及由此产生的信息内容安全风险确定评估等级，审查评价其信息安全管理制度和技术保障措施是否配套健全的活动。该规定明确了服务提供者评估主体责任
2017年 12月	《互联网新闻信息服务单位内容管理从业人员管理办法》	是	国家互联网信息办公室	该办法规定了从业人员的监督管理措施
2018年 3月	《微博客信息服务管理规定》	是	国家互联网信息办公室	该规定共 18 条，规定了微博客服务提供者主体责任、真实身份信息认证、分级分类管理、辟谣机制、行业自律、社会监督及行政管理等条款

5．网络产品和服务管理规定

网络产品和服务管理规定如表 3.3.5 所示。

表 3.3.5　网络产品和服务管理规定

时间	文件名称	是否生效	发布机构	基 本 内 容
2017 年 6 月	《网络产品和服务安全审查办法(试行)》	是	国家互联网信息办公室	该办法规定，关系国家安全的网络和信息系统采购的重要网络产品和服务，应当经过网络安全审查。审查方式包括实验室检测、现场检查、在线监测、背景调查
2017 年 6 月	《网络关键设备和网络安全专用产品目录(第一批)》	是	国家互联网信息办公室会同工业和信息化部、公安部等有关部门	列入该目录的设备和产品，应当按照相关国家标准的强制性要求，由具备资格的机构安全认证合格或者安全检测符合要求后，才可销售或者提供

6．网络安全实践应急响应规定

网络安全实践应急响应规定如表 3.3.6 所示。

表 3.3.6　网络安全实践应急响应规定

时间	文件名称	是否生效	发布机构	基 本 内 容
2017 年 1 月	《国家网络安全事件应急预案》	是	中央网络安全和信息化领导小组办公室	该预案明确了网络安全事件监测预警、应急处置、预防保障等重要内容。其中网络安全事件被分为四级，规定了对应的预警和应急响应，并对迟报、谎报、瞒报和漏报网络安全事件等情况规定了责任追究制
2017 年 7 月	《工业控制系统信息安全事件应急管理工作指南》	是	工业和信息化部	该指南对工业控制安全风险监测、信息报送与通报、应急处置、敏感时期应急管理等工作提出了一系列管理要求，明确了责任分工、工作流程和保障措施
2017 年 11 月	《公共互联网网络安全突发事件应急预案》	是	工业和信息化部	该预案明确了事件分级、监测预警、应急处置、预防与应急准备、保障措施等内容。根据社会影响范围和危害程度，将公共互联网网络安全突发事件分为四级：特别重大事件、重大事件、较大事件、一般事件

7. 网络安全管理检查规定

网络安全管理检查规定如表 3.3.7 所示。

表 3.3.7　网络安全管理检查规定

时间	文件名称	是否生效	发布机构	基 本 内 容
2017 年 3 月	《公安信息网安全管理规定(试行)》	是	公安部	该规定明确了公安信息网的管理职责、建设安全、使用安全、运维安全等保障措施
2018 年 1 月	《公共互联网网络安全威胁监测与处置办法》	是	工业和信息化部	该办法加强和规范公共互联网网络安全威胁监测与处置工作,消除安全隐患,制止攻击行为,避免危害发生,降低安全风险,维护网络秩序和公共利益,保护公民、法人和其他组织的合法权益
2018 年 11 月	《公安机关互联网安全监督检查规定》	是	公安部	该规定明确了互联网安全监督检查的主体、监督检查的对象和内容、监督检查的程序及法律责任

二、与已有立法的衔接

《国家安全法》

(一) 《网络安全法》与《国家安全法》

《网络安全法》与《国家安全法》的衔接如图 3.3.1 所示。

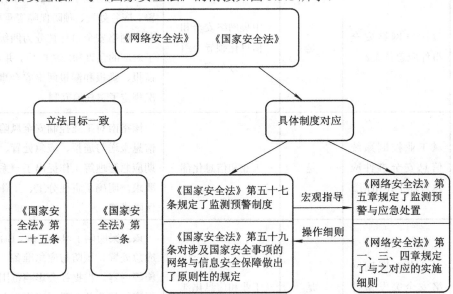

图 3.3.1　《网络安全法》与《国家安全法》的衔接

《国家安全法》涵盖了国家安全各领域的内容,很多都是原则性规定,重点解决国家安全各领域带有普遍性的问题和尚待立法填补空白的问题,同时也为今后制定相关配套法律法规预留了空间。网络安全是国家安全的重要组成部分，其对国家安全和社会稳定产生了巨大影响。尤其在新时期，网络安全的战略性、全局性特征明显，可以说没有网络安全就没有国家安全。《网络安全法》是《国家安全法》在网络空间领域的具体落实和规则细化。

《网络安全法》与《国家安全法》相互呼应，在推动我国网络安全建设和捍卫国家安全方面起到了重要的推动作用。

(二) 《网络安全法》与《反恐怖主义法》

《网络安全法》与《反恐怖主义法》的衔接如图 3.3.2 所示。

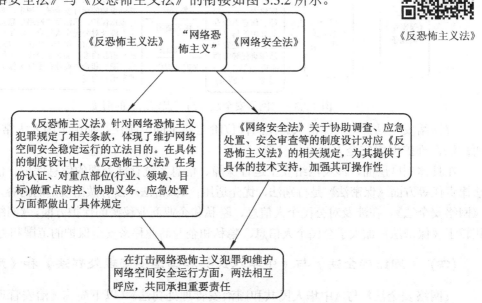

《反恐怖主义法》

图 3.3.2　《网络安全法》与《反恐怖主义法》的衔接

《网络安全法》与《反恐怖主义法》都是维护总体国家安全观的落地法律。从宏观上来看，两者的总则规定具有重叠，《反恐怖主义法》在第二条中明确规定了"国家反对一切形式的恐怖主义"，其中就包括网络恐怖主义。

《反恐怖主义法》针对网络恐怖主义犯罪规定了相关条款，在这方面体现了维护网络空间安全稳定运行的立法目的，与《网络安全法》在立法背景和立法原则方面相互呼应。《网络安全法》关于协助调查、应急处置、安全审查等的制度设计又对应《反恐怖主义法》的相关规定，为其提供具体的技术支持，加强其可操作性。在打击网络恐怖主义犯罪和维护网络空间安全运行方面，两法共同承担重要责任。

在具体的制度设计中，《反恐怖主义法》在身份认证、对重点部位(行业、领域、目标)做重点防控、协助义务、应急处置方面都做出了具体规定，这些规定在《网络安全法》中均有对应内容。《网络安全法》在打击恐怖主义涉网行为方面做出了进一步细化，可实施性增强，更具有操作性，有利于网络安全保障措施和应对方案的有效实施。

(三) 《网络安全法》与《中华人民共和国保守国家秘密法》

《网络安全法》与《中华人民共和国保守国家秘密法》(以下简称《保密法》)的衔接

如图 3.3.3 所示。

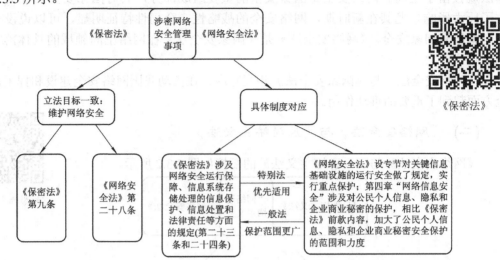

图 3.3.3 《网络安全法》与《保密法》的衔接

《网络安全法》与《保密法》在法律位阶上属于同位阶法，都由全国人大常委会制定，两部法在维护网络安全方面目标一致。

在具体制度层面，涉及网络安全运行保障、信息系统存储处理的信息保护、信息处置和法律责任等方面《保密法》是特别法，优先适用；《保密法》没有做出规定的内容，应当适用《网络安全法》。在涉及对公民个人信息、隐私和企业商业秘密的保护方面，《网络安全法》相较于《保密法》加大了公民个人信息、隐私和企业商业秘密安全保护的范围和力度。

(四)《网络安全法》与《中华人民共和国治安管理处罚法》和《刑法》

《网络安全法》与《中华人民共和国治安管理处罚法》（以下简称《治安管理处罚法》）和《刑法》的衔接如图 3.3.4 所示。

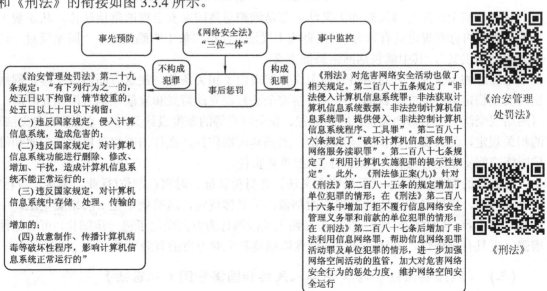

图 3.3.4 《网络安全法》与《治安管理处罚法》和《刑法》的衔接

《治安管理处罚法》作为维护社会治安秩序，保障公共安全，保护公民、法人和其他组织的合法权益，规范和保障公安机关及其人民警察依法履行治安管理职责的基本法律，素有"小刑法"的称谓，与《刑法》的体系编排和内容设置均有交叉重叠。在网络安全维护方面，《治安管理处罚法》与《刑法》相关内容呼应，在处罚范围方面有所区别：社会危害性小，尚不构成刑罚处罚范围的，应该适用《治安管理处罚法》的规定。

　　两法与《网络安全法》的衔接也具有相似性。《网络安全法》构建了事前预防、事中监控、事后处罚"三位一体"的治理体系，从源头上对网络攻击进行防范，《治安管理处罚法》和《刑法》对危害网络安全的违法行为是事后处罚，在事后处罚环节上与《网络安全法》相衔接，共同维护网络安全。

课 后 习 题

1. 简述我国《网络安全法》的基本原则。
2. 谈谈你对《网络安全法》的基本认识。

参 考 文 献

[1]　360 法律研究院. 中国网络安全法法治绿皮书(2018)[M]. 北京：法律出版社，2018.

[2]　郭启全，等. 网络安全法与网络安全等级保护制度培训教程(2018 版)[M]. 北京：电子工业出版社，2018.

[3]　王春晖. 维护网络空间安全：中国网络安全法解读[M]. 北京：电子工业出版社，2018.

[4]　夏冰. 网络安全法和网络安全等级保护 2.0[M]. 北京：电子工业出版社，2017.

[5]　杨合庆. 中华人民共和国网络安全法解读[M]. 北京：中国法制出版社，2017.

第四章　网络空间主权制度

内容提要

　　本章介绍国家主权概念、网络空间的国家主权以及网络空间主权的提出，其中重点阐释网络空间主权的中国表达、国际阐释与提出的意义。在此基础上，介绍网络空间主权的理论演变，述评相关的学说观点，提出从不同层面构建网络空间主权制度的主张，力图使读者对网络空间主权制度有一个全面的了解。

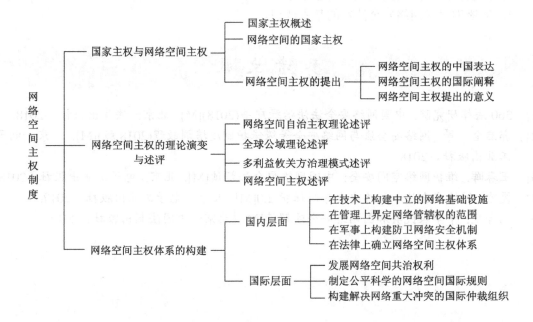

网络空间主权制度
- 国家主权与网络空间主权
  - 国家主权概述
  - 网络空间的国家主权
  - 网络空间主权的提出
    - 网络空间主权的中国表达
    - 网络空间主权的国际阐释
    - 网络空间主权提出的意义
- 网络空间主权的理论演变与述评
  - 网络空间自治主权理论述评
  - 全球公域理论述评
  - 多利益攸关方治理模式述评
  - 网络空间主权述评
- 网络空间主权体系的构建
  - 国内层面
    - 在技术上构建中立的网络基础设施
    - 在管理上界定网络管辖权的范围
    - 在军事上构建防卫网络安全机制
    - 在法律上确立网络空间主权体系
  - 国际层面
    - 发展网络空间共治权利
    - 制定公平科学的网络空间国际规则
    - 构建解决网络重大冲突的国际仲裁组织

第一节　国家主权与网络空间主权

一、国家主权概述

　　国家主权(Sovereignty)是一个历史悠远、历久弥新的概念，它包括对内最高权和对外独立权，对内最高权体现为国家对其管辖区域所拥有的至高无上的、排他性的政治权力，对外独立权体现为国家保持独立自主的一种力量和意志。人民、土地、政府、主权是构成国家概念的 4 个基本要素。①国家主权是国家基本的特征之一，它的对内最高权常规定于宪法或国家基本法中，对外独立权则是国际的相互承认，国家主权不可分割、不可让与，国家主权的丧失往往意味着国家的解体或灭亡。

法国政治思想家让·博丹是现代主权概念的创始者，他于 1576 年发表的《主权论》首次提出了超越法律和国民的君主主权论。17 世纪中期形成的威斯特伐利亚体系则进一步完善了国家主权的概念，自此国家主权成为近代国家政治秩序与国际关系实践的核心元素。

在联合国成立之前，早期的国家主权理论主要聚焦于对内最高权，无论是让·博丹的"君主主权论"、雅克·卢梭的"人民主权论"，还是亨利·梅因的"历史主权论"，都强调主权的不可分割性与主权者的终极权力性。②《联合国宪章》的发布，为国家主权对内对外双重属性的确立奠定了基础，国家主权对内内涵表现为领土主权、人民主权以及政治主权，国家主权对外内涵延伸为国际自卫权、国际独立权以及国际平等权。国家主权成为现代国家秩序与国际法的基石，其内涵随着社会生活的发展不断得以丰富。

二、网络空间的国家主权

信息技术的突飞猛进推动了全球互联网的迅捷发展与普遍适用，网络空间成为人类新型的生存空间。国家主权所赖以生存的地理空间与网络空间的基本形态与存在方式存在较大差异，国家主权在网络空间迎来了前所未有的挑战。网络空间具有的去中心性、交互性以及快捷性等特点，在很大程度上虚化了国家的管理，不可避免地挑战了传统国家对内对外主权的基本观念，具体而言：

第一，传统的国家主权概念趋于式微。网络空间的开放性容纳了诸多松散非政府组织，其发挥的作用日渐重要，传统国家主权由上至下的集中模式受到削弱。

第二，国家主权的外部弱化。由于信息流动与传播高效快捷，网络发达国家通过较强的信息输入能力控制处于网络边缘化的弱势国家，对弱势国家的意识形态和政治权威构成挑战。

第三，国家主权的内部弱化。互联网有着时空压缩性，这意味着互联网的及时性取代迟滞性，主权的封闭性让位于主权的开放性，国家民间组织、私人企业甚至内部分裂势力都能对公民的政治认同形成威胁，逐渐瓦解国家主权的内部认知。③

国家主权面临的挑战使得网络空间去"主权化"的言论在互联网发展初期甚为流行，有的理论家甚至一度认为网络空间是国家主权的终结者。但事实上，主权是一个开放的概念，它会随着科学技术的革新在虚拟网络空间不断丰富自己的体系。传统的国家主权在网络空间不断延伸与映射，并在网络空间与众不同的属性中发展出新的内涵，逐步形成网络空间主权。

① 周鲠生. 国际法[M]. 北京：商务印书馆，1981：74.
② 方滨兴. 论网络空间主权[M]. 北京：科学出版社，2018：60.
③ 黄志雄. 网络主权论：法理、政策与实践[M]. 北京：社会科学文献出版社，2017：22.

三、网络空间主权的提出

(一) 网络空间主权的中国表达

网络空间主权的中国阐释在 2010 年 6 月我国公布的《中国互联网状况》白皮书中早有体现。《中国互联网状况》白皮书指出，中国政府认为互联网是国家重要基础设施，中华人民共和国境内的互联网属于中国主权管辖范围，中国的互联网主权应受到尊重和维护。[①]2014 年 11 月第一届世界互联网大会致贺词中，习近平总书记表示"中国愿意同世界各国携手努力，深化国际合作，尊重网络主权，维护网络安全，共同构建和平、安全、透明的网络空间"。[②]

2015 年 7 月 1 日生效的《国家安全法》首次以法律形式明确了"网络空间主权"。2015年 12 月，习近平总书记在第二届世界互联网大会发表的主旨演讲中，将"尊重网络主权"列为推动全球互联网治理体系的四项原则的核心，并将网络主权阐释为"尊重各国自主选择发展道路、网络管理模式、互联网公共政策和平等参与国际网络空间治理的权利，不搞网络霸权，不干涉他国内政，不从事、纵容或支持危害他国国家安全的网络活动"。[③]2016年 11 月《网络安全法》发布，其第一条便开宗明义地指出"维护网络空间主权"的立法主旨。2016 年 12 月我国公布的《国家网络安全战略》对我国所持的网络空间主权立场进行了完整、全面的阐述，该战略指出，国家主权拓展延伸到网络空间，网络空间主权不容侵犯，尊重各国自主选择发展道路、网络管理模式、互联网公共政策和平等参与国际网络空间治理的权利。2017 年 12 月，国家主席习近平在第四届世界互联网大会致辞中指出，我们倡导"四项原则""五点主张"，就是希望同国际社会一道，发扬伙伴精神，共同建设网络空间。[④]习近平总书记的致辞再次强调尊重网络主权，唯有充分认识到网络空间主权的意义，才能推动全球互联网治理朝着更加公正合理的方向迈进。中国贡献的网络主权原则得到许多国家的响应，必将得到国际社会更广泛的认可，成为互联网治理的首要原则。[⑤]

总体而言，中国一直积极倡导网络空间主权，并不断阐释网络空间主权的丰富内涵，为网络空间的国内国际治理奠定了坚实的理论基础。

法条释义

《国家安全法》第二十五条："加强网络管理，防范、制止和依法惩治网络攻击、网络入侵、网络窃密、散布违法有害信息等网络违法犯罪行为，维护国家网络空间主权、安全和发展利益。"

---

① 中华人民共和国国务院新闻办公室. 中国互联网状况[M]，北京：人民出版社，2010：24.
② 习近平向首届世界互联网大会致贺词，http://www.xinhuanet.com//politics/2014-11/19/c_1113319278.htm，2019 年 2 月 8 日最后访问。
③ 习近平在第二届世界互联网大会开幕式上的讲话(全文)，http://www.xinhuanet.com/world/2015-12/16/ c_1117481089.htm，2019 年 2 月 8 日最后访问。
④ 习近平致信祝贺第四届世界互联网大会开幕，http://www.cac.gov.cn/2018-05/11/c_1122794570.htm，2019年 2 月 8 日最后访问。
⑤ 支振锋. 网络主权值根于现代法理[N]. 光明日报，2015-12-17(4).

《网络安全法》第一条："为了保障网络安全，维护网络空间主权和国家安全、社会公共利益，保护公民、法人和其他组织的合法权益，促进经济社会信息化健康发展，制定本法。"

2015年7月1日通过的《国家安全法》在国内法层面首次确立"网络空间主权"概念，认为其是我国国家主权在网络空间领域的延伸反映与重要体现。《网络安全法》将"维护网络空间主权"作为其立法目的，进一步为我国行使网络空间主权提供了法律保障。依照法律的规定，我国将采取各种经济政治文化措施，坚定不移地维护我国网络空间主权，坚决反对通过网络颠覆我国国家、破坏我国国家主权的一切行为。

(二) 网络空间主权的国际阐释

"网络空间主权"(Cyberspace Sovereignty)这一用语并非我国独创，而是由美国网络法学者吴修铭(Timothy S.Wu)在1997年的《网络空间主权——互联网与国际体系》一文中率先使用。[1]2003年12月，信息社会世界峰会第一阶段会议通过的《日内瓦原则宣言》中明确"与互联网有关的公共政策问题的决策权是各国的主权"。[2]2005年信息社会世界峰会第二阶段会议通过的《突尼斯议程》再次重申："涉及互联网的公共政策问题的决策权属国家主权。各国有权利和责任处理与国际互联网相关的公共政策问题。"[3]"网络空间主权"在网络空间国际规则《塔林手册》中同样有体现。[4]《塔林手册》仅阐释国际专家组成员对现行国际法适用网络空间的学术观点，并不属于官方文件，但在网络界有着非常大的影响。《塔林手册》(2.0版)第一章节内容为网络空间主权，其中有5条具体规则以及相关评述都围绕网络空间主权展开，它确认了网络空间主权适用于网络空间的物理层、逻辑层和社会所有层面与领域，从对内主权和对外主权两方面规定了网络空间主权的内涵，对侵犯网络主权的法律标准、规则设计以及主权豁免问题做出了规定。[5]2015年1月，中国与俄罗斯等六国共同向联合国大会提出《信息安全国际行为准则》，"重申与互联网有关的公共政策问题的决策权是各国的主权，对于与互联网有关的国际公共政策问题，各国拥有权利并负有责任"。2016年6月25日，建构以网络主权为基础的网络国际准则被中俄两国《关于协作推进信息网络空间发展的联合声明》再次确认，充分显示了网络空间主权的国际法意义。这些都充分说明，中国政府有关国家主权适用于网络空间的观点已经在国际上被广泛接受。

(三) 网络空间主权提出的意义

"网络主权问题在网络空间国际规范中有着特殊的重要性，成为诸多问题树的树根，

---

[1] 张新宝，许可. 网络空间主权的治理模式及其制度构建[J]. 中国社会科学，2016(8)：139-158+207-208.

[2] WSIS，Declaration of Principles(WSIS-03/GENEVA/DOC/4-E)，para.49(a)，http://www.itu.int/net/wsis/docs/geneval/official/dop.html，2019年2月15日最后访问。

[3] WSIS，Tunis agenda for the information society[WSIS-05/TUNIS/DOC/6(Rev.1)-E].

[4] 2008年5月，北约14国在爱沙尼亚首都塔林成立网络防御合作卓越中心(The NATO Cooperative Cyber Defense Centre of Excellence)，该中心组织专家编纂《关于网络战国际法适用的塔林手册》(《塔林手册》1.0版)，并于2013年3月出版面世。随后该中心又组织专家编纂《塔林手册》2.0版，于2017年2月正式出版。

[5] Michael N.Schmitt. Tallinn Manual 2.0 on the international Law Application to Cyber Operations [M]. 2nd edition. Cambridge: Cambridge University Press，2017：27-29.

其他问题由此衍生。在这一问题上理清分歧，达成共识，才有国际合作的基础。"①网络空间主权是网络世界治理的基本性问题，只有解决这一问题，才能有效应对极具技术特色的互联网跨越国家地理疆域给国家主权带来的挑战，才能有效应对因境外网络操纵、境外网络攻击而造成的持续不断的国际冲突，才能有效应对外国政府利用网络技术优势干涉他国政府网络管理，甚至利用技术优势肆意监视其他国家和政府领导人活动的局面。

网络空间主权已经成为一国网络立法、执法和守法的前提和基础，成为网络空间治理的基石。在当前情况下及时提出和倡导网络主权理念，对我国具有非常重要的理论与现实意义，主要表现如下：

第一，网络空间主权的提出，有助于强化网络时代的国家主权意识。在网络时代，互联网的快速应用与普及打破了主权国家垄断信息的特权，非国家性组织(如互联网巨头)凭借其技术优势很可能成为与国家共同分享本来只属于国家权利的新主体，成为与国家主体共同解决国际事务的参与者，这在一定程度上削弱了国家主体地位。但是网络技术的发展在给国家主权带来巨大挑战的同时，并没有改变以《联合国宪章》为核心的国际关系基本准则，尊重国家主权仍然是当今国际关系的准则与核心，其原则与精神同样应当适用于网络空间。在网络时代，国家依然是国际交往的权利主体，在国际法律关系中处于主要地位，发挥着主要作用。网络空间主权的确立，是国家主权在网络空间延伸与真实反映的必然之义，是国家主体国际法地位在网络时代的再度夯实，能对主权国家在网络空间中的各种活动提供有效支撑。

第二，网络空间主权的提出，有助于抵制他国利用网络实施损害我国主权的行为。目前，某些网络霸权国家一方面倡导网络全球公域理论，在唤起全球网民的觉醒实现"互联网民主与自由"的幌子下，不断推行他国的价值观与意识形态，利用网络手段进行意识形态的渗透，甚至意图颠覆他国政府；另一方面，网络霸权国家利用技术优势，将所谓的网络全球公域当作"自留地"，实施肆意监视其他国家政府与领导人的活动，不断损害他国的主权行为。网络空间主权的确立，驳斥了网络全球公域理论，有效抵制他国利用网络技术优势实施危害我国主权的行为，积极推动全球互联网治理朝着更加公正合理的方向迈进。

第三，网络空间主权的提出，有助于国家依法治理网络空间，为信息技术的发展营造健康环境。在现实社会中，独立国家的立法、执法和司法都基于主权国家基石之上。网络空间的依法治理同样需要国家主权的支撑，才能让网络空间的活动依法而行，最终保障信息技术的健康有序发展。网络空间主权的提出，有助于在网络空间承载真实的法律关系，如网络空间的信息安全、电子商务、数据流通等一系列问题的处理，都应当在网络空间主权基础之上由相关法律加以调整。网络空间主权概念的强化，真实地反映了国家主权与新信息观结合的趋势，有利于网络空间产生的一系列纠纷在依托于国家主权的纠纷解决机制下得到有效解决，最终为信息技术的纵深发展提供保障。

第四，网络空间主权的提出，有助于为网络空间军事防御提供法理依据。互联网技术在军事领域的广泛应用，正在改变着未来战争的形态和作战样式。网络空间的基础设施与重要信息系统已经成为现代军队的神经中枢，一旦对方获得"制网权"，信息网络就会遭受攻击并被摧毁，整个军队的战斗力就会大幅度降低甚至陷于瘫痪，国家安全将受到严重威

---

① 黄志雄. 网络主权论：法理、政策与实践[M]. 北京：社会科学文献出版社，2017：1.

胁。网络空间主权的确立，可明确军队在保卫网络关键信息基础设施方面的职能，积极防御网络霸权国家可能的军事攻击，使之承担起守卫国家网络疆界、捍卫国家网络主权的使命。

第二节　网络空间主权的理论演变与述评

一、网络空间自治主权理论述评

网络空间自治主权也称为虚拟世界主权独立说，也有人称为新主权理论。这一学说认为，网络空间已经形成了一种全新的独立社会，这个社会完全脱离于政府而拥有自治的权利，拥有自己的组织形式、价值标准和规则。以此为基础，它认为网络空间在法律上是一个新主权场所，它应该建立自己的"规则"，从而绝对抗拒和反对现实社会的法律。

自治主权理论流行于网络空间崛起初期，在网络空间刚刚出现的时候，人们总是将网络空间和开放、自由、平等、共享等褒义词绝对地等同，认为网络空间是一片净土，无需法律调整。美国学者约翰.P.巴洛(John Perry Barlow)在1996年2月8日发表了著名的《网络空间独立宣言》(《A Declaration of the Independence of Cyberspace》)，他认为网络构建的就是一种新主权空间，明确表达网络空间要在现实社会的法律之外生存。[1]哈佛大学法学院教授劳伦斯·莱斯格(Lawrence Lessig)提出网络空间不是被法律规制，而是被代码规制。他认为代码——组成网络空间的软件和硬件才是"网络空间的法律"。[2]美国的诸多学者也以"网络联邦""分散管理""市场自治"等语言表达网络空间的治理应该依靠自律体制而不是法律。这一切的言论都试图表达网络空间法律调整的余地较小。其原因一方面在于当时的网络仅为少数精英者使用，犯罪和侵权行为在网络空间都极少发生。网络用户没有网络秩序失序之后危险的感受，并对法律参与调整网络空间的认同度非常低。另一方面是网络空间的技术构建所形成的特点及其带来的价值理念所致。网络用户都比较赞同基于自由源代码的价值理念，特别担心法律规则的引进破坏了网络空间自由和开放的环境，他们更支持网络自身规则体系的自治或者网络技术的自治而抗拒法律。

延伸阅读

《网络空间独立宣言》

《网络空间独立宣言》宣称："工业世界的政府，你们这些肉体和钢铁的巨人，令人厌倦，我来自网络空间，思维的新家园。以未来的名义，我要求属于过去的你们，不要干涉

---

① John Perry Barlow，A Declaration of the Independence of Cyberspace，http://homes.eff.org/~barlow/Declaration-Final.html，2019年2月15日最后访问。

② See Lawrence Lessig. Code and other laws of cyberspace[M]. New York: Basic Books，1999. (本书中文译本为劳伦斯·莱斯格. 代码：塑造网络空间的法律[M]. 李旭，等译. 北京：中信出版社，2004.)

我们的自由。我们不欢迎你们，我们聚集的地方，你们不享有主权。我们没有民选政府，将来也不会有，所以我现在跟你们讲话，运用的不过是自由言说的权威。我宣布，我们建立的全球社会空间，自然地不受你们强加给我们的专制的约束。你们没有任何道德权利统治我们，你们也没有任何强制方法，让我们真的有理由恐惧。政府的正当权利来自被统治者的同意。你们从来没有要求过我们的同意，你们也没有得到我们的同意。我们没有邀请你来，你们不了解我们，不了解我们的世界。网络空间不在你们的疆界之内。不要认为你们可以建造这样一个疆界，好像建造一座公共建筑。你们没有这个能力。这个疆界是一件自然行为，它将从我们的集体行动中生发出来。你们从来没有参加过我们的大会，你们也没有创造我们的市场财富。对我们的文化，我们的道德，我们的不成文法典，你们一无所知，这些法典已经在维护我们社会的秩序，比你们的任何强制所能达到的要好得多。"

网络空间自治主权理论脱离了现有国家的主权观念，事实上很难实现。行业道德与技术标准可以在规范网络行为上起到重要作用，但这些内容永远不能代替主权国家制定的法律。同样，自律管理也不可能替代法院的公力救济，不能代替法院的强力规范。网络空间自治主权理论更多表达的是一种自由乌托邦的梦想，它最终在不争的事实面前破灭。随着越来越多的人涌入网络空间，它的发展超越普通大众的想象，不到 40 年的时间，网络空间俨然龙蛇混杂，网络空间的特性让信息精华与网络垃圾同在，网络民主与网络暴力齐飞，信息全球化与信息鸿沟化如影相随。[1]客观情势迫使人们对网络空间的意义重新思考和定位。网络空间是人类社会一处新的生存和思维场域，它依赖于先前存在的世界，即它与现实社会紧密联系，无法割裂。网络空间的"外围环境"为现实社会规则所调整，它自然要求网络空间与其"接轨"，试图突破既有的主权规范体系而自行创设一个无拘无束的自治主权空间的想法逐渐被人们摒弃。

二、全球公域理论述评

全球公域理论认为，网络空间属于"不为任何一个国家所支配而所有国家的安全与繁荣所依赖的资源或领域"。美国领导人和战略制定者多次使用全球公域(Global Commons)，认为互联网是不为任何国家支配的领域，大力推行美国的网络自由价值观，维护网络空间全球属性给自己带来的益处。2005 年，美国首次将网络空间归入全球公域。2009 年美国发布《2010 年四年防卫评估报告》，将网络空间明确为"信息环境中的全球领域"，强调网络空间与太空、海洋并列，是关系到美国安全与繁荣的三大全球公域。美国认为国家实力和安全有赖于美国军队进入和利用全球公域的能力，并以此为理论依据将军事力量引入网络空间。他们认为 21 世纪的现代化力量，如果没有可靠的信息和通信网络，如果不能保证对网络空间的控制，就不可能执行快节奏、高效率的作战行动。2011 年，美国白宫发表的《网络空间国际战略》报告宣称，维护提出的全球公域理论，反对将互联网变成剥夺个体接触外部世界的网络。美国同时强调，网络空间的公域特点在于可自由通行和可及性，这些特性正是美国军事战略所重视的。

全球公域理论的宗旨看似为促进所有国家的安全与繁荣，但事实上饱受质疑，在实践

---

[1] 夏燕. 网络空间的法理研究[M]. 北京：法律出版社，2016：71.

中经不起推敲。

第一，理论上的"公域"其实是"私域"，网络空间实际被网络中心国家美国所掌控。从互联网底层框架而言，维护整个网络空间正常运转的关键资源，如根服务器、根区文件和根区文件系统等都掌握在美国手中。其中，全球总计 13 台根服务器就有 10 台位于美国本土并处于美国控制之下。就全球网络数据信息而言，正如"棱镜"计划所展示的那样，美国一直拥有压倒性优势，具备持续监控全球数据流动的能力。

第二，在全球公域理论下，美国并非关注网络的互通性，而是美国主张的网络秩序能否如愿建立，美国能否向世界各国有效推行实现自身利益的价值观。对于违背美国价值观的国家或者地区，美国有能力让其在网络空间这个"公域"中消失。究其本质，美国在外交和军事安全领域推行全球公域理论，是在基础设施的所有权和网络控制权优势地位之上，试图建立起美国式的网络国际规范，让网络空间成为保证美国繁荣和安全的平台，成为推广美国价值观同时削弱对手国家的有效工具。

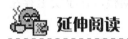 **延伸阅读**

在互联网世界"消失"的国家[①]

2003 年伊拉克战争期间，美国政府曾终止对伊拉克国家顶级域名 IQ 的解析，致使所有以 IQ 为后缀的网站瞬间从互联网上消失。2004 年 4 月，由于在顶级域名管理权问题上与美国发生分歧，利比亚顶级域名 LY 突然瘫痪，利比亚在互联网世界里消失了 4 天。2008 年，美国还曾切断过古巴、朝鲜、苏丹等国的 MSN 即时网络通信，使这些国家的用户无法使用 MSN。

究其原因，美国牢牢掌控着互联网世界的主根服务器，因而美国始终手握全球互联网霸权，成为其强权政治的重要工具，可以让这些国家在互联网世界瞬间"消失"。

三、多利益攸关方治理模式述评

2005 年，联合国在信息社会世界高峰会上通过《突尼斯议程》(《Tunis Agenda》)，首次提出了网络治理中的"多利益攸关方主义"，意即政府、私营部门和公民社会通过发挥各自的作用，秉承统一的原则、规范、规则、决策程序和计划，为互联网确定演进和使用形式。[②]同时，规定了三大利益攸关方——政府、私营部门和公民社会各自的作用和职责。多利益攸关方中，对互联网管理产生重要影响的国际组织有互联网名称与数字地址分配机构(The Internet Corporation for Assigned Names and Numbers, ICANN)、互联网数字分配机构(Internet Assigned Numbers Authority, IANA)、国际互联网协会(Internet Society, ISOC)以及互联网治理论坛(Internet Governance Forum，IGF)等。ICANN 作为一个"全球性的、不以营

---

① 铁铣：美国是如何粉碎"互联网无国界"梦想的，http://www.sohu.com/a/120685600_464080，2019 年 2 月 10 日最后访问。

② 《突尼斯议程》第 34 段，http://www.un.org/chinese/events/wsis/agenda.htm，2019 年 2 月 10 日最后访问。

利为目的，谋求协商一致"的组织，享有对全球互联网标识符体系核心产生影响的政策制定权，在形式上实现了全球治理的私有化，亦为网络多利益攸关方治理的典型"代表"。但事实上，ICANN 一直被美国所监管并对其负责，其制定的相关事项和阶段目标都体现着美国的利益。IGF 的主要任务是讨论涉及互联网治理的主要公共政策问题，以促进互联网可持续、安全和稳定发展。2006～2018 年，互联网治理论坛已经举行了 13 次会议，是网络发达国家和网络发展中国家对话的重要平台。由于各个国家关于互联网资源分配和治理主权方面利益悬殊太大，因此历次会议在实质问题上都没有取得突破。

多利益攸关方治理模式看似为吸收多方意见协调利益的完美方案，事实上依然是网络空间"丛林法则"的体现，美国依然通过他们主导的组织和企业(主要利益攸关方)间接掌控互联网主导权。互联网的演进历史说明，美国首先制定了一个因特网，然后邀请各国接入，接入者只能遵守发明者制定的标准。美国一开始回避了和各国政府打交道的情形，而是把因特网交给了美国自然科学基金会，接着又放弃 ICANN 的管理并交给国际社会的利益攸关方。多利益攸关方治理模式只是美国网络空间控制战略姿态的调整，在事实上存在"正当性"的先天不足和"有效性"的流于形式。

第一，广大网络发展中国家权利无法在多利益攸关方治理模式中得到保障。在 IANA 实际代表美国利益，ICANN 受美国监管的情形之下，广大的非西方主体国家难以有参与的机会，即使作为多利益攸关方在形式上参与，但其实质利益却无法保障。

第二，多利益攸关方治理模式缺乏网络用户参与的重要环节。一般来说，积极参与的利益攸关方多为专业化的技术团体和商业组织，而网络空间的一般消费者和使用者却普遍缺席其中，无法在网络空间治理方面为自己发声。

除了上述正当性的不足外，这一模式还饱受实施"有效性"的质疑。第一，它缺乏具体保障"多方利益参与"的规则制度，迄今还没有任何正式的行为指引保证其顺利运行；第二，该模式试图回避或无视有关实质权利和权力的归属以及相关制度设计议题，落入了头脑简单的社群主义陷阱；第三，由下至上的决策方式虽然摆脱了行政干预和官僚机构，但私人同样可能以更隐蔽的形式对网络施加控制，并可能带来不公平歧视、隐私保护不力以及资源分配不公的恶果；第四，这一模式将权力分散给各方，可又缺乏事后的追责机制，最终陷入无人负责的尴尬局面。①

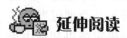

美国政府移交域名管理权②

2016 年 10 月 1 日，美国政府正式将互联网域名管理权完全移交给 ICANN。在这之前，互联网域名管理的最终话语权掌握在美国商务部下属的国家电信和信息局(National Telecommunications and Information Administration，NTIA)。ICANN 掌握着根服务器、互联

① 张新宝，许可. 网络空间主权的治理模式及其制度构建[J]. 中国社会科学，2016(08)：139-158+207-208.
② 申晨，美国政府移交域名管理权：互联网全球治理格局初显，http://www.iis.whu.edu.cn/index.php?id=1780，2019 年 2 月 11 日最后访问。

网协议地址分配等关键互联网资源的重要操作权限，在互联网国际治理中具有举足轻重的地位，其治理模式得到了互联网社群的大力支持。ICANN 在政策文件中明确，该模式的主体是"广泛的自我认定的全球互联网利益攸关方"，其政策制定程序"对所有人开放、自上而下、基于共识"，并且反对政府及政府间组织在互联网治理中发挥主导作用。然而，在此次管理权移交的背后，仍充满了美国维护自身网络霸权地位的战略考量。至少有三个重要因素是我们无法忽略的：首先，美国此前深陷"棱镜门"事件，为了尽快同欧盟重修旧好，同时转移国际焦点，缓解外交压力，放权 ICANN 只不过是权宜之计；其次，美国目前的战略重点放在网络空间国际规则的制定上，为了获得更多的国际支持，减少舆论阻力，放权 ICANN 不失为弃车保帅的妙招；最后，也是最关键的一点，此次移交并没有包括根服务器。ICANN 的主要功能是域名解析，该功能需要的根服务器在全球共 13 台，其中 10 台位于美国，其余 3 台分别位于日本、英国和挪威。这些根服务器全部由威瑞信(VeriSign)公司负责运营，而该公司与美国政府长期保持着密切的合作关系。因此，此次管理权移交更像是一个烟幕弹，只要根服务器仍然处于美国的掌控之中，互联网资源的控制权就没有实现真正的国际化，多利益攸关方的治理也只不过是纸上谈兵。

四、网络空间主权述评

中国是网络空间主权的倡导者，引领众多发展中国家重新塑造网络空间治理。2010 年 6 月，中国国务院新闻办公室发表《中国互联网状况》白皮书，主张"互联网是国家重要基础设施，中华人民共和国境内的互联网属于中国主权管辖范围，中国的互联网主权应当受到尊重和维护"。2011 年，包括中国在内的上海合作组织成员国向联合国提交《信息安全国际行为准则》，强调互联网有关的公共政策问题的决策权是各国的主权。2012 年 12 月，在国际电信世界大会中，发展中国家认为网络空间治理国际格局应当重新塑造，坚持"网络主权"势在必行。2014 年，习近平总书记在首届互联网大会致辞中提到："中国愿意同世界各国携手努力，本着相互尊重、相互信任的原则，深化国际合作，尊重网络主权，维护网络安全，共同构建和平、安全、开放、合作的网络空间，建立多边、民主、透明的国际互联网治理体系。"2016 年 6 月，中国与俄罗斯发布了《中俄关于协作推进信息网络空间发展的联合声明》，其中强调"我们一贯恪守尊重信息网络空间国家主权的原则，支持各国维护自身安全和发展的合理诉求，倡导构建和平、安全、开放、合作的信息网络空间新秩序，探索在联合国框架内制定普遍接受的负责任行为国际准则……共同倡导推动尊重各国网络主权、反对侵犯他国网络主权的行为"。2017 年中国发布《网络空间国际合作战略》，对网络主权原则做出了清晰的阐释："《联合国宪章》确立的主权平等原则是当代国际关系的基本准则，覆盖国与国交往的各个领域，也应该适用于网络空间。国家间应该相互尊重自主选择网络发展道路、网络管理模式、互联网公共政策和平等参与国家网络空间治理的权利，不搞网络霸权，不干涉他国内政，不从事、纵容或支持危害他国国家安全的网络活动。"

网络空间主权是国家主权在网络空间的回归，是发展中国家反抗网络霸权，争取网络自主权的理论诉求。按照拥有资源和决策权力的多寡界分，世界各国可分为网络中心国家、网络化国家和网络边缘国家。以美国为代表的网络中心国家通过技术上的互联网管理权、网络规则的制定权和话语权以及军事上的制网权，获得了实际控制网络空间的强大力量。然而，众多发展中国家不仅在根服务器、网络域名以及信息通信主干线等方面受制于人，还面临着国家经济、文化和安全的网络挑战。在全球公域理论和多利益攸关方治理模式之下，众多发展中国家不仅深陷于网络化国家，甚至与网络中心国家的"数字鸿沟"越来越大。

网络空间主权也是《联合国宪章》中的"主权平等原则"的体现，即无论一个国家的网络能力如何，都应当享有和其他国家同等的权利，都有在自己领域上管理与维护网络空间的权利。网络空间主权的观念逐渐得到了国际认可。2015 年 7 月，联合国在《从国际安全的角度来看信息和电信领域发展的政府专家组的报告》中将"国家主权原则"作为提升信息和电信安全的核心。理论与实践的发展，为一种"基于网络空间主权"的新型全球治理模式确定了目标。

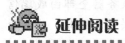 **延伸阅读**

推动网络主权原则成为国际行动准则[①]

在当前全球互联网治理体系尚未完善的情况下，中国旗帜鲜明地提出"网络主权"主张，得到了国际社会的广泛赞誉。习近平总书记强调："应该尊重各国自主选择网络发展道路、网络管理模式、互联网公共政策和平等参与国际网络空间治理的权利，不搞网络霸权，不干涉他国内政，不从事、纵容或支持危害他国国家安全的网络活动。"当然，要实现这一目标也非坦途，需要国际社会一道把先进理念的吸引力转化为实际行动的创造力。

……

加强尊重网络主权国际合作。面对互联网发展带给国家主权、发展利益的新挑战，各国只有通过加强和深化国际合作才能有效应对。离开了哪一方，效果都会大打折扣，网络主权都不会得到根本保障。世界各国首先要秉持网络主权一律平等的原则，切实尊重其他国家的重大利益，才能真正建立国际合作的现实基础。要培育网络空间共识，不断扩大网络空间合作利益面，加强国际社会在网络安全技术、制度建设、管理经验等层面上的相互交流，携手迈向多边、民主、透明的国际互联网治理体系。

第三节　网络空间主权体系的构建

一、国内层面

(一) 在技术上构建中立的网络基础设施

网络基础设施是网络主权得以实现和维护的重要保障，它要求一个国家的互联网无论在资源上还是在应用技术上都不受制于其他国家或组织。当前，制约世界各国确定网络独

[①] 郇雷. 旗帜鲜明倡导网络主权[N]. 光明日报，2016-01-09(5).

立权的共性问题是根域名解析体制不合理。因此，在技术层面上重塑网络基础设施尤其是关键信息基础设施势在必行。①

(二) 在管理上界定网络管辖权的范围

现代社会事务管理的管辖权立足于国家地理疆域之上。在网络空间，网络管辖权的确定与网络疆界密切相关。在技术意义上，一国的网络疆界被定义为网络设备端口的集合，这些设备位于本国领土中，且端口直接连接到其他国家的网络设备之上。这意味着，强化现代社会事务的网络管辖权，不仅应界定这些设备是否位于本国领土，同时应强化网络设备端口管理。在国家网络主权的基础上，清晰地界定网络疆界有助于树立网络管辖权，从而自主决定网络管理机制。例如，只有确立了一个国家的网络疆界，才能更好地确立"数据本地化"制度，加强跨境数据流动的管理，真正体现网络空间主权原则。

(三) 在军事上构建防卫网络安全机制

为了保护好国家的网络空间主权，必须构建不依赖于他国的防卫体系和军事机制。美国称"当本国网络受到攻击时不排除使用传统军事打击选项"，我国国家网络空间遭到侵犯时也有权进行自我保护。因此，在军事上构建防卫网络安全机制已经成为当前各个国家的国防重点。这将通过两个方面的努力达到：一方面通过建设"网络边防"保卫"网络领地"，以阻挡来自境外的攻击；另一方面，明确界定军队在保卫国家网络基础设施与重要信息系统方面的作用，建立军事冲突时军队保卫网络空间的制度或者机制。

(四) 在法律上确立网络空间主权体系

网络空间主权不仅是一个政治概念，也是一个法律概念。在法律框架下确立的"网络空间主权"应当为：国家按其意志在领域内对网络设施、网络主体和网络行为所拥有的"最先权力""最终权力""普遍权力"，这种权力在法律上体现为"网络空间单边权"和"网络空间共治权"。网络空间单边权是国家主权独立及其所衍生的领土完整原则在网络空间的应用。这意味着一个国家有在网络疆域范围内不受他国干扰的权利，其网络主体、网络设施、网络信息权益具有不可侵犯性。在网络空间单边权中，"网络安全权"居于核心地位。网络安全权，即一国所享有的、排除他国对自身网络空间恶意侵入和攻击，维护网络信息保密性、完整性和可用性的权利，其包含了对行为主体和行为类型的限定。②网络空间共治权则是指国家有权参与网络空间治理，与其他国家加强沟通，扩大共识，深化合作，共同构建网络空间命运共同体。

二、国际层面

(一) 发展网络空间共治权利

在国际层面，网络空间主权主要表现为国家有权作为独立主体参与网络空间共同治理，

① 汪重纶. 倡导网络主权极其重要[N]. 光明日报，2012-04-28(3).
② 张新宝，许可. 网络空间主权的治理模式及其制度构建[J]. 中国社会科学，2016(08)：139-158+207-208.

有独立表达涉及网络空间事务的权利，不在网络空间国际治理中受制于他人。总体来说，其体现为两个方面：

一是平等参与网络空间治理。平等参与网络空间治理来源于《联合国宪章》的主权平等原则，它指任何国家之间都应当互不歧视，每个国家的政治、经济和社会制度的差异不能成为网络空间合作的阻碍。进一步地，在网络空间相关国际会议和国际组织中，各国都应享有同等的代表权和投票权。

二是共同利用网络空间。对网络空间的共同利用是各国平等参与网络空间治理的自然结果，也是中国一直倡导的"网络空间命运共同体"的真实体现。互联网的广泛适用引领社会生产新变革，创造人类生活新空间，开拓国家治理新领域，是全球经济社会发展的产物。互联网不再是网络起源地的话语承载空间，而是各国政治、军事、经济、文化、社会的承载平台，是信息化国家的重要支柱。各国不可能放弃对网络空间的利用，不能因为某些国家具有网络技术优势而排除他国从网络空间受益的权利。

(二) 制定公平科学的网络空间国际规则

在连接全球的网络空间中，没有哪个国家能独善其身，置身其外。各国只有摒弃零和博弈、赢者通吃的旧思维，秉承坦诚和善意，尽可能地促成网络空间国际准则和公约的订立，才能实现网络空间的合作共赢和有序发展。只有在坚持网络空间国家主权的基础上，让各国在争议中求共识、在共识中谋合作，制定公平科学的网络空间国际规则，才能让互联网真正造福世界。同时，互联网重要管理权实际掌控在某些网络大国之下引发国际社会普遍质疑，应根据公平的国际规则组建中立国际组织接管互联网重要管理权，明确各国对该管理权的运作享有平等的权利和义务，推动互联网成为更优质的公共产品。

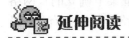 延伸阅读

网络空间主权原则：网络空间国际规则的基石[1]

2016 年被视为国际网络空间规则制定的关键年，中美两个网络大国自建立了打击网络犯罪高级别对话机制和专家组对话机制后，网络关系基本稳定，围绕网络空间规则的讨论逐渐深入展开。全球层面，包括探讨规则在内的双边、多边的网络安全对话合作进展飞速。北约召集专家编纂的《塔林手册》于 2016 年将推出升级版本，就连 IT 巨头微软公司也从企业的角度，于 2016 年 6 月推出了对网络空间行为准则的构想和呼吁。各方都期待着原本有着"蛮荒的西部"之称的网络空间早日拥有基本的行为规范、各方认同的规则框架和治理体系，摆脱目前弱肉强食，强者恒强的乱局。

我国在网络空间国际治理进程中付出了多年的努力并且取得了重大进展。中国无论是在牵头提出《信息安全国际行为准则》，还是连续两届主办世界互联网大会并提出"乌镇进程"，以及与包括美国等西方国家、连同俄罗斯等金砖国家在内的利益相关方就网络空间规则对话合作，增进共识等方面，都体现出了一个在网络空间负起责任的大国形象。

---

[1] 网络空间主权原则：网络空间国际规则的基石，http://theory.people.com.cn/n1/2016/1024/c376186-28802392.html，2019 年 1 月 15 日最后访问。

(三) 构建解决网络重大冲突的国际仲裁组织

制定公平科学的网络空间国际规则应当采取必要措施保证其严格执行，特别是只有建立网络空间的争端解决机制，才能实现国际规则的长效约束力。构建解决网络重大冲突的国际仲裁组织，使各国的网络以平等的方式实现互联互通，改变少数拥有绝对优势网络资源的国家利用这种优势制造网络权力不平等的局面。应当积极促成相应的国际组织来扮演仲裁角色，以保障在网络资源分配不均情况下的网络平等权。[①]作为一个负责任的新兴大国，中国肩负着促进网络空间治理良性转型的历史使命，在构建网络重大冲突国际仲裁组织中，中国应当发挥网络大国的力量，提升自己在国际组织中的话语权，为网络空间的治理贡献中国智慧。

课 后 习 题

1. 简要评述关于网络空间主权的各种理论。
2. 构建我国网络空间主权应当采取什么样的措施？

参 考 文 献

[1]　方滨兴. 论网络空间主权[M]. 北京：科学出版社，2017.
[2]　黄志雄. 网络主权论：法理、政策与实践[M]. 北京：社会科学文献出版社，2017.
[3]　马民虎. 网络安全法适用指南[M]. 北京：中国民主法制出版社，2017.
[4]　王春晖. 维护网络空间安全：中国网络安全法解读[M]. 北京：电子工业出版社，2018.
[5]　张新宝，许可. 网络空间主权的治理模式及其制度构建[J]. 中国社会科学，2016(08)：139-158+207-208.

网络空间主权论文观点摘要

[①] 汪重纶. 倡导网络主权极其重要[N]. 光明日报，2012-4-28(3).

第五章　网络安全支持与促进

内容提要

本章主要介绍网络安全技术产业、网络安全社会化服务体系建设、数据安全保护和利用、网络安全宣传教育、网络安全人才培养等方面的内容，力图使读者对我国网络安全支持与促进的政策法规有一个整体性的了解。

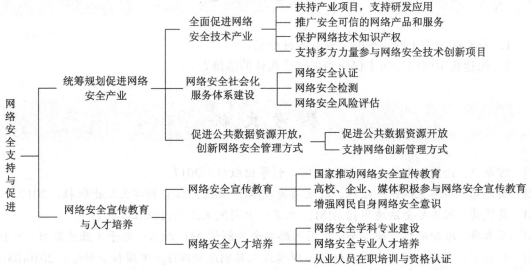

网络安全是国家安全的重要组成部分，网络安全技术涉及经济、科技、人才等多个领域，其快速发展需要国家统筹规划与协调。鉴于此，世界各国纷纷出台战略计划，促进本国网络安全领域全面发展。美国制定了"网络和信息技术研究发展计划""联邦大数据研究与开发战略计划""国家人工智能研究与发展策略规划"，欧盟制定了"地平线2020"科研计划，俄罗斯出台了《信息社会国家规划(2010—2020)》，日本发布了《网络安全战略》。习近平总书记在网络安全和信息化工作座谈会上的讲话指出，我们要掌握我国互联网发展主动权，保障互联网安全、国家安全，就必须突破核心技术这个难题，争取在某些领域、某些方面实现"弯道超车"。我国要实现网络安全领域"弯道超车"，国家的统筹规划与扶持政策就极为重要。

第一节　统筹规划促进网络安全产业

全球进入万物互联时代，新技术、新应用、新威胁持续涌现，网络安全产业战略价值全面凸显。2004 年，全球网络安全市场的规模为 35 亿美元，2017 年达到 990 亿美元，13 年增长了近 30 倍。①我国自 2014 年启动网络强国建设以来，习近平总书记高度重视我国网络安全产业创新发展。国家也出台了一系列的法律和政策，全面促进和支持我国网络安全产业发展。

一、全面促进网络安全技术产业

《网络安全法》第十六条规定："国务院和省、自治区、直辖市人民政府应当统筹规划，加大投入，扶持重点网络安全技术产业和项目，支持网络安全技术的研究开发和应用，推广安全可信的网络产品和服务，保护网络技术和知识产权，支持企业、研究机构和高等学校等参与国家网络安全技术创新项目。"

(一) 扶持产业项目，支持研发应用

1. 国家层面

近年来，我国网络安全产业呈现快速发展趋势，产业规模稳步增长，但我国网络安全产业的总体规模仍然较小，行业影响力仍然有限。因此，国家出台了一系列计划促进网络安全产业的发展。

国家网络空间安全被《国民经济和社会发展第十三个五年规划纲要》(以下简称《纲要》)列为面向 2030 年的 15 个重大科技项目之一。《纲要》规定，加快突破新一代信息通信等领域核心技术，支持新一代信息技术等领域的产业发展壮大，在信息网络等领域培育一批战略性产业。《纲要》提出，要重点突破大数据和云计算关键技术、自主可控操作系统、高端工业和大型管理软件、新兴领域人工智能技术。

《促进大数据发展行动纲要》《大数据产业发展规划(2016—2020 年)》(本段简称《规划》)提出，推动研究开发数据加密技术、数据流动监控与追溯技术、云平台虚拟机安全技术、虚拟化网络安全技术、云安全审计技术、多源融合安全数据分析技术等。②《规划》还提出了发展目标，到 2020 年数据安全技术达到国际先进水平，大数据相关产品和服务业务收入突破 1 万亿元，年均复合增长率保持在 30% 左右。

《信息产业发展指南》提出，到 2020 年信息产业收入目标为 26.2 万亿元。工业信息安全方面将建立工业信息安全管理体系，完善工业信息安全检查评测和信息共享机制，推动开展安全检查、漏洞发布、信息通报等工作，营造安全的工业互联网环境。

《软件和信息技术服务业"十三五"发展规划》提出，强化核心技术研发和重大应用能力建设，加快关键产品和系统的推广应用，到 2020 年信息安全产品收入达到 2000 亿元，年均增长 20% 以上。

2. 地方层面

网络信息技术是未来经济的发展方向，也是目前各地在经济结构转型升级过程中非常重视的发展内容，许多地方都制订了相关的计划、规划等，规定各种措施鼓励本地网络安

---

① 上海赛博网络安全产业创新研究院. 全球网络安全指数衡量各国网络安全承诺[J]. 信息安全与技术保密，2017(7)：13.

② 马民虎. 网络安全法适用指南[M]. 北京：中国民主法制出版社，2017：37.

全相关产业发展。例如，北京市制定了《北京市大数据和云计算发展行动计划(2016—2020年)》；四川省将信息安全产业纳入重点发展的五大高端成长型产业之一，并制定了《四川省信息安全产业发展规划(2015—2020年)》和《四川省信息安全产业发展工作推进方案》；贵州省制定了《贵州省大数据产业发展应用规划纲要(2014—2020年)》；长沙市政府发布了《长沙市网络安全产业发展规划》；成都市发布了《成都市人民政府办公厅关于加快推进网络信息安全产业体系建设发展的意见》等。

除了政策发布外，重点城市还不断加快网络安全产业布局，引导企业、科研、人才等资源集聚。例如，成都市2016年4月投资130亿元建设成都国家信息安全产业基地，同时连续三年为安全示范应用企业、公共技术平台、产学研用创新机构以及专业技术人员提供补助等。武汉市2016年9月正式启动国家网络安全人才与创建基地建设，致力于打造网络安全领域的中国硅谷；2017年3月，武汉市政府发布了《关于支持国家网络安全人才与创新基地发展若干政策的通知》，提出10项重点举措，如对教学实验设备的购置给予总额不超过1亿元的补贴、对网络安全基地内企事业单位和机构新引进的产业领军人才个人给予50～200万元的奖励补贴等。[①]

(二) 推广安全可信的网络产品和服务

安全可信的网络产品和服务是保障网络空间安全的重要手段，国家对此一直非常重视。早在2015年，《国务院关于积极推进"互联网＋"行动的指导意见》(以下简称《意见》)就提出要发挥移动金融安全可信公共服务平台的作用。《意见》指出，确定网络产品和服务的安全可信，需要有完善的产品和服务认证、评估等制度，要充分发挥政府、行业组织等多方力量。随后，国家互联网信息办公室发布的《国家网络空间安全战略》也提出重视软件安全，加快安全可信产品的推广应用。

2017年5月31日，国家网信办相关负责人就《网络安全法》在答记者问时明确了"安全可信"的基本含义。"安全可信"至少包括三个方面的含义：

一是保障用户对数据可控。产品或服务提供者不应该利用提供产品或服务的便利条件非法获取用户重要数据，损害用户对自己数据的控制权。

二是保障用户对系统可控。产品或服务提供者不应通过网络非法控制和操纵用户设备，损害用户对自己所拥有、使用设备和系统的控制权。

三是保障用户的选择权。产品或服务提供者不应利用用户对其产品或服务的依赖性，限制用户选择使用其他产品或服务，或停止提供合理的安全技术支持，迫使用户更新换代，损害用户的网络安全和利益。

安全可信没有国别和地区差异，国内外企业提供的产品和服务都应该符合安全可信的要求。

(三) 保护网络技术知识产权

没有保护，就没有创新。知识产权是网络安全技术创新的重要法律保障。《"十三五"

---

① 上海赛博网络安全产业创新研究院. 全球网络安全指数衡量各国网络安全承诺[J]. 信息安全与技术保密，2017(7)：16.

国家知识产权保护和运用规划》(本段简称《规划》)提出加大宽带移动互联网、云计算、物联网、大数据、高性能计算、移动智能终端等领域的知识产权保护力度；强化在线监测，深入开展打击网络侵权假冒行为专项行动。同时，《规划》要求加强知识产权主管部门与产业主管部门间的沟通协作，围绕国家科技重大专项以及战略性新兴产业，针对高端通用芯片、高档数控机床、集成电路装备、宽带移动通信等领域的关键核心技术，深入开展知识产权评议工作，及时提供或发布评议报告。

(四) 支持多方力量参与网络安全技术创新项目

在国家网络安全技术领域，企业、研究机构和高等学校都发挥着非常重要的作用。这些主体在国家的支持下加强合作，为国家网络安全技术创新贡献了自己的力量。2016 年 2 月 1 日，由工业、信息通信业、互联网等领域百余家单位共同发起成立工业互联网产业联盟。三年来，在全体成员的共同努力下，联盟会员数量达到 1214 家，设立了"12+9+X"组织架构，分别从工业互联网顶层设计、技术研发、标准研制、测试床、产业实践、国际合作等务实开展工作，发布了多项研究成果，为政府决策、产业发展提供支撑。[①]2016 年 2 月 3 日，正式挂牌的中关村区块链产业联盟是在中关村管委会及公安部、工业和信息化部等国家部委的指导下，由清华大学、北京大学、北京邮电大学、北京航空航天大学、中国信息通信研究院、中国互联网络信息中心、中国移动研究院、中国联通研究院、微软等多家单位自愿联合发起成立的社团，是全球首家专注网络空间基础设施创新的区块链产业联盟。该联盟的宗旨是推动区块链技术研究、成果转化、应用推广和产业发展，推动以区块链为核心的下一代互联网基础设施的加快发展，为联盟各成员单位业务发展提供服务。[②]

国家除了鼓励多方合作投入国家网络安全技术创新项目外，还出台了一些具体政策和措施支持各方力量参与国家网络安全技术创新。例如，财政部下发《关于提高科技型中小企业研究开发费用税前加计扣除比例的通知》，提出科技型中小企业开展研发活动中实际发生的研发费用，未形成无形资产计入当期损益的，在按规定据实扣除的基础上，在 2017 年 1 月 1 日～2019 年 12 月 31 日期间，再按照实际发生额的 75% 在税前加计扣除；形成无形资产的，在上述期间按照无形资产成本的 175% 在税前加计扣除。通过这样的措施，鼓励中小企业加大技术研发费用的投入。

二、网络安全社会化服务体系建设

《网络安全法》第十七条规定："国家推进网络安全社会化服务体系建设，鼓励有关企业、机构开展网络安全认证、检测和风险评估等安全服务。"《网络安全法》第十七条为推进网络安全社会化服务体系建设，鼓励有关企业、机构开展网络安全服务做了原则性的规定，为将来具体政策和措施的出台提供了依据。

---

① 工业互联网产业联盟官网，http://www.aii-alliance.org/index.php?m=content&c=index&a=lists&catid=18，2019 年 1 月 17 日最后访问。

② 工业互联网产业联盟官网，http://www.cyberledger.org/index.php/Home/Page/index/pageid/43，2019 年 1 月 17 日最后访问。

(一) 网络安全认证

《中华人民共和国认证认可条例》第二条规定，认证是指由认证机构证明产品、服务、管理体系符合相关技术规范、相关技术规范的强制性要求或者标准的合格评定活动。网络安全认证是指认证机构对与网络安全有关的产品、服务以及管理体系符合相关技术规范、相关技术规范的强制性要求或者标准的合格评定活动，具体包括网络安全产品认证、网络安全管理体系认证和网络安全服务认证。[①]

1. 网络安全产品认证

《网络安全法》颁布以前，我国已建立了信息安全产品认证制度。信息安全产品认证包括强制性产品认证和自愿性产品认证。

2008 年，国家质检总局、中国国家认证认可监督管理委员会(以下简称国家认监委)发布的《关于部分信息安全产品实施强制性认证的公告》中提出，要对部分信息安全产品实施强制性认证，并发布了《第一批信息安全产品强制性认证目录》。

2015 年，国家认监委在《关于加快发展自愿性产品认证工作的指导意见》中提出要重点围绕教育、文化、卫生、体育等公共服务体系，食品药品安全、生产安全、社会治安防控、网络安全等公共安全体系，防灾、减灾、救灾等应急管理体系，能源、经济、信息、国防安全等国家安全体系提供认证服务。

根据《网络安全法》第二十三条[②]的规定，国家互联网信息办公室、工业和信息化部、公安部、国家认监委在 2017 年 6 月 9 日联合发布了《网络关键设备和网络安全专用产品目录(第一批)》。明确列入《网络关键设备和网络安全专用产品目录(第一批)》的设备和产品，应当按照相关国家标准的强制性要求，由具备资格的机构安全认证合格或者安全检测符合要求后，方可销售或者提供。

2018 年 7 月，国家认监委发布了《网络关键设备和网络安全专用产品安全认证实施规则》(本段简称《规则》)。《规则》适用的网络关键设备和网络安全专用产品，应符合《网络关键设备和网络安全专用产品目录(第一批)》中相应的范围要求描述。《规则》明确，认证委托人向认证机构递交认证申请，并按要求提交相关资料，认证机构对资料进行初审，确定认证委托人提交的资料满足要求后，受理该申请。对认证委托人提交的资料和文档，根据相关标准和/或该产品的技术规范进行审核。《规则》还指出，认证机构负责对型式试验、工厂检查结果等进行综合评价，通过认证决定的，由认证机构对认证委托人颁发认证证书，证书有效期 5 年。

中国网络安全审查技术与认证中心是网络关键设备和网络安全专用产品安全认证的唯一认证机构，对网络关键设备和网络安全专用产品依据国家标准强制性要求开展安全认证。[③]

---

① 中国网络安全审查技术与认证中心，http://www.isccc.gov.cn/zcfg/flhxzfg/index.shtml，2019 年 1 月 19日最后访问。

② 《网络安全法》第二十三条："网络关键设备和网络安全专用产品应当按照相关国家标准的强制性要求，由具备资格的机构安全认证合格或者安全检测符合要求后，方可销售或者提供。国家网信部门会同国务院有关部门制定、公布网络关键设备和网络安全专用产品目录，并推动安全认证和安全检测结果互认，避免重复认证、检测。"

③ 中国网络安全审查技术与认证中心官网，http://www.isccc.gov.cn/zxyw/cprz/wlgjsb/index.shtml，2019 年1 月 19日最后访问。

2. 网络安全管理体系认证

网络安全管理体系认证包括信息安全管理体系认证、信息技术-服务管理体系认证和个人信息安全管理体系认证。[①]信息安全管理体系是基于风险评估建立、实施、运行、监视、评审、保持和持续改进信息安全等一系列的管理活动，组织在整体或特定范围内建立信息安全方针和目标以及完成这些目标所用的方法的体系。信息技术-服务管理体系的目标是以合适的成本提供满足客户质量要求的 IT 服务，从流程、人员和技术三方面提升效率和效用，强调将企业的运营目标、业务需求与 IT 服务提供相协调一致。个人信息安全管理体系从个人信息的收集、保存、使用、共享、转让、公开披露等多个方面提高和完善组织的个人信息安全管理能力。随着《网络安全法》的出台，个人信息安全有了法律依据，通过个人信息安全管理体系认证，可以提高组织的个人信息安全管理能力和合规性，从而提升组织的社会信誉。

在网络安全管理体系方面，从事信息安全管理体系认证以及信息技术服务管理体系认证的机构有中国质量认证中心、上海质量体系审核中心、北京中大华远认证中心等 15 家。[②]

3. 网络安全服务认证

随着我国信息化和信息安全保障工作的不断深入推进，以应急处理、风险评估、灾难恢复、系统测评、安全运维、安全审计、安全培训和安全咨询等为主要内容的信息安全服务在信息安全保障中的作用日益突出。加强和规范信息安全服务资质管理已成为信息安全管理的重要基础性工作。从中国网络安全审查技术与认证中心开展的认证服务来看，网络安全相关服务认证主要有以下几种类别：网络安全审计服务资质认证、软件开发服务资质认证、信息安全风险评估服务资质认证、信息系统安全集成服务资质认证、信息系统安全运维服务资质认证、信息系统灾难备份与恢复服务资质认证。[①]

在网络安全服务认证方面，具有相关认证资质的机构有中国网络安全审查技术与认证中心、北京赛迪认证中心有限公司、中军联合(北京)认证有限公司、放心联合认证中心(北京)有限公司 4 家。[②]

(二) 网络安全检测

1. 网络安全检测的概念

网络安全检测包括与网络安全有关的产品测评和网络安全等级保护测评。其中产品测评包括信息安全产品认证测评、信息安全产品选型测试、信息技术产品测评、网络设备性能测试、智能卡及读卡器安全测评等；网络安全等级保护测评是指测评机构依据相关技术标准，检测评估定级对象安全等级保护状况是否符合相应等级基本要求的过程，是落实信息(网络)安全等级保护制度的重要环节。

2. 网络安全检测的规范体系

1997 年公安部颁布的《计算机信息系统安全专用产品检测和销售许可证管理办法》(公

---

① 中国网络安全审查技术与认证中心官网，http://www.iscc.gov.cn/zxyw/txrz/grxx/index.shtml，2019 年 1 月 19 日最后访问。

② 马民虎. 网络安全法适用指南[M]. 北京：中国民主法制出版社，2017：42。

安部令第 32 号)第四条规定:"安全专用产品的生产者申领销售许可证,必须对其产品进行安全功能检测和认定。"《网络安全法》颁布后,2017 年国家互联网信息办公室、工业和信息化部、公安部、国家认监委联合发布了《网络关键设备和网络安全专用产品目录(第一批)》。

除了相关的法律法规外,我国还颁布了一系列网络安全等级测评的国家标准,如《信息安全技术 信息系统安全等级保护测评要求》(GB/T 28448-2012)、《信息安全技术 信息系统安全等级保护测评过程指南》(GB/T 28449-2012)等。《网络安全法》出台后,全国信息安全标准化技术委员会根据该法的要求对等级测评相关的国家标准相继进行修订和完善。目前,该委员会已经发布了一系列标准,如《信息安全技术 网络安全等级保护测评机构能力要求和评估规范》(GB/T 36959—2018)等。

3. 网络安全检测业务机构

(1) 承担信息安全产品强制性认证检测任务的实验室。《关于信息安全产品强制性认证指定认证机构和实验室》(国家认监委 2009 年第 25 号公告)对承担信息安全产品强制性认证检测任务的实验室及其业务范围做了明确规定,具体内容如表 5.1.1 所示。[①]

表 5.1.1　承担信息安全产品强制性认证工作的认证机构业务范围

机构名称	业 务 范 围	通信地址
中国信息安全认证中心	CNCA-11C-075:防火墙产品 CNCA-11C-076:网络安全隔离卡与线路选择器产品 CNCA-11C-077:安全隔离与信息交换产品 CNCA-11C-078:安全路由器产品 CNCA-11C-079:智能卡 COS 产品 CNCA-11C-080:数据备份与恢复产品 CNCA-11C-081:安全操作系统产品 CNCA-11C-082:安全数据库系统产品 CNCA-11C-083:反垃圾邮件产品 CNCA-11C-084:入侵检测系统产品 CNCA-11C-085:网络脆弱性扫描产品 CNCA-11C-086:安全审计产品 CNCA-11C-087:网站恢复产品	地址:北京市朝阳区朝外大街甲 10 号中认大厦,100020 联系人:陈晓桦 电话:010-65994322 　　　 65994330 网址:http://www.isccc.gov.cn
信息产业部计算机安全技术检测中心	CNCA-11C-075:防火墙产品 CNCA-11C-076:网络安全隔离卡与线路选择器产品 CNCA-11C-077:安全隔离与信息交换产品 CNCA-11C-078:安全路由器产品 CNCA-11C-079:智能卡 COS 产品 CNCA-11C-080:数据备份与恢复产品 CNCA-11C-081:安全操作系统产品 CNCA-11C-082:安全数据库系统产品 CNCA-11C-083:反垃圾邮件产品 CNCA-11C-084:入侵检测系统产品 CNCA-11C-085:网络脆弱性扫描产品 CNCA-11C-086:安全审计产品 CNCA-11C-087:网站恢复产品	地址:北京市海淀区北四环中路 211 号,100083 联系人:陈夂熙 电话:010-51616107 网址:http://www.ctec.com.cn

---

① 国家认监委 2009 年第 25 号公告《关于信息安全产品强制性认证指定认证机构和实验室》,http://www.isccc.gov.cn/zxyw/cprz/gjxxaqcprz/zyxcprztzgg/09/314383.shtml,2019 年 1 月 18 日最后访问。

续表一

机构名称	业　务　范　围	通信地址
国家保密局涉密信息系统安全保密测评中心	按照国家有关保密规定和标准，负责目录内用于涉密信息系统的产品检测	地址：北京市海淀区交大东路甲 56 号，100044 联系人：杨宏宁 电话：82210931 网址：http://www.isstec.org.cn
公安部计算机信息系统安全产品质量监督检验中心	CNCA-11C-075：防火墙产品 CNCA-11C-076：网络安全隔离卡与线路选择器产品 CNCA-11C-077：安全隔离与信息交换产品 CNCA-11C-078：安全路由器产品 CNCA-11C-080：数据备份与恢复产品 CNCA-11C-081：安全操作系统产品 CNCA-11C-082：安全数据库系统产品 CNCA-11C-083：反垃圾邮件产品 CNCA-11C-084：入侵检测系统产品 CNCA-11C-085：网络脆弱性扫描产品 CNCA-11C-086：安全审计产品 CNCA-11C-087：网站恢复产品	地址：上海市岳阳路 76 号，200031 联系人：顾健 电话：021-64335070 网址：http://www.mctc.gov.cn
国家密码管理局商用密码检测中心	负责目录内含有密码技术产品的密码检测	地址：北京市丰台区靛厂路 7 号，100036 联系人：秦赟玥 电话：010-59703695
中国信息安全测评中心信息安全实验室	CNCA-11C-075：防火墙产品 CNCA-11C-076：网络安全隔离卡与线路选择器产品 CNCA-11C-077：安全隔离与信息交换产品 CNCA-11C-078：安全路由器产品 CNCA-11C-079：智能卡 COS 产品 CNCA-11C-080：数据备份与恢复产品 CNCA-11C-081：安全操作系统产品 CNCA-11C-082：安全数据库系统产品 CNCA-11C-083：反垃圾邮件产品 CNCA-11C-084：入侵检测系统产品 CNCA-11C-085：网络脆弱性扫描产品 CNCA-11C-086：安全审计产品 CNCA-11C-087：网站恢复产品	地址：北京市海淀区上地西路 8 号院 1 号楼，100085 联系人：郑琴 电话：82341588 网址：http://www.itsec.gov.cn
北京信息安全测评中心	CNCA-11C-075：防火墙产品 CNCA-11C-077：安全隔离与信息交换产品 CNCA-11C-078：安全路由器产品 CNCA-11C-080：数据备份与恢复产品 CNCA-11C-081：安全操作系统产品 CNCA-11C-082：安全数据库系统产品 CNCA-11C-083：反垃圾邮件产品 CNCA-11C-084：入侵检测系统产品 CNCA-11C-085：网络脆弱性扫描产品 CNCA-11C-086：安全审计产品 CNCA-11C-087：网站恢复产品	地址：北京市朝阳区北辰西路 12 号数字北京大厦 A 座 7 层北侧，100101 联系人：成金爱 电话：010-84371806 网址：http://www.bjtec.org.cn

续表二

机构名称	业 务 范 围	通信地址
上海市信息安全测评认证中心	CNCA-11C-075：防火墙产品 CNCA-11C-076：网络安全隔离卡与线路选择器产品 CNCA-11C-077：安全隔离与信息交换产品 CNCA-11C-078：安全路由器产品 CNCA-11C-079：智能卡 COS 产品 CNCA-11C-080：数据备份与恢复产品 CNCA-11C-081：安全操作系统产品 CNCA-11C-082：安全数据库系统产品 CNCA-11C-083：反垃圾邮件产品 CNCA-11C-084：入侵检测系统产品 CNCA-11C-085：网络脆弱性扫描产品 CNCA-11C-086：安全审计产品 CNCA-11C-087：网站恢复产品	地址：上海市陆家浜路 1308 号，200011 联系人：陈颖杰 电话：021-63789038、63789900 转 211 网址：http://www.shtec.gov.cn

(2) 网络安全等级测评机构。2018 年 3 月公安部发布了《网络安全等级保护测评机构管理办法》(本段简称《办法》)。《办法》第二条规定网络安全等级测评机构是指依据国家网络安全等级保护制度规定，符合本办法规定的基本条件，经省级以上网络安全等级保护工作领导(协调)小组办公室审核推荐，从事等级测评工作的机构。

(三) 网络安全风险评估

1. 网络安全风险评估的概念

网络安全风险，是指人为或自然的威胁利用网络信息系统及其管理体系中存在的脆弱性导致安全事件的发生及其对组织造成的影响。网络安全风险评估是指依据有关网络安全技术与管理标准，对网络信息系统及由其处理、传输和存储的信息的机密性、完整性和可用性等安全属性进行评价的过程。[1]

2. 网络安全风险评估规范体系

1) 相关法规

《网络安全法》第十七条首次从基本法层面明确规定了网络安全风险评估服务；第二十六条要求开展风险评估的机构向社会发布系统漏洞、计算机病毒、网络攻击、网络侵入等网络安全信息，应当遵守国家有关规定；第二十九条要求行业组织建立健全本行业的网络安全保护规范和协作机制，加强对网络安全风险的分析评估，定期向会员进行风险警示，支持、协助会员应对网络安全风险；第三十八条和第三十九条规定了关键信息基础设施风险评估的相关问题；第五十四条规定了网络安全事件发生的风险增大时的处理要求和程序。

国家互联网信息办公室于 2017 年 7 月 1 日发布的《关键信息基础设施安全保护条例(征求意见稿)》第二十八条、第三十五条、第四十条～四十四条对关键信息基础设施的网络安

---

① 马民虎. 网络安全法适用指南[M]. 北京：中国民主法制出版社，2017：46.

全风险评估做了进一步细化规定(具体法条参见相应电子资源)。

2) 国家标准

目前关于网络安全风险评估的国家标准主要包括《信息安全技术　信息安全风险评估规范》(GB/T 20984—2007)、《信息安全技术　信息安全风险评估实施指南》(GB/T 31509－2015)等。

三、促进公共数据资源开放，创新网络安全管理方式

《网络安全法》第十八条规定:"国家鼓励开发网络数据安全保护和利用技术，促进公共数据资源开放，推动技术创新和经济社会发展。国家支持创新网络安全管理方式，运用网络新技术，提升网络安全保护水平。"

(一) 促进公共数据资源开放

在"数据驱动政策"和"数据驱动发展"成为主题的大数据时代，海量聚合和动态的开放数据成为促进政府职能转变、推动政府机构高效运行和增强政府诚信的重要元素。[1]为了公共数据资源能更好地利用，我国通过一系列的政策法规鼓励各方开发和使用有利于网络数据安全的各项新技术。在鼓励开发使用新技术的同时，我国也加速制定完善政府数据开放的政策和法律法规。

早在 2004 年，中共中央办公厅、国务院办公厅就印发了旨在推动政府信息公开利用的《关于加强信息资源开发利用工作的若干意见》(本段简称《意见》)。《意见》提出要建立健全政府信息公开制度，加快推进政府信息公开，制定政府信息公开条例，编制政府信息公开目录。

2007 年，《政府信息公开条例》规定了国务院办公厅为全国政府信息公开工作的主管部门，并明确各级政府应该重点公开信息的范围、公开方式和程序以及监督和保障机制。

2011 年，最高人民法院发布《关于审理政府信息公开行政案件若干问题的规定》，赋予公民以及组织对政府信息公开工作中侵犯其合法权益的具体行政行为可以提起行政诉讼的权利。

2013 年，国信办发布《关于加强信息资源开发利用工作任务分工的通知》(国信办〔2006〕10 号)，明确了关于完善政务信息共享制度的工作机制，由中办、国办牵头，会同监察部等部门，结合政务信息公开工作和电子政务建设，根据法律规定和履行职责的需要，明确相关部门和地区信息共享的内容、方式和责任，制定信息共享管理办法，建立信息共享机制。

2015 年 9 月 5 日，国务院印发《促进大数据发展行动纲要》(简称《纲要》)，明确要制定政府数据资源共享管理办法，并提出在 2017 年底前基本形成跨部门数据资源共享共用格局，2018 年底前建成国家政府数据统一开放平台。《纲要》以"加强顶层设计和统筹协调，大力推动政府信息系统和公共数据互联开放共享，加快政府信息平台整合，消除信息孤岛，推进数据资源向社会开放，增强

《促进大数据发展行动纲要》

---

[1] 马民虎. 网络安全法适用指南[M]. 北京：中国民主法制出版社，2017：49.

政府公信力，引导社会发展，服务公众企业"为指导思想，提出了 5～10 年内"形成公共数据资源合理适度开放共享的法规制度和政策体系，2018 年底前建成国家政府数据统一开放平台，率先在信用、交通、医疗、卫生、就业、社保、地理、文化、教育、科技、资源、农业、环境、安监、金融、质量、统计、气象、海洋企业登记监管等重要领域实现公共数据资源合理适度向社会开放，带动社会公众开展大数据增值性、公益性开发和创新应用，充分释放数据红利，激发大众创业、万众创新活力"的总体目标和规划。

2015 年 10 月，我国通过的《中共中央关于制定国民经济和社会发展第十三个五年规划的建议》强调实施国家大数据战略，推进数据资源开放共享。

2017 年 5 月，国务院办公厅印发的《政务信息系统整合共享实施方案》以最大程度利企便民，让企业和群众少跑腿、好办事、不添堵为目标，提出了加快推进政务信息系统整合共享、促进国务院部门和地方政府信息系统互联互通的重点任务和实施路径。

2018 年 1 月，中央网信办、国家发改委、工业和信息化部联合印发《公共信息资源开放试点工作方案》(本段简称《方案》)，确定在北京、上海、浙江、福建、贵州开展公共信息资源开放试点工作。试点工作以充分释放数据红利为目标，旨在进一步促进信息惠民，进一步发挥数据规模大、市场空间大的优势，促进信息资源规模化创新应用，推动国家治理体系和治理能力现代化。《方案》中确定的几个城市也陆续出台相关政策法规，贯彻执行中央精神。例如，北京市出台了《北京市公共信用信息管理办法》，上海市出台了《上海市公共数据资源开放 2018 年度工作计划》。

(二) 支持网络创新管理方式

目前，以政府为主导、企业为主体、社会组织和公众共同参与共同治理网络空间的模式已逐渐被认可。我国相关政策已明确提出加强合作、推动政府职能转变，以完善现有网络安全的管理模式，提升网络空间治理能力的现代化水平。

《2006－2020 年国家信息化发展战略》提出："坚持积极发展、加强管理的原则，参与互联网治理的国际对话、交流和磋商，推动建立主权公平的互联网国际治理机制。加强行业自律，引导企业依法经营。理顺管理体制，明确管理责任，完善管理制度，正确处理好发展与管理之间的关系，形成适应互联网发展规律和特点的运行机制。坚持法律、经济、技术手段与必要的行政手段相结合，构建政府、企业、行业协会和公民相互配合、相互协作、权利与义务对等的治理机制，营造积极健康的互联网发展环境。依法打击利用互联网进行的各种违法犯罪活动，推动网络信息服务健康发展。"

《中共中央关于制定国民经济和社会发展第十三个五年规划的建议》提出，要"推动政府职能从研发管理向创新服务转变。完善国家科技决策咨询制度。坚持战略和前沿导向，集中支持事关发展全局的基础研究和共性关键技术研究，加快突破新一代信息通信、新能源、新材料、航空航天、生物医药、智能制造等领域核心技术"。

《促进大数据发展行动纲要》明确要建立用数据说话、用数据决策、用数据管理、用数据创新的管理机制，实现基于数据的科学决策，将推动政府管理理念和社会治理模式进步，加快建设与社会主义市场经济体制和中国特色社会主义事业发展相适应的法治政府、创新政府、廉洁政府和服务型政府，逐步实现政府治理能力现代化。尽快转变政府治理方式，实现利用数据进行科学有效管理。

第二节 网络安全宣传教育与人才培养

一、网络安全宣传教育

"人人参与、人人受益"是互联网的重要特征，维护网络安全需要社会公众的广泛参与和配合，加强网络安全宣传教育工作势在必行。许多国家都把网络安全教育作为维护国家网络安全的重要措施。美国作为互联网技术的发源地与最大基地，早在 2004 年就启动了国家网络安全意识月活动。美国政府通过开展网络安全意识月活动，对美国公民进行网络安全自我保护教育，提升社会网络安全意识；推广国家网络安全教育计划，增强公民的网络安全意识和技能。日本政府制定了《网络安全普及与启蒙计划》，加强学校对学生的网络安全教育，并开展网络安全意识月活动。澳大利亚政府积极开展网络安全教育，提高全民网络风险意识，如免费在计算机上安装软件、屏蔽不良网站、建立青少年网络安全保护公益组织，并为公众投诉非法的互联网内容设立了举报投诉机制。

我国《网络安全法》第十九条规定："各级人民政府及其有关部门应当组织开展经常性的网络安全宣传教育，并指导、督促有关单位做好网络安全宣传教育工作。大众传播媒介应当有针对性地面向社会进行网络安全宣传教育。"

(一) 国家推动网络安全宣传教育

《国家网络空间安全战略》明确提出，办好网络安全宣传周活动，大力开展全民网络安全宣传教育。推动网络安全教育进教材、进学校、进课堂，提高网络媒介素养，增强全社会网络安全意识和防护技能，提高广大网民对网络违法有害信息、网络欺诈等违法犯罪活动的辨识和抵御能力。

自 2014 年开始，我国已经连续举办了 5 届网络安全周活动。宣传周通过多种形式在全国多个地方开展活动，深入企业、校园和社区宣传网络安全知识，提高全社会的网络安全意识。中央网信办网络安全协调局局长赵泽良表示："有专家预计，70%的网络安全事件都与网民的安全意识和基本安全防护技能直接相关，所以国家举办网络安全宣传周，就是要动员全社会的力量，以相对集中的网络安全教育，让我们广大的网民都能懂安全、知安全、会安全。让更多的网民都能依法依规上网，安全放心地用网。"[1]

《网络安全法》同时强调各级人民政府及其有关部门要组织开展"经常性的网络安全宣传教育"。我国各级政府也积极调动各方力量，开展各式各样的网络安全教育活动，形成了多方参与的机制。例如，北京市将每年的 4 月 29 日定为"首都网络安全日"，设立了"北京网络安全教育体验基地"。[2]

---

[1] 焦点访谈关注国家网络安全青少年科普基地，http://www.cctime.com/html/2015-6-2/201562113122413.htm，2019 年 1 月 17 日最后访问。

[2] 北京市政府将 4 月 29 日定为"首都网络安全日"，http://politics.people.com.cn/n/2014/0416/c14562-24905573.html, 2019 年 1 月 19 日最后访问。

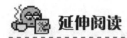 **延伸阅读**

国家网络安全青少年科普基地建立[1]

2015 年，中央网信办、中央编办、教育部、科技部、工业和信息化部等多个单位联合建立了国家网络安全青少年科普基地。由共青团中央网络影视中心、中国科技馆协办，由未来网和 360 公司联合发起的青少年网络安全教育工程负责设计、搭建基地、后期技术升级维护，为全国各地设立网络安全科普基地提供示范引导。

(二) 高校、企业、媒体积极参与网络安全宣传教育

高校、企业、媒体对网络安全宣传教育也有义不容辞的责任。高校利用自身专业优势，结合学生活动，可以走进社区进行长期、广泛、细致的宣传，既普及了网络安全知识，也锻炼了学生的社会实践能力，能够实现多方共赢。

网络安全关系到企业的运营安全，企业通过宣传教育，提高自身和消费者的安全意识，有助于防范网络诈骗等违法行为的发生。消费者权益得到充分保障，企业与消费者的纠纷减少了，也降低了企业运营风险。企业参与网络宣传教育，可以与政府、行业协会等合作，也可以在产品中融入网络安全教育因素，从而向社会发布网络安全知识。

媒体是大众获取知识的重要渠道，也是网络安全宣传教育的重要力量，通过新闻报道、制作网络安全节目等形式，可以有效地向社会宣传网络安全知识。

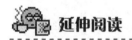 **延伸阅读**

网络安全知识宣传[2]

重庆邮电大学网络空间安全与信息法学院从 2017 年开始每年举办一次网络安全周宣传活动。活动通过设立展板、发放宣传单等方式进行网络安全主题的宣讲，并通过开展有奖答题、趣味游戏等活动调动全校师生积极参与，从而增强了师生对网络安全重要性的认识，促使网络安全深入人心。

(三) 增强网民自身网络安全意识

"打铁还需自身硬"，网民的较高网络安全意识和良好网络使用习惯是防范网络风险的最后一道屏障。通过宣传，帮助网民认识到自身的安全意识薄弱，不仅会给自己增加风险、造成损害，还可能导致计算机被网络病毒控制而成为网络攻击的"帮手"。网络用户应当杜绝"000000""123456"等弱密码的出现，不打开来源不明的邮件或者链接，最大限度地降低风险，避免损失。

---

[1] 360 建我国首个青少年网络安全科普基地，http://politics.people.com.cn/n/2015/0601/c70731-27087013.html，2019 年 1 月 9 日最后访问。

[2] 该资料由重庆邮电大学网络空间安全与信息法学院学生会提供。

二、网络安全人才培养

《网络安全法》第二十条规定："国家支持企业和高等学校、职业学校等教育培训机构开展网络安全相关教育与培训，采取多种方式培养网络安全人才，促进网络安全人才交流。"

2016 年 6 月 6 日，中央网络安全和信息化领导小组办公室发布《关于加强网络安全学科建设和人才培养的意见》，提出了 8 项意见：一是加快网络安全学科专业和院系建设；二是创新网络安全人才培养机制；三是加强网络安全教材建设；四是强化网络安全师资队伍建设；五是推动高等院校与行业企业合作育人、协同创新；六是加强网络安全从业人员在职培训；七是加强全民网络安全意识与技能培养；八是完善网络安全人才培养配套措施。这 8 项意见指明了我国网络安全人才培养的模式、方法和路线。

(一) 网络安全学科专业建设

人才培养，需要专业机构的支撑。为了推动网络安全人才培养，2015 年上半年，中央网信办会同教育部开展了网络安全人才培养基地试点示范，北京邮电大学、上海交通大学等是进入试点示范的首批高校。

2015 年 6 月 11 日，国务院学位委员会、教育部发布了《国务院学位委员会教育部关于增设网络空间安全一级学科的通知》(本段简称《通知》)。《通知》决定在"工学"门类下增设"网络空间安全"一级学科。

2016 年 1 月 28 日，国务院学位委员会正式下发《国务院学位委员会关于同意增列网络空间安全一级学科博士学位授权点的通知》，共有 27 所高校获批增列网络空间安全一级学科博士学位授权点，2 所军校获批对应调整网络空间安全一级学科博士学位授权点，共计有 29 所高校获得我国首批网络空间安全一级学科博士学位授权点。①

2017 年 8 月，中央网信办、教育部联合印发文件，决定在 2017～2027 年期间实施一流网络安全学院建设示范项目，通过探索网络安全人才培养新思路、新体制、新机制等，从政策投入等多方面采取措施，经过 10 年左右的努力，形成国内公认、国际上具有影响力和知名度的网络安全学院。首批被确定为一流网络安全学院建设示范项目的高校为西安电子科技大学、东南大学、武汉大学、北京航空航天大学、四川大学、中国科学技术大学、战略支援部队信息工程大学。

2018 年 3 月，教育部发布了《2017 年度普通高等学校本科专业备案和审批结果的通知》，18 所高校新增"网络空间安全"本科专业通过教育部审批。②

---

① 29 所高校为清华大学、北京交通大学、北京航空航天大学、北京理工大学、北京邮电大学、哈尔滨工业大学、上海交通大学、南京大学、东南大学、南京航空航天大学、南京理工大学、浙江大学、中国科学技术大学、山东大学、武汉大学、华中科技大学、中山大学、华南理工大学、四川大学、电子科技大学、西安交通大学、西北工业大学、西安电子科技大学、中国科学院大学、国防科学技术大学、解放军信息工程大学、解放军理工大学、解放军电子工程学院、空军工程大学。

② 18 所高校为国际关系学院、东南大学、武汉大学、中山大学、中国科学院大学、黑龙江大学、浙江师范大学行知学院、福建工程学院、山东政法学院、武汉工程大学、武汉东湖学院、惠州学院、东莞理工学院、重庆邮电大学、西南石油大学、成都理工大学、西华师范大学、兰州理工大学。

(二) 网络安全专业人才培养

1. 专业人才培养

国家在已设立网络空间安全一级学科的基础上，通过各种措施加大经费投入，开展高水平科学研究，加强实验室等建设，完善本专科、研究生教育培养体系，为网络安全专业人才培养奠定坚实基础。国家鼓励企业深度参与高等院校网络安全人才培养工作，从培养目标、课程设置、教材编制、实验室建设、实践教学、课题研究及联合培养基地等各个环节加强同高等院校的合作。国家同时推动高等院校与科研院所、行业企业协同育人，定向培养网络安全人才，建设协同创新中心。国家还支持高校网络安全相关专业实施"卓越工程师教育培养计划"，鼓励学生在校阶段积极参与创新创业。

通过这一系列措施，我国争取尽快形成网络安全人才培养、技术创新、产业发展的良性生态链。

2. 特殊人才选拔

互联网是年轻人的事业，要"不拘一格降人才"。除了通过常规的院系培养人才外，国家还应支持高等院校开设网络安全相关专业"少年班""特长班"，鼓励高等院校、科研机构根据需求和自身特色，拓展网络安全专业方向，合理确定相关专业人才培养规模，建设跨理学、工学、法学、管理学等门类的网络安全人才综合培养平台。

(三) 从业人员在职培训与资格认证

1. 从业人员在职培训

网络安全从业人员的安全意识和专业技能是保障我国网络安全的重要因素之一，网络安全职业培训也是我国网络安全人才培养的重要组成部分。我国有必要建立党政机关、事业单位和国有企业网络安全工作人员培训制度，提升网络安全从业人员的安全意识和专业技能。同时，将在职人员网络安全培训纳入国家各种网络安全检查之中，确保在职培训落到实处。

国家鼓励并规范社会力量、网络安全企业开展网络安全人才培养和在职人员网络安全培训。2016 年 3 月 25 日在北京成立的中国网络空间安全协会，是我国首个网络安全领域的全国性社会团体，其重要职能之一就是开展行业培训。2017 年 8 月 24 日，该协会还专门成立了人才培养教育工作委员会，负责开展网络空间安全从业人员的继续教育、职业教育与培养培训工作。

2. 网络安全相关资格认证

我国于 2015 年批准网络空间安全作为一级学科，目前各高校已经纷纷开始设立网络空间安全相关的学科专业，而此专业的认证体系还有待发展与完善。美国特别重视网络安全人才的培养，美国国家安全局(National Security Agency，NSA)和国土安全部(Department of Homeland Security，DHS)针对网络空间安全设立了网络空间防御(national centers of academic excellence in cyber defense，CAE-CD)和网络空间操作(national centers of academic excellence in cyber operation，CAE-CO)学术优秀计划，即专业认证计划。这两个认证项目规定了从事网络空间防御和操作人才培养所需要具备的基本条件、培养计划的基本知识单元。美国符合要求的教育机构都可以申请认证，由 NSA 和 DHS 设置专门的机构进行认证以保证学术机构确实达到了认证的要求，对申请认证的学术机构设定严格的学术与科研要求，以保障人才培养的质量。专业认证的有效期为 2～5 年不等。①

目前，关于信息安全工程师的第三方认证有国际注册信息系统安全认证专家(Certified Information System Security Professional，CISSP)和注册信息安全专业人员(Certified Information Security Professional，CISP)。CISSP 是目前世界上最权威、最全面的国际化信息系统安全方面的认证，由国际信息系统安全认证协会[International Information System Security Certification Consortium，(ISC)2]组织和管理，(ISC)2 在全世界各地举办考试，符合考试资格的人员在通过考试后被授予 CISSP 认证证书。CISP 系经中国信息安全产品测评认证中心(已改名为中国信息安全测评中心)实施的国家认证，是国家对信息安全人员资质的最高认可。

我国于 2016 年在全国计算机技术与软件专业技术资格(水平)考试中增加了信息安全工程师岗位资格考试，这门新开的信息安全工程师分属该考试"信息系统"专业，位处中级资格。

在企业认证领域，有思科安全专家认证，启明星辰的安全技术工程师(Venus Certified Security Engineer，VCSE)、安全威胁防御工程师(Venus Certified Security Defense Engineer，VCSDE)和安全管理员(Venus Certified Security Administrator，VCSA)认证，360 公司于 2017年推出了安全运维与响应和安全评估与审计两个类别的网络安全从业人员认证。

人才是网络安全最重要的保障手段。国家和地方政府应当结合实际制定具体措施，支持网络安全学院学科专业建设。企业、高校应当认识到网络安全学科建设和人才培养的重要性，增强责任感和使命感，为实施网络强国战略、维护国家网络安全提供强大的人才保障。

课 后 习 题

1. 我国还可以从哪些方面进一步促进网络安全产业发展？谈谈你的想法。
2. 谈谈你对我国网络安全人才培养的建议。

参 考 文 献

[1] 马民虎. 网络安全法适用指南[M]. 北京：中国民主法制出版社，2017.
[2] 360 法律研究院. 中国网络安全法法治绿皮书(2018)[M]. 北京：法律出版社，2018.
[3] 夏冰. 网络安全法和网络安全等级保护 2.0[M]. 北京：电子工业出版社，2017.
[4] 王春晖. 维护网络空间安全：中国网络安全法解读[M]. 北京：电子工业出版社，2018.
[5] 杨合庆. 中华人民共和国网络安全法解读[M]. 北京：中国法制出版社，2017.

① 张宁，李晖. 美国网络空间安全学科认证体系研究[J]. 网络与信息安全学报，2016，2(01)：6-11.

第六章　网络运行安全一般规定

内容提要 ✍

本章介绍网络运营者，网络设备、产品和服务，其他相关行为主体的网络运行安全要求，网络安全的支持与协作，以及涉密网络的安全保护要求，力图使读者了解《网络安全法》中网络运行安全的一般规定。

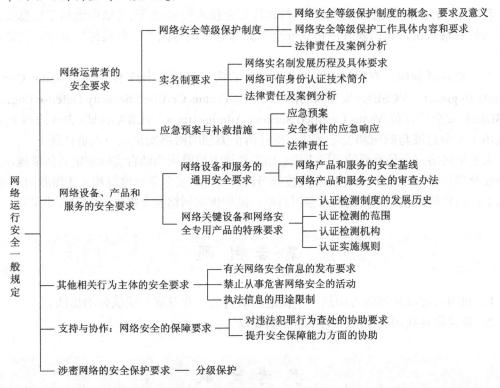

第一节　网络运营者的安全要求

网络运营者是指网络的所有者、管理者和网络服务提供者。这是一个很大的范围，任何在中国通过运营网络开展业务及提供服务或收集数据的企业都可能包含在内。网络运营者在网络安全中的地位突出，是网络安全法重要的规制对象之一，其法定责任包括严格执行网络安全等级保护制度、执行实名制制度、按规定制订应急预案，以及在发生安全事件时及时采取补救措施等。需要特别注意的是，在云计算时代，由于云服务方和云租户分别是独立的定级对象，因此云租户也需要按等级保护要求落实相应的安全工作，只是要注意与其云服务商之间的责任分配。

一、网络安全等级保护制度

《网络安全法》第二十一条规定："国家实行网络安全等级保护制度。网络运营者应当按照网络安全等级保护制度的要求，履行下列安全保护义务，保障网络免受干扰、破坏或者未经授权的访问，防止网络数据泄露或者被窃取、篡改：

(一) 制定内部安全管理制度和操作规程，确定网络安全负责人，落实网络安全保护责任；

(二) 采取防范计算机病毒和网络攻击、网络侵入等危害网络安全行为的技术措施；

(三) 采取监测、记录网络运行状态、网络安全事件的技术措施，并按照规定留存相关的网络日志不少于六个月；

(四) 采取数据分类、重要数据备份和加密等措施；

(五) 法律、行政法规规定的其他义务。"

该条法律规定的是网络运营者的一般安全保护义务，对网络系统的硬件、软件及其系统中的数据的基本保护，是通过网络运营者执行网络安全等级保护制度得以实现的，更详尽的安全保护义务详见《网络安全等级保护条例(征求意见稿)》第二十条规定。

《网络安全等级保护条例(征求意见稿)》

(一) 网络安全等级保护制度的概念、要求及意义

自 1994 年国务院颁布的《中华人民共和国计算机信息系统安全保护条例》提出对计算机信息系统实行网络安全等级保护以来，等级保护制度已发展成为新时代国家网络安全的基本国策和基本制度。在信息系统等级保护制度的基础之上，《网络安全法》在法律层面首次明确了我国的网络安全等级保护制度。

1. 概念

网络安全等级保护制度是指国家对在中华人民共和国境内建设、运营、维护、使用的网络，实施分等级保护、分等级监管的法律制度。按照重要性和遭受损坏后的危害性将网络分成 5 个安全保护等级，保护和监管程度从第一级到第五级逐级增高：

(1) 所有网络每年至少进行一次自查，发现风险后整改并报告。

(2) 拟定级在第二级及以上的网络实行专家评审和备案制。

(3) 对第三级及以上网络实行强制测评制度、监测预警和信息通报制度，同时要求制定应急响应预案和应急响应报告制。

根据网络在国家安全、经济建设、社会生活中的重要程度，以及其一旦遭到破坏、丧失功能或者数据被篡改、泄露、丢失、损毁后，对等级保护对象的危害程度等因素，《信息安全技术　网络安全等级保护定级指南》(GA/T 1389—2017)将网络分为 5 个安全保护等级，等级由受侵害的客体和对客体的侵害程度两个要素决定。其中，受侵害的客体包括：① 公民、法人和其他组织的合法权益；② 社会秩序、公共利益；③ 国家安全。对客体的侵害程度是通过危害方式、危害后果和危害程度加以描述的，分为三种：一般损害、严重损害和特别严重损害。网络定级要素与安全保护等级的关系如表 6.1.1 所示，各等级网络的具体

描述及其应具备的基本安全保护能力如表 6.1.2 所示。

表 6.1.1　网络定级要素与安全保护等级的关系

侵害客体程度 ＼ 对客体的侵害	一般损害	严重损害	特别严重损害
公民、法人和其他组织的合法权益	第一级	第二级	第三级
社会秩序、公共利益	第二级	第三级	第四级
国家安全	第三级	第四级	第五级

表 6.1.2　各等级网络的描述及其应具备的基本安全保护能力

等级	重要程度、危害程度	应具备的基本安全保护能力
第一级	等级保护对象受到破坏后会对公民、法人和其他组织的合法权益造成损害但不损害国家安全、社会秩序和公共利益	应能够防护免受来自个人、拥有很少资源的威胁源发起的恶意攻击，一般的自然灾难，以及其他相当危害程度的威胁所造成的关键资源损害。在自身遭到损害后，能够恢复部分功能
第二级	等级保护对象受到破坏后会对公民、法人和其他组织的合法权益产生严重损害或者对社会秩序和公共利益造成损害但不损害国家安全	应能够防护免受来自外部小型组织的、拥有少量资源的威胁源发起的恶意攻击，一般的自然灾害，以及其他相当危害程度的威胁所造成的重要资源损害，能够发现重要的安全漏洞和安全事件。在自身遭到损害后，能够在一段时间内恢复部分功能
第三级	等级保护对象受到破坏后会对公民、法人和其他组织的合法权益产生特别严重损害或者对社会秩序和公共利益造成严重损害或者对国家安全造成损害	应能够在统一安全策略下防护免受来自外部有组织的、拥有较为丰富资源的威胁源发起的恶意攻击，较为严重的自然灾害，以及其他相当危害程度的威胁所造成的主要资源损害，能够发现重要的安全漏洞和安全事件。在自身遭到损害后，能够较快恢复绝大部分功能
第四级	等级保护对象受到破坏后会对社会秩序和公共利益造成特别严重损害或者对国家安全造成严重损害	应能够在统一安全策略下防护免受来自国家级别的、敌对组织的、拥有丰富资源的威胁源发起的恶意攻击，严重的自然灾害，以及其他相当危害程度的威胁所造成的资源损害，能够发现重要的安全漏洞和安全事件。在自身遭到损害后，能够迅速恢复所有功能
第五级	等级保护对象受到破坏后会对国家安全造成特别严重损害	(略)

与过去的信息安全等级保护制度相比，网络安全等级保护制度扩大了第三级网络的范围——原来那些未对国家安全造成损害或对社会秩序和公共利益造成严重损害，但可能对法人或组织造成特别严重损害的等级保护对象(如全国性集团公司的资金集中管理系统、大型互联网信息平台的统一运维管理系统等)将被确定为第三级而不是第二级，这彰显了法律对私权利维护的升级。

2.　要求

2014 年，为了适应新技术新应用情况下的等级保护工作开展，国家决定对原标准进行扩展，将重要基础设施、重要系统以及“云计算、大数据、物联网、移动互联、工业控制系统”纳入等级保护监管，将互联网企业纳入等级保护管理。因此，与等保 1.0 时代的计算机信息系统等级保护制度相比，等保 2.0 时代的网络安全等级保护制度的保护范围更广，保护要求更严，两者之间的主要区别如表 6.1.3 所示。

表 6.1.3　等保 1.0 与等保 2.0 的主要区别

	信息系统安全等级保护制度(等保 1.0)	网络安全等级保护制度(等保 2.0)
相关标准	—《计算机信息系统　安全保护等级划分准则》(GB 17859—1999) —《信息安全技术　信息系统安全等级保护基本要求》(GB/T 22239—2008) —《信息安全技术　信息系统安全等级保护定级指南》(GB/T 22240—2008) —《信息安全技术　信息系统安全等级保护实施指南》(GB/T 25058—2010) —《信息安全技术　信息系统等级保护安全设计技术要求》(GB/T 25070—2010) —《信息安全技术　信息系统安全等级保护测评要求》(GB/T 28448—2012) —《信息安全技术　信息系统安全等级保护测评过程指南》(GB/T 28449—2012)	—《计算机信息系统　安全保护等级划分准则》(GB 17859—1999) —《信息安全技术　网络安全等级保护基本要求》(GB/T 22239—2019)(修订) —《信息安全技术　网络安全等级保护定级指南》(GA/T 1389—2017) —《信息安全技术　网络安全等级保护实施指南》(GB/T 25058)(修订) —《信息安全技术　网络安全等级保护安全设计技术要求》(GB/T 25070—2019)(修订) —《信息安全技术　网络安全等级保护测评要求》(GB/T 28448—2019)(修订) —《信息安全技术　网络安全等级保护测评过程指南》(GB/T 28449—2018)(修订) —《网络安全等级保护条例(征求意见稿)》 —《信息安全技术　网络安全等级保护安全管理中心技术要求》(GB/T 36958—2018) —《信息安全技术　网络安全等级保护测试评估技术指南》(GB/T 36627—2018)
保护对象	信息系统	网络基础设施、信息系统、大型互联网企业、云计算平台、大数据中心、物联网系统、移动互联网、工业控制系统
基本要求	**技术要求** 物理安全 网络安全 主机系统安全 应用和数据安全 **管理要求** 安全管理机构 安全管理制度 人员安全管理 系统建设管理 系统运维管理	**技术要求** 安全物理环境 安全通信网络 安全区域边界 安全计算环境(新增个人信息保护) 安全管理中心 **管理要求** 安全管理制度(新增安全策略) 安全管理机构 安全管理人员 安全建设管理(将安全服务商选择扩展到了所有的服务供应商选择) 安全运维管理(设备管理变为设备维护管理,监控管理和安全管理中心变为漏洞和风险管理,强调漏洞和风险的管理,网络和系统安全管理合并,增加了对外包运维的管理)
管理策略	自主定级、自主保护、监督指导	明确等级、增强保护、常态监督

　　《信息安全技术　网络安全等级保护基本要求》(GB/T 22239—2019)从安全通用要求、云计算安全扩展要求、移动互联安全扩展要求、物联网安全扩展要求和工业控制系统安全扩展要求 5 个方面对每一等级做出了具体规定,其要求的范围和类别如表 6.1.4 所示[①]。

---

① 马力,祝国邦,陆磊.《网络安全等级保护要求》(GB/T 22239—2019)标准解读[J].信息网络安全,2019(02):77-84.

表 6.1.4　《信息安全技术　网络安全等级保护基本要求》的内容框架

要求		安全通用要求	云计算安全扩展要求	移动互联安全扩展要求	物联网安全扩展要求	工业控制系统安全扩展要求
安全技术要求	安全物理环境	物理位置选择、物理访问控制、防盗窃和防破坏、防雷击、防火、防水和防潮、防静电、温湿度控制、电力供应、电磁防护			感知节点设备物理防护	室外控制设备物理防护
	安全通信网络	网络架构、通信传输、可信验证			网络设备防护	
	安全区域边界	边界防护、访问控制、入侵防范、恶意代码和垃圾邮件防范、安全审计、可信验证			接入控制	拨号使用控制、无线使用控制
	安全计算环境	身份鉴别、访问控制、安全审计、入侵防范、恶意代码防范、可信验证、数据完整性、数据保密性、数据备份恢复、剩余信息保护、个人信息保护	镜像和快照保护	移动终端管控、移动应用管控	感知节点设备安全、网关节点设备安全、抗数据重放、数据融合处理	控制设备安全
	安全管理中心	系统管理、审计管理、安全管理、集中管控	接口安全	软件审核与检测		
安全管理要求	安全管理制度	安全策略、管理制度、制定和发布、审核和修订				
	安全管理机构	岗位设置、人员配备、授权和审批、沟通和合作、审核和检查				
	安全管理人员	人员录用、人员离岗、安全意识教育和培训、外部人员访问管理				
	安全建设管理	定级和备案、安全方案设计、产品采购和使用、自行软件开发、外包软件开发、工程施工、测试验收、系统交付、等级测评、服务供应商管理	云服务商选择、供应链管理	移动应用软件采购、移动应用软件开发		
	安全运维管理	环境管理、资产管理、介质管理、设备维护管理、漏洞和风险管理、网络与系统安全管理、恶意代码防范管理、配置管理、密码管理、变更管理、备份与恢复管理、安全事件处置、应急预案管理、外包运维管理	云计算环境管理		感知节点管理	

为适应移动互联、云计算、大数据、物联网和工业控制等新技术、新情况下的网络安全等级保护，新修订的等级保护基本要求在通用要求基础之上提出了针对这些保护对象的扩展要求：

(1) 云计算安全扩展要求针对云计算的特点提出特殊保护要求，增加了包括"基础设施的位置""虚拟化安全保护""镜像和快照保护""云服务商选择""云计算环境管理"等方面的内容。

(2) 移动互联安全扩展要求针对移动互联的特点提出特殊保护要求，增加了包括"无线接入点的物理位置""移动终端管控""移动应用管控""移动应用软件采购""移动应用软件开发"等方面的内容。

(3) 物联网安全扩展要求针对物联网的特点提出特殊保护要求，提出了针对物联网的感知网部分特殊保护要求，包括"感知节点的物理防护""感知节点设备安全""网关节点设备安全""感知节点的管理""数据融合处理"等方面的内容。

(4) 工业控制系统安全扩展要求针对工业控制系统的特点提出特殊保护要求，对工业控制系统主要增加的内容包括"室外控制设备防护""工业控制系统网络架构安全""拨号使用控制""无线使用控制""控制设备安全"等方面；针对工业控制系统实时性要求高的特点调整了"漏洞和风险管理""恶意代码防范管理"方面的要求。

在《信息安全技术　网络安全等级保护基本要求》(GB/T 22239—2019)中，上述具体的安全要求又被分为三类：① 保护数据在存储、传输、处理过程中不被泄漏、破坏和免受未授权的修改的信息安全类要求(简称 S 类要求)；② 保护系统连续正常地运行，避免因对系统的未授权修改、破坏而导致系统不可用的服务保证类要求(简称 A 类要求)；③ 其他通用安全保护类要求(简称 G 类要求)，所有管理安全要求均为通用安全保护类要求。S 类、A 类的区分也对应网络定级时对定级对象考察范围的划分(业务信息安全和系统服务安全)：业务信息安全定级为一级而系统服务安全定级为三级时，分别适用第一级的业务信息安全类的安全要求(简记为 S1)和第三级的系统服务保证类的安全要求(简记为 A3)，此时，整个网络随系统服务的定级而认定为三级网络，适用第三级的通用安全要求(简记为 G3)，网络的定级组合结果表示为 S1A3G3。

3. 意义

上升为法律层面的网络安全等级保护制度的实施为信息系统安全工作开辟了一条可落地、可操作的道路。从国家层面看，对所有信息系统都要落实安全措施，但没有绝对安全，不计成本的投入、追求绝对安全是错误的。网络安全等级保护制度能体系化地指导各信息系统根据各自责任落实相应技术措施，避免安全工作的不作为或乱作为。从信息系统责任主体单位看，为落实信息系统安全工作提供方向和依据，一般单位的信息系统安全工作分两步，先是落实合法合规的安全工作要求，再落实业务特殊的安全需求。网络安全等级保护制度就是明确法律法规要求，让安全工作有法可依。从公民个人层面来看，网络安全等级保护制度落实是个人安居乐业的必要保障，保障那些生活深度依赖的信息系统服务不断，保障水电交通等基础设施平稳运行，保障个人信息、资金等安全保管。

(二) 网络安全等级保护工作具体内容和要求

对网络分等级进行安全保护有 4 个规定动作，即定级备案、自查、测评与整改 4 个环节，对不同等级的网络要求也有所不同，如表 6.1.5 所示。

表 6.1.5　网络等级保护制度对不同等级的工作内容要求

网络安全级别	专家评审	定级备案	测试、测评与整改		自查	监测预警和信息通报制度、应急预案
第一级					√	
第二级	√	√	自行测试		√	至少每年一次，发现风险后整改并报告
第三级	√	√	√	强制测评，每年一次	√	√
第四级	√	由国家信息安全等级保护专家委员会评审	√	√	√	√
第五级	√		√	√	√	√

1. 定级备案

定级备案是整个网络安全等级保护的首要环节，是开展网络建设、整改、测评、监督检查等后续工作的重要基础。结合《信息安全技术　网络安全等级保护定级指南》(GA/T 1389—2017)、《网络安全等级保护条例(征求意见稿)》对网络定级的具体规定，对于安全保护等级初步确定为第一级的等级保护对象，其运营单位自主定级；确定为第二级及以上的保护对象，其运营单位需要进行初步定级、专家评审、主管部门审批、公安机关备案审查，最终确定其安全保护等级，其流程如图 6.1.1 所示。

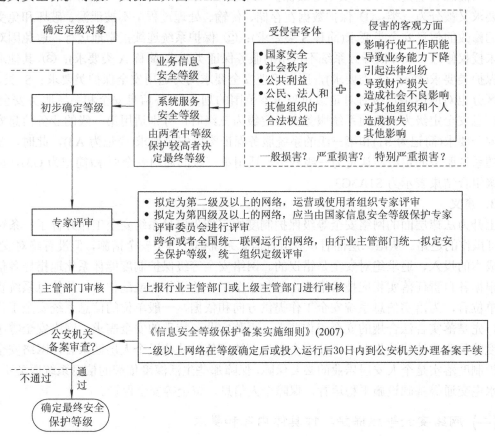

图 6.1.1　第二级及以上网络的定级流程

1) 确定定级对象

作为定级对象的网络系统应具有如下基本特征：

(1) 具有确定的主要安全责任主体，包含但不限于企业、机关和事业单位等法人，以及不具备法人资格的社会团体等其他组织。

(2) 承载相对独立的业务应用。完成不同业务目标或者支撑不同单位或不同部门职能的多个信息系统，应划分为不同的定级对象。

(3) 包含相互关联的多个资源，如由服务器、终端、网络互联设备和安全设备组成的办公自动化系统。单一设备不单独定级。

需要注意：

(1) 对于工业控制系统的定级对象，生产管理层的定级对象遵循上述原则，现场设备层、现场控制层和过程控制层应作为一个整体对象定级，各层次要素不单独定级。对于大型工业控制系统，可根据系统功能、控制对象和生产厂商等因素划分为多个定级对象。

(2) 在云计算环境中，应将云服务方侧的云计算平台单独作为定级对象定级，云租户侧的等级保护对象也应作为单独的定级对象定级。对于大型云计算平台，应将云计算基础设施和有关辅助服务系统划分为不同的定级对象。

(3) 大数据应作为单独定级对象进行定级，对于安全责任主体相同的大数据、大数据平台和应用可作为一个整体对象定级。

(4) 采用移动互联技术的等级保护对象以及物联网应作为一个整体对象定级。

2) 初步确定等级

保护对象的保护等级由业务信息安全(指确保信息系统内信息的保密性、完整性和可用性等，即 S 类)和系统服务安全(指确保定级对象可以及时、有效地提供服务，以完成预定的业务目标，即 A 类)两个方面共同确定：先分别判断与之相关的受侵害客体和对客体的侵害程度，根据表 6.1.1 的安全保护等级分区确定业务信息和系统服务的安全等级，然后选择其中的较高者初步确定为定级对象的安全保护等级。其中，受侵害客体包括国家安全、社会秩序、公众利益以及公民、法人和其他组织的合法权益；受侵害的程度根据不同的受侵害客体和不同的危害后果[1]综合进行判断。最终的定级结果会反映出对业务信息安全和系统服务安全的定级情况。例如，业务信息安全定级为第一级而系统服务安全定级为第三级的情况，网络的最终定级为第三级，其定级组合结果表示为 S1A3G3。不同网络的参考定级如表 6.1.6 所示。

表 6.1.6 不同网络的参考定级

第一级网络	(1) 小型私营及个体企业、中小学，以及乡镇所属网络系统； (2) 县级单位中重要性不高的网络系统
第二级网络	(1) 县级某些单位中的重要网络系统； (2) 地市级以上国家机关、企事业单位内部一般的网络系统，如非涉及工作秘密、商业秘密、敏感信息的办公系统和管理系统等

---

[1] 这些危害后果可能包括影响行使工作职能、导致业务能力下降、引起法律纠纷、导致财产损失、造成社会不良影响、对其他组织和个人造成损失和其他影响等。

续表

第三级网络	地市级以上国家机关、企事业单位内部重要的网络系统。例如： (1) 涉及工作秘密、商业秘密、敏感信息的办公系统和管理系统； (2) 跨省或全国联网运行的用于生产、调度、管理、指挥、作业、控制等方面的重要信息系统及这类系统在省、地市的分支系统； (3) 中央各部委、省(自治区、直辖市)门户网站和重要网站； (4) 跨省连接的网络系统； (5) 大型云平台、工业控制系统、物联网、移动网络、大数据等
第四级网络	国家重要领域、重要部门中的特别重要网络系统及核心系统。例如： (1) 电力、电信、广电、铁路、民航、银行、税务等重要部门的生产、调度、指挥等涉及国家安全、国计民生的核心系统； (2) 超大型的云平台、工业控制系统、物联网、移动网络、大数据等
第五级网络	一般适用于国家重要领域、重要部门中的极端重要系统

对于基础信息网络、云计算平台、大数据平台等支撑类网络，应根据其承载或将要承载的等级保护对象的重要程度确定其安全保护等级，原则上应不低于其承载的等级保护对象的安全保护等级。原则上，大数据安全保护等级不低于第三级。对于确定为关键信息基础设施的等级，原则上其安全保护等级不低于第三级。

3) 专家评审

定级对象的运营、使用单位应组织信息安全专家和业务专家，对初步定级结果的合理性进行评审，出具专家评审意见：

(1) 拟定为第二级及以上的网络，运营或使用者组织专家评审。[①]

(2) 拟定为第四级及以上的网络，应当由国家信息安全等级保护专家评审委员会进行评审。

(3) 跨省或者全国统一联网运行的网络，由行业主管部门统一拟定安全保护等级，统一组织定级评审。

4) 主管部门审核

定级对象的运营、使用单位应将初步定级结果上报行业主管部门或上级主管部门进行审核。跨省或者全国统一联网运行的信息系统可以由主管部门统一确定安全保护等级。

5) 公安机关备案审查

根据《信息安全等级保护管理办法》《信息安全技术　网络安全等级保护基本要求》(GB/T 22239—2019)《信息安全等级保护备案实施细则》(公信安〔2007〕1360号文)等规定，已运营的二级以上信息系统应当在安全保护等级确定后30日内，新建第二级以上信息系统应当在投入运行后30日内，由其运营、使用单位到所在地公安机关公共信息网络安全监察部门办理备案手续。备案长期有效，无需每年办理。但是，如果网络系统发生变更或者定

---

① 与等保1.0相比，等保2.0增加了对第二级网络的专家评审要求。《信息安全等级保护管理办法》(公通字〔2007〕43号文)要求：① 第三级以上信息系统在办理等级备案手续时应当提供信息系统安全保护等级专家评审意见；② 对拟确定为第四级以上信息系统的，运营、使用单位或者主管部门应当请国家信息安全保护等级专家评审委员会评审。

级变更，应当办理变更手续或者重新办理备案。

若公安机关公共信息网络安全监察部门认定网络运营者自主定级与实际不符或者不准确的，可以要求申报备案单位重新定级并重新递交备案材料。网络最终的等级认定，应当以公安机关出具的《信息系统安全等级保护备案审核结果通知》及《信息系统安全等级保护备案证明》认定的等级为准。

2. 自查、测评与整改

自查、测评和整改是公安机关执行网络安全等级保护检查工作的重要内容，[①] 至少每年一次的自查与测评也是公安机关对网络进行监督管理的重要手段，如图 6.1.2 所示。

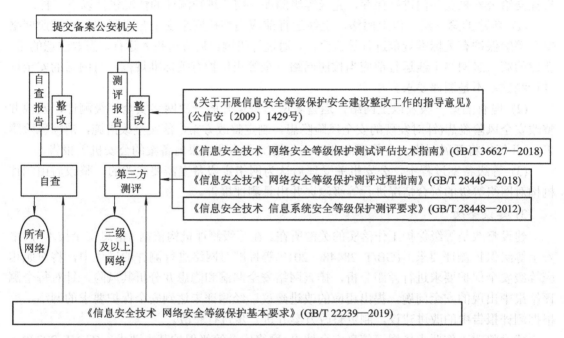

图 6.1.2　网络安全等级保护监督管理的实现方式

1) 自查

网络运营者应当依据《信息安全技术　网络安全等级保护基本要求》(GB/T 22239—2019) 每年对本单位落实网络安全等级保护制度情况和网络安全状况至少开展一次自查，内容包括网络安全状况、安全保护制度及安全技术措施的落实情况等，发现安全风险隐患应及时整改，并向备案的公安机关报告。网络运营者开展自查工作是对自身网络安全威胁的全面评价和认识，是更好确保自身网络安全性的基本要求。

2) 测评

等级测评是具有检验技术能力和政府授权认证资格的权威机构依据国家网络安全等级保护制度规定，按照有关管理规范和技术标准，以是否符合等级保护基本要求为目的，对

---

① 《公安机关信息安全等级保护检查工作规范》(公信安〔2008〕736 号)规定，等级保护检查包括：a. 等级保护工作部署和组织实施情况；b. 信息系统安全等级保护定级备案情况；c. 信息安全设施建设情况和信息安全整改情况；d. 信息安全管理制度建立和落实情况；e. 信息安全产品选择和使用情况；f. 聘请测评机构开展技术测评工作情况；g. 定期自查情况。

被测系统安全等级保护状况进行检测评估的合规性评判活动。等级测评是评价安全保护现状的重要方法。测评报告用以反映等级保护对象安全要求的实现状况，是作为测评对象运营单位为使等级保护对象满足安全要求而采取改进措施的基准，也是用来满足网络安全等级保护测评要求的证明文件。与测评相关的标准包括《信息安全技术　网络安全等级保护基本要求》(GB/T 22239—2019)、《信息安全技术　信息系统安全等级保护测评要求》(GB/T 28448—2012)、《信息安全技术　网络安全等级保护测评过程指南》(GB/T 28449—2018)和《信息安全技术　网络安全等级保护测试评估技术指南》(GB/T 36627—2018)。

由测评机构对系统等级符合情况进行等级测评并出具测评报告，测评结束后将测评报告提交给公安机关部门进行保存，完成等级测评。需要进行测评的情况包括以下三种：

(1) 新建的第三级及以上网络，上线运行前应当委托网络安全等级测评机构按照网络安全等级保护有关标准规范进行等级测评，通过等级测评后方可投入运行。需要注意的是，新建的第二级网络上线运行前应当按照网络安全等级保护有关标准规范，对网络的安全性进行测试，不是测评要求。

(2) 现有的第三级及以上网络，运营者应当每年开展一次网络安全等级测评，发现并整改安全风险隐患(针对发现的安全风险隐患，制定整改方案，落实整改措施，消除风险隐患)，并每年将开展网络安全等级测评的工作情况及测评结果向备案的公安机关报告。

(3) 等级备案过程中，公安机关受理后认为网络定级备案需要整改的，整改后由测评机构对网络等级的符合情况进行等级测评并出具测评报告。

3) 建设整改

建设整改是等级保护工作落实的关键所在。在等级测评机构依据《信息安全技术　网络安全等级保护测评要求》(GB/T 28448—2019)等标准对网络进行测评的过程中，将对照相应等级安全保护要求进行差距分析，排查网络安全漏洞和隐患并分析其风险，针对每个测评结果中出现的安全问题，提出相应的改进建议。经测评未达到安全保护要求的网络，要根据测评报告中的改进建议，制定整改方案并进一步进行整改。

建设整改工作要求依据《信息安全技术　网络安全等级保护基本要求》(GB/T 22239—2019)，落实信息安全责任制，建立并落实各类安全管理制度，开展网络安全管理建设，落实物理和环境安全、网络和通信安全、设备和计算机安全、应用和数据安全等安全保护技术措施。

依据《关于开展信息安全等级保护安全建设整改工作的指导意见》(公信安〔2009〕1429号)，网络安全建设整改工作分5步进行：

第一步：制定网络安全建设整改工作规划，对网络安全建设整改工作进行总体部署。

第二步：开展网络安全保护现状分析，从管理和技术两个方面确定网络安全建设整改需求。

第三步：确定安全保护策略，制定网络安全建设整改方案。

第四步：开展网络安全建设整改工作，建立并落实安全管理制度，落实安全责任制，建设安全设施，落实安全措施。

第五步：开展网络安全自查和等级测评，及时发现网络中存在的安全隐患和威胁，进一步开展安全建设整改工作。

该流程如图 6.1.3 所示。①经安全建设整改后的网络，各等级应达到表 6.1.2 中相对应的基本保护能力。

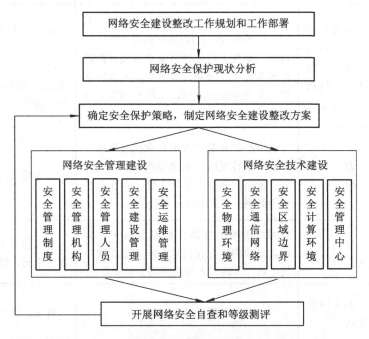

图 6.1.3　网络安全建设整改工作基本流程

(三) 法律责任及案例分析

《网络安全法》第五十九条规定："网络运营者不履行本法第二十一条、第二十五条规定的网络安全保护义务的，由有关主管部门责令改正，给予警告；拒不改正或者导致危害网络安全等后果的，处一万元以上十万元以下罚款，对直接负责的主管人员处五千元以上五万元以下罚款。"

《网络安全法》自 2017 年 6 月 1 日正式实施，网络安全等级保护制度已经上升为法律规定的强制义务，这是我国自 1994 年发布实施的《中华人民共和国计算机信息系统保护条例》将"等级保护"明确为我国计算机安全保护的根本制度以来，首次将其写入法律。《网络安全法》实施以来的部分网络安全处罚案例如表 6.1.7 所示。

表 6.1.7　《网络安全法》实施以来的部分网络安全处罚案例

处罚对象	执法机关	检查/违规行为	处罚措施
湖南工贸技师学院及其技术维修提供商湖南中科智谷教育科技有限公司	株洲市公安局网安部门	未落实网络安全等级保护制度，网站存在严重的安全隐患漏洞。第一次检查后要求湖南中科智谷教育科技有限公司在 2018 年 2 月 16 日前整改到位。2018 年 3 月 26 日，湖南省公安厅网技总队在对网站的检查中，再次发现该校网站存在重大安全隐患	(1) 约谈该单位法人代表及网站系统管理员； (2) 警告，责令限期整改，在未整改落实到位前，网站系统不得上线运行

① 将来出台的适用于网络安全等级保护的整改工作指导意见可能会稍有不同。

续表

处罚对象	执法机关	检查/违规行为	处罚措施
安徽某县教师进修学校	安徽省公安厅网络安全保卫总队、蚌埠市局网安支队	因网络安全等级保护制度落实不到位,遭黑客攻击入侵(该网站自上线运行以来,始终未进行网络安全等级保护的定级备案、等级测评等工作,未落实网络安全等级保护制度,未履行网络安全保护义务)	(1) 约谈学校法定代表人及该县分管副县长; (2) 处以该学校一万五千元罚款,处以对负有直接责任的副校长五千元罚款
方正县农业技术推广中心	方正县公安局	该中心设立的"方正农业社会化服务平台"未按照网络安全等级保护制度的要求落实网络安全主体责任,存在高危安全漏洞并被黑客攻击入侵	责令整改,并处罚款两万元
宜宾市某区"教师发展平台"	宜宾市网安部门	网站因网络等级保护制度落实不到位,导致网站存在高危漏洞,造成网站发生被黑客攻击入侵的网络安全事件	对直接负责的主管人员罚款五千元,机构罚款一万元
汕头市某信息科技有限公司	汕头网警支队	未按规定定期开展等级测评	警告,责令整改
淮南职业技术学院	淮南市公安局网安支队	该校招生信息管理系统存在越权漏洞,后台登录密码弱口令,未落实网络安全管理制度,未建立网络安全防护技术措施,网络日志留存少于六个月,未采取数据分类、重要数据备份和加密措施,致使系统存储的多名学生身份信息泄露	警告,责令整改
山西忻州市某省直属事业单位	山西忻州市、县两级公安机关网安部门	未按照网络安全等级保护制度的要求,采取防范计算机病毒和网络攻击、网络侵入等危害网络安全行为的技术措施	警告,责令整改
重庆市某科技发展有限公司	重庆公安局网安总队	该公司在提供互联网数据中心服务时,存在未依法留存用户登录相关网络日志的违法行为	警告并责令限期15日内进行整改

从表 6.1.7 可以看出,对于未按照《网络安全法》第二十一条、第二十五条规定执行网络安全等级保护或者履行网络安全保护义务的,一般有以下三种处罚措施。

1. 约谈

对于网络安全隐患突出、多次发出风险提示或限期整改未完成的单位,按照法律规定,对责任单位法人或信息安全责任人以及对系统建设、运维单位进行约谈,宣讲法律法规,责令其在规定时限内完成整改。

2．行政处罚

（1）在未发生严重网络安全事故时，一般适用"警告+责令改正"的处罚措施。

（2）对于不改正或已发生危害网络安全的情况，在警告和责令改正的基础上，对相关责任单位及其主体负责人分别处以罚款。

3．暂时或永久关停网站

对于存在严重安全问题的网站，在整改落实到位前实行暂时关闭的措施；对长期无人维护、问题隐患突出的中小网站，采取关停措施。

二、实名制要求

《网络安全法》第二十四条规定："网络运营者为用户办理网络接入、域名注册服务，办理固定电话、移动电话等入网手续，或者为用户提供信息发布、即时通讯等服务，在与用户签订协议或者确认提供服务时，应当要求用户提供真实身份信息。用户不提供真实身份信息的，网络运营者不得为其提供相关服务。"

国家实施网络可信身份战略，支持研究开发安全、方便的电子身份认证技术，推动不同电子身份认证之间的互认。

网络实名制是指将网络用户的身份与其个人的真实身份建立一一对应关系的一种制度。网络一方面给人们提供了一个虚幻的世界和释放自己内心的空间，同时又给一些别有用心的人提供了违法犯罪的便利。《网络安全法》对实名制的要求，旨在解决网络虚拟空间的行为规制问题。

一般认为，网络实名制因具有身份识别和主体追踪功能，有利于保障交易安全，防止交易欺诈；有利于让网民谨言慎行，对自己的言行负责；一旦出现违法或侵权情况，很容易找到违法者；其实施结果有利于构建和谐的网络生态环境。具体而言，网络实名制主要有以下优点：

一是防止网络欺诈，保障交易安全。按照实名制的预设，网络实名制可以确保交易双方身份的真实性，从而可以防止网络交易中的身份欺诈，保障交易安全，进而可以促进网络和电子商务产业的健康发展。

二是降低用户维权成本，减少网络诽谤等网络侵权行为。实行网络实名制后，侵权人一旦实施了网络侵权行为，受害者可以很快找到侵权人，从而可以降低受害人的维权成本，由此也可以实现减少网络诽谤等侵权行为发生的可能。

三是有利于净化网络环境，治理网络乱象。目前，中国网民规模世界第一，用户账号数量巨大，网络乱象和低俗有害信息问题日益突出。实行网络实名制有助于净化网络环境，治理网络乱象。

另一方面，实名制也是一把双刃剑，对于网络运营者来说，一旦收集的个人信息发生大批量的泄露，将产生无法预期的数据安全风险。因此，实名制制度下必须强化个人信息保护，尤其是与个人身份相关的重要信息的保护，这又涉及相关技术和配套的法律法规，如图 6.1.4 所示。

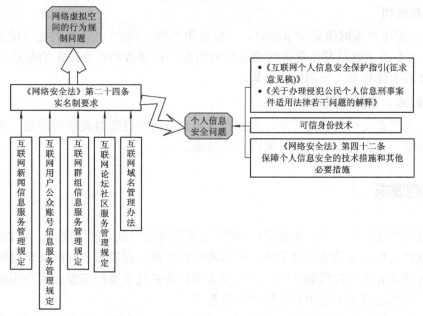

图 6.1.4　实名制要求及其相关法律法规

(一) 网络实名制发展历程及具体要求

我国网络实名制制度的发展历程如图 6.1.5 所示。在《网络安全法》颁布实施之前,国家很多部委都颁布过关于要求网络实名制的相关文件,2012 年 12 月全国人民代表大会常务委员会审议通过《关于加强网络信息保护的决定》。《网络安全法》的颁布实施,将网络实名制要求上升到法律层面,从法律上确认了网络实名制要求的正当性。

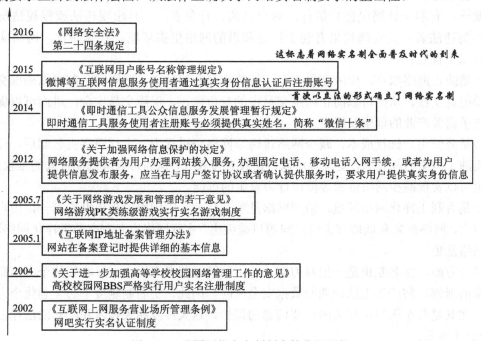

图 6.1.5　我国网络实名制制度的发展历程

在《网络安全法》实施后，一些新的规章制度又完善和细化了要求网络实名制的领域，包括：

(1) 新修订且于 2017 年 6 月 1 日起施行的《互联网新闻信息服务管理规定》第十三条规定："互联网新闻信息服务提供者为用户提供互联网新闻信息传播平台服务，应当按照《中华人民共和国网络安全法》的规定，要求用户提供真实身份信息。"

(2) 2017 年 10 月 8 日起施行的《互联网用户公众账号信息服务管理规定》第六条规定："互联网用户公众账号信息服务提供者①应当按照'后台实名、前台自愿'的原则，对使用者进行基于组织机构代码、身份证件号码、移动电话号码等真实身份信息认证。"同一天施行的《互联网群组信息服务管理规定》也做出了类似的规定。

(3) 2017 年 10 月 1 日起施行的《互联网论坛社区服务管理规定》第八条规定："互联网论坛社区服务提供者应当按照'后台实名、前台自愿'的原则，要求用户通过真实身份信息认证后注册账号，并对版块发起者和管理者实施真实身份信息备案、定期核验等。"

(4) 2017 年 11 月 1 日起施行的《互联网域名管理办法》第三十条规定："域名注册服务机构提供域名注册服务，应当要求域名注册申请者提供域名持有者真实、准确、完整的身份信息等域名注册信息。"

从上述要求可以得出，网络实名制按类型可以分为登记实名和注册实名。登记实名情形下，用户要向营业厅提供能够证明自己身份的身份证、驾驶证、军官证、户口簿、护照等证件。用户提交的登记材料需要进行人工审核，如用户在申请入网时，需向网络服务提供商提供真实身份证进行登记，将个人信息与 IP 地址绑定。注册实名指用户在社交网站、招聘网站等网站用身份证号等个人信息进行账号注册，通常一个身份证号只能注册一个账号，国家互联网信息办公室发布的"微信十条"和"账号十条"中的有关规定就是指注册实名。注册实名根据用户是否在前台实名，又可以分为发表实名(前台实名)和发表匿名(前台匿名)，即"后台实名、前台自愿"的原则。

手机实名制是一种登记实名，要求用户在办理入网手续时，应当向电信业务经营者出示有效证件，提供真实身份信息，同时手机实名制也是一种间接的注册实名——由于手机卡已经进行了实名登记，用户的个人信息已经与手机号码绑定，手机号的背后也就暗藏着包括公民身份证号、姓名在内的众多个人信息，因此众多网站利用手机号验证的方式实现用户身份实名制。

曾经，互联网的虚拟隐蔽性给管理出了很大的"难题"，不良信息的泛滥为互联网的健康发展蒙上了阴影。互联网实名制的推行，便于对不良信息发布者追责，也可以对网民产生责任约束。

(二) 网络可信身份认证技术简介

除了实名制认证外，网络可信身份认证技术是解决"线上身份"和"线下身份"统一的另外一种方式。"网络身份的可信"包含两层含义：一是通过网络身份凭证与现实个体法定身份信息的绑定，实现网络主体现实身份真实性认证和追溯；二是通过生物特征识别、

---

① 互联网用户公众账号信息服务，是指通过互联网站、应用程序等网络平台以注册用户公众账号形式，向社会公众发布文字、图片、音视频等信息的服务。具体而言，指在各类社交网站和客户端开设的用户公众账号，如腾讯微信公众号、微博账号等。

大数据行为分析等技术，确保网络行为的主体就是拥有法定身份信息的现实个体。[①]

eID[②]是目前比较常见的网络可信身份技术，当用户需要在网上自证身份时，只凭姓名和 eID 而不需要其他个人隐私信息，就可以在要求实名的网站完成注册，而真实的个人信息保存在国家基本信息库中，网站无法看到。网站将 eID 提交给国家数据库进行查询，返回结果仅是状态信息，即此人是否真实存在，以及 eID 是否有效，结果中并不带有任何姓名、身份证号等个人隐私信息。这样既达到了实名的真实性要求，又达到了保护个人隐私的目的。欧洲智能卡协会统计数据显示，截至 2013 年底，欧盟国家累计发行的 eID 卡超过 1.5 亿张。其中，比利时、德国、意大利、西班牙等国家 eID 的普及率非常高。据统计，比利时 1100 万左右的人口中，eID 的使用人数超过 900 万。eID 广泛应用在电子政务、电子商务、金融支付等众多领域，并在一些电子政务公共服务中实现了 eID 的跨境互认，如可以作为欧洲旅行证件使用。

很显然，网络可信身份战略及网络可信身份生态系统的构建具有极为重要的意义：① 推动安全、高效、易用的身份管理和认证方案；② 提高国家网络空间安全的整体水平；③ 建立起网上虚拟实体的诚信体系；④ 减少网络创新及交易成本；⑤ 最终繁荣国家的网络经济。

(三) 法律责任及案例分析

《网络安全法》第六十一条规定："网络运营者违反本法第二十四条第一款规定，未要求用户提供真实身份信息，或者对不提供真实身份信息的用户提供相关服务的，由有关主管部门责令改正；拒不改正或者情节严重的，处五万元以上五十万元以下罚款，并可以由有关主管部门责令暂停相关业务、停业整顿、关闭网站、吊销相关业务许可证或者吊销营业执照；对直接负责的主管人员和其他直接责任人员处一万元以上十万元以下罚款。"

《网络安全法》实施以来的部分网络安全处罚案例如表 6.1.8 所示。

表 6.1.8 《网络安全法》实施以来的部分网络安全处罚案例

处罚对象	执法机关	检查/违规行为	处罚措施
深圳市三人网络科技有限公司	广东省通信管理局	未要求用户提供真实身份信息而提供网络电话服务,存在被利用于从事信息通信诈骗活动的安全隐患	(1) 立即整改; (2) 罚款五万元; (3) 停业整顿; (4) 关闭网站
阿里云计算有限公司	广东省通信管理局	为用户提供网络接入服务时未落实真实身份信息登记和网站备案相关要求,导致用户假冒其他机构名义获取网站备案主体资格	立即整改,切实落实网站备案真实性核验要求
BOSS 直聘	北京市网信办、天津市网信办	为用户提供信息发布服务过程中,违规为未提供真实身份信息的用户提供了信息发布服务;未采取有效措施对用户发布传输的信息进行严格管理,导致违法违规信息扩散	(1) 约谈法人; (2) 立即整改
三亚吉阳区某网吧	三亚市公安局网警支队	未落实网吧实名制登记上网规定,接受未成年人提供虚假身份证件上网	(1) 警告; (2) 罚款 9500 元

[①] 宋宪荣，张猛. 网络可信身份认证技术问题研究[J]. 网络空间安全，2018，9(03)：70.
[②] eID 是以密码技术为基础、以智能安全芯片为载体、由"公安部公民网络身份识别系统"签发给公民的网络身份标识，能够在不泄露身份信息的前提下在线远程识别身份。

三、应急预案与补救措施

《网络安全法》第二十五条规定："网络运营者应当制定网络安全事件应急预案，及时处置系统漏洞、计算机病毒、网络攻击、网络侵入等安全风险；在发生危害网络安全的事件时，立即启动应急预案，采取相应的补救措施，并按照规定向有关主管部门报告。"

(一) 应急预案

网络安全应急预案又称网络安全应急响应预案，是针对可能发生的网络安全突发事件，为保证迅速、有序、有效地开展应急与救援行动，降低事故损失而预先制定的包括网络信息系统运行、维持、恢复在内的策略和规程。应急响应的对象是针对信息系统所存储、传输、处理的信息的安全事件。事件的主体可能来自自然界、系统自身故障、组织内部或外部的人为攻击、计算机病毒或蠕虫等。应急预案对于保障网络安全有着重要的意义，包括：① 网络安全的保障基础是大规模的检测、预警和响应系统；② 应急响应是保障信息网络可生存性的必要手段和措施；③ 应急响应是积极防御和纵深防御体系中的最后一道防线；④ 由于技术的因素，信息技术不对称，网络漏洞必然存在，对网络安全事件进行应急响应是必不可少的重要环节；⑤ 应急响应是入侵管理过程中的关键环节；⑥ 应急响应是降低风险的主动有效措施，是增强积极防御能力的手段。

在 2007 年，《信息安全技术　信息系统安全等级保护体系框架》(GA/T 708—2007)对信息系统的安全管理提出了应急处理管理的要求，并将应急计划和应急处理制度作为信息系统运行管理内容的一部分，要求以文档形式对建立规章制度的要求进行详细说明，然后按照这些文档要求建立相应的应急管理制度。同时，《信息安全等级保护管理办法》(公通字〔2007〕43 号文)也要求信息系统运营、使用单位应当如实向公安机关、国家指定的专门部门提供信息安全事件应急预案、信息安全事件应急处置结果报告等信息资料和数据文件。在《信息安全技术　信息安全应急响应计划规范》(GB/T 24363—2009)实施之后，不少地区和重要单位分别制定了各自的网络与信息安全应急预案。①

《信息安全等级
保护管理办法》

《网络安全法》对应急预案的强制性要求，首先强调安全事件事前的计划和准备，为事件发生后的响应动作提供指导框架，否则响应动作将陷入混乱，可能造成比事件本身更大的损失；其次，事后的响应可能发现事前计划的不足，从而吸取教训，进一步完善安全计划，逐渐强化网络运营者的安全防范体系。应急预案的制定，需要特别注意以下三个方面：

(1) 定级为三级及以上的网络必须制订应急预案。虽然《网络安全法》没有明确制订应急预案的网络等级，但根据网络安全事件是"对社会造成负面影响的事件"的概念界定②，结合网络安全等级保护制度中对网络等级定级标准来看，可以认定应当制订应急预案的对

---

① 例如，《广东省网络与信息安全事件应急预案》，http://www.szlh.gov.cn/xxgk/yjgl/yjya/201611/ t20161106_9894571.htm，2019 年 1 月 17 日最后访问。

② 《国家网络安全事件应急预案》指出，网络安全事件是指由于人为原因、软硬件缺陷或故障、自然灾害等，对网络和信息系统或者其中的数据造成危害，对社会造成负面影响的事件。网络安全事件可分为有害程序事件、网络攻击事件、信息破坏事件、信息内容安全事件、设备设施故障、灾害性事件和其他事件。

象是定级为三级及以上的网络。《网络安全等级保护条例(征求意见稿)》第三十二条也规定，三级以上网络的运营者有按照国家有关规定制订网络安全应急预案并定期开展网络安全应急演练的义务。事实上，整个网络预警与应急响应体系是以入侵检测为核心的，容纳并联合了其他安全防护设备，如防火墙、网络隔离、漏洞扫描、外联检测、拓扑发现等设备，统一进行入侵管理，支撑应急响应体系。三级及以上的网络在软硬件上的保障，使其客观上有能力对安全事件进行快速响应，如图 6.1.6 所示。

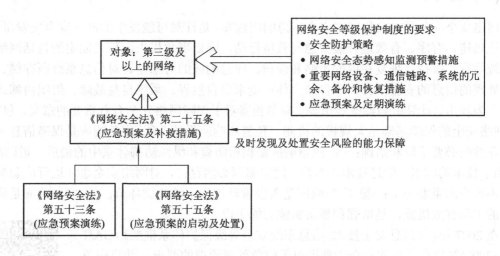

图 6.1.6　应急预案的规制对象

(2) 应急预案的分级响应原则。网络安全事件应急预案应当依据《信息安全技术 信息安全事件分类分级指南》(GB/Z 20986—2007)，按照事件发生后的危害程度、影响范围等因素对网络安全事件进行分级，并规定相应的应急处置措施。①

(3) 应急预案的制定应当遵守相关的规定。这里主要指国家层面、行业层面及地方性要求的应急预案。国家层面主要指《国家网络安全事件应急预案》；行业层面，以银行业为例，有《银行业突发事件应急预案》《中国人民银行突发事件应急预案管理办法》《银行通信网络系统应急预案》《银行业重要信息系统突发事件应急管理规范(试行)》等；地方性要求，如《浙江省单位网络安全事件应急预案》《黑龙江省网络安全事件应急预案》等。网络运营者应当依照《网络安全法》和各行、各地的规定，制定各自详细的应急预案，保障在发生系统漏洞、计算机病毒、网络攻击、网络侵入等安全风险时，能够快速进行响应并实施补救措施。

(二) 安全事件的应急响应

1. 应急预案的启动与补救措施

处置网络安全事件，业内通常将应急响应分成准备、检测、抑制、根除、恢复、跟踪

---

① 根据信息系统的重要程度、系统损失和社会影响，将信息安全事件分为特别重大事件(Ⅰ级)、重大事件(Ⅱ级)、较大事件(Ⅲ级)和一般事件(Ⅳ级)。

6 个工作阶段,①各网络运营商应当根据网络安全事件的具体情况及各自的情况快速进行响应。例如:

2016 年 5 月,腾讯云 CDN 业务遭遇最大规模 DDoS 攻击②,此次攻击波及 24 个地区的 CDN 节点,流量峰值最高达 400 GB,持续 105 min。面对如此规模的 DDoS 攻击,腾讯在第一时间监测到业务告警,并立即启动抗攻击应急预案。在超大 CDN 节点对本次攻击流量进行清洗的同时,对本次攻击行为进行分析,快速确定了此次攻击手法,并在第一时间进行了防护控制,受攻击节点得到逐步恢复,将用户的业务影响降低至最小;攻击涉及区域的用户也得到了紧急调度迁移,保证用户业务稳定。③

2017 年 5 月 12 日,"永恒之蓝"勒索蠕虫在全球范围内爆发大规模攻击,某信息系统服务提供商的应急响应包括:① 从用户的基础设施和恶意软件等方面做出分析,并对"永恒之蓝"勒索蠕虫病毒重点监测;② 协调技术人员成立应急方案小组,为客户制定了完整的安全开机指南,并派遣技术人员到现场指导用户如何预防勒索病毒的侵入,并为需要的客户手动升级安装补丁等;③ 准备了一套紧急方案,可在客户不幸中毒之后防止病毒的蔓延,将客户损失降到最低。④

当安全事件发生时,应急预案的启动,是根据网络安全事件发生的原因、表现形式等对其进行分类,并根据遭遇危险的信息系统的重要程度、系统损失和社会影响程度,对网络安全事件进行分级,然后依照应急预案制定的程序及时响应。补救措施,即在事件发生后采取的措施,根据优先级的考虑,限制或根除事件,将事件影响降到最低,或者是彻底解决问题隐患。这些行动措施可能来自人,也可能来自系统,如事件发生后,系统备份、病毒检测、后门检测、清除病毒或后门、隔离、系统恢复、调查与追踪、入侵者取证等一系列操作。

2. 网络安全事件的报告制度

网络安全事件往往不是一个孤立事件,其可能是一系列事件,如 WannaCry 蠕虫病毒的爆发,也可能对社会产生极大影响,因而时常需要国家层面综合考虑和应对。报告制度

---

① 准备:安全事件响应的第一个阶段,即在事件真正发生前为事件响应做好准备;
　　检测:以适当的方法确认在系统、网络中是否出现了恶意代码,文件和目录是否被篡改等异常活动、现象;
　　抑制:限制攻击、破坏所波及的范围;
　　根除:找出事件的根源并彻底根除,以避免攻击者再次使用相同手段攻击系统,引发安全事件;
　　恢复:目标是把所有被攻破的系统或者网络设备还原到正常的任务状态;
　　跟踪:回顾并整合应急响应事件过程的相关信息。
② DDoS(Distributed Denial of Service,分布式拒绝服务)攻击,指借助于客户/服务器技术,将多个计算机联合起来作为攻击平台,对一个或多个目标发动 DoS 攻击(拒绝服务攻击,指利用目标系统网络服务功能缺陷或者直接消耗其系统资源,使得该目标系统无法提供正常的服务),从而成倍地提高拒绝服务攻击的威力。
③ 再遇大规模 DDoS 攻击,腾讯云成功抵御 400 G 峰值流量,https://www.csdn.net/article/a/2016-05-17/15838147,2019年3月23日最后访问。
④ 朗程科技:WannaCry 拷问传统安全思维 应急预案常备无患,http://netsecurity.51cto.com/art/201705/540683.htm,2019 年 3 月 23 日最后访问。

的确立，是国家应急响应体系的必然需求。①《网络安全法》要求网络运营者"在发生危害网络安全的事件时，立即启动应急预案，采取相应的补救措施，并按照规定向有关主管部门报告"，但对报告的时间、内容等却没有明确的规定。

图 6.1.7 为《公共互联网网络安全突发事件应急预案》(工信部网安〔2017〕281 号)规定的事发单位的报告制度。②参照该规定，在网络安全事件发生后，网络运营者应该：

(1) 在启动应急响应预案时立即向有关主管部门报告，报告内容包括事件发生时间、初步判定的影响范围和危害、计划采取的应急处置措施和有关建议等。

(2) 对于初步认定为 I 级和 II 级安全事件的，在应急处理过程中及时报告进展情况，包括已采取的应急处置措施、补救情况及其效果等。

(3) 在事件处理完毕后 10 个工作日内向有关主管部门提交有关此次事件的总结报告。

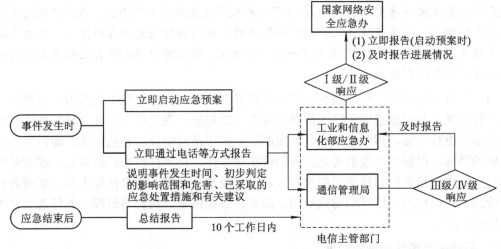

图 6.1.7　《公共互联网网络安全突发事件应急预案》规定的事发单位的报告制度

① 随着互联网的高速发展，网络安全威胁越来越多。为了增强积极防御能力，降低风险和减少损失，目前很多国家、组织和单位已经认识到建设应急响应体系的重要性和迫切性，并分别建立了网络应急处理组织和应急响应体系。我国于 1999 年 9 月在清华大学网络中心建立了中国第一个网络安全紧急响应小组(CERNET Computer Emergency Response Team，CCERT)(CERNET，中国教育和科研计算机网)；2000 年 10 月，国家因特网应急小组成立了国家计算机网络应急处理协调中心(简称 CNCERT)，协调全国范围内计算机安全应急响应小组的工作，以及与国际计算机安全组织的交流。

②《公共互联网网络安全突发事件应急预案》规定的相关单位的报告制度包括：a. 基础电信企业、域名机构、互联网企业应当对本单位网络和系统的运行状况进行密切监测，一旦发生本预案规定的网络安全突发事件，应当立即通过电话等方式向部应急办和相关省(自治区、直辖市)通信管理局报告，不得迟报、谎报、瞒报、漏报；网络安全专业机构、网络安全企业应当通过多种途径监测、收集已经发生的公共互联网网络安全突发事件信息，并及时向部应急办和相关省(自治区、直辖市)通信管理局报告。报告突发事件信息时，应当说明事件发生时间、初步判定的影响范围和危害、已采取的应急处置措施和有关建议。b. 公共互联网网络安全突发事件发生后，事发单位在按照本预案规定立即向电信主管部门报告的同时，应当立即启动本单位应急预案。启动 I 级、II 级响应后，部应急办立即将突发事件情况向国家网络安全应急办公室等报告，及时向国家网络安全应急办公室等报告突发事件处置进展情况；启动 III 级、IV 级响应后，相关省(自治区、直辖市)通信管理局应及时将相关情况报部应急办。c. 在应急响应结束后 10 个工作日内形成总结报告，报电信主管部门。电信主管部门汇总并研究后，在应急响应结束后 20 个工作日内形成报告，按程序上报。

(三) 法津责任

对于应急预案的制定，第三级及以上网络的运营者应当按照国家有关规定制定网络安全应急预案，定期开展网络安全应急演练。除及时记录并留存事件数据信息，向公安机关和行业主管部门报告外，网络运营者还应当为重大网络安全事件处置和恢复提供支持和协助。网络运营者不履行《网络安全法》第二十五条规定的网络安全保护义务的，其处罚措施与违反《网络安全法》第二十一条规定的一致。

第二节　网络设备、产品和服务的安全要求

《网络安全法》第二十二条规定：

"网络产品、服务应当符合相关国家标准的强制性要求。网络产品、服务的提供者不得设置恶意程序；发现其网络产品、服务存在安全缺陷、漏洞等风险时，应当立即采取补救措施，按照规定及时告知用户并向有关主管部门报告。

网络产品、服务的提供者应当为其产品、服务持续提供安全维护；在规定或者当事人约定的期限内，不得终止提供安全维护。

网络产品、服务具有收集用户信息功能的，其提供者应当向用户明示并取得同意；涉及用户个人信息的，应当遵守本法和有关法律、行政法规关于个人信息保护的规定。"

第二十三条规定："网络关键设备和网络安全专用产品应当按照相关国家标准的强制性要求，由具备资格的机构安全认证合格或者安全检测符合要求后，方可销售或提供。国家网信部门会同国务院有关部门制定、公布网络关键设备和网络安全专用产品目录，并推动安全认证和安全检测结果互认，避免重复认证、检测。"

2018 年 3 月底，思科产品被爆出底层设备漏洞 CVE-2018-0171，没有权限的攻击者可以将特定的 Smart Install 消息发送到 TCP 端口 4786 上的受影响设备，并导致其进入拒绝服务(DoS)状况或执行任意代码。在接下来的几天里，国内多个互联网数据中心及组织机构遭到利用此漏洞的攻击，导致网络不可用，从而影响了业务连续性。毫无疑问，网络设备、产品和服务[①]的安全是网络安全中的重要一环，是保障网络安全的基础。

在《网络安全法》及以往的法律框架内，与网络设备、产品和服务有关的安全要求如图 6.2.1 所示。图 6.2.1 可以从三个层面进行理解：对所有网络产品和服务的通用安全要求、对网络关键设备和网络安全专用产品的特殊要求，以及在两者基础之上需要额外进行涉密产品认证的涉密网络。

---

① 网络设备指由计算机或者其他信息终端及相关设备组成的按照一定的规则和程序对信息进行收集、存储、传输、交换、处理的系统；网络服务是指供方为满足需方要求提供的信息技术开发、应用活动，以及以信息技术为手段支持需方业务的一系列活动(注：常见的网络服务包括云计算服务、网络通信服务、数据处理和存储服务、信息技术咨询服务、设计与开发服务、信息系统集成实施服务、信息系统运维服务等)。参见《网络产品和服务安全通用要求(送审稿)》的定义部分。

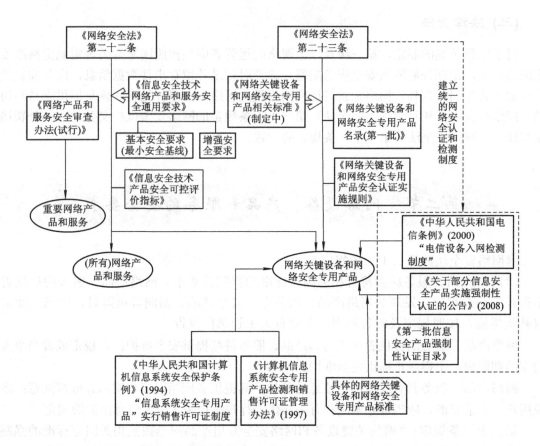

图 6.2.1　与网络设备、产品和服务有关的安全要求

一、网络设备和服务的通用安全要求

网络产品和服务的安全直接影响到其所支撑的网络的安全。但网络产品和服务在研发、生产、交付、服务提供或运维过程中可能引入安全隐患，导致信息泄露、数据篡改、服务中断、不当控制等安全风险。为了降低网络产品和服务过程中的常见安全风险，提升用户对网络产品和服务在安全性方面的信心，网络产品和服务应该满足一定的要求。《网络安全法》第二十二条首次提出了对一般网络产品和服务的强制性安全要求，包括产品、服务本身的安全要求以及公民个人信息的保护义务两个方面。前者又包括：① 产品和服务要符合相关国家标准的强制性要求；② 不得设置恶意程序；③ 发现存在安全风险时应采取补救措施并告知用户，同时向其主管部门报告；④ 在规定期限内持续提供安全维护。

为响应《网络安全法》对一般网络产品和服务的强制性安全要求，全国信息安全标准化技术委员会组织起草制定了《网络产品和服务安全通用要求(送审稿)》，该标准从安全功能要求、安全保障要求和安全运行要求三方面细化了《网络安全法》第二十二条对网络产品和服务的安全要求，并且将每类安全要求进一步划分为基本安全要求和增强安全要求。①作为推荐性国家标准②，《网络产品和服务安全通用要求(送审稿)》的基本安全要求为网络产品和服务制定了一个最小安全基线。

(一) 网络产品和服务的安全基线

网络产品和服务可能存在数据篡改、中断服务、信息泄露、非法远程控制等安全风险。因此，产品和服务的安全保障工作应重点实现以下目标：保密性、完整性、可用性、可控性。③其中，《网络产品和服务安全通用要求(送审稿)》增强了对可控性的要求，并在安全功能要求中提出了身份标识和鉴别、授权与访问控制、日志记录与审计等保障可控性的基本要求。

1. 不得设置恶意程序

恶意程序是指用于实施网络攻击、干扰网络和信息系统正常使用、破坏网络和信息系统、窃取网络和系统数据等行为的程序，包括病毒、蠕虫、木马，以及其他影响主机、网络或系统安全、稳定运行的程序等。④从《网络产品和服务安全通用要求(送审稿)》提出的最小安全基线来看，网络产品和服务提供者不仅自身不能设置恶意程序，还应当有防范他人植入恶意程序及其他安全风险的基本措施，这些要求包括：

(1) 保障用户对产品或服务的可控性，包括：① 在出厂时预置安全的访问控制策略，需要配置安全策略时，允许用户更改访问控制策略。对开发文档、源代码文件等进行配置管理，建立配置管理清单或相应程序，对配置项的变更进行授权和控制。② 在用户访问受控资源或功能时，依据设置的访问控制策略进行访问控制，保障访问和操作的安全。③ 不存在加载或运行后会禁用或绕过访问控制机制的组件。④ 向用户说明包含在网络产品和服务中的所有与用户相关的功能模块和访问接口等。

(2) 保障数据安全的基本措施，包括采取完整性保护措施降低网络产品和服务中关键组件、过程和数据被篡改、伪造的风险；对用户账户的登录、注销、系统开关机和核心配置变更等操作进行日志记录并保障日志记录安全等。

(3) 采取减少安全风险的基本措施，包括避免身份盗用的安全风险、设计和开发等过

----

① 基本安全要求是为落实网络安全法，要求所有网络产品和服务都应满足的安全要求；增强安全要求是为解决用户关切的常见安全问题，推荐各网络产品和服务应满足的安全要求。在本标准制定过程中，曾尝试将增强安全要求设置为网络关键设备和网络安全专用产品规范的最小安全基线，但最终定位为推荐所有网络产品和服务满足的增强安全要求，也是为解决用户重点关切的安全问题，如常见的弱口令、个人信息泄露、后门、安全漏洞等问题。

② 国家标准分为强制性国家标准(代号为GB)和推荐性国家标准(GB/T)。强制性国家标准是保障人体健康，人身、财产安全的标准和法律及行政法规规定强制执行的国家标准；推荐性国家标准是指生产、检验、使用等方面，通过经济手段或市场调节而自愿采用的国家标准。但推荐性国家标准一经接受并采用，或各方商定同意纳入经济合同中，就成为各方必须共同遵守的技术依据，具有法律上的约束性。

③ 保密性指保障网络产品和服务中用户信息不被泄露，降低用户信息泄露的安全风险；完整性指保障网络产品和服务中用户信息不被非授权更改或伪造，降低信息被篡改的安全风险；可用性指保障网络产品和服务的持续运行和供应，降低网络产品和服务供应中断的安全风险；可控性指保障网络产品和服务运行过程中的风险可控，降低网络产品和服务提供者恶意控制用户的网络产品和服务、非授权获取用户信息，以及利用用户对网络产品和服务的依赖实施不正当竞争或损害用户利益的风险。

④ 参见《网络产品和服务安全通用要求(送审稿)》的定义部分。

程中恶意程序植入的风险、对使用的第三方产品和服务进行安全测试以减少因使用第三方产品而带来的风险、对在开发阶段发现的安全缺陷和漏洞及时进行修复的安全管理流程等。

2. 安全风险应对要求

《网络产品和服务安全通用要求(送审稿)》规定,网络产品和服务的提供商应当:① 建立和执行针对网络产品和服务安全缺陷、漏洞的应急响应机制和流程,对网络产品和服务在运行和维护阶段暴露的安全缺陷和漏洞进行响应;② 发现网络产品和服务存在安全缺陷、漏洞时,立即采取修复或替代方案等补救措施,按照国家网络安全监测预警和信息通报制度等相关规定,及时告知用户安全风险,并向有关主管部门报告。其中,第①条强调了应急响应机制和流程,为应对风险的前置性要求;第②条则是《网络安全法》第二十二条中的直接规定。

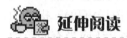 **延伸阅读**

网络摄像头登录绕过及多个 RCE 漏洞[①]

2017 年 8 月,Bitdefender 公司的安全研究人员指出深圳市丽欧电子有限公司旗下的高清网络摄像头 NIP-22 和 Wi-Fi 门铃 iDoorbell 等设备存在多个缓冲区溢出漏洞,十几万暴露在公网上的相关设备受到潜在的安全威胁。2017 年 9 月左右,该公司英文版官网上发布了最新固件,修复了溢出漏洞。研究发现,该漏洞有被黑色产业利用的潜在风险,同时存在登录绕过漏洞(包括 admin 默认凭证等),对用户隐私也是一个严重的威胁。但是,官方发布更新版固件一年后,部分设备依然没有安装更新版固件,原因包括目标设备本身不具有自动升级机制、普通用户不会意识到存在漏洞并手动更新固件、更新版固件只发布在英文版官网中、其他 OEM 厂商生产的设备也存在该漏洞等。这意味着还有很大数量的目标设备处于风险之中。

4 年 6 度被曝安全漏洞, UC 浏览器到底怎么了?[②]

2012 年 2 月,UC 浏览器被黑客曝出存在重大安全漏洞。黑客在星巴克、麦当劳等地伪造热点,命名为 Starbucks2 等具有迷惑性的接入名,并且不设置接入密码,免费提供给用户使用。一旦手机用户连接到该热点并使用 UC 浏览器上网,在 UC 浏览器默认的设置下,黑客就可以通过简单的软件手段"一键"截获用户的账户信息。

2013 年 3 月、9 月,乌云漏洞平台曾两次发布预警,指出 UC 浏览器存在重点安全漏洞,用户通过 UC 浏览器登录任何一家网站,其提交的用户信息和密码都有可能被黑客截取。

---

① 网络摄像头登录绕过及多个 RCE 漏洞及数据分析报告,http://www.sohu.com/a/244360641_354899,2019 年 3 月 23 日最后访问。

② 4 年 6 度被曝安全漏洞, UC 浏览器到底怎么了? https://www.2cto.com/news/201507/416069.html, 2019 年 3 月 23 日最后访问。

2014年5月，乌云漏洞平台披露UC浏览器存在可能导致用户敏感数据泄漏的漏洞，可导致大量敏感信息泄露，涉及人人网、QQ空间、新浪微博等。只要用户通过UC浏览器搜索并登录这些网站，其提交的用户信息和密码都有可能被黑客截取。

2015年5月，加拿大技术研究机构Citizen Lab发布报告称，UC浏览器安全性存在重大隐患，第三方通过一定手段可以获取到包括用户手机号码、SIM卡号码以及地理位置、搜索历史等在内的敏感信息，对用户的隐私安全造成巨大威胁。

2015年6月，央视新闻报道黑客利用名为"寄生兽"的安卓手机漏洞，制造木马病毒并伪装为图片，通过UC浏览器等自身存在安全漏洞的手机APP在用户手机中植入木马，盗取用户网银、支付宝等账号密码信息，甚至跟随"中毒"的UC浏览器一起运行，拦截用户手机短信，并转发短信。黑客一旦获取用户的手机号、身份证号、支付宝账号，就可以通过病毒窃取到的手机支付短信验证码，从而修改支付宝密码，盗刷资金。

上述案例表明，即使是普通网络产品，也可能对用户个人信息及个人隐私泄露造成较为严重的后果。这两家企业在应对安全风险时的迟缓和不力也表明对网络产品和服务实行最小安全标准及风险应对强制性要求的必要性。网络安全风险的应对，与应对流程、发现安全风险后的补救措施、用户对已知风险的知晓情况、相关主管部门对风险应对的监督等因素密切相关。其中，尤其是当网络产品和服务的用户是不特定的社会大众时，事前安全审查、主管部门的监督及强制性补救措施的实施是应对网络安全事件的关键。

3. 安全维护要求

当Windows Server 2003在2015年终止服务后，企业不得不将其应用程序和数据转移到新的操作系统来防止系统和网络遭受漏洞攻击，这不仅面临转移需要花费的人力、物力问题，还面临旧应用程序可能无法在新操作系统上正常运作等问题。网络产品和服务的可用性和可持续性的重要性显而易见。《网络安全法》第二十二条要求，在国家法律、行政法规、部门规章等法律法规对产品和服务的期限有特殊性规定时，或者在与用户约定的期限内，网络产品和服务的提供者不能因提供者业务变更、产权变更等原因而单方面中断或终止安全维护。这包括两方面的含义：在正常使用期内对可能出现的新安全风险的应对，以及可用性符合用户对产品与服务的正常预期。[①]

4. 用户信息的收集及保护要求

用户信息是指与自然人、法人或其他组织有关的信息以及定义和描述此类信息的数据，包括个人信息，用户生成的文档、程序、多媒体资料，用户通信的内容、地址、时间，产

---

① 网络产品或服务的单方终止或按约定终止的情况并不少见，如：a. 在PHP 5.6成为2017年春季使用最广泛的PHP版本之后，PHP维护人员意识到，如果他们此时停止安全更新，这将会是一场灾难，所以他们将停止安全支持日期延长到了2018年底。这意味着大约62%仍在运行PHP 5.x版本的因特网站点将停止接收其服务器和网站底层技术的安全更新，从而使数以亿计的网站面临严重的安全性风险。如果黑客在新年之后发现PHP中存在漏洞，很多网站和用户都会面临严重的安全危机。b. "NIPS/NIDS 1200A型号自2009年开始销售，2013年3月正式停止生产和销售，截至2018年1月1日，NIPS/NIDS 1200A型号V5.6.5～5.6.6版本所有签订合同的服务已到期，其生命周期完全结束，不再提供相关售后支持及软件更新服务"（某公司停止生命周期公告）。

品的配置、运行及位置数据，系统运行过程产生的日志等。①《网络安全法》要求："网络产品、服务具有收集用户信息功能的，其提供者应当向用户明示并取得同意；涉及用户个人信息的，还应当遵守本法和有关法律、行政法规关于个人信息保护的规定。"《网络产品和服务安全通用要求(送审稿)》进一步细化了这些要求，指出具有用户信息收集、处理等功能的网络产品和服务应：

(1) 除法律法规另有规定外，明确告知收集用户信息的目的、用途、范围和类型，在获得用户同意后，方可收集用户信息。

(2) 收集的用户信息仅用于用户同意的目的和用途。

(3) 收集实现网络产品和服务功能所需的用户信息时遵循最小化原则。

(4) 采取安全措施(如加密存储、安全审计)保护个人信息等重要用户信息的安全，防止泄露、篡改、损毁、丢失。

(5) 未经用户同意，不得向他人提供可精确定位到特定个人的信息。

(6) 向用户提供符合法律法规且技术可行条件下的查询、更正个人信息的功能。

(7) 建立和实施规范的用户信息保护制度，当存在违反法律法规规定或者双方约定收集、使用用户个人信息的情形时，应主动或在用户要求下删除个人信息。

(8) 保护网络产品和服务在运行维护过程中的用户信息，防止用户信息泄露、篡改、损毁、丢失。

大数据时代，数据就是价值的来源。为了收集用户信息，占据市场先机，一些 APP 过度索取消费者权限②，不少涉及个人隐私的核心部分。③用户信息和公民个人隐私保护是网络数据安全的重要内容之一。除了《网络安全法》及其配套的法律法规要求外，公民个人信息的收集和获取还受其他一些法律法规的规制，详见本书第十章"个人信息保护"。

(二) 网络产品和服务安全的审查办法

作为《网络产品和服务安全通用要求(送审稿)》的配套法规，《网络产品和服务安全审查办法(试行)》首次明确了对"关系国家安全和公共利益的信息系统使用的重要网络产品和服务"④进行安全审查的要求，审查内容是产品和服务的"安全性、可控性"⑤，而"安全、可控"的

---

① 参见《网络产品和服务安全通用要求(送审稿)》的定义部分。

② 有互联网从业人员对自己安卓手机上安装的 109 个应用进行了统计，104 个 APP 都有"读取已安装应用列表"非强制性权限，由此可以了解用户的行为习惯及分析同行情况；第二受关注的权限就是"读取本机识别码"，这是用于确定用户，因为每个手机识别码都是独一无二的；第三是"读取位置信息"权限，有 80 个 APP 需要这一权限，可搜集用户的活动范围。记者搜索了应用商店 10 款排名靠前的"手电筒"软件，除了相机权限外，绝大部分都要求用户放开存储、位置信息、电话等，还有一款要求开通访问通讯录的权限。

③ 互联网数据中心(Data Center of the China Internet，DCCI)发布的《2017 年中国 Android 手机隐私安全报告》显示，非游戏类 APP 2017 年越界获取的各种隐私权限显著减少，但核心隐私权限中的越界获取"通话记录"和越界"读取彩信记录"出现较大幅度增长。

④ 重要网络产品和服务的范畴，目前迄今没有具体的产品明细。

⑤ 主要包括：a. 产品和服务自身的安全风险，以及被非法控制、干扰和中断运行的风险；b. 产品及关键部件生产、测试、交付、技术支持过程中的供应链安全风险；c. 产品和服务提供者利用提供产品和服务的便利条件非法收集、存储、处理、使用用户相关信息的风险；d. 产品和服务提供者利用用户对产品和服务的依赖，损害网络安全和用户利益的风险；e. 其他可能危害国家安全的风险。

具体标准又由《信息安全技术　信息技术产品安全可控评价指标》(GB/T 36630—2018)进行规定。

审查的程序及未通过审查的后果分别如下：

(1) 由国家统一认定的网络安全审查第三方机构承担网络安全审查中的第三方评价工作，然后由网络安全审查委员会聘请相关专家组成网络安全审查专家委员会，在第三方评价基础上，对网络产品和服务的安全风险及其提供者的安全可信状况进行综合评估。但是，针对金融、电信、能源等重点行业，由主管部门根据国家网络安全审查工作要求，组织开展本行业、本领域网络产品和服务安全审查工作。①

(2) 党政部门及重点行业优先采购通过审查的网络产品和服务，不得采购未通过审查的网络产品和服务；关键信息基础设施运营者采购的网络产品和服务，可能影响国家安全的，应当经过网络安全审查。其中的第二条，既是对网络产品和服务提供者的要求，也是对相关网络运营者的要求。

(三) 法律责任及案例分析

《网络安全法》第六十条规定："违反本法第二十二条第一款、第二款和第四十八条第一款规定，有下列行为之一的，由有关主管部门责令改正，给予警告；拒不改正或者导致危害网络安全等后果的，处五万元以上五十万元以下罚款，对直接负责的主管人员处一万元以上十万元以下罚款：

(一) 设置恶意程序的；

(二) 对其产品、服务存在的安全缺陷、漏洞等风险未立即采取补救措施，或者未按照规定及时告知用户并向有关主管部门报告的；

(三) 擅自终止为其产品、服务提供安全维护的。"

第六十四条规定："网络运营者、网络产品或者服务的提供者违反本法第二十二条第三款、第四十一条至第四十三条规定，侵害个人信息依法得到保护的权利的，由有关主管部门责令改正，可以根据情节单处或者并处警告、没收违法所得、处违法所得一倍以上十倍以下罚款，没有违法所得的，处一百万元以下罚款，对直接负责的主管人员和其他直接责任人员处一万元以上十万元以下罚款；情节严重的，并可以责令暂停相关业务、停业整顿、关闭网站、吊销相关业务许可证或者吊销营业执照。"

《网络安全法》实施以来的部分网络安全处罚案例如表 6.2.1 所示。

表 6.2.1　《网络安全法》实施以来的部分网络安全处罚案例

处罚对象	执法机关	检查/违规行为	处罚措施
广州市动景计算机科技有限公司	广东省通信管理局	该公司提供的 UC 浏览器智能云加速产品服务存在安全缺陷和漏洞风险，未能及时全面检测和修补，已被用于传播违法有害信息，造成不良影响，违反《网络安全法》第二十二条第一款规定	(1) 立即整改；(2) 要求开展通信网络安全防护风险评估，建立新业务上线前安全评估机制和已上线业务定期核查机制，对已上线网络产品服务进行全面检查，排除安全风险隐患

① 在此之前，党政部门没有专门的针对网络产品和服务的安全审查，尽管一些要求能够达到类似安全审查的目的，如对系统和产品进行漏洞测试、风险评估等要求。

续表

处罚对象	执法机关	检查/违规行为	处罚措施
支付宝(中国)网络技术有限公司、芝麻信用管理有限公司	国家网信办网络安全协调局	在用户不知情状态下获取信息，违反《网络安全法》第二十二条第三款规定	(1) 有关负责人被约谈； (2) 要求加强专项整顿
北京百度网讯科技有限公司、蚂蚁金服集团公司(支付宝)、北京字节跳动科技有限公司(今日头条)	工业和信息化部信息通信管理局	用户个人信息收集使用规则、使用目的告知不充分	(1) 有关负责人被约谈； (2) 立即整改

二、网络关键设备和网络安全专用产品的特殊要求

由于相关强制性国家标准仍在制定中，此处主要讲述网络关键设备和网络安全专用产品的认证检测要点。

(一) 认证检测制度的发展历史

我国信息安全类产品的认证检测制度发展史如图 6.2.2 所示。1994 年，国家提出对信息系统安全专用产品实行销售许可，1997 年正式实施销售许可制——产品经授权检测机构检测合格是获得销售许可证的必要条件。自 2003 年提出规范对信息安全产品的测评认证到具体实施信息安全产品认证制度，一共历时 7 年。

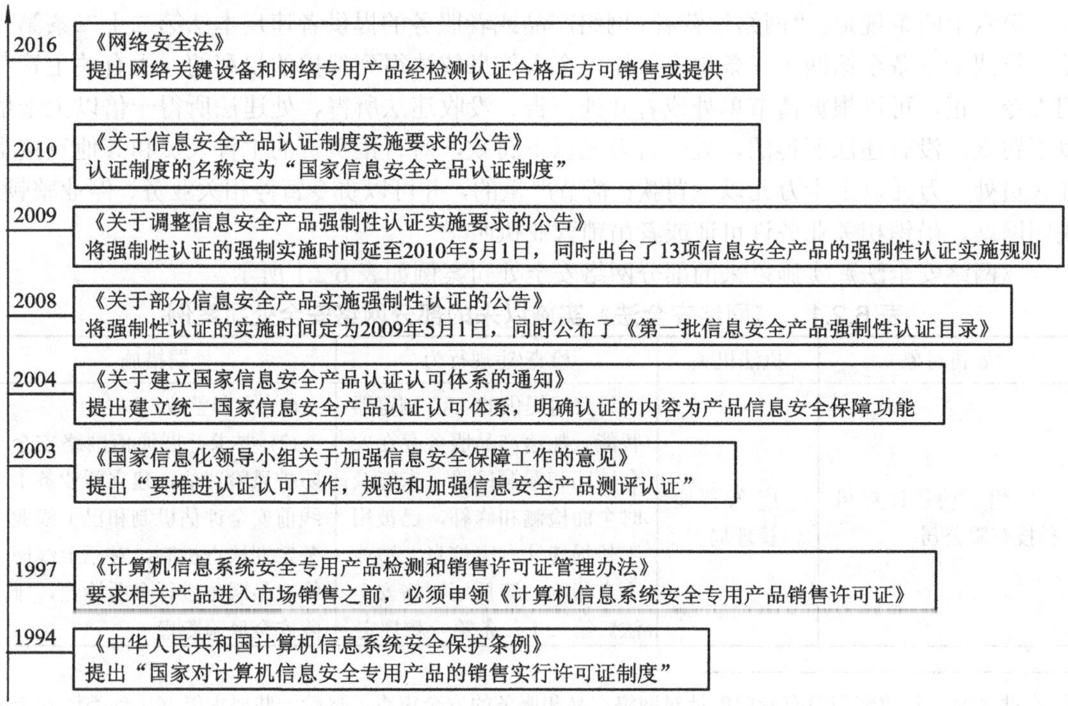

2016 《网络安全法》
提出网络关键设备和网络专用产品经检测认证合格后方可销售或提供

2010 《关于信息安全产品认证制度实施要求的公告》
认证制度的名称定为"国家信息安全产品认证制度"

2009 《关于调整信息安全产品强制性认证实施要求的公告》
将强制性认证的强制实施时间延至2010年5月1日，同时出台了13项信息安全产品的强制性认证实施规则

2008 《关于部分信息安全产品实施强制性认证的公告》
将强制性认证的实施时间定为2009年5月1日，同时公布了《第一批信息安全产品强制性认证目录》

2004 《关于建立国家信息安全产品认证认可体系的通知》
提出建立统一国家信息安全产品认证认可体系，明确认证的内容为产品信息安全保障功能

2003 《国家信息化领导小组关于加强信息安全保障工作的意见》
提出"要推进认证认可工作，规范和加强信息安全产品测评认证"

1997 《计算机信息系统安全专用产品检测和销售许可证管理办法》
要求相关产品进入市场销售之前，必须申领《计算机信息系统安全专用产品销售许可证》

1994 《中华人民共和国计算机信息系统安全保护条例》
提出"国家对计算机信息安全专用产品的销售实行许可证制度"

图 6.2.2 我国信息安全类产品的认证检测制度发展史

(二)认证检测的范围

随着社会的发展和科技的变化，相关产品的强制性销售许可与检测认证的范围也不断地扩大，由最初的信息安全专用产品扩展至信息安全产品，然后扩展至网络关键设备和网络安全专用产品。

(1) 信息安全专用产品与信息安全产品的区别。根据《信息安全技术 信息系统安全等级保护体系框架》(GA/T 708—2007)，信息安全产品是用于构建安全信息系统的信息产品，分为信息技术安全产品和信息安全专用产品。其中，信息技术安全产品是对信息技术产品附加相应的安全技术和机制组成的产品(如安全路由器)，信息安全专用产品是专门为增强信息系统的安全性而开发的信息安全产品(如防火墙)。

(2) 信息安全产品与网络关键设备和网络安全专用产品的区别。2016 年 11 月发布的《网络安全法》没有提到"信息安全产品"，使用的是"网络关键设备和网络安全专用产品"，采用"网络安全专用产品"取代了"信息安全产品"，新增了"网络关键设备"，并对它们同样实行市场准入制度，必须提供检测认证才准予在市场上销售和提供。目前，网络关键设备和网络安全专用产品的定义和范畴尚不太明确，其有关推荐性国家标准仍在制定之中。但是，从国家公布的产品目录来看，网络安全专用产品在信息安全产品的基础上取消了对操作系统、网络安全隔离卡与线路选择器的检测认证要求，增加了 Web 防火墙和入侵防御系统的检测认证要求，如表 6.2.2 所示。

表 6.2.2 信息安全类产品与网络关键设备和网络安全专用产品目录对比

《第一批信息安全产品强制性认证目录》[①] (2008)	《网络关键设备和网络安全专用产品目录(第一批)》[②] (2017)
(1) 防火墙； (2) 网络安全隔离卡与线路选择器； (3) 安全隔离与信息交换产品； (4) 安全路由器； (5) 智能卡 COS； (6) 数据备份与恢复产品； (7) 安全操作系统； (8) 安全数据库系统； (9) 反垃圾邮件产品； (10) 入侵检测系统(IDS)； (11) 网络脆弱性扫描产品； (12) 安全审计产品； (13) 网站恢复产品	网络关键设备： (1) 路由器； (2) 交换机； (3) 机架式服务器； (4) 可编程逻辑控制器(PLC 设备)。 网络安全专用产品： (1) 数据备份一体机； (2) 防火墙(硬件)； (3) Web 应用防火墙(WAF)； (4) 入侵检测系统(IDS)； (5) 入侵防御系统(IPS)； (6) 安全隔离与信息交换产品(网闸)； (7) 反垃圾邮件产品； (8) 网络综合审计系统； (9) 网络脆弱性扫描产品； (10) 安全数据库系统； (11) 网站恢复产品(硬件)

注：阴影和下划线分别表示在新目录中弃用和新增的内容。

---

① 各类产品的适用范围参见《第一批信息安全产品强制性认证目录》(2008)。自 2009 年 5 月 1 日起，凡列入本强制性认证目录内的信息安全产品，未获得强制性产品认证证书和未加施中国强制性认证标志的，不得出厂、销售、进口或在其他经营活动中使用。

② 各类产品的适用范围参见《网络关键设备和网络安全专用产品目录(第一批)》(2017)。

(三) 认证检测机构

国家认监委等 4 部门于 2018 年 3 月 15 日发布了《承担网络关键设备和网络安全专用产品安全认证和安全检测任务机构名录(第一批)》。在公布的名录中，共有 16 家具有资质的机构，与国家认监委 2008 年公布的机构相比，有较大幅度的增加。①同时，该名录还区分了认证检测机构的类别，明确了不同类型检测机构报备检测情况的上级主管部门：能同时进行网络关键设备和网络安全专用产品安全认证的机构(仅中国信息安全认证中心 1 家)，由认可认证机构向国家认监委进行报备；网络关键设备安全检测的机构，由检测机构工业和信息化部报备；网络安全专用产品安全检测，由检测机构向公安部报备。

(四) 认证实施规则

国家认监委发布了《网络关键设备和网络安全专用产品安全认证实施规则》(2018 年第 28 号公告)，对认证的基本环境、实施流程以及认证时限、认证证书、认证标志的管理都进行了详细规定。其中：

(1) 认证证书有效期为 5 年。

(2) 认证流程：认证委托人向认证机构申请认证，认证机构在接收到认证委托人的认证申请后，审查申请资料，确认合格后向认证委托人选择的实验室安排检测任务，并通知认证委托人根据要求抽样检测。实验室依据相关标准和/或技术规范进行检测，并在完成检测后向认证机构提交检测报告。认证机构对检测报告审查合格后，需要时由认证机构组织进行工厂检查。认证机构对型式试验、工厂检查结果进行认证决定，并在认证决定评价合格后向认证委托人颁发认证证书。认证机构组织对获证后的产品进行定期监督，即"型式试验＋工厂检查＋获证后监督"的认证模式。

(3) 认证样品一般需要两套，如有特殊需求可增加样品数量。

第三节 其他相关行为主体的安全要求

一、有关网络安全信息的发布要求

《网络安全法》第二十六条规定："开展网络安全认证、检测、风险评估等活动，向社会发布系统漏洞、计算机病毒、网络攻击、网络侵入等网络安全信息，应当遵守国家有关规定。"

"网络安全信息"是《网络安全法》所规定的一类特殊的网络信息②，它的特点在于信

---

① 在国家认监委 2008 年第 3 号《关于公布信息安全产品强制性认证指定认证机构及首批实验室名单的公告》中，只有 1 家信息安全产品强制性认证指定认证机构和 7 家指定的测评实验室。

② 与网络安全信息相关联，《网络安全法》还提出了"网络安全监测预警信息"和"网络安全风险信息"的概念。"网络安全监测预警信息"是指国家在对网络安全信息的收集、分析和通报的基础上，所制作的监测预警类信息；而"网络安全风险信息"，即面对系统漏洞、计算机病毒、网络攻击、网络侵入等网络安全信息所伴随的网络安全事件发生风险所进行的分析和评估。

息的内容直接与网络安全相关，系统漏洞、计算机病毒、网络攻击、网络侵入均属此类信息范畴。由于"网络安全信息"内容本身的敏感性、特殊性和重要性，网络安全信息的发布与披露已成为网络安全风险控制的中心环节，成为国家网络安全保障的重要组成部分。另外，2017 年相继发生的 WannaCry 勒索病毒全球攻击事件引发微软等厂商对美国政府机构未披露漏洞行为的严厉批评、网易向未经授权擅自公开披露漏洞细节的某"白帽子"[①]发公开声明[②]等事件则进一步彰显了网络安全信息不规范或非法披露的现实冲击，安全信息合法披露主体、合法披露程序、不当披露法律后果等问题成为法律和行业界共同关注的焦点。

(一) 法律框架

1. 网络安全信息合法披露的基本框架

(1)《网络安全法》第二十二条、第二十六条和五十一条规定。该条款规定了两个并列行为：① 网络安全认证、检测、风险评估等网络安全服务行为；② 系统漏洞、计算机病毒、网络攻击、网络侵入等网络安全信息的发布行为。前者主要规范网络安全服务机构，不得滥用服务活动中知悉的网络安全信息或安全风险，通过各自手段非法牟取利益；后者要求任何组织和个人在披露网络安全信息时必须依照相关规定进行。

(2) 国家互联网信息办公室 2017 年 7 月 10 日发布的《关键信息基础设施安全保护条例(征求意见稿)》第三十五条规定。"面向关键信息基础设施开展安全检测评估，发布系统漏洞、计算机病毒、网络攻击等安全威胁信息，提供云计算、信息技术外包等服务的机构，应当符合有关要求。具体要求由国家网信部门会同国务院有关部门制定。"与《网络安全法》第二十六条相比，该条款针对的主体增加了网络服务机构。

2. 具体的法律法规

(1)《信息安全技术 信息安全漏洞管理规范》(GB/T 30276—2013)：对漏洞发布的主体仅限定在"漏洞管理组织"和"厂商"两者之间，在漏洞修复一定时间后没有反馈或及时修复，漏洞管理组织有权公布漏洞，因漏洞公布给用户造成的损害由厂商负担。但是，该规范文件缺乏对漏洞发现与报告的管理规范。

(2)《信息安全技术 网络安全漏洞发现与报告管理指南》：截至 2019 年初，正在制定中。

3. 行业协定

行业协定主要指《中国互联网协会漏洞信息披露和处置自律公约》。该公约第七条规定了漏洞信息的接收、处置和发布主体，包括漏洞平台、相关厂商、信息系统管理方和CNCERT；第九条规定了漏洞平台对漏洞信息的验证与核实、确保漏洞信息及时流转到处置环节、建立与 CNCERT 联动的信息审核发布机制等义务；第十一条规定了各方在漏洞信息披露方面应遵循的原则，包括客观、适时和适度原则。

目前我国的法律法规还无法为网络安全信息披露行为提供明确指引。在美国已经"将安全漏洞作为网络空间战的战略资源和博弈资本，网络安全漏洞披露规则的制定上升到与

---

① 白帽子即正面的黑客。他可以识别计算机系统或网络系统中的安全漏洞，但并不会恶意去利用，而是公布其漏洞，这样系统可以在被其他人(如黑帽子)利用之前修补漏洞。

② 2017 年 6 月 1 日，网易 SRC 发布了一则言辞极为激烈的声明，指责平台上有白帽子不遵守平台漏洞测试原则，在未经授权情况下，擅自公开披露了一例已修复漏洞的细节。

国家安全和政治利益密切相关的高度"①的情况下，展望未来，国家必将在高度重视网络信息安全问题的同时，持续推出相应的政策、法规及制度等。

(二) 法律责任及案例分析

《网络安全法》第六十二条："违反本法第二十六条规定，开展网络安全认证、检测、风险评估等活动，或者向社会发布系统漏洞、计算机病毒、网络攻击、网络侵入等网络安全信息的，由有关主管部门责令改正，给予警告；拒不改正或者情节严重的，处一万元以上十万元以下罚款，并可以由有关主管部门责令暂停相关业务、停业整顿、关闭网站、吊销相关业务许可证或者吊销营业执照，对直接负责的主管人员和其他直接责任人员处五千元以上五万元以下罚款。"

该条款规定了责令改正、警告、罚款、暂停业务、对直接负责人进行罚款等形式的处罚，这些都是对机构或平台及其负责人的行政处罚。但在这些行为的背后，相关行为主体受《网络安全法》第二十七条的规制和《刑法》的规制——包括破坏计算机信息系统罪、非法获取计算机信息系统数据罪、侵犯公民个人信息罪等。

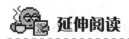 **延伸阅读**

乌云网事件②

2016 年 7 月 20 日凌晨，中国最大漏洞报告平台乌云网(WooYun)突然无法访问。网站公告称，乌云及相关服务将升级，并称将在最短时间内回归。几乎同一时间，另一企业级互联网测试平台漏洞盒子也宣布对互联网漏洞与威胁情报项目中的流程制度、规范等进行梳理，并暂停接受互联网漏洞与威胁情报。漏洞盒子在整改后重新对外开放，而到 2019 年 1 月，乌云网仍然处于关闭状态。外界一致认为两大漏洞报告平台的"暂停"和对外公告，可能与"袁某事件"有关。2015 年 12 月，袁某(白帽子)在乌云网提交了其发现的世纪佳缘网站的系统漏洞。在世纪佳缘确认、修复漏洞并按乌云网惯例向漏洞提交者致谢后，事情突然发生转折，世纪佳缘在一个多月后报警，称"有 4000 余条实名注册信息被不法窃取"，报告者袁某随即被相关部门以涉嫌"非法获取计算机信息系统数据犯罪"逮捕。

二、禁止从事危害网络安全的活动

《网络安全法》第二十七条规定："任何个人和组织不得从事非法侵入他人网络、干扰他人网络正常功能、窃取网络数据等危害网络安全的活动；不得提供专门用于从事侵入网络、干扰网络正常功能及防护措施、窃取网络数据等危害网络安全活动的程序、工具；明知他人从事危害网络安全的活动的，不得为其提供技术支持、广告推广、支付结算等帮助。"

《网络安全法》第二十七条提到的行为在《刑法修正案(九)》中均已入刑，其中，侵

---

① 黄道丽. 网络安全漏洞披露规则及其体系设计[J]. 暨南学报：哲学社会科学版，2018，40(01)：94-106.
② 国内两大漏洞平台突然关闭：乌云、漏洞盒子停业整顿，http://news.mydrivers.com/1/491/ 491997.htm，2019 年 3 月 23 日最后访问。

入他人网络、窃取数据和提供工具的帮助行为由《刑法》第二百八十五条：① 非法侵入计算机信息系统罪；② 非法获取计算机信息系统数据、非法控制计算机信息系统罪；③ 提供侵入、非法控制计算机信息系统程序、工具罪进行规定。干扰网络正常运行的行为由《刑法》第二百八十六条破坏计算机信息系统罪进行规定。提供技术支持或支付结算等行为由《刑法》第二百八十七条第二款帮助信息网络犯罪活动罪进行规定。《刑法》中大部分行为的入刑标准是情节严重或后果严重。《网络安全法》再一次明确这些行为的违法性，并明确了对尚不构成犯罪的行为进行治安处罚的标准，加大了对单位处罚的力度。两者的比较如表 6.3.1 所示。

表 6.3.1　《刑法》与《网络安全法》对网络入侵等行为的处罚情况

《刑法》	《网络安全法》
第二百八十五条 　【非法侵入计算机信息系统罪】违反国家规定，侵入国家事务、国防建设、尖端科学技术领域的计算机信息系统的，处三年以下有期徒刑或者拘役。 　【非法获取计算机信息系统数据、非法控制计算机信息系统罪】违反国家规定，侵入前款规定以外的计算机信息系统或者采用其他技术手段，获取该计算机信息系统中存储、处理或者传输的数据，或者对该计算机信息系统实施非法控制，**情节严重的**，处三年以下有期徒刑或者拘役，并处或者单处罚金；情节特别严重的，处三年以上七年以下有期徒刑，并处罚金。 　【提供侵入、非法控制计算机信息系统程序、工具罪】提供专门用于侵入、非法控制计算机信息系统的程序、工具，或者明知他人实施侵入、非法控制计算机信息系统的违法犯罪行为而为其提供程序、工具，**情节严重的**，依照前款的规定处罚。 **第二百八十六条** 　【破坏计算机信息系统罪】违反国家规定，对计算机信息系统功能及其存储、处理或者传输的数据和应用程序进行删除、修改、增加、干扰，造成计算机信息系统不能正常运行，**后果严重的**，处五年以下有期徒刑或者拘役；后果特别严重的，处五年以上有期徒刑。故意制作、传播计算机病毒等破坏性程序，影响计算机系统正常运行，后果严重的，依照前款的规定处罚。 **第二百八十七条之二** 　【帮助信息网络犯罪活动罪】明知他人利用信息网络实施犯罪，为其犯罪提供互联网接入、服务器托管、网络存储、通讯传输等技术支持，或者提供广告推广、支付结算等帮助，**情节严重的**，处三年以下有期徒刑或者拘役，并处或者单处罚金。 　单位犯上述罪的，对单位判处罚金，并对其直接负责的主管人员和其他直接责任人员依照前述的规定处罚。	**第六十三条** 　违反本法第二十七条规定，从事危害网络安全的活动，或者提供专门用于从事危害网络安全活动的程序、工具，或者为他人从事危害网络安全的活动提供技术支持、广告推广、支付结算等帮助，**尚不构成犯罪的**，由公安机关没收违法所得，处五日以下拘留，可以并处五万元以上五十万元以下罚款；情节较重的，处五日以上十五日以下拘留，可以并处十万元以上一百万元以下罚款。 　单位有前款行为的，由公安机关**没收违法所得**，处十万元以上一百万元以下罚款，并对直接负责的主管人员和其他直接责任人员依照前款规定处罚。 　违反本法第二十七条规定，**受到治安管理处罚的人员**，五年内不得从事网络安全管理和网络运营关键岗位的工作；**受到刑事处罚的人员**，终身不得从事网络安全管理和网络运营关键岗位的工作。

三、执法信息的用途限制

《网络安全法》第三十条规定："网信部门和有关部门在履行网络安全保护职责中获取的信息，只能用于维护网络安全的需要，不得用于其他用途。"

网信部门、工信部门和公安机关等负有网络安全保护职责的部门在履行网络安全保护、检查监督职责中不可避免地会获取到有关组织和个人的信息。这些信息有的可能涉及个人隐私，有的可能与企业的商业秘密相关，一旦泄露，会给这些组织和个人的合法权益造成损害。为了保护个人与组织的合法权益，并鼓励其向负有网络安全保护的部门提供网络安全相关信息，该条款对网信部门和有关部门在履行网络安全保护职责中获取的信息的用途做了限制，即只能用于维护网络安全的需要，不得用于其他用途。通过限制信息的用途，可以提高有关部门在网络安全保护工作中的公信力。

第四节　支持与协作：网络安全的保障要求

一、对违法犯罪行为查处的协助要求

《网络安全法》第二十八条规定："网络运营者应当为公安机关、国家安全机关依法维护国家安全和侦查犯罪的活动提供技术支持和协助。"

(一) 网络运营者协助侦查的义务与发展趋势

信息化时代下，公民隐私权向侦查权合理让渡及侦查权的局部扩张是一种世界性趋势。美国在 1994 年就通过了《通讯协助执法法案》(Communications Assistance for Law Enforcement Act，CALEA)，该法案规定通信公司需向执法部门提供对目标监控人物的窃听权限，即执法机关在获得法院授权的情况下可以直接接入电信网络，而不需要由电信运营机构安装监听装置，启动对电信运营商交换机进行监听的监听，以获取目标对象的实时通信情况。从美国的实践来看，立法对侦查机关从网络运营者处获取数据的权力给予了高度重视，从而使得各大网络运营商已经成为执法机构获得电子数据的主要来源之一。以下是一些网络服务商为执法机构提供数据的情况：[①]

(1) Google 公司称在 2012 年共收到来自执法部门的 16407 次提供数据的要求，包括由 Gmail 服务器发送的邮件等；2013 年上半年的要求次数是 10918 次。

(2) 拥有 Outlook 和 Hotmail 邮件系统的微软公司在 2012 年共收到 11073 次要求，2013 年上半年的要求是 7014 次(微软公司满足了其中的 75.8%的请求)。

(3) Yahoo 公司报告称 2013 年上半年收到的要求是 12444 次，提供了至少 91.6%的服务。

---

① No Warrant，No Problem: How the Government Can Get Your Digital Data，https://www.propublica.org/article/no-warrant-no-problem-how-the-government-can-still-get-your-digital-data，2019 年 1 月 28 日最后访问。

(4) Twitter 公司称 2012 年收到 1494 次官方请求，2013 年为 1735 次。在 2013 年下半年的请求中，55%的请求是传票，7%是法庭命令，26%是搜索令，其余的 12%是其他形式。

德国《刑事诉讼法》(2016)第 100 条对国家权力机关对电信进行监听的情况进行了详细的规定；第 112 条规定了自动信息获取程序[①]，即任何公共网络服务商应该保存用户数据(指那些不是特别受保护的业务性数据)，并有责任确保联邦网络机构在任何时候都能就请求的信息对数据文件通过自动化程序进行检索和获取；第 113 条规定了人工信息获取程序[②]，要求提供或协助电信服务的商业机构或个人为主管部门提供信息。德国《电信法》(2013)修正案甚至降低了德国公共部门获取包括一些敏感数据在内的用户个人数据的门槛，重新规定了"存储数据调查"的要求。在新《电信法》下，约 250 个注册公共机构——其中包括警察和海关部门，有权要求网络服务商提供合同性用户数据和敏感数据(如个人识别号码、用户密码和动态 IP 地址等)。2004 版《电信法》将敏感数据的披露仅限于刑事犯罪中，而新修正案将其扩展至了轻罪和行政违法的案件，同时禁止向其他公共或私人机构提供数据。根据这些法律授权，监听和从网络服务商处获取其他数据的情况也很普遍。

(二) 协助侦查在我国的发展变化情况

在过去，虽然我国相关规章制度规定了网络服务商保存和提供数据的义务[③]，但侦查机关能取得的数据量和困难度却与侦查机关的行政地位及地域有密切的关系。例如，北京的移动公司一般能提供近期一个月内的通话记录。联通公司和电信公司则能提供三个月的，超过三个月的，需要走服务商内部特殊流程；而其他一些地方的电信服务商却能提供六个月的通话记录；也有些服务商不允许基层检察院查询或直接调取数据。[④]总之，由于法律对技术协助等制度规定不详，网络服务商的配合程度和数据调取的及时性往往难以满足侦查机关的需要。

《网络安全法》第二十八条的规定将以前由部门规章规定的网络服务商为公安机关、国家安全机关依法维护国家安全和侦查犯罪的活动提供技术支持和协助、保存和提供数据的责任上升至基本法层面，并规定了网络服务商留存相关的网络日志不少于六个月的责任，同时明确了相关的法律后果，这为网络服务商的责任和违反法律的惩罚措施提供了强有力的法律依据。《网络安全法》出台后，侦查机关从网络运营者处获取数据的情况已经大有改观。

(三) 法律责任

违反第二十八条的法律后果，《网络安全法》没有提及，相应的法律后果《刑法》第九

---

① 自动信息获取程序，指在网络服务商不知情的情况下，德国联邦网络机构(侦查机关与电信服务商之间的数据收集中间人)可以代表特定的侦查机关访问这些数据。

② 人工信息获取程序，即政府机构需要直接联系电信服务商，要求提供就案件所需要的数据。

③ 我国《互联网信息服务管理办法》第十四条规定："从事新闻、出版以及电子公告等服务项目的互联网信息服务提供者，应当记录提供的信息内容及其发布时间、互联网地址或者域名；互联网接入服务提供者应当记录上网用户的上网时间、用户账号、互联网地址或者域名、主叫电话号码等信息。互联网信息服务提供者和互联网接入服务提供者的记录备份应当保存 60 日，并在国家有关机关依法查询时，予以提供。"

④ 肖红，吕彤，闫潇潇. 向第三方调取电子数据在检察工作中的应用[J]. 法制与社会，2014(12)：128+132.

修正案有所规定。《刑法》第二百八十六条之一规定：

"【拒不履行信息网络安全管理义务罪】网络服务提供者不履行法律、行政法规规定的信息网络安全管理义务，经监管部门责令采取改正措施而拒不改正，有下列情形之一的，处三年以下有期徒刑、拘役或者管制，并处或者单处罚金：

(一) 致使违法信息大量传播的；

(二) 致使用户信息泄露，造成严重后果的；

(三) 致使刑事案件证据灭失，情节严重的；

(四) 有其他严重情节的。"

按照《网络安全法》和互联网信息管理的要求，网络运营者要保留客户上网日志等信息和痕迹。如果网络运营者没有按照法律行政法规规定的期限和要求妥善保管，或者将信息删除、毁损等，使得侦查机关处理刑事案件时，本来应该有的重要证据灭失，使犯罪无法追究的，要追究网络运营者的责任。在理解违反《网络安全法》第二十八条的法律后果时，有两点需要注意：

(1) 拒不履行信息网络安全管理义务罪是《刑法修正案(九)》的新增罪名，尚属新罪，截至 2019 年 1 月还没有关于本罪的判例。

(2) 《网络安全法》规定网络运营者应当为公安机关、国家安全机关依法维护国家安全和侦查犯罪的活动提供技术支持和协助，强调的不仅仅是网络运营者保全和提供证据的责任，还有提供技术支持的义务。在拒绝提供技术支持时，也可能受到与证据灭失同样的处罚。

二、提升安全保障能力方面的协助

《网络安全法》第二十九条规定："国家支持网络运营者之间在网络安全信息收集、分析、通报和应急处置等方面进行合作，提高网络运营者的安全保障能力。有关行业组织建立健全本行业的网络安全保护规范和协作机制，加强对网络安全风险的分析评估，定期向会员进行风险警示，支持、协助会员应对网络安全风险。"

该条款体现出国家鼓励网络安全合作，鼓励网络安全威胁情报交换、行业组织建立风险评估的态度。《网络安全法》中类似条款还包括：① 第十一条，网络相关行业组织按照章程，加强行业自律，制定网络安全行为规范，指导会员加强网络安全保护，提高网络安全保护水平，促进行业健康发展；② 第三十九条，国家网信部门应当促进有关部门、关键信息基础设施的运营者以及有关研究机构、网络安全服务机构等之间的网络安全信息共享。

第五节　涉密网络的安全保护要求

《网络安全法》第七十七条规定："存储、处理涉及国家秘密信息的网络的运行安全保护，除应当遵守本法外，还应当遵守保密法律、行政法规的规定。"

与非涉密的等级保护制度不同，涉及国家秘密信息的网络的运行安全实行分级保护制度。中央保密委员会于 2004 年 12 月 23 日下发的《关于加强信息安全保障工作中保密管理的若干意见》明确提出了要建立健全涉密信息系统分级保护制度。2005 年 12 月 28 日，国家保密局下发《涉及国家秘密的信息系统分级保护管理办法》，同时《保密法》也增加了网络安全保密管理的条款。

根据涉密信息系统处理信息的最高密级，涉密信息的网络安全分为秘密级、机密级和绝密级三个等级：

(1) 秘密级：信息系统中包含最高为秘密级的国家秘密，其防护水平不低于国家网络安全等级保护**三级**的要求，并且还必须符合分级保护的保密技术要求。

《涉及国家秘密的信息系统分级保护管理办法》

(2) 机密级：信息系统中包含最高为机密级的国家秘密，其防护水平不低于国家网络安全等级保护**四级**的要求，还必须符合分级保护的保密技术要求。

(3) 绝密级：信息系统中包含最高为绝密级的国家秘密，其防护水平不低于国家网络安全等级保护**五级**的要求，还必须符合分级保护的保密技术要求。绝密级信息系统应限定在封闭的安全可控的独立建筑内，不能与城域网或广域网相联。

涉密信息系统分级保护的对象是所有涉及国家秘密的信息系统，重点是党政机关、军队和军工单位，由各级保密工作部门根据涉密信息系统的保护等级实施监督管理，确保系统和信息安全，确保国家秘密不被泄露。涉密网络分级保护相关标准及定级、测评要求如表 6.5.1 所示。

表 6.5.1　涉密网络分级保护相关标准及定级、测评要求

相关标准	BMB 17—2006《涉及国家秘密的信息系统分级保护技术要求》 BMB 18—2006《涉及国家秘密的信息系统工程监理规范》 BMB 20—2007《涉及国家秘密的信息系统分级保护管理规范》 BMB 22—2007《涉及国家秘密的信息系统分级保护测评指南》 BMB 23—2008《涉及国家秘密的信息系统分级保护方案设计指南》	
定级	报备部门	国家保密局
	定级阶段	方案设计前
	定级要素	分级保护对象的客体受到侵害的程度
	客体	国家安全和利益
	级别	秘密、机密、绝密三级
测评	测评内容	技术部分(满分为 70 分)： ・基本技术要求 ・物理安全 ・运行安全 ・信息安全保密 管理部分(满分为 30 分)： ・过程管理 ・基本管理要求 ・其他管理要求
	测评方法	资料检查、现场考察、测试、专家评估
	基本测评项	15 项基本测评项，可一票否决
	评审或检查	(1) 秘密级、机密级涉密系统每两年进行一次安全保密检查； (2) 绝密级涉密系统每一年进行一次安全保密检查； (3) 所有涉及系统定期对系统的安全保密状况进行自评估

图 6.5.1 所示为涉密信息系统安全分级保护实施的基本流程。其中，涉密信息系统的分级保护与非涉密网络的等级保护最主要的区别包括：

(1) 在系统设计环节，分级保护的系统必须选择具有**涉密资质**[①]的集成单位依据相关国家保密标准进行方案设计，并应通过专家和保密工作部门的论证。

(2) 工程实施阶段，分级保护系统应当组建工程监理机构，细化管理制度，对工程实施进行监督，或者选择具有**涉密资质**的工程监理单位进行监理。系统工程实施完毕后，建设使用单位向保密工作部门申请进行系统测评，国家保密局涉密信息系统安全保密测评中心及分中心负责进行系统测评。

(3) 分级保护的涉密信息系统在投入运行前，应经过市(地)以上保密工作部门根据系统测评结果进行的审批。经保密工作部门审批后，系统方可投入使用。

(4) 分级保护的涉密信息系统的日常管理除基本管理要求、人员管理、物理环境与设施管理外，还包括信息保密管理等。

(5) 废止涉密信息系统时，应向相关保密工作部门备案，并按照有关保密规定妥善处理涉及国家秘密信息的设备、产品和资料。

(6) 分级保护的涉密信息系统对安全保密产品的选择如下：

① 涉密信息系统中使用的安全保密产品应选用国产设备，且必须通过国家相关主管部门授权的测评机构的检测。

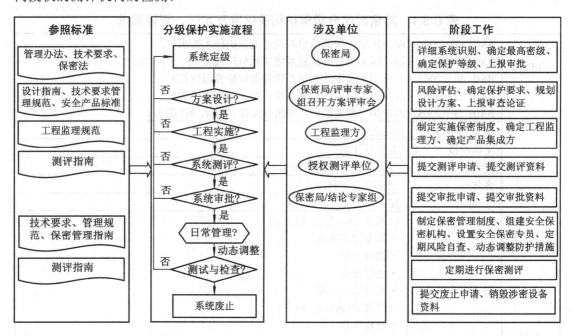

图 6.5.1 涉密信息系统安全分级保护实施的基本流程

[①] 涉密信息系统集成资质分为：a. 甲级资质，甲级资质单位可在全国范围内承接涉密信息系统的规划、设计和实施业务；b. 乙级资质，乙级资质单位可在所限制的行政区域内承接涉密信息系统的规划、设计和实施业务；c. 军工系统集成单项资质单位只能在所属军工集团内承接涉密信息系统集成业务；d. 单项资质，包括涉密信息系统的软件开发、综合布线、系统服务、系统咨询、风险评估、屏蔽室建设、工程监理、数据恢复和保密安防监控等单项业务。

② 计算机病毒防护产品应获得公安机关批准。

③ 密码产品应获得国家密码管理部门批准。

④ 其他安全保密产品，如身份鉴别、访问控制、安全审计、入侵检测和电磁泄漏发射防护等，应获得国家保密工作部门批准。

课 后 习 题

1. 简述网络安全等级保护制度的主要内容。

2. 简述网络设备和服务的通用安全要求。

3. 搜索并列举几个最新网络运行安全执法案例。

参 考 文 献

[1] Dragnets, No Warrant. No Problem: How the Government Can Get Your Digital Data, 2014.

[2] 黄道丽. 网络安全漏洞披露规则及其体系设计[J]. 暨南学报（哲学社会科学版），2018，40(01)：94-106.

[3] 马民虎. 网络安全法适用指南[M]. 北京：中国民主法制出版社，2017.

[4] 宋宪荣，张猛. 网络可信身份认证技术问题研究[J]. 网络空间安全，2018，9(03)：69-77.

[5] 肖红，吕彤，闫潇潇. 向第三方调取电子数据在检察工作中的应用[J]. 法制与社会，2014(12)：128+132.

第七章　关键信息基础设施安全

内容提要 ✍

关键信息基础设施是我国极为重要的战略资源，当下关键信息基础设施安全面临诸多挑战。科学识别和认定关键信息基础设施及其范围，进而构建我国关键信息基础设施安全保护体系，是应对上述挑战的理论准备。

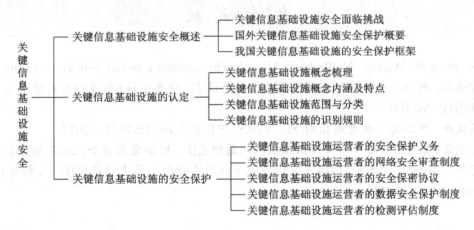

第一节　关键信息基础设施安全概述

2010 年，国际信息技术专家首次发现可自我复制的"震网"(Stuxnet)病毒，它是世界上首个专门针对工业控制系统编写的破坏性病毒，结构非常复杂，代码非常精密。[1]据美国《纽约时报》报道，该病毒实为美国和以色列为破坏伊朗核计划共同研发。"震网"病毒不仅攻击了伊朗核设施，还一度失控，蔓延至全球多国。因此，"震网"病毒被一些专家定性为全球首个投入实战中的超级网络武器。[2]

"震网"病毒这种超级猛烈的网络攻击会导致人们生活中各种控制系统都备受其威胁，

---

[1]　"震网"病毒的工作原理是利用对 Windows 操作系统和西门子 SIMATIC WinCC 操作系统的 7 个漏洞进行攻击，特别是针对西门子公司的 SIMATIC WinCC 监控与数据采集(SCADA)系统进行攻击。其主要功能在于：一是破坏离心机正常运行；二是掩盖相关设施发生故障的情况。具体案例参见本书第三章第一节的延伸阅读。

[2]　美报："震网"开启网络战新时代，http://news.hexun.com/2011-01-19/126897630.html，2019 年 2 月 10 日最后访问。

包括但不限于发电、交通、通信、ATM、医院等关键信息基础设施都不堪一击。①该事件以一种骇人听闻的方式将"关键信息基础设施安全面临挑战"的主题鲜活地呈现出来，引发了世界各国强烈持续地关注、反思和回应。

一、关键信息基础设施安全面临挑战

保护我国关键信息基础设施的安全，是一项长期和重要的战略任务。当下我国关键信息基础设施安全都面临严峻的挑战。习近平总书记特别强调："金融、能源、电力、通信、交通等领域的关键信息基础设施是经济社会运行的神经中枢，是网络安全的重中之重，也是可能遭到重点攻击的目标。'物理隔离'防线可被跨网入侵，电力调配指令可被恶意篡改，金融交易信息可被窃取，这些都是重大风险隐患。不出问题则已，一出就可能导致交通中断、金融紊乱、电力瘫痪等问题，具有很大的破坏性和杀伤力。我们必须深入研究，采取有效措施，切实做好国家关键信息基础设施安全防护。"②在信息网络时代，国家安全、社会稳定、人民安居乐业都严重依赖关键信息基础设施。然而，出于"成本和效率"维度的考虑，关键信息基础设施越来越多地采用标准化终端设备和网络技术协议，故而将关键信息基础设施隔绝网络之外几无可能，传统的物理隔绝方式已经难以保障其安全。伊朗"震网"病毒事件即是明证，其让工业控制系统安全瞬时成为全球瞩目的焦点。

为了应对日益增长的网络安全威胁，西方发达国家纷纷采取措施，从法律法规、发展战略、技术标准、管理体系等方面入手，加强国家关键信息基础设施的保护。实际上，早在"9·11"事件之后，美国便强化了对关键信息基础设施的保护，其颁布了一系列针对保护关键信息基础设施的法案，建立了以国土安全部为主导，各部门之间职能分工明确、公私相互协作的关键信息基础设施保护组织体系。欧洲国家对此也十分关注和重视。2011年英国发布了《英国网络安全战略》，对网络空间安全建设做出了重要的战略性部署，着重强调关键信息基础设施的建设。③2014年1月，俄罗斯军方开始组建反网络攻击专门机构，用来保护军事基础设施的网络安全。欧洲网络和信息安全局也为欧盟成员国的关键信息基础设施保护提供顶层设计和战略指导。

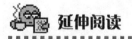 **延伸阅读**

《黑客攻击启示录》④

2017年9月16日，上海市委网信办和上观新闻联合推出《黑客攻击启示录》，揭露黑客入侵各国银行、电力、计算机设备、住宿、交通、通信等关键信息基础设施的真实案例。

---

① 纪录片《零日》揭露美国对伊朗发起的网络战，http://www.xinhuanet.com//world/2016-02/18/c_1118083343.htm，2019年2月10日最后访问。

② 习近平：在网络安全和信息化工作座谈会上的讲话，http://cpc.people.com.cn/n1/2016/0426/c64094-28303771.html，2019年2月10日最后访问。

③ 宋云生. 透视《英国网络安全战略》[J]. 中国信息安全，2010(02)：24-25.

④ 网络安全H5首发！黑客竟攻击了这些地方，教训惨痛！https://www.jfdaily.com/news/detail?id=65160，2019年2月10日最后访问。

例如，全球约 100 个国家被勒索病毒攻击，医生被迫停止诊治，学生无法访问毕业论文；孟加拉国安全系统被黑客入侵，转走 8100 万美元；美国的希尔顿酒店系统被黑客攻击，开房者信息安全疑似遭到泄露；乌克兰的电力中心曾被黑客控制，140 多万居民生活在黑暗笼罩的夜幕之下……关键信息基础设施一旦遭到破坏、丧失功能或者数据泄露，就很可能严重危害国家安全、国计民生和公共利益。

"很多人暂时还没有意识到关键信息基础设施被黑客入侵的危害，这个 H5 就是希望用真实的案例告诉大家，这些案例不仅在全球范围内存在，而且危害很大，会影响到每个人的切身利益。"

二、国外关键信息基础设施安全保护概要

美国在保护关键信息基础设施安全方面，无论其战略构想还是实施步骤均走在世界前列。早在克林顿政府时期美国便出台了大量相关法律文件，逐步构建起比较完善的关键信息基础设施保护体系(图 7.1.1)，[①]相关进程和具体举措值得我们学习、研究和借鉴。例如，为应对美国政府经常调整保护关键基础设施安全领导机构的问题，第 13010 号行政令(1996年)便建立了总统关键基础设施保护委员会机构，由其专门负责向总统汇报关键基础设施的脆弱点信息，应对加强基础设施保护提案所引发的法律问题等。

此外，欧盟、日本等也在关键信息基础设施保护方面出台了一些政策、法律等，着力保护本国或本地区关键信息基础设施的安全。例如，欧盟 2004 年发布了《打击恐怖主义　保护关键基础设施的通讯》，2006 年发布了《保护关键基础设施的欧洲计划》，2009 年发布了《关于关键信息基础设施保护的通信》，2013 年发布了《关键信息基础设施——面向全球网络安全的决议》；日本国家信息安全中心 2005 年发布了《关键基础设施信息安全措施行动计划》等。

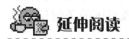 **延伸阅读**

欧盟 NIS 指令解读[②]

2013 年"棱镜门"[③]等日益频发的安全事件，引发了欧盟地区民众对网络的信任危机。为了增强公共安全和个人预防、监测、处置网络安全事件的能力、财力和手段，2016 年 7 月 6 日欧洲议会通过了《网络与信息安全指令》(Network and Information Security，NIS)。NIS 指令从欧盟层面提出统一的安全保障要求，促进成员国间安全战略协作和信息共享，

① 例如，第 13010 号行政令、第 63 号总统令、《爱国者法案》、《国土安全法》、第 7 号国家安全总统令、第 13636 号行政命令、第 21 号总统令等。
② 吴迪，刘思蓉，毕强. 欧盟 NIS 指令研究对我国网络安全保障实施的启示[J]. 信息安全与通信保密，2017(04)：68-77.
③ "棱镜"计划是一项由美国国家安全局自 2007 年起开始实施的绝密电子监听计划，该计划的正式名号为 US-984XN。受到美国国家安全局信息监视的主要有 10 类信息：电邮、即时消息、视频、照片、存储数据、语音聊天、文件传输、视频会议、登录时间和社交网络资料的细节。

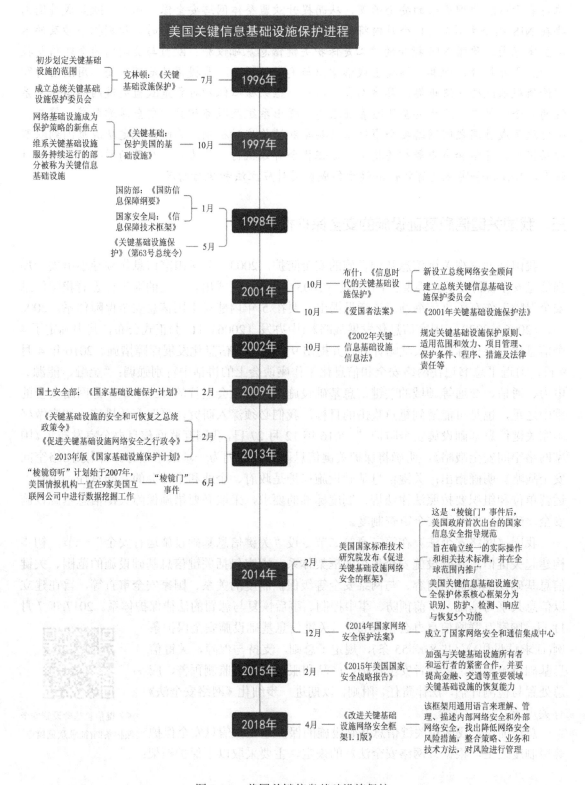

图 7.1.1 美国关键信息基础设施保护

推行基于风险管理策略的安全治理，从而提升欧盟整体网络安全保障水平。欧盟成员国需要在 NIS 指令生效后 21 个月内将其纳入国家立法，并另有 6 个月时间识别指令涉及的本国主体范围。欧盟 NIS 指令的核心是保护关键信息基础设施。欧盟与美国同为全球信息技术的主要开拓者，但其网络安全战略意识与美国不同，欧盟提倡从治理层面、用法治与欧洲价值观来改造网络世界，具体而言：第一，框架核心保护对象是欧盟关键网络与信息系统的安全；第二，基于安全风险管理思想，提出系统及服务相关方安全保障要求；第三，强化欧盟成员国之间网络安全事件信息共享和协作应对机制；第四，规定从成员国到欧盟逐层报告、评估和审查等相关措施，保证指令有效执行。作为欧盟层面的网络安全框架性法案，NIS 指令实施的有效性依赖于各成员国对应立法和执行情况。

三、我国关键信息基础设施的安全保护框架

我国高度重视关键信息基础设施的安全防护。2003 年，《国家信息化领导小组关于加强信息安全保障工作的意见》(中办发〔2003〕27 号)正式出台，它的诞生标志着我国信息安全保障工作有了总体纲领。该意见提出，要在 5 年内建设中国信息安全保障体系。2006 年，《2006—2020 年国家信息化发展战略》(中办发〔2006〕11 号)正式公布，其中确定了 4 个信息化发展目标和六大战略计划，并提出 9 点相应的信息化发展保障措施。2016 年 4 月 9 日，习近平总书记在网络安全和信息化工作座谈会上的讲话中特别强调："金融、能源、电力、通信、交通等领域的关键信息基础设施是经济社会运行的神经中枢，是网络安全的重中之重，也是可能遭到重点攻击的目标。我们必须深入研究，采取有效措施，切实做好国家关键信息基础设施安全防护。"[①]2016 年 12 月 27 日，我国互联网信息办公室发布了《国家网络空间安全战略》，明确将保护关键信息基础设施列为一项战略任务。《国家网络空间安全战略》明确指出：关键信息基础设施保护是政府、企业和全社会的共同责任，主管、运营单位和组织要按照法律法规、制度标准的要求，采取必要措施保障关键信息基础设施安全，建立实施网络安全审查制度。

我国《网络安全法》在第三章第二节专设"关键信息基础设施运行安全"一节，初步构建起关键信息基础设施安全保护的框架体系，内容包括关键信息基础设施的范围、关键信息基础设施保护的内容、与网络安全等级保护制度的关系、国家安全审查等，旨在建立以信息共享为基础，事前预防、事中控制、事后恢复与惩罚的法律保护体系。2017 年 7 月 11 日，国家互联网信息办公室颁布了《关键信息基础设施安全保护条例(征求意见稿)》(共 8 章 55 条)，规定了总则，支持与保障，关键信息基础设施范围，运营者安全保护，产品和服务安全，监测预警、应急处置与检测评估，法律责任，附则，以期进一步细化《网络安全法》有关规定。

《关键信息基础设施安全保护条例(征求意见稿)》

总体而言，我国对关键信息基础设施的保护建立在信息安全保护等级制度之上。根据《网络安全法》的规定，主要采取以下保护框架：

---

① 习近平. 在网络安全和信息化工作座谈会上的讲话[M]. 北京：人民出版社，2016.

(1) 编制关键信息基础设施安全规划。《网络安全法》第三十二条规定："按照国务院规定的职责分工，负责关键信息基础设施安全保护工作的部门分别编制并组织实施本行业、本领域的关键信息基础设施安全规划，指导和监督关键信息基础设施运行安全保护工作。"本条规定了负责关键信息基础设施安全保护工作部门的职责：其一是负责编制并组织本行业、本领域关键信息基础设施的安全规划；其二是指导和监督关键信息基础设施运行安全保护工作。

(2) 建设关键信息基础设施的"三同步"制度。《网络安全法》第三十三条规定："建设关键信息基础设施应当确保其具有支持业务稳定、持续运行的性能，并保证安全技术措施同步规划、同步建设、同步使用。"

(3) 规定关键信息基础设施运营者的安全保护义务。《网络安全法》第三十四条规定，关键信息基础设施的运营者还应当履行下列安全保护义务(特殊义务)：一是设置专门安全管理机构和安全管理负责人，并对该负责人和关键岗位的人员进行安全背景审查；二是定期对从业人员进行网络安全教育、技术培训和技能考核；三是对重要系统和数据库进行容灾备份；四是制定网络安全事件应急预案，并定期进行演练；五是法律、行政法规规定的其他义务。

(4) 建立关键信息基础设施运营者采购的网络安全审查制度。《网络安全法》第三十五条规定："关键信息基础设施的运营者采购网络产品和服务，可能影响国家安全的，应当通过国家网信部门会同国务院有关部门组织的国家安全审查。"

(5) 建立关键信息基础设施运营者采购的保密协议制度。《网络安全法》第三十六条规定："关键信息基础设施的运营者采购网络产品和服务，应当按照规定与提供者签订安全保密协议，明确安全和保密义务与责任。"

(6) 建立数据本地存储制度。《网络安全法》第三十七条规定："关键信息基础设施的运营者在中华人民共和国境内运营中收集和产生的个人信息和重要数据应当在境内存储。因业务需要，确需向境外提供的，应当按照国家网信部门会同国务院有关部门制定的办法进行安全评估；法律、行政法规另有规定的，依照其规定。"

(7) 建立定期检测评估制度。《网络安全法》第三十八条规定："关键信息基础设施的运营者应当自行或者委托网络安全服务机构对其网络的安全性和可能存在的风险每年至少进行一次检测评估，并将检测评估情况和改进措施报送相关负责关键信息基础设施安全保护工作的部门。"

第二节 关键信息基础设施的认定

国家的关键信息基础设施是极为重要的战略资源，以立法形式对其进行保护已经成为世界各国网络空间安全制度建设的核心内容。"关键信息基础设施"是我国《网络安全法》的核心概念之一，但此概念源于国外，我国正式使用该概念的时间较晚。如何科学界定"关键信息基础设施"的概念、范围以及其识别路径，是理解与落实关键信息基础设施保护的理论前提。

一、关键信息基础设施概念梳理

(一) 国外相关概念的考察

"国家信息基础设施"一词是在1993年9月15日美国政府发布的《国家信息基础设施行动动议》(The National Information Infrastructure: Agenda for Action，NII)中正式提出来的。关键信息基础设施(Critical Information Infrastructures，CII)是基于关键基础设施(Critical Infrastructures，CI)延伸出来的新概念。[①]国家信息基础设施中维系关键基础设施服务持续运行的部分被称为关键信息基础设施。随着信息通信技术(Information Communications Technology，ICT)的飞速发展，越来越多的关键基础设施被接入互联网，形成了基于信息通信网络系统的"关键信息基础设施"，且涵盖的范围在不断扩大，进而导致CII、CI与NII之间的界限越来越模糊。国外关键信息基础设施及相关概念释义如表7.2.1所示。

表7.2.1　国外关键信息基础设施及相关概念释义

国家/地区	关键信息基础设施(CII)	关键基础设施(CI)等概念
美国	它是指电子的信息和通信系统以及这些系统中的信息，其中信息和通信系统由对各类型数据进行处理、储存和通信的软硬件所组成，其包括计算机信息系统、控制系统和网络(参见2009年《国家基础设施保护计划》)	它是指对美国重要的物理或虚拟的系统和资产，此类系统和资产的功能丧失或被破坏将对国家安全、国家经济安全、国家公众健康与安全或上述事项的任何组合产生削弱影响(参见2001年《爱国者法》第1016节规定)
欧盟	它是指在"关键基础设施"概念基础上，将运行关键基础设施的计算机系统，包括工业控制系统、数据采集系统等在内的系统	观点1：它是指如果被破坏或摧毁，会对公民的健康、安全、稳定或经济福祉或成员国政府的有效运转造成严重影响的物理和信息技术设施、网络、服务和资产(参见2004年《打击恐怖主义保护关键基础设施的通讯》)。 观点2：它是指位于某一成员国的财产或系统或其某一部分，对保障社会关键领域至关重要的基础设施，其中断或损坏会对欧盟成员国产生重大影响。[②] 观点3：对国家重要的物理或者虚拟的系统及资产，其不能有效运转、丧失功能或者受到损毁会对国家安全与防御、经济安全、公共健康及安全，以及其他这些问题的多个方面造成削弱影响(参见2013年《关于对关键信息基础设施攻击的网络犯罪公约委员会第六号指引》)

[①] 王春晖.《网络安全法》六大法律制度解析[J]. 南京邮电大学学报(自然科学版)，2017，37(01)：1-13.
[②] 关于欧盟理事会制定识别、指定欧洲关键基础设施，并评估提高保护必要性的指令，http://eur-lex.europa.eu/LexUriServ/LexUriServ.do?uri=OJ:L:2008:345:0075:0082:EN:PDF，2019年2月10日最后访问。

续表

国家/地区	关键信息基础设施(CII)	关键基础设施(CI)等概念
德国	信息基础设施,是指"给定基础设施中 IT 部分的总和"。关键信息基础设施,实为确保国家关键基础设施服务得以持续运行的不可或缺的要素[①]	"对社会运行具有重要意义,其停运或受损将造成严重供应不足或危及公共安全的设施"(来自2015 年 8 月通过的《联邦信息技术安全法修正案》)[②]
英国	英国通常使用"关键国家基础设施"(Critical National Infrastructure,CNI),即由不间断向国家提供基本服务来说不可或缺的关键元素组成的国家基础设施;如果没有这些元素,英国将遭受严重的经济损害、巨大的社会破坏乃至严重的生命威胁。与美国类似,英国的CNI 也包括物理层面和虚拟层面的基础设施[③]	
澳大利亚	它由国家范围的电信网络、计算机、数据库和电子系统组成,包括互联网、公共交换网、公共和私有网络、有线和无线,以及卫星通信。同时,国家信息基础设施包括驻留在网络和系统中的信息、应用和软件	—

总之,随着国家关键基础设施的网络化和信息化,欧盟、英国、澳大利亚、日本等国家和地区,"关键信息基础设施"和"关键基础设施"的边界逐渐模糊,甚至两者经常交互使用。我国通常使用"关键信息基础设施"这一概念。

(二) 相关概念在我国规范文本中的演变

我国最早使用与"关键信息基础设施"相似的概念是"计算机信息系统",之后随着社会发展变化,所使用的概念也随之发生变化,直到《网络安全法》的颁布和实施,"关键信息基础设施"的概念才在法律层面上固定下来。相关概念的演变详情如表 7.2.2 所示。

表 7.2.2 我国使用"关键信息基础设施"及相关概念的演变详情

时间	立法/政策性规范文件	内 容
1994 年	《中华人民共和国计算机信息系统安全保护条例》	该条例使用"计算机信息系统"的概念。第四条规定:"计算机信息系统的安全保护工作,重点维护国家事务、经济建设、国防建设、尖端科学技术等重要领域的计算机信息系统的安全。"
2003 年	《国家信息化领导小组关于加强信息安全保障工作的意见》	该意见使用了"重要信息系统"的概念
2007 年	《国务院办公厅关于开展重大基础设施安全隐患排查工作的通知》	该通知使用了"重大基础设施"的概念,并列举了公路、铁路、水运交通设施、大型水利设施、大型煤矿、重要电力设施、石油天然气设施、城市基础设施等9 种类别

---

① 唐旺,宁华,陈星,等. 关键信息基础设施概念研究[J]. 信息技术与标准化,2016(04):26-29.

② 马民虎. 网络安全法适用指南[M]. 北京:中国民主法制出版社,2018:125.

③ 宁华. 关键信息基础设施的概念及关键性研究,http://news.cntv.cn/2015/07/23/ARTI1437630604263330.shtm,2019 年 2 月 10 日最后访问。

时间	立法/政策性规范文件	内　容
2012 年	《国务院办公厅关于开展重点领域网络与信息安全检查行动的通知》（国办〔2012〕102 号）	该报告使用了"重要网络与信息系统"。该报告列举了关系国家安全、经济秩序正常运行和社会稳定的关键网络与信息系统
2013 年	《关于开展国家重要信息系统调查工作的函》	该函使用了"国家重要信息系统"的概念
2014 年	习近平总书记在召开的中央网络安全和信息化领导小组第一次会议上的讲话	本次会议上习近平总书记使用了"关键信息基础设施"的概念，并强调要完善与关键信息基础设施相关立法
2016 年	《网络安全法》	首次在法律中使用"关键信息基础设施"的概念

　　鉴上分析，"重要领域的计算机信息系统""重要信息系统""重大基础设施""重要网络与信息系统""国家重要信息系统""关键信息基础设施"等概念在我国规范文本使用时间上存在先后顺序，在内容范围上存在交叉和包容关系。由于这些概念内涵边界的模糊，在实践中势必带来一些混乱。不过，自从"关键信息基础设施"成为正式的法律概念之后，其内涵和范围变得清晰，在一定程度上解决了上述问题。

二、关键信息基础设施的概念内涵及特点

(一) 关键信息基础设施的概念内涵

　　如前文所述，"关键信息基础设施"与"关键基础设施"关系紧密。从网络信息时代发展趋势来看，随着国家关键基础设施的普遍网络化、信息化，二者之间的界限越来越模糊。本书之所以将"关键信息基础设施"这一概念从关键基础设施中分离出来并单独着重阐释，是因为其作用和影响不但远超其他关键基础设施，而且直接影响其他关键基础设施的正常运行。例如，传统诸多行业的升级都依赖于信息通信技术，互联网金融、电子政务、电子商务、智慧城市、智慧法院、智能电网、智能教育等的产生和发展，无不与关键信息基础设施紧密相关。从世界范围而言，美国、欧盟、德国、英国、日本等国家和地区对"关键信息基础设施"的概念界定整体上趋同。我国对"关键信息基础设施"概念的界定也受到这些国家和地区的影响。

　　我国《网络安全法》首次在法律上提出了"关键信息基础设施"的概念，并阐述了关键信息基础设施的基本范围。《网络安全法》第三十一条规定："国家对公共通信和信息服务、能源、交通、水利、金融、公共服务、电子政务等重要行业和领域，以及其他一旦遭到破坏、丧失功能或者数据泄露，可能严重危害国家安全、国计民生、公共利益的关键信息基础设施，在网络安全等级保护制度的基础上，实行重点保护。关键信息基础设施的具体范围和安全保护办法由国务院制定。国家鼓励关键信息基础设施以外的网络运营者自愿参与关键信息基础设施保护体系。"

　　2016 年 12 月 27 日，在《网络安全法》第三十一条基础上，由国家互联网信息办公室发布的《国家网络空间安全战略》中指出："国家关键信息基础设施是指关系国家安全、国

计民生，一旦数据泄露、遭到破坏或者丧失功能可能严重危害国家安全、公共利益的信息设施。"这是国家政策层面上首次界定"关键信息基础设施"的概念。

2017 年 7 月 10 日，国家互联网信息办公室发布了关于《关键信息基础设施安全保护条例(征求意见稿)》公开征求意见的通知，不过在该征求意见稿中也未明确界定"关键信息基础设施"的概念。

直到 2018 年 6 月 13 日，全国信息安全标准化技术委员会秘书处发布的《信息安全技术关键信息基础设施安全控制措施(征求意见稿)》中，明确将关键信息基础设施界定为"公共通信和信息服务、能源、交通、水利、金融、公共服务、电子政务等重要行业和领域，以及其他一旦遭到破坏、丧失功能或者数据泄露，可能严重危害国家安全、国计民生、公共利益的信息设施。"至此，"关键信息基础设施"的概念内涵趋于稳定。

(二) 关键信息基础设施的特点

1. 关键信息基础设施性质的独特性

关键信息基础设施属于网络空间和物理世界的融合体，那种只是将国家关键信息基础设施理解为信息系统或信息网络的观念，显然已经难以适应网络空间安全保护的需要。随着《网络安全法》的实施，关键信息基础设施由信息系统的概念上升至"设施"层面(关键基础设施呈现普遍信息化和网络化的态势)，信息基础设施边界扩展至由通信网络连接的计算机、信息资源。

2. 关键信息基础设施影响的关键性

关键信息基础设施关系到国家安全、国计民生和公共利益。例如，关键信息基础设施关系国家公共通信、信息服务、能源、交通、水利、金融、公共服务、电子政务等重要行业和领域。

3. 关键信息基础设施内容的动态性

关键信息基础设施涵盖影响国家安全、公共利益的基础设施(包含物理设施和信息设施)，且具体范围在不断地变化和扩张过程中。

4. 关键信息基础设施存储数据的敏感性

关键信息基础设施关系到国家公共通信、信息服务、能源、交通、水利、金融、公共服务、电子政务、大规模商业数据交易平台等的数据资源。这些大数据一旦被恶意收集分析，完全可以进行影响社会稳定和人们生活安定的其他非法活动。

三、关键信息基础设施的范围与分类

(一) 关键信息基础设施的范围

究竟哪些属于关键信息基础设施？实际上，在我国《网络安全法》出台以前，在涉及重要或者关键的信息基础设施的保护时经常处于无法可依的状况。《网络安全法》出台之后，加上相关配套措施的渐次出台，关键信息基础设施的范围日益明晰。

1.《网络安全法》的有关规定

2016 年 11 月 7 日，全国人民代表大会常务委员会发布了《网络安全法》，其中第三十一条明确规定：“国家对公共通信和信息服务、能源、交通、水利、金融、公共服务、电子政务等重要行业和领域，以及其他一旦遭到破坏、丧失功能或者数据泄露，可能严重危害国家安全、国计民生、公共利益的关键信息基础设施，在网络安全等级保护制度的基础上，实行重点保护。关键信息基础设施的具体范围和安全保护办法由国务院制定。”本条列举了公共通信和信息服务、能源、交通、水利、金融、公共服务、电子政务等 7 个领域为关键信息基础设施，并明确授权国务院制定具体办法来确定关键信息基础设施的范围。

2.《国家网络空间安全战略》的有关规定

2016 年 12 月 27 日，国家互联网信息办公室在其发布的《国家网络空间安全战略》中指出：“国家关键信息基础设施是指关系国家安全、国计民生，一旦数据泄露、遭到破坏或者丧失功能可能严重危害国家安全、公共利益的信息设施，包括但不限于提供公共通信、广播电视传输等服务的基础信息网络，能源、金融、交通、教育、科研、水利、工业制造、医疗卫生、社会保障、公用事业等领域和国家机关的重要信息系统，重要互联网应用系统等。”本部分内容在《网络安全法》的基础上进一步拓展了关键信息基础设施的范围。

3.《关键信息基础设施安全保护条例(征求意见稿)》的有关规定

2017 年 7 月 10 日，国家互联网信息办公室发布了关于《关键信息基础设施安全保护条例(征求意见稿)》公开征求意见的通知。该条例征求意见稿中第十八条明确规定了应当纳入关键信息基础设施的保护范围，主要包括：① 政府机关和能源、金融、交通、水利、卫生医疗、教育、社保、环境保护、公用事业等行业领域的单位；② 电信网、广播电视网、互联网等信息网络，以及提供云计算、大数据和其他大型公共信息网络服务的单位；③ 国防科工、大型装备、化工、食品药品等行业领域科研生产单位；④ 广播电台、电视台、通讯社等新闻单位；⑤ 其他重点单位。该条例征求意见稿对关键信息基础设施的规定较《网络安全法》和《国家网络空间安全战略》的规定更加详细和具体。

总体而言，我国《网络安全法》《国家网络空间安全战略》《关键信息基础设施安全保护条例(征求意见稿)》的规定，主要是根据我国实践需要，借鉴一些主要发达国家和地区的经验，将那些为社会提供基础性和关键性服务的设施列入关键信息基础设施的范围。因此，我国《网络安全法》对关键信息基础设施范围的界定与世界其他主要国家具有一致性。例如，根据美国发布的 13636 号总统行政令《改进关键基础设施网络安全》和第 21 号总统政策指示《关键基础设施安全和弹性》[①]，通信、信息技术、化工、关键制造、应急服务、水利、核反应堆及材料和废弃物、商业设施、政府设施、运输系统、能源、金融服务、水及污水处理系统、医疗保健和公共卫生、国防工业基地、食品和农业等 16 个领域均属于关键信息基础设施之列；日本在《关键信息基础设施保护基本政策》中确定信息通信、金融、行政、医疗、供排水、电力、燃气、化学、信贷、石油、航空、铁路、物流 13 个领域属于关键信息基础设施范畴。[②]

---

① 关键信息基础设施保护，http://www.cac.gov.cn/2015-11/04/c_1117015673.htm，2019 年 1 月 15 日最后访问。

② 杨合庆. 中华人民共和国网络安全法解读[M]. 北京：中国法制出版社，2017：72-73.

(二) 关键信息基础设施的分类

关键信息基础设施的分类方法具有多样性。根据《网络安全法》和《国家网络空间安全战略》等规定，我们可以将关键信息基础设施划分为以下五大类：

(1) 基础信息网络：主要包括广电网、电信网、互联网(含移动互联网)，以及光缆、微波、卫星、移动通信等网络设备设施。

(2) 重要行业和公共服务领域的重要信息系统：主要包括银联交易系统、智能交通系统、供水管网信息管理系统、社保信息系统、水利设施系统、能源系统等。

(3) 电子政务网络：主要包括电子政务系统、政府门户网站等，其类别涵盖政府间电子政务(G2G)、政府与商业机构间电子政务(G2B)、政府与公民间电子政务(G2C)、政府与雇员间电子政务(G2E)。

(4) 国家安全网络：主要包括军事通信网、军队指挥自动化系统等。

(5) 网络运营商(服务商)系统：阿里、腾讯、百度、京东等 IT 巨头运营的特定网络和系统等。

如果根据《国家网络安全检查操作指南》(以下简称《操作指南》)3.1 条款规定，又可以将关键信息基础设施分为三大类：

第一，网站类，如党政机关网站、企事业单位网站、新闻网站等。

第二，平台类，如即时通信、网上购物、网上支付、搜索引擎、电子邮件、论坛、地图、音视频等网络服务平台。

第三，生产业务类，如办公和业务系统、工业控制系统、大型数据中心、云计算平台、电视转播系统等。

四、关键信息基础设施的识别规则

中央网信办网络安全协调局参照了《信息安全技术 政府部门信息安全管理基本要求》(GB/T 29245—2012)等国家网络安全技术标准规范，于 2016 年 6 月制定了《操作指南》。由于我国"关键信息基础设施识别指南"尚未出台，因此《操作指南》中关键信息基础设施确定规则在目前就成为最有参考价值的一项标准。《操作指南》中提出了确定关键信息基础设施的三个步骤：一是确定关键业务；二是确定支撑关键业务的信息系统或工业控制系统；三是根据关键业务对信息系统或工业控制系统的依赖程度，以及信息系统发生网络安全事件后可能造成的损失认定关键信息基础设施。其步骤具体如下：

第一步，确定关键业务。《操作指南》明确了需结合本地区、本部门、本行业的实际来梳理关键业务。以电信与互联网为例，关键业务就应包括域名解析服务、数据中心云服务、语音数据互联网基础网络及枢纽等业务。

第二步，确定支撑关键业务的信息系统或工业控制系统。确定支撑关键业务的信息系统或工业控制系统，应当根据关键业务，逐一梳理出支撑关键业务运行或关键业务相关的信息系统或工业控制系统，形成候选关键信息基础设施清单，如火电企业的发电机组控制系统、管理信息系统，市政供水相关的水厂生产控制系统、供水管网监控系统等。

第三步，认定关键信息基础设施。《操作指南》列举了网站类、平台类和生产业务类三种具体情况的相应量化标准。例如网站类，规定县级(含)以上党政机关网站、日均访问量超过 100 万人次的网站，一旦发生网络安全事故，可能造成以下影响之一的情形，就可认定为关键信息基础设施；[①]又如平台类，规定注册用户超过 1000 万、活跃用户超过 100 万或者日交易额超过 1000 万元的，就可认定为关键信息基础设施；再如生产业务类，规模超过 1500 个标准机架的数据中心、地市级以上政府面向公众服务的业务系统，或与医疗、安防、消防、应急指挥、生产调度、交通指挥等相关的城市管理系统，均可认定为关键信息基础设施。

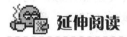

《提升关键基础设施网络安全的框架》[②]

2014 年 2 月 12 日，美国白宫宣布发布由国家标准与技术研究院(National Institute of Standard and Technology，NIST)经过多番修订形成的《提升关键基础设施网络安全的框架》第一版。《提升关键基础设施网络安全的框架》由框架核心及功能、框架实现层级和框架轮廓三部分组成。每个框架部件都会强化业务驱动因素和网络安全活动间的联系，具体而言：

第一，框架核心及功能。框架核心不是要执行的操作清单，而是提出了由行业认可的在管理网络安全风险中有益的保障措施。框架核心包括 4 个要素：功能、分类、子类和参考性文献。框架核心功能分为识别(Identify)、保护(Protect)、检测(Detect)、响应(Respond)和恢复(Recover)。

第二，框架实现层级。其分为 4 个层级：(1 级)局部、(2 级)风险通知、(3 级)可重复和(4 级)自适应。

第三，框架轮廓。框架轮廓是特定系统或组织从框架分类和子类中选择出的代表性效果。由此可见，轮廓是与业务要求、风险承受力和组织资源相对应的功能、分类和子类的集合，也是某组织降低网络安全风险的一个路线图。

实施可以分为 7 个步骤：

(1) 确定优先级和范围。

(2) 确定方向。一旦网络安全方案的范围确定，组织就确定了相关系统和资产、监管要求和整体风险方法。然后，组织识别这些系统和资产的威胁及其漏洞。

(3) 创建一个当前轮廓。该组织通过指示需要实现的框架核心的分类和子类效果，开发一个当前轮廓。

(4) 进行风险评估。

---

① 符合以下条件之一的，可认定为关键信息基础设施：一是影响超过 100 万人的工作、生活；二是影响单个地市级行政区 30%以上人口的工作、生活；三是造成超过 100 万个人信息泄露；四是造成大量机构、企业敏感信息泄露；五是造成大量地理、人口、资源等国家基础数据泄露；六是严重损害政府形象、社会秩序，或危害国家安全。

② 美国 NIST 发布《提升关键基础设施网络安全的框架》的解读，http://www.cac.gov.cn/2014-08/20/c_1112059863.htm，2019 年 1 月 18 日最后访问。

(5) 创建目标轮廓。该组织创建目标轮廓，侧重于框架描述组织目标网络安全效果的分类和子类的评估。组织也根据组织的独特风险，开发自己的附加分类和子类。

(6) 确定、分析和优先顺序差距。

(7) 实施行动计划。

第三节　关键信息基础设施的安全保护

一、关键信息基础设施运营者的安全保护义务

(一) 关键信息基础设施运营者的安全保护义务的内容

1. 关键信息基础设施运营者的一般安全保护义务

《网络安全法》第二十一条明确规定了我国实行网络安全等级保护制度。[①] "网络运营者应当按照网络安全等级保护制度的要求，履行下列安全保护义务，保障网络免受干扰、破坏或者未经授权的访问，防止网络数据泄露或者被窃取、篡改：

(一) 制定内部安全管理制度和操作规程，确定网络安全负责人，落实网络安全保护责任；

(二) 采取防范计算机病毒和网络攻击、网络侵入等危害网络安全行为的技术措施；

(三) 采取监测、记录网络运行状态、网络安全事件的技术措施，并按照规定留存相关的网络日志不少于六个月；

(四) 采取数据分类、重要数据备份和加密等措施；

(五) 法律、行政法规规定的其他义务。"

《关键信息基础设施安全保护条例(征求意见稿)》第二十三条沿袭了该规定。

此外，根据《计算机信息系统安全保护条例》(1994 年)和《信息安全等级保护管理办法》(2007 年)的规定：国家信息安全等级保护坚持自主定级、自主保护的原则；信息系统的安全保护等级应当根据信息系统在国家安全、经济建设、社会生活中的重要程度，信息系统遭到破坏后对国家安全、社会秩序、公共利益以及公民、法人和其他组织的合法权益的危害程度等因素确定。其中，信息系统的安全保护等级分为以下 5 级：

第一级，信息系统受到破坏后，会对公民、法人和其他组织的合法权益造成损害，但不损害国家安全、社会秩序和公共利益。

[①] 网络等级保护制度的内容大体可以分为技术类和管理类两大类。一方面，技术类安全要求主要从网络安全、应用安全、数据安全、物理安全、主机安全等层面入手。例如，安装防火墙、杀毒软件，防范计算机病毒等；安装网络身份认证系统，对用户访问网络资源的权限进行严格的认证和控制；安装网络入侵检测系统(Intrusion Detection System，IDS)，对网络传输进行即时监视，记录网络运行状态和网络安全事件；采取数据分类，对重要数据进行备份和加密防护。另一方面，管理类安全主要从安全管理制度和操作规程、安全管理机构、人员安全管理、系统建设管理、系统运行和维护等方面着手。例如，制定内部安全管理制度和具体的操作规程，确定网络安全负责人，切实细化并落实网络安全保护责任。安全管理制度和操作规程规定的每项具体制度和操作步骤都落实到具体的工作人员。

第二级，信息系统受到破坏后，会对公民、法人和其他组织的合法权益产生严重损害，或者对社会秩序和公共利益造成损害，但不损害国家安全。

第三级，信息系统受到破坏后，会对社会秩序和公共利益造成严重损害，或者对国家安全造成损害。

第四级，信息系统受到破坏后，会对社会秩序和公共利益造成特别严重损害，或者对国家安全造成严重损害。

第五级，信息系统受到破坏后，会对国家安全造成特别严重损害。

2. 关键信息基础设施运营者的特殊安全保护义务

《网络安全法》第三十四条明确规定："除本法第二十一条的规定外，关键信息基础设施的运营者还应当履行下列安全保护义务：

(一) 设置专门安全管理机构和安全管理负责人，并对该负责人和关键岗位的人员进行安全背景审查；

(二) 定期对从业人员进行网络安全教育、技术培训和技能考核；

(三) 对重要系统和数据库进行容灾备份；

(四) 制定网络安全事件应急预案，并定期进行演练；

(五) 法律、行政法规规定的其他义务。"

《关键信息基础设施安全保护条例(征求意见稿)》第二十四条沿袭了该规定。

本条主要对关键信息基础设施运营者规定了更高层面的安全保护义务，主要包括两个方面：一是对"人"的安全保护义务，其中包括完善网络安全管理制度和具体操作规范，设置专门的安全管理机构和安全管理负责人，定期对从业人员进行安全教育、培训和考核。二是对"系统"的安全保护义务，其中包括：对重要系统、数据的容灾备份，以保证关键信息基础设施不因网络攻击、自然灾害、突发故障等原因而不能正常运行或停止运行；制定网络安全事件应急预案，并定期进行演练，期待提高应急工作人员的能力和检验应急预案的有效性。

另外，根据《网络安全法》第五十九条规定："网络运营者不履行本法第二十一条、第二十五条规定的网络安全保护义务的，由有关主管部门责令改正，给予警告；拒不改正或者导致危害网络安全等后果的，处一万元以上十万元以下罚款，对直接负责的主管人员处五千元以上五万元以下罚款。关键信息基础设施的运营者不履行本法第三十三条、第三十四条、第三十六条、第三十八条规定的网络安全保护义务的，由有关主管部门责令改正，给予警告；拒不改正或者导致危害网络安全等后果的，处十万元以上一百万元以下罚款，对直接负责的主管人员处一万元以上十万元以下罚款。"

(二) 关键信息基础设施运营者的安全保护义务的特点

关键信息基础设施运营者的安全保护义务的特点[①]如下：

第一，义务内容的复合性。关键信息基础设施安全涉及企业业务的连续性、自主可控和数据安全方面的问题。《网络安全法》第二十四条规定对"人"的安全保护义务和对"系统"的安全保护义务正体现上述特点。

----

① 马民虎. 网络安全法律遵从[M]. 北京：电子工业出版社，2018：313.

第二，义务主体的复合性。根据《网络安全法》第七十六条规定，网络运营者是指网络的所有者、管理者和网络服务提供者。那么，关键信息基础设施运营者可以理解为关键信息基础设施的所有者、管理者和网络服务提供者，其义务主体具有复合性特点。

第三，义务的全程性。该项义务内生于关键信息基础设施成立之时，但贯穿其为用户提供服务的全部过程。

第四，义务的合理限度性。我国法律虽尚未明确规定关键信息基础设施的识别程序和标准，但关键信息基础设施运营商并非公益机构，它自身需要正常经营、盈利和发展，这就要求网络安全保护义务内容应有合理的限度。

第五，义务履行的程序性。例如，风险评估和安全控制、持续性监控、评估与测试等义务的履行需要遵循正当程序的要求。

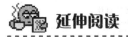 **延伸阅读**

微软与腾讯合作为 Windows XP 用户提供特有的安全保护服务[①]

微软中国宣布 2014 年 4 月 8 号后停止对 Windows XP 服务的支持。由于 Windows XP 在中国的特殊情况，大部分老用户对 Windows XP 有着难舍的情结，这个数字，中国市场保守估计是 2 亿。微软宣布，在 4 月 8 日后安装 Windows XP 的计算机仍然可以使用，与腾讯等安全厂商合作继续为用户提供安全保护。微软发布的声明中称，微软中国已经采取特别行动，与包括腾讯在内的国内领先互联网安全及防病毒厂商密切合作，为中国全部使用 Windows XP 的用户，在用户选择升级到新一代操作系统之前，继续提供特有的安全保护。

二、关键信息基础设施运营者的网络安全审查制度

(一) 关于网络安全审查制度的法律规定及释义

《网络安全法》第三十五条规定，当关键信息基础设施的运营者采购网络产品和服务时，针对可能影响国家安全的情况，应当通过国家网信部门会同国务院有关部门组织的国家安全审查。这标志着我国网络安全审查制度的正式确立。为了防止关键信息基础设施运营商采购使用的产品和服务存在安全缺陷等隐患而受到攻击，或者存储、处理的数据被窃取而危害国家安全，根据世界贸易组织国家安全例外原则，我国《网络安全法》第三十五条做了相应规定。

需要注意的是，本条规定与《网络安全法》第二十三条规定的网络关键设备和安全专用产品的安全认证、安全检测不同，本条规定的网络安全审查只是在可能危及国家安全的情况下方可启动。本条还规定，国家网信部门应当会同国务院有关部门制定具体审查办法，明确审查条件、机制和程序等。

---

① 微软中国：4 月 8 日后继续为中国 XP 用户提供安全保护，http://www.360doc.com/content/14/0303/08/406302_357245122.shtml，2019 年 1 月 10 日最后访问。

(二) 网络安全审查制度的历史沿革

网络安全审查制度是一项颇具中国特色的法律制度，国际上并无"网络安全审查"的法律概念，但类似的法律实践却比较常见。我国网络安全审查制度的形成并非一蹴而就，而是有着自身演进的轨迹，如图 7.3.1 所示。

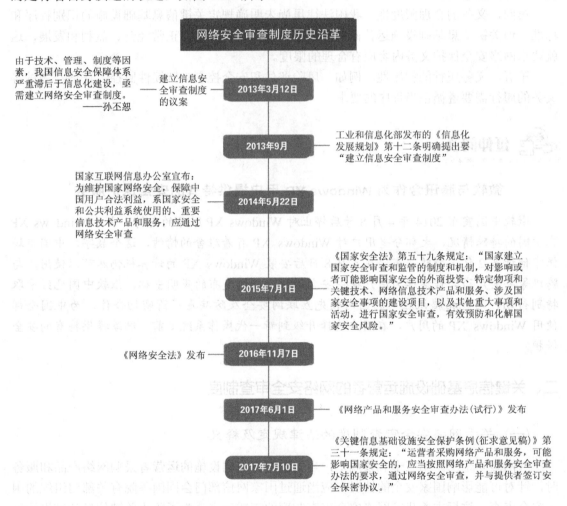

图 7.3.1　网络安全审查制度历史沿革

(三) 网络安全审查制度的框架

1. 审查性质

根据我国《国家安全法》第五十九条规定："国家建立国家安全审查和监管的制度和机制，对影响或者可能影响国家安全的外商投资、特定物项和关键技术、网络信息技术产品和服务、涉及国家安全事项的建设项目，以及其他重大事项和活动，进行国家安全审查，有效预防和化解国家安全风险。"从性质上来说，我国网络安全审查制度属于国家安全审查制度的重要组成部分。从我国《网络安全法》第三十五条的规定而言，我国网络安全审查制度不是常态审查，并非对所有的供应商均展开审查，只有采购活动影响到国家安全时才予以启动。

2. 审查对象和范围

我国网络安全审查对象明确为网络产品和服务，审查的范围限于关键信息基础设施。例如，《关于加强党政部门云计算服务网络安全管理的意见》第四条规定："中央网信办会同有关部门建立云计算服务安全审查机制，对为党政部门提供云计算服务的服务商，参照有关网络安全国家标准，组织第三方机构进行网络安全审查，重点审查云计算服务的安全性、可控性。党政部门采购云计算服务时，应逐步通过采购文件或合同等手段，明确要求服务商应通过安全审查。鼓励重点行业优先采购和使用通过安全审查的服务商提供的云计算服务。"根据《中华人民共和国密码法(草案征求意见稿)》第十八条规定："国家对关键信息基础设施的密码应用安全性进行分类分级评估，按照国家安全审查的要求对影响或者可能影响国家安全的密码产品、密码相关服务和密码保障系统进行安全审查。"

3. 审查内容

根据我国《网络安全法》等有关规定，网络审查制度的主要内容是审查网络产品和服务的安全性与可靠性。我国《网络产品和服务安全审查办法(试行)》进一步细化了相关内容。例如，该试行办法第三条规定："坚持企业承诺与社会监督相结合，第三方评价与政府持续监管相结合，实验室检测、现场检查、在线监测、背景调查相结合，对网络产品

《网络产品和服务安全审查办法(试行)》

和服务及其供应链进行网络安全审查。"第四条规定："网络安全审查重点审查网络产品和服务的安全性、可控性，主要包括：(一) 产品和服务自身的安全风险，以及被非法控制、干扰和中断运行的风险；(二) 产品及关键部件生产、测试、交付、技术支持过程中的供应链安全风险；(三) 产品和服务提供者利用提供产品和服务的便利条件非法收集、存储、处理、使用用户相关信息的风险；(四) 产品和服务提供者利用用户对产品和服务的依赖，损害网络安全和用户利益的风险；(五) 其他可能危害国家安全的风险。"

4. 审查机构

根据我国《网络安全法》第三十五条的规定，审查机构由国家网信部门会同国务院有关部门组织构成。根据《网络产品和服务安全审查办法(试行)》第五条至第九条进一步细化和落实我国《网络安全法》第三十五条规定。我国网络安全审查的审查机构包括网络安全审查委员会、网络安全审查办公室、第三方机构和重点行业主管部门。其中，《网络产品和服务安全审查办法(试行)》第五条规定："国家互联网信息办公室会同有关部门成立网络安全审查委员会，负责审议网络安全审查的重要政策，统一组织网络安全审查工作，协调网络安全审查相关重要问题。网络安全审查办公室具体组织实施网络安全审查。"第六条规定："网络安全审查委员会聘请相关专家组成网络安全审查专家委员会，在第三方评价基础上，对网络产品和服务的安全风险及其提供者的安全可信状况进行综合评估。"第七条规定："国家依法认定网络安全审查第三方机构，承担网络安全审查中的第三方评价工作。"第九条规定："金融、电信、能源、交通等重点行业和领域主管部门，根据国家网络安全审查工作要求，组织开展本行业、本领域网络产品和服务安全审查工作。"网络安全审查机构如图 7.3.2 所示。

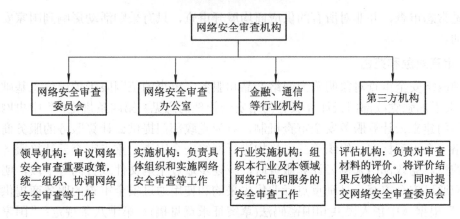

图 7.3.2　网络安全审查机构

5. 审查程序

我国《网络产品和服务安全审查办法(试行)》第八条规定了审查程序,具体可以细分为以下步骤:

第一步,由国家有关部门、全国行业协会等向网络安全审查办公室提出审查申请。

第二步,由网络安全审查办公室组织第三方机构和网络安全审查委员会准备审查,并向企业告知审查已经启动及相关事项。

第三步,由企业向第三方机构提交审查材料。

第四步,由第三方机构对审查材料进行评价,并将评价结果反馈给企业,同时提交网络安全审查委员会。

第五步,由网络安全审查委员会根据第三方机构评价,对网络产品和服务的安全风险及其提供者的安全可信状况进行综合评估,形成审查结论,并将该审查结论反馈给网络安全审查办公室。

第六步,由网络安全审查办公室将审查结果公布或在一定范围内通报。

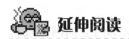 延伸阅读

美国网络安全审查制度的解读[①]

美国是世界上最早建立网络安全审查制度的国家,政府信息技术采购一直是美国政府管控的重点。本部分内容简要梳理了以美国为代表的发达国家在网络安全审查制度方面的实践。

一是建立权威高效的审查机构及审查机制。美国国会授权总统设立外国投资委员会(The Committee on Foreign Investment in the United States,CFIUS)负责国家安全审查工作。CFIUS 负责组织安全审查并决定提请总统审议或采取一定措施。当其判断交易可能危及美国国家安全时,美国总统基于国会赋予的自由裁量权和最终决定权可以中断、禁止这些交易。美国国会对外资交易拥有判断和监督的管辖权,CFIUS 需要及时向国会提交审查情况和相关报告。

---

① 马民虎. 网络安全法律遵从[M]. 北京:电子工业出版社,2018:331-332.

二是建立网络安全审查政策法律体系。早在 20 世纪 80 年代，美国就出台了信息设备政府采购法并制定了信息安全测试评估的技术标准。2001 年"9·11"事件发生后，美国扩大了对政府采购信息设备审核监督的权力及范围，并出台了一系列立法或规章。例如，《政府采购条例》《联邦财产和行政管理服务法》《外国人合并、收购和接管规定》《WTO政府采购协议》《电信法》《1997 年外商参与指令》《奥姆尼伯斯贸易和竞争法》，2007 年的《外商投资与国家安全法案》(Foreign Investment and National Security Act，FINSA)和修订后的《国防生产法》构成了美国信息安全审查的一整套法律法规。与此同时，美国有关部门和机构制定了一系列具体可操作的标准体系，使得相关政策法律可以落实执行。[①]

三是强制签署相关安全协议。美国要求被审查企业签署网络安全协议，内容通常包括：通信基础设施必须位于美国境内；通信数据、交易数据和用户信息等仅存储在美国境内；若外国政府要求访问通信数据，必须获得美国司法部、国防部、国土安全部的批准；必须配合美国政府对员工实施背景调查等。[②]对于通过 CFIUS 审查的交易，外国企业必须与美国的安全部门签署安全协议，协议内容通常包括公民隐私、数据和文件存储可靠性以及保证美国执法部门对网络实施有效监控等条款。[③]此外，美国拟定了主要审查内容，旨在实现全覆盖[④]；期待引导发挥相关行业的力量，旨在控制国际标准主导权[⑤]。美国上述审查标准及流程均有值得我们思考和借鉴之处。

三、关键信息基础设施运营者的安全保密协议

(一) 关于安全保密协议的法律规定及释义

《网络安全法》之所以要求关键信息基础设施运营者与网络产品和服务供应商签订安全保密协议，其主要目的在于弥补网络安全审查的不足。[⑥]根据《网络安全法》第三十六条

---

① 2000 年 7 月，美国国家安全通信和信息系统安全委员会(National Security Telecommunications and Information Systems Security Committee，NSTISSC)发布了国家信息保障采购政策。根据此项政策规定，用于国家安全信息系统中的信息技术产品需要满足以下条件：一是满足互相认可的国际信息基础上安全评估通用标准的安全要求；二是满足美国国家安全局(National Security Agency，NSA)、NIST 和国家信息保障联盟(The National Information Assurance Partership，NIAP)的评估和认证程序，或者满足 NIST联邦信息处理标准的认证程序。同年，美国政府宣布在国家安全系统中用于保护非涉密信息的密码类信息技术产品需要通过 NIST 的 FIPS 140 认证。2002 年 7 月起，美国进一步规定在国家安全系统中使用的非密码类信息技术产品必须通过美国 NIAP 所采用的信息技术安全评估通用准则(Common Criteria，CC)认证。

② 美国是如何进行网络安全审查的，http://www.cac.gov.cn/2014-05/22/c_1114978782.htm，2019 年 1 月 25日最后访问。

③ 他山之石：国外在信息技术领域的安全审查制度，http://www.cac.gov.cn/2013-12/24/c_1114978513.htm，2019 年 1 月 25 日最后访问。

④ 不断扩大审查范围，先是国家安全系统中的产品，随后拓展到联邦政府信息系统、云计算等重点信息系统等，逐步实现全面覆盖；审查对象不仅包括产品和服务的安全性能指标，还包括产品研发过程、程序、步骤、方法、产品供应链等，同时产品和服务提供商、员工及企业背景也在审查之列。

⑤ 美国充分发挥信息安全行业和专业测试机构的力量，凭借经济、技术优势，跟踪相关国家标准化战略和政策动向，控制国际标准主导权，确保本国企业及其技术的国际竞争力。

⑥ 马民虎. 网络安全法适用指南[M]. 北京：中国民主法制出版社，2018：141.

规定:"关键信息基础设施的运营者采购网络产品和服务,应当按照规定与提供者签订安全保密协议,明确安全和保密义务与责任。"本条是关于关键信息基础设施运营者采购网络产品和服务的保密协议规定,也是我国关键信息基础设施安全保密制度的主要法律根据,其旨在合理应对源自产品和服务供应链的安全风险。

根据本条规定,在实践中关键信息基础设施运营者应采取以下应对措施:第一,谨慎选择供应商,加强网络产品和服务供应商的资质资信审查;第二,按照法律规定,与网络产品和服务的供应商签订保密协议,明确供应商的安全保密义务及不履行义务应当承担的法律后果;第三,应当监督供应商进行设备安装、测试、检测、运维等各个方面的活动,并留存操作记录,切实保证供应商按照协议规定履行其义务。

我们对照《网络安全法(草案)》《网络安全法(草案第二次审议稿)》《网络安全法(草案第三次审议稿)》关于安全保密协议的规定,发现主要变化在于:最终通过的《网络安全法》比三个审议稿增加了"按照规定"四个字。这主要考虑到安全保密协议是一种特殊的合同,为了保护关键信息基础设施的安全,国家网络安全审查机构应根据实践需要出台安全保密协议标准版本或参考版本。此外,需要注意的是,关键信息基础设施运营者与网络产品和服务供应商签订的采购合同,既要遵守《网络安全法》的特殊规定,也需遵守《中华人民共和国合同法》(以下简称《合同法》)的有关规定。《合同法》第四十三条规定:"当事人在订立合同过程中知悉的商业秘密,无论合同是否成立,不得泄露或者不正当地使用;泄露或者不正当地使用该商业秘密给对方造成损失的,应当承担损害赔偿责任。"《合同法》第六十条规定:"当事人应当按照约定全面履行自己的义务。当事人应当遵循诚实信用原则,根据合同的性质、目的和交易习惯履行通知、协助、保密等义务。"

(二) 安全保密协议的基本框架

1. 与安全保密协议相关的法律法规

关于关键信息基础设施运营者采购网络产品和服务时的保密协议的规定,除了《网络安全法》第三十六条、第四十条、第四十五条等规定外,还散见于以下法律法规之中:

(1)《中华人民共和国政府采购法》第十一条、第五十一条、第五十三条、第八十五条的规定。其中,第十一条规定:"政府采购的信息应当在政府采购监督管理部门指定的媒体上及时向社会公开发布,但涉及商业秘密的除外。"第五十一条规定:"供应商对政府采购活动事项有疑问的,可以向采购人提出询问,采购人应当及时作出答复,但答复的内容不得涉及商业秘密。"第五十三条规定:"采购人应当在收到供应商的书面质疑后七个工作日内作出答复,并以书面形式通知质疑供应商和其他有关供应商,但答复的内容不得涉及商业秘密。"

(2)《中华人民共和国政府采购实施条例》第四十条、第五十条的规定。其中,第四十条规定:"政府采购评审专家应当遵守评审工作纪律,不得泄露评审文件、评审情况和评审中获悉的商业秘密。"第五十条规定:"采购人应当自政府采购合同签订之日起2个工作日内,将政府采购合同在省级以上人民政府财政部门指定的媒体上公告,但政府采购合同中涉及国家秘密、商业秘密的内容除外。"

(3)《中华人民共和国反不正当竞争法》(2017年修订)第九条规定:"经营者不得实施

下列侵犯商业秘密的行为：（一）以盗窃、贿赂、欺诈、胁迫或者其他不正当手段获取权利人的商业秘密；（二）披露、使用或者允许他人使用以前项手段获取的权利人的商业秘密；（三）违反约定或者违反权利人有关保守商业秘密的要求，披露、使用或者允许他人使用其所掌握的商业秘密。第三人明知或者应知商业秘密权利人的员工、前员工或者其他单位、个人实施前款所列违法行为，仍获取、披露、使用或者允许他人使用该商业秘密的，视为侵犯商业秘密。本法所称的商业秘密，是指不为公众所知悉、具有商业价值并经权利人采取相应保密措施的技术信息和经营信息。"

（4）《合同法》第四十三条、第六十条的规定。第四十三条规定了当事人在订立合同中知悉的商业秘密不得泄露。第六十四条规定了当事人的保密义务。

（5）《劳动合同法》第二十三条、第二十四条的规定。第二十三条和第二十四条规定了劳动者的保密事项和竞业限制条款等。

（6）《工业控制系统信息安全防护指南》(工信部信软〔2016〕338号)关于供应链管理的规定。一方面，在选择工业控制系统规划、设计、建设、运维或评估等服务商时，优先考虑具备工业控制安全防护经验的企事业单位，以合同等方式明确服务商应承担的信息安全责任和义务；另一方面，要求以保密协议的方式要求服务商做好保密工作，防范敏感信息外泄。

（7）《证券期货业信息安全保障管理办法》(2012年9月24日证监会令第82号)第三十条、第三十七条的规定。其中，第三十条规定："核心机构和经营机构应当加强信息安全保密管理，保障投资者信息安全。"第三十七条规定："核心机构和经营机构在采购软硬件产品或者技术服务时，应当与供应商签订合同和保密协议，并在合同和保密协议中明确约定信息安全和保密的权利和义务。涉及证券期货交易、行情、开户、结算等软件产品或者技术服务的采购合同，应当约定供应商须接受中国证监会及其派出机构的信息安全延伸检查。"

2. 安全保密协议的形式和内容

安全保密协议的形式主要有两种：一种以采购合同安全保密条款的形式出现；另一种以独立的安全保密协议出现。

安全保密协议的内容主要包括以下方面：对网络产品和服务提供情况予以保密，对网络产品和服务的技术细节予以保密，对获取的关键信息基础设施运营者的重要和敏感数据予以保护。

实际上，安全保密协议实际上蕴含两种义务：一为安全义务，是指网络产品和服务的供应商要保证其提供的网络产品和服务符合相关标准，或者关键信息基础设施运营者的安全要求；二为保密义务，是指网络产品和服务的供应商根据关键信息基础设施运营者要求，对自身通过产品和服务获取的相关信息予以保密。这些信息包括但不限于国家秘密、商业秘密及敏感个人信息。

四、关键信息基础设施运营者的数据安全保护制度

《网络安全法》第三十七条规定了关键信息基础设施运营者的数据安全保护制度，详细内容参见本书第八章"数据本地化与数据跨境流动。"

五、关键信息基础设施运营者的检测评估制度

(一) 关于检测评估制度的法律规定及释义

《网络安全法》第三十八条规定："关键信息基础设施的运营者应当自行或者委托网络安全服务机构对其网络的安全性和可能存在的风险每年至少进行一次检测评估，并将检测评估情况和改进措施报送相关负责关键信息基础设施安全保护工作的部门。"本条规定了我国关键信息基础设施运营者的检测评估制度，是我国关键信息基础设施运营者检测评估制度的法律基础。

众所周知，关键信息基础设施是国家最核心的战略性、基础性资源，故而对关键信息基础设施的安全保护是整个《网络安全法》最重要的内容。如何实现对关键信息基础设施的有效保护，一方面在于识别何为关键信息基础设施，另一方面在于识别关键信息基础设施的脆弱性和面临的风险有哪些。至于如何界定和识别关键信息基础设施，本章第二节已经对该问题做了翔实的回应。至于如何识别关键信息基础设施的脆弱性和面临的风险，作为关键信息基础设施安全保护的第一责任人，其对关键信息基础设施面临风险情报的搜集、掌握最为便捷和直接，故而《网络安全法》规定了关键信息基础设施运营者的网络安全风险评估义务。

根据具体情况，运营者可以自行按照相关规范和标准对关键信息基础设施的日常运行、系统风险和数据管理、现有安全技术措施应对网络威胁的有效性、安全配置和安全策略的有效性、安全管理制度的执行情况进行检测评估，当然也可以委托有资质的网络安全服务机构进行检测评估。在时间上要求每年一次，运营者需要将检测评估情况和改进措施报送相关负责关键信息基础设施安全保护工作的部门。比较而言，各国对关键信息基础设施监测评估制度内容相差不大，主要差异在于：该检测评估是否为强制性评估、检测评估的频度、检测评估的效力是否具有强制性执行力？[①]

(二) 检测评估制度的基本框架

1. 检测评估制度的内容

检测评估制度的内容如下：

(1) 检测评估的实施主体。根据《网络安全法》第三十八条、第五十三条以及《关键信息基础设施安全保护条例(征求意见稿)》第四十条、第四十一条和第四十二条的规定，检测评估的实施主体是关键信息基础设施的运营者。

(2) 检测评估的对象。根据《网络安全法》第三十八条、《关键信息基础设施安全保护条例(征求意见稿)》第二十八条[②]的规定，检测评估的对象为关键信息基础设施本身(静态安

---

① 杨合庆. 中华人民共和国网络安全法解读[M]. 北京：中国法制出版社，2017：83-84.

② 《关键信息基础设施安全保护条例(征求意见稿)》第二十八条规定："运营者应当建立健全关键信息基础设施安全检测评估制度，关键信息基础设施上线运行前或者发生重大变化时应当进行安全检测评估。运营者应当自行或委托网络安全服务机构对关键信息基础设施的安全性和可能存在的风险隐患每年至少进行一次检测评估，对发现的问题及时进行整改，并将有关情况报国家行业主管或监管部门。"

全)和关键信息基础设施运行的网络系统(动态安全)。

(3) 检测评估的根据和标准。我国《网络安全法》第三十八条对此并未有明确规定。结合《网络安全法》第三十八条的立法目的，我们认为2017年8月1日中国信息安全认证中心发布的《信息安全服务规范》附录A"信息安全风险评估服务资质专业评价要求"，以及工业和信息化部发布的《工业控制系统信息安全防护指南》(2016)、《工业控制系统信息安全防护能力评估工作管理办法》(2017)等可以作为检测评估的根据。随着《网络安全法》在实践中的不断应用，该项内容会逐渐清晰和明确。

(4) 检测评估的实施方式。根据《网络安全法》第三十八条规定，关键信息基础设施安全评估制度的实施方式有两种：一种为自行检测评估，另一种为委托检测评估(外包检测评估)。根据《信息安全技术　关键信息基础设施安全检查评估指南(征求意见稿)》的规定：关键信息基础设施检查评估工作是依据国家有关法律与法规要求，参考国家和行业安全标准，针对关键信息基础设施安全要求，通过一定的方法和流程，对信息系统安全状况进行评估，最后给出检查评估对象的整体安全状况的报告。[①]

2. 检测评估报告的形式

实际上我国《网络安全法》并未对检测评估内容做出明确的指示性规定，故而目前关键信息基础设施运营者可以根据行业要求等制作和报送评估报告。至于网络安全评估报告的形式，一般包含以下方面：[②]

(1) 管理层声明。明确管理层的分工，落实具体的相关责任人员。

(2) 网络安全风险检测评估工作概述，即对自行检测评估或者委托检测评估的机构、工作情况、结论等做出概况性说明。

(3) 网络安全评估报告的范围。根据指引文件做出相应说明，应当包括组织的主要业务范畴、主要风险等。

(4) 方法和程序，主要基于组织制定网络安全风险控制制度、流程，对报告形成的过程和采用检测、评估的方法以及检测和评估的根据予以说明。

(5) 检测认定。报告应结合该行业、企业具体情况等因素，对检测评估发现的网络安全风险进行分级、分类披露，对危害程度、发生频度等进行认定。

---

① 检查评估工作由合规检查、技术检测和分析评估三个主要方法组成，具体而言：一是合规检查。通过一定的手段验证检查评估对象是否遵从国家相关法律法规、政策标准、行业标准规定的强制要求，输出是否合规的结论，对不合规的具体项目进行说明，采取的方法包括现场资料核实、人员访谈、配置核查等形式。二是技术检测。技术检测分为主动方式和被动方式，主动方式是采用专业安全工具，配合专业安全人员，选取合适的技术检测接入点，通过漏洞扫描、渗透测试、社会工程学等常用的安全测试手段，采取远程检测和现场检测相结合的方式，发现其安全性和可能存在的风险隐患；也可参考其他安全检测资料和报告，对技术检测结果进行验证。被动方式是辅助监测分析手段，通过选取合适的监测接入点，部署相应的监测工具，实时监测并分析检查评估对象的安全状况，发现其存在的安全漏洞和安全隐患。两种技术检测方式最终输出技术检测结果。三是分析评估。围绕关键信息基础设施承载业务的特点，对关键信息基础设施的关键属性进行识别和分析，依据技术检测发现的安全隐患和问题，参考风险评估方法，对关键属性面临的风险进行风险分析，进而对关键信息基础设施的整体安全状况进行评估。

② 马民虎. 网络安全法适用指南[M]. 北京：中国民主法制出版社，2018：149.

(6) 改进措施。区分已经完成的整个措施和拟持续改进的措施，并对改进措施的有效性进行检测评估和做出说明。

(7) 结论。结论包含总体结论和对未来网络风险趋势及防范预判。

课 后 习 题

1. 简述我国关键信息基础设施的保护范围。
2. 简述我国关键信息基础设施运营者的安全保护义务。

参 考 文 献

[1] 王春晖. 维护网络空间安全: 中国网络安全法解读[M]. 北京: 电子工业出版社, 2018.

[2] 吴迪, 刘思蓉, 毕强. 欧盟 NIS 指令研究对我国网络安全保障实施的启示[J]. 信息安全与通信保密, 2017(04): 68-77.

[3] 王春晖.《网络安全法》六大法律制度解析[J]. 南京邮电大学学报: 自然科学版, 2017, 37(01): 1-13.

[4] 刘山泉. 德国关键信息基础设施保护制度及其对我国《网络安全法》的启示[J]. 信息安全与通信秘密, 2015(09): 86-90.

[5] 黄道丽, 方婷. 我国关键信息基础设施保护的立法思考[J]. 网络与信息安全学报, 2016, 2(03): 10-16.

[6] 顾伟. 美国关键信息基础设施保护与中国等级保护制度的比较研究及启示[J]. 电子政务, 2015(07): 93-99.

[7] 刘金瑞. 我国网络关键基础设施立法的基本思路和制度建构[J]. 环球法律评论, 2014, 38(05): 116-133.

[8] 马民虎. 网络安全法律遵从[M]. 北京: 电子工业出版社, 2018.

[9] 杨合庆. 中华人民共和国网络安全法解读[M]. 北京: 中国法制出版社, 2017.

第八章　数据本地化与数据跨境流动

内容提要

　　本章主要介绍我国《网络安全法》第三十七条的内容，聚焦数据本地化与数据跨境流动安全评估，展现当前我国个人信息和重要数据出境安全评估的最新立法前沿内容，力图使读者清晰地了解我国网络数据本地化与数据跨境流动制度。

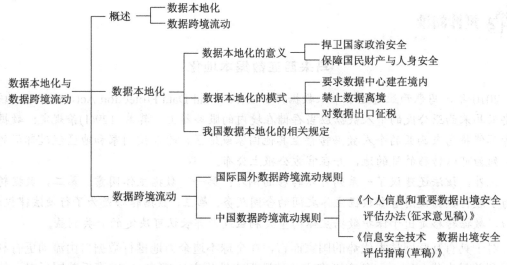

　　网络空间的基本元素是数据，它随互联网的普及与繁荣呈现巨大的体量和丰富的内容，形成网络空间坚实的"土壤"。随着云计算、移动互联网、物联网、大数据、人工智能等新一代信息技术的飞速发展，以数据的跨境流动取代商品和资本成为经济全球化的主要趋势，以"数据"为关键生产要素驱动经济社会创新发展的时代已经全面来临。

第一节　概　　述

　　随着数据加速流动以及全球化的发展趋势，数据安全问题日益突出，围绕数据资源的控制争夺也在全球范围内展开。近年来国内外大规模的数据泄密事件频频发生，尤其涉及关键信息基础设施的数据泄露已严重影响国家安全与社会秩序。2013 年美国前中情局职员斯诺登曝光美国"棱镜"计划，披露了美国政府长期通过互联网和通信公司对全球进行大规模监控的事实。数据跨境流动触发了各国对个人隐私、国家安全和经济控制的担忧，越来越多的国家开始全面加强跨境数据流动的监管。

在维护数据安全的各项措施中，数据本地化立法措施成为全球网络空间治理中的一股潮流。澳大利亚、俄罗斯、印度、印度尼西亚以及法国等国都纷纷出台数据本地化的立法或者政策，限制相关数据流动，有效规范数据安全。数据本地化并不意味着绝对禁止数据跨境流动，它有绝对与相对之分。绝对数据本地化指某些数据的存储、处理和访问必须在本地进行；相对本地化是指通过设置极其严格的条件，有效禁止数据从辖区跨境流动。数据跨境流动，是指一国(或地区)政府的数据通过信息网络跨越边境的传输与处理。具体而言，其包含三种方式：第一，境内的网络运营者将数据通过网络直接传输给境外的主体；第二，允许境外主体通过网络访问，读取境内的数据；第三，境内的网络运营者通过网络传输外的其他方式(如携带)提供给境外的主体。就技术层面而言，网络空间并不以地理疆域为界，互联网基础协议能够确定网络任意两点之间传输数据包的最快路径，数据跨境自由流动的实现轻而易举。就立法政策而言，各国基于安全与隐私等考虑，从不同层面对跨境数据流动做出了不同程度的干预。

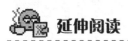

马来西亚数据本地化①

　　2010 年，马来西亚通过了个人数据保护法(Personal Data Protection Act，PDPA)，该法令要求马来西亚公民的个人数据应当存储在境内的服务器上。其第 129(1)条规定：数据使用者不能将马来西亚的个人数据转移至其他国家或地区，除非该国家和地区经过部门的批准，列为可以转移的目的地，并在官方公报上公布。

　　此外，该法还建议了一系列可以转移的例外：第一，数据主体同意；第二，数据转移是为了履行数据使用者和数据主体之间的合同义务；第三，数据转移是为了行使法律权利；第四，数据转移是出于保护数据主体的重大利益或者部长认可决定的公共利益。

　　对于具有互联网技术优势的国家而言，在全球不遗余力地推行数据自由流动更利于本国利益最大化。因而，各个国家实施的数据本地化立法(政策)一直遭受美国反对，他们认为数据本地化要求互联网企业不得不在更多的国家和地区建立信息基础设施，不仅会给企业带来沉重的负担，也会相应减少消费者的福利。这会给信息技术的创新发展、服务贸易全球化带来极大的障碍，更将在无形中破坏互联网的基础架构，阻碍云计算等先进技术的优势发挥。

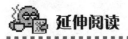

美国科技巨头反对印度数据本地化②

　　2018 年 7 月，印度政府数据隐私委员会提出建议限制数据流动的草案，提出所有"重

---

① 王融. 大数据时代：数据保护与流动规则[M]. 北京：人民邮电出版社，2017：282.
② 美国科技巨头联合反对印度数据本地化计划，http://tech.qq.com/a/20180819/011759.htm，2019 年 3 月 1 日最后访问。

要的个人数据"必须在该国境内存储和处理，印度政府有权决定这些数据包含哪些内容。对此，Facebook、万事达、Visa、美国运通、PayPal、亚马逊、微软和其他公司都联合起来抗议。据称，在游说组织美国印度战略伙伴关系论坛(US-India Strategic Partnership Forum)组织的会议中，美国各科技公司的高管均出席，讨论会见印度立法者(包括印度国会信息技术和金融专家小组)的计划。他们与媒体和互联网组织联系，解释数据本地化对于印度方兴未艾的 IT、电商和支付领域的负面影响。隶属美国商务部的游说组织美国印度商业委员会(US-India Business Council)已请总部位于华盛顿的法律公司 Covington & Burling 就印度数据保护法起草了一份意见书。这份意见书长达 43 页，它认为撤销数据本地化计划是当务之急，并声称印度政府的数据本地化政策是一种"贸易保护主义行为"。

第二节 数据本地化

一、数据本地化的意义

基于对本国信息安全、公民隐私保护以及便于执法等目的，越来越多的国家通过数据本地化的立法(政策)来应对大数据时代带来的各种挑战与风险。数据本地化的积极意义得到越来越多的彰显。

第一，数据本地化立法(政策)捍卫国家政治安全。数据本地化立法(政策)针对的数据主体是对部门或行业稳定运行具有战略性作用的关键信息基础设施的运营者，其存储或传输的数据具有海量性与重要性，与国家安全和社会公众生活紧密相关。一旦对国家国民的个人信息及其重要数据传输出境进行存储并实施监听，就会导致各种风险和矛盾，危害国家政治体系的良好运行，严重威胁政治安全。只要国家安全受到损害、社会动荡、个人的生存权与发展权将无法得到保障。通过数据本地化立法(政策)，将重要数据存储在本国境内，提升国家政府对数据的控制力，对于捍卫一国的政治安全具有重要作用。

第二，数据本地化立法(政策)保障国民财产与人身安全。个人信息等数据安全与人的人格尊严、生活安宁和财产安全息息相关。在互联网时代，个人信息数据具有重要的经济价值，如果缺乏法律与政策的保护，个人信息以及重要数据将沦落为自由流动的"商品"，致使国民人格尊严受到损害。[1]在网络技术纵深发展的大数据时代，海量的个人信息大规模跨境流动，容易被不法分子收集、分析、利用，威胁国民整体的财产和人身安全。通过数据本地化立法消减数据跨境存储带来的安全风险，保护国民的个人财产与人身安全，是互联网时代的必然要求。

二、数据本地化的模式

各个国家数据本地化立法(政策)在适用范围和严格程度方面有所差别，总体来说，主要包括以下三种模式：

---

① 邓文. 数据本地化立法问题研究[J]. 信息安全研究，2017，3(02)：182-187.

第一，要求数据中心建在境内。数据中心包括计算机系统、通信和存储系统设备、数据通信连接、环境控制设备、监控设备以及各种安全装置，是网络基础设施的关键环节。要求数据中心建在境内可以保证数据的整个生命周期在地理位置上的固定，从而提高对数据的控制力。例如，俄罗斯要求所有在俄企业必须在俄罗斯境内建立数据中心，用于存储所掌握的涉俄数据；印度尼西亚要求公共服务电子系统运营者的数据中心和容灾备份中心设置在境内。

第二，禁止数据离境。该种方式旨在保护涉及国家核心或敏感数据的安全，主要针对涉及国家安全或公共信息的特定数据。例如，印度《公共记录法》第四章规定：禁止公共记录传输印度境外，但基于公共目的的传输除外。同时，该法规定："任何由计算机生成的材料"都属于"公共记录"。澳大利亚《电子健康记录控制法案》第七十七条规定：禁止将记录转移至澳大利亚境外。

第三，对数据出口征税。出于对外国监控以及产业渗透的担忧，有的国家除了鼓励发展本地数据中心之外，还拟定对国外互联网企业对本国居民个人数据的收集、管理以及商业利用行为征收税收。

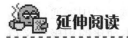 **延伸阅读**

法国"基于数据"拟征税①

法国财政部长布鲁诺·勒梅尔(Bruno Le Maire)在 2019 年 3 月发表的采访中表示，欧盟可能会在 3 月底之前确定如何对全球顶级数字公司征税。据报道，征收这 3%的税，每年可能产生 5 亿欧元(5.655 亿英镑)的收入。

勒梅尔说："21 世纪的税收体系必须建立在现在有价值的东西上，那就是数据。"

此税征收的对象，是那些在全球范围拥有至少 7.5 亿欧元数字营收和在法国拥有超过2500 万欧元营收的公司。他说，该税征收对象将大约有 30 家公司，其中大多数是美国公司，也包括中国、德国、西班牙和英国公司，以及一家法国公司和几家由外国公司收购的法国公司。

谷歌、亚马逊、Facebook 和苹果将会是该税的征收对象，Uber、Airbnb、Booking 和法国在线广告公司 Criteo 也在此列。

三、我国数据本地化的相关规定

我国《网络安全法》第三十七条确立了关键信息基础设施运营者在中华人民共和国境内运营收集和产生的个人信息和重要数据以境内储存为原则，安全评估后向境外流动为例外的制度。

---

① 法国财长征税称"基于数据" 谷歌等互联网巨头每年可贡献 5 亿欧元，http://tzgcjie.com/shangye/chanjing/45868.html，2019 年 3 月 5 日最后访问。

法条释义

《网络安全法》第三十七条释义

关键信息基础设施的运营者在中华人民共和国境内运营中收集和产生的个人信息和重要数据应当在境内存储。因业务需要，确需向境外提供的，应当按照国家网信部门会同国务院有关部门制定的办法进行安全评估；法律、行政法规另有规定的，依照其规定。

该法条包含三层含义：第一，规制主体是关键信息基础设施的运营者。关键信息基础设施的运营者指主要涉及公共通信和信息服务、能源、交通、水利、金融、公共服务、电子政务等基础设施的运营者。第二，条文涉及数据并不是所有的数据，只限于个人信息和重要数据。这里的重要数据是对国家而言，而不是针对企业和个人。第三，确立数据跨境流动的安全评估机制。如果因业务需要，需要数据境外跨境流动时，应当按照网信主管部门制定的办法进行安全评估。

除了《网络安全法》第三十七条的规定之外，我国保守国家秘密、金融业、征信业等领域也有数据本地化的立法政策，散见于相关行政法规、部门规章以及其他规范性文件中，如表8.2.1所示。

表8.2.1 数据本地化立法政策

《中华人民共和国保守国家秘密法》	第四十八条	违反本法规定，邮寄、托运国家秘密载体出境，或者未经有关主管部门批准，携带、传递国家秘密载体出境的，依法给予处分；构成犯罪的，依法追究刑事责任
《地图管理条例》	第三十四条	互联网地图服务单位应当将存放地图数据的服务器设在中华人民共和国境内，并制定互联网地图数据安全管理制度和保障措施。县级以上人民政府测绘地理信息行政主管部门应当会同有关部门加强对互联网地图数据安全的监督管理
《征信业管理条例》	第二十四条	征信机构在中国境内采集的信息的整理、保存和加工，应当在中国境内进行。 征信机构向境外组织或者个人提供信息，应当遵守法律、行政法规和国务院征信业监督管理部门的有关规定
《人口健康信息管理办法(试行)》	第十条	人口健康信息不得在境外的服务器中储存，不得托管、租赁在境外的服务器
《网络预约出租汽车经营服务管理暂行办法》	第二十七条	网约车平台公司应当遵守国家网络和信息安全有关规定，所采集的个人信息和生成的业务数据，应当在中国内地存储和使用，保存期限不少于2年，除法律法规另有规定外，上述信息和数据不得外流
《中国人民银行关于银行业金融机构做好个人金融信息保护工作的通知》	第六条	在中国境内收集的个人金融信息的储存、处理和分析应当在中国境内进行，除法律法规及中国人民银行另有规定外，银行业金融机构不得向境外提供境内个人金融信息

续表

《网络出版服务管理规定》	第八条	图书、音像、电子、报纸、期刊出版单位的服务器和存储设备必须放在中国境内
《保险公司开业验收指引》		保险公司的业务数据、财务数据等重要数据应存放在中国境内
《国家健康医疗大数据标准、安全和服务管理办法(试行)》		健康医疗大数据应当存储在境内安全可信的服务器上,因业务需要确需向境外提供的,应当按照相关法律法规及有关要求进行安全评估审核
《国务院关于大力推进信息化发展和切实保障信息安全的若干意见》	第六条	为政府机关提供服务的数据中心、云计算服务平台等要设在境内,禁止办公用计算机安装使用与工作无关的软件

苹果公司在中国贵州建立数据中心①

2018 年 2 月 28 日,苹果公司(以下简称 Apple)在中国内地的 iCloud 服务将正式由云上贵州大数据产业发展有限公司(以下简称云上贵州)运营。事实上,早在 2017 年 7 月,Apple 就已公开宣布投资 10 亿美元在贵州省贵安新区建立 iCloud 数据中心,并与云上贵州进行合作。这意味着:第一,Apple 将中国大陆的 iCloud 数据中心设在中国贵州省贵安新区,以满足数据本地化存储要求;第二,Apple 授权云上贵州作为 Apple 在中国大陆运营 iCloud 服务的唯一主体;第三,Apple 在贵安新区注册实体公司与云上贵州共同提供 iCloud 服务;第四,Apple 就 iCloud 数据中心的本地化运营事宜单独告知中国大陆地区用户;第五,iCloud 本地化运营之后应当遵守中国法律。

这改变了 Apple 中国内地的 iCloud 数据中心建在境外并由爱尔兰公司 Apple Distribution International 实际运营的情形,是对 2017 年 6 月 1 日正式实施的《网络安全法》第三十七条"关键信息基础设施的运营者在中华人民共和国境内运营中收集和产生的个人信息和重要数据应当在境内存储"的遵守。

第三节　数据跨境流动

在蓬勃发展的数字经济环境下,数据不仅伴随着人、物、货币和资本的流动而流动,而且自身也开始作为交易的直接标的物在全球流动,数据跨境流动已经从过去偶然临时的跨境转移变为大规模的常态化的情形。对此,世界各个国家和地区开始制定数据跨境流动规则。

---

① 苹果在华首个数据中心落户贵州,http://gz.people.com.cn/n2/2017/0713/c194827-30465894.html,2018 年 12 月 28 日最后访问。

一、国际国外数据跨境流动规则

联合国 1990 年制定了联合国《电脑处理数据文件规范指南》。该指南主张政府间国际组织存储个人信息档案、处理个人信息，应当符合其第一部分的原则规定。

1980 年，经济合作发展组织(Organization for Economic Co-operation and Development，OECD)提出《保护个人信息跨国传送及隐私权指导纲领》，对个人数据在国际(地区)的自由流通与合法限制做出了原则性的规定。2013 年，经济合作发展组织发布了新版指南文件，命名为《经济合作发展组织隐私框架》，该框架修正了之前的内容，但对数据跨境流动的原则维持原有不变。

2004 年，亚太经济合作组织(Asia-Pacific Economic Cooperation，APEC)签署《亚太经济合作组织隐私保护框架》，确立了亚太经济合作组织跨境隐私保护规则，为跨境数据流动提供了引导。

2000 年，美国与欧盟协商，提出了"美欧安全港"框架，对个人数据的跨境流动做出了具体的指引。2015 年，欧盟最高司法机构欧洲法院做出裁决，认定欧盟委员会通过的关于认可"美欧安全港"框架的决定无效，从而使美欧之间的最重要的跨境数据传输方式丧失合法性。

2018 年，欧盟《通用数据保护条例》(General Data Protection Regulations，GDPR)正式生效，要求数据接收国达到同等的数据安全保护水平，极大丰富与完善了数据跨境流动规则。

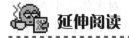 **延伸阅读**

GDPR 深度解读：数据跨境转移变得更加严格？[①]

被称为"史上最严格"数据立法，GDPR 是否让数据跨境转移变得更为严格？请听专家对 GDPR 的深度解读。

GDPR 对跨境数据流动政策进行了大幅优化改革，特别着力于开辟更多的合法数据跨境方式，提升跨境流动的灵活度：

第一，明确禁止各成员国以许可方式管理跨境数据流动。GDPR 重点简化了数据跨境传输机制，明确禁止了许可管理做法，只要符合了 GDPR 中跨境数据流动的合法条件，则成员国不得再通过许可方式予以限制。

第二，增加了充分性认定的对象类型。除了可以对国家做出评估外，还可以对一国内的特定地区、行业领域以及国际组织的保护水平做出评估判断，以进一步扩展通过"充分性"决定(Adequate Decision)覆盖的地区。

第三，扩展"标准合同条款"(Standard Clauses Contract，SCC)。除了保留目前已生效的三个标准合同范文外，GDPR 还增加了成员国数据监管机构可以指定其他标准合同条款的渠道，以为企业提供更多的、符合实际需求的跨境转移合同文本选择。

---

① 欧盟《数据保护通用条例》：十个误解与争议|网络法律评论，https://www.sohu.com/a/229319518_455313，2018 年 4 月 24 日最后访问。

第四，将"有约束力的公司规则"(Binding Corporate Rules, BCR)正式确定为法定有效的数据跨境机制。BCR是集团型跨国企业可优先考虑的机制，集团遵循一套完整的、经个人数据监管机构认可的数据处理机制，则该集团内部整体成为一个"安全港"，个人数据可以从集团内的一个成员合法传输给另一个成员。

第五，发挥行业协会等第三方监督与市场自律作用。GDPR规定数据控制者可以成立协会并提出所遵守的详细行为准则(Codes of Conduct)。该行为准则经由成员国监管机构或者欧盟数据保护委员认可后，可通过有约束力的承诺方式生效。此外，经认可的市场认证标志(Seals and Marks)也可以作为数据跨境转移的合法机制，这实际反映了GDPR对美国市场自律治理方式的充分借鉴。因此，在GDPR生效后，企业将会有更为丰富的机制选择，实现更为顺畅的跨境数据流动。

二、中国数据跨境流动规则

中国在坚持网络空间主权的基础上积极构建数据跨境依法流动规则。数据如果为政府数据，又涉及国家秘密部分，根据法律相关规定禁止跨境流动；数据如果为商业数据，又涉及商业秘密内容，则由商业秘密的相关规则加以保护禁止跨境流动。对于关键信息基础设施运营者在中华人民共和国境内运营收集和产生的个人信息和重要数据，我国《网络安全法》确立了如需跨境流动应当进行安全评估的规则。因而，我国当前数据跨境流动规则主要聚焦于数据跨境流动安全评估制度。

《网络安全法》第三十七条对跨境数据安全评估的规定比较笼统，对主体、个人信息以及重要数据、向境外输出等概念并没有给出明确规定，还需要配套具体的规范性文件加以具体阐释，才能在实践中具有可操作性。

2017年04月11日，国家互联网信息办公室有针对性地发布了《个人信息和重要数据出境安全评估办法(征求意见稿)》。该评估办法对个人信息和重要数据出境的条件和禁止出境的情形、安全评估原则、安全评估机构、安全评估内容、安全评估方式等方面做出了规定。

2017年5月27日，全国信息安全标准化技术委员会发布国家标准《信息安全技术 数据出境安全评估指南(草案)》。该指南是对《个人信息和重要数据出境安全评估办法(征求意见稿)》在评估工作要求、方法流程、评估内容和结果判定方面的具体化，为企业数据出境安全评估提供了更具可操作性的参考。

(一) 《个人信息和重要数据出境安全评估办法(征求意见稿)》

1. 评估对象

作为一项安全评估具体应用的制度，确立其评估对象非常重要。评估对象的范围、大小以及严苛程度将在一定程度上反映国家对于所涉法益的保护力度。[①] 根据《网络安全法》第三十七条的规定，关键信息基础设施的运营者在中华人民共和国境内运营中收集和产生的个人信息

《个人信息和重要数据
出境安全评估办法
(征求意见稿)》

---

① 马民虎. 网络安全法律遵从[M]. 北京：电子工业出版社，2018：356.

和重要数据，因业务需要，确需向境外提供的，应当按照国家网信部门会同国务院有关部门制定的办法进行安全评估。《个人信息和重要数据出境安全评估办法（征求意见稿）》第二条规定，网络运营者在中华人民共和国国内运营中收集和产生的个人信息和重要数据应当在境内储存。因业务需要，确需向境外提供的，应当按照本办法进行安全评估。从《网络安全法》到《个人信息和重要数据出境安全评估办法(征求意见稿)》，个人信息和重要数据出境安全评估的对象从关键信息基础设施运营者扩大到对所有网络运营者的要求。[①]

《个人信息和重要数据出境安全评估办法(征求意见稿)》规定个人信息出境，应向个人信息主体说明数据出境的目的、范围、内容、接收方及接收方所在的国家或地区，并经其同意。未成年人个人信息出境须经其监护人同意。对于重要数据，《个人信息和重要数据出境安全评估办法(征求意见稿)》尚未做出具体阐释。

2. 评估方式

网络运营者通过自行评估及监管机构评估的方式对数据出境进行监管。简要来说，网络运营者需对所有数据出境进行自行评估，而对满足相应条件的数据出境，网络运营者需报告行业监管部门或国家网信部门进行评估。

延伸阅读

出境数据哪些情况需要行业监管机构评估？[②]

出境数据存在以下情况之一的，网络运营者应报请行业主管或监管部门组织安全评估：① 含有或累计含有 50 万人以上的个人信息；② 数据量超过 1000 GB；③ 包含核设施、化学生物、国防军工、人口健康等领域的数据，大型工程活动、海洋环境以及敏感地理信息数据等；④ 包含关键信息基础设施的系统漏洞、安全防护等网络安全信息；⑤ 关键信息基础设施运营者向境外提供个人信息和重要数据。同时还包括了一个兜底性条款："其他可能影响国家安全和社会公共利益，行业主管或监管部门认为应该评估。"

网络运营者每年应对数据出境至少进行一次安全评估；当数据出境的相关方面出现较大变化时，应重新进行安全评估。

3. 评估重点内容

数据出境安全评估应重点评估以下内容：第一，数据出境的必要性；第二，涉及个人信息情况，包括个人信息的数量、范围、类型、敏感程度，以及个人信息主体是否同意其个人信息出境等；第三，涉及重要数据情况，包括重要数据的数量、范围、类型及其敏感程度等；第四，数据接收方的安全保护措施、能力和水平，以及所在国家和地区的网络安全环境等；第五，数据出境及再转移后被泄露、毁损、篡改、滥用等风险；第六，数据出境及出境数据汇聚可能对国家安全、社会公共利益、个人合法利益带来的风险；第七，其他需要评估的重要事项。

[①] 需要说明的是，《个人信息和重要数据出境安全评估办法(征求意见稿)》目前还在研究制定中，并未正式通过并实施，本书指出了可能的发展趋势。

[②] 《个人信息和重要数据出境安全评估办法(征求意见稿)》第九条。

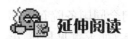 **延伸阅读**

数据不得出境的情形有哪些?

根据《个人信息和重要数据出境安全评估办法(征求意见稿)》的规定,以下情形数据不得出境:

第一,个人信息出境未经个人信息主体同意,或可能侵害个人利益。

第二,数据出境给国家政治、经济、科技、国防等安全带来风险,可能影响国家安全、损害社会公共利益。

第三,其他经国家网信部门、公安部门、安全部门等有关部门认定不能出境的。

(二) 《信息安全技术 数据出境安全评估指南(草案)》

《信息安全技术 数据出境安全评估指南(草案)》对《个人信息和重要数据出境安全评估办法(征求意见稿)》做出具体细化的操作性规定,主要包括数据出境安全工作评估流程、评估要点、重要数据识别、出境安全风险评估方法等内容。

《信息安全技术 数据出境
安全评估指南(草案)》

1. 评估流程

第一,启动自评估。网络运营者应在如下情况下启动自评估:① 产品或服务涉及向境外机构、组织或个人提供数据的;② 已完成数据出境安全评估的产品或业务所涉及的数据出境,在目的、范围、类型、数量等方面发生较大变化、数据接收方变更或发生重大安全事件的。安全自评估流程如图 8.3.1 所示。

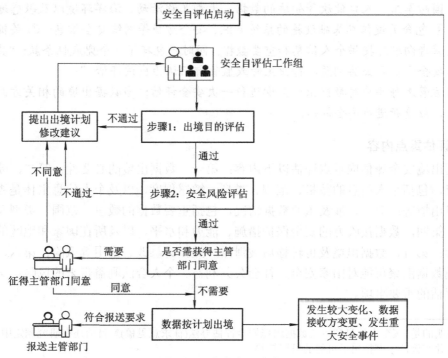

图 8.3.1 安全自评估流程

第二，制订数据出境计划。网络运营者应首先制订数据出境计划，计划的内容包括但不限于：① 数据出境的目的、范围、类型、规模；② 涉及的信息系统；③ 中转国家和地区(如存在)；④ 数据接收方及其所在的国家或地区的基本情况；⑤ 安全控制措施等。

第三，评估数据出境计划的合法正当和风险可控。数据出境安全评估首先评估数据出境计划的合法性和正当性，数据出境活动不具有合法性和正当性，不得出境；在此基础上再评估数据出境计划是否风险可控，有效避免数据出境及再转移后被泄露、损毁、篡改、滥用等风险。

第四，评估报告。网络运营者在完成对数据出境计划的评估后，应形成评估报告，评估报告应至少保存5年。

第五，检查修正。如数据出境计划不满足合法正当要求，或经评估后不满足风险可控要求，网络运营者可修正数据出境计划，或采用相关措施降低数据出境风险，并重新开展自评估。

《信息安全技术 数据出境安全评估指南(草案)》规定可用于降低数据出境安全风险的措施包括但不限于：精简出境数据内容、使用技术措施处理数据降低敏感程度、提升数据发送方安全保障能力、限定数据接收方的处理活动、更换数据保护水平更高的接收方、选择政治法律环境保障能力较高地区的数据接收方等。在进行相应调整后，可重新对数据出境进行安全风险评估。

简言之，数据出境安全评估，首先评估数据出境目的，数据出境目的不具有合法性、正当性和必要性，不得出境。在此基础上评估数据出境安全风险，将数据出境及再转移后被泄露、损毁、篡改、滥用等风险有效地降至最低限度，具体流程如图8.3.2所示。

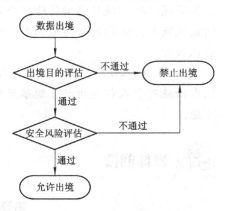

图8.3.2　数据出境安全评估总体流程

2．评估要点

评估要点如下：

第一，合法正当。数据出境计划应同时满足合法性和正当性的要求。合法性要求包括：① 不属于法律法规明令禁止的；② 符合我国政府与其他国家、地区签署的关于数据出境条约、协议的；③ 个人信息主体已授权同意的，危及公民生命财产安全的紧急情况除外；④ 不属于国家网信部门、公安部门、安全部门等有关部门依法认定不能出境的。正当性要求包括：① 网络运营者在合法的经营范围内从事正常业务活动所必需的；② 履行合同义务所必需的；③ 履行我国法律义务要求的；④ 司法协助需要的；⑤ 其他维护网络空间主权和国家安全、社会公共利益，保护公民合法利益需要的。

第二，风险可控。评估数据出境计划的风险可控，应综合考虑出境数据的属性和数据出境发生安全事件的可能性。首先，从以下方面考虑数据的属性：① 个人信息的属性，包括数量、范围、类型、敏感程度和技术处理情况等；② 重要数据的属性，包括数量、范围、类型和技术处理情况等。再次，考虑数据出境发生安全事件的可能性：① 发送方数据出境的技术和管理能力；② 数据接收方的安全保护能力、采取的措施；③ 数据接收方所在国家或区域的政治法律环境。

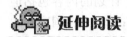
延伸阅读

个人信息属性评估要点解读

个人信息属性评估要点主要包括 4 项内容：

第一，类型和敏感程度。应识别个人信息中所包含的信息类型，并判断其涉及的个人敏感信息的数量。

第二，数量。应评估所涉及的个人信息主体数量以及所涉及的主要人群的群体特征，当数据出境涉及的个人信息主体数量达到或超过一定量级，或涉及某一特定群体时，个人信息会出现数据汇集后的衍生价值。

第三，范围。应评估出境个人信息范围是否符合最小化原则：① 向境外传输的个人信息应与出境目的相关的业务功能有直接关联。直接关联是指没有该信息的参与，相应功能无法实现。② 向境外自动传输的个人信息频率应是与数据出境目的相关的业务功能所必需的最低频率。③ 向境外传输的个人信息数量应是与数据出境目的相关的业务功能所必需的最低数量。

第四，技术处理情况。应对个人信息技术处理情况进行评估，具体包括：① 是否使用技术措施对个人信息进行了脱敏处理；② 脱敏效果是否有效可靠，达到了合理程度的不可逆。

延伸阅读

重要数据属性评估要点解读

重要数据属性评估要点主要包括 4 项内容：

第一，类型。应评估重要数据类型，评估是否包含核设施、化学生物、国防军工、人口健康等领域数据，大型工程活动、海洋环境以及敏感地理信息数据，关键信息基础设施的系统漏洞、安全防护等网络安全信息等出境后出现泄露或滥用等情形，将对国家安全和社会公共利益产生严重影响的重要数据。

第二，数量。应评估重要数据出境数量，重要数据的数量与其蕴含的社会、经济价值息息相关，数量越大，发生泄漏、披露或滥用时，造成的国家安全危害和社会公共利益风险越大。

第三，范围。重要数据范围应符合最小化原则：① 向境外传输的数据应与出境目的相关的业务功能有直接关联。直接关联是指没有该信息的参与，相应功能无法实现。② 向境外自动传输的数据频率应是与数据出境目的相关的业务功能所必需的最低频率。③ 向境外传输的数据数量应是与数据出境目的相关的业务功能所必需的最低数量。

第四，技术处理情况。应对重要数据技术处理情况进行评估，具体包括：① 是否使用技术措施对重要数据进行了脱敏处理；② 脱敏效果是否有效可靠，达到了合理程度的不可逆。

第三，除了对个人信息属性和重要数据属性评估要点做出列举之外，《信息安全技术　数据出境安全评估指南(草案)》也对发送方数据出境的技术和管理能力、对数据接收方的安全保护能力以及数据接收方所在国家或区域的政治法律环境做出了规定，成为评估要点的主要内容。①

3. 重要数据识别

《信息安全技术　数据出境安全评估指南(草案)》对重要数据概念做出了厘清。重要数据是指我国政府、企业、个人在境内收集、产生的不涉及国家秘密，但与国家安全、经济发展以及公共利益密切相关的数据(包括原始数据和衍生数据)，一旦未经授权披露、丢失、滥用、篡改或销毁，或汇聚、整合、分析后，可能造成以下后果：

(1) 危害国家安全、国防利益，破坏国际关系。

(2) 损害国家财产、社会公共利益和个人合法利益。

(3) 影响国家预防和打击经济与军事间谍、政治渗透、有组织犯罪等。

(4) 影响行政机关依法调查处理违法、渎职或涉嫌违法、渎职行为。

(5) 干扰政府部门依法开展监督、管理、检查、审计等行政活动，妨碍政府部门履行职责。

(6) 危害国家关键基础设施、关键信息基础设施、政府系统信息系统安全。

(7) 影响或危害国家经济秩序和金融安全。

(8) 可分析出国家秘密或敏感信息。

(9) 影响或危害国家政治、国土、军事、经济、文化、社会、科技、信息、生态、资源、核设施等其他国家安全事项。

《信息安全技术　数据出境安全评估指南(草案)》设置了附录 A，根据上述定义并结合行业(领域)主管部门相关规定，提出了各行业(领域)重要数据的范围。

4. 出境安全风险评估方法

《信息安全技术　数据出境安全评估指南(草案)》设置了附录 B，按照风险可控的两个维度介绍个人信息和重要数据出境安全风险评估方法。最终风险评估可以分为低、中、高、极高 4 档，最后两档被认为风险不可控，将导致数据被禁止出境。

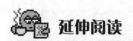延伸阅读
....

积极参与制定跨境数据流动规则②

当今时代，数字产业已成为经济发展的重要驱动力。电子商务、数字贸易等在全球范围加快发展，无纸化方式在国际货物贸易和服务贸易中得到广泛应用，大量数据在不同国家间频繁跨境流动。大规模、高频率的跨境数据流动，一方面提高了人们的工作生活效率，有力促进了经济全球化；另一方面也带来了突出的数据传播风险，对国家信息安全、网络

---

① 该部分内容翔实，篇幅较长，具体参见《信息安全技术　数据出境安全评估指南(草案)》。

② 石静霞，张舵. 积极参与制定跨境数据流动规则[N]. 人民日报，2018-6-5.

安全构成了新挑战。因此，国家主权和安全原则成为跨境数据流动的基础。各国都希望在保障本国国家安全的前提下，公平地从数字经济发展中获利。不同国家对数据跨境流动采取了不同的法律政策。发达国家基于科技先发优势，较早认识到数据流动对经济社会发展的作用，建立了对自己有利的跨境数据流动规则。发展中国家由于技术上处于追赶阶段，在跨境数据流动规则制定上更多处于防御地位。从长远来看，为了更好地发展数字经济、数字贸易，发展中国家应坚持国家主权和安全原则，积极参与制定跨境数据流动规则，参与相关国际谈判与合作，更好地维护自身合法权益。

……

从国际看，发展中国家数字产业规范化水平的提高，也有助于增强其在跨境数据流动规则制定上的话语权。

积极参与跨境数据流动规则制定。目前，世界许多国家都在加紧争夺跨境数据流动规则制定的主导权。发达国家希望在其内部首先达成一致，进而吸引发展中国家接受和加入。在这种情况下，我国应坚持多边主导、多方参与，发挥政府、国际组织、互联网企业、技术社群、民间机构、公民个人等各种主体作用，进一步加强同发展中国家的合作，推动制定符合发展中国家利益和发展需要的跨境数据流动规则。

努力实现发展中国家与发达国家之间的利益平衡。随着互联网更加深入地介入人类生产、生活和社会治理，各国在数据跨境流动、共享和交换上的需求越来越大。例如，在预防重大疾病、打击恐怖主义和犯罪等领域，各国数据共享日益频繁。因此，发展中国家与发达国家之间应努力实现利益平衡，共享数字经济发展的红利。在国际规则制定上，应坚持国家主权平等的国际法基本原则，以安全、公平、高效的方式促进数据依法、有序、自由跨境流动，充分保障国家网络安全和个人信息安全。

课 后 习 题

1. 我国《网络安全法》第三十七条的含义是什么？
2. 《信息安全技术　数据出境安全评估指南(草案)》怎样界定重要数据的概念？

参 考 文 献

[1] 360 法律研究院. 中国网络安全法法治绿皮书(2018)[M]. 北京: 法律出版社, 2018.
[2] 马民虎. 网络安全法律遵从[M]. 北京: 电子工业出版社, 2018: 356.
[3] 马民虎. 网络安全法适用指南[M]. 北京: 中国民主法制出版社, 2017.
[4] 王春晖. 维护网络空间安全: 中国网络安全法解读[M]. 北京: 电子工业出版社, 2018.
[5] 王融. 大数据时代: 数据保护与流动规则[M]. 北京: 人民邮电出版社, 2017: 282.
[6] 中国信息通信研究院, 腾讯研究院. 网络空间法治化的全球视野与中国实践[M]. 北京: 法律出版社, 2016.

第九章　网络信息内容安全与管理

内容提要 ✍

本章介绍网络信息内容安全与管理的基本情况、网络信息内容管理的通用规定，以及特定领域网络信息内容管理，力图使读者了解《网络安全法》中对网络信息内容安全与管理的相关规定。

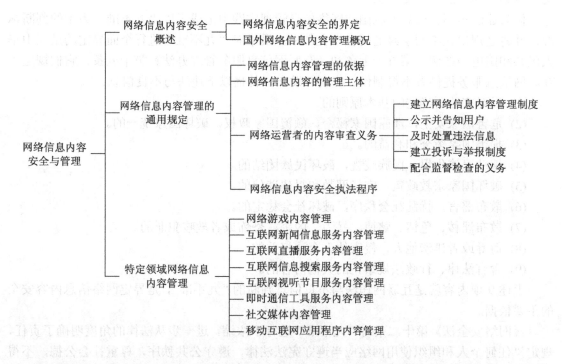

第一节　网络信息内容安全概述

互联网是一个拥有着几十亿用户的信息传递和资源共享平台，公众可以通过互联网享受到网络直播、视听节目、新闻推送、网络游戏等便捷的信息服务，但与此同时，不法分子也利用互联网来传播违法与不良信息。根据中国互联网违法和不良信息举报中心的统计，2018 年 10 月，全国各级网络举报部门受理有效举报 742.0 万件；而根据公安部网络违法犯罪举报网站的统计，2018 年 9 月该网站受理有效举报 14 166 条，其中网络赌博占 52.8%，淫秽色情信息占 28.4%，网络诈骗占 13.9%，销售危险品占 2.3%，传播散布敏感信息(含其他)占 1.4%，网络盗窃和计算机破坏等占 1.1%，暴恐音视频占 0.1%。①

从上述数据可以看出，目前我国网络违法与不良信息的传播态势严峻，这不仅破坏了公共秩序，构成犯罪，甚至严重影响到了国家安全。因此，如何保证互联网信息内容的安全，维系清朗的网络空间，是摆在世界各国政府面前的一大难题。

一、网络信息内容安全的界定

《网络安全法》对网络安全的界定，包含网络运行安全(《网络安全法》第三章)与网络信息安全(《网络安全法》第四章)。其中，网络信息安全包含个人信息的保护和网络信息内容的安全，前者着重对个体的保护，后者着重对公共秩序的保护。网络信息内容安全，从正面来说，是指网络信息的内容应当遵守法律法规，符合公序良俗，避免对国家、社会和个人造成危害和不良影响；从反面来说，是指网络信息内容不能包含法律法规和规范性文件所禁止的违法与不良信息。

何为违法与不良信息？我国的网络信息管理实践中形成了以"九不准"为主的判断标准，并将之规定在不同层级的规范性文件中。最早对"九不准"进行全面界定的是《中华人民共和国电信条例》第五十七条和《互联网信息服务管理办法》第十五条，它们规定了互联网信息服务提供者不得制作、复制、发布、传播以下违法与不良信息：

(1) 反对宪法所确定的基本原则的。

(2) 危害国家安全，泄露国家秘密，颠覆国家政权，破坏国家统一的。

(3) 损害国家荣誉和利益的。

(4) 煽动民族仇恨、民族歧视，破坏民族团结的。

(5) 破坏国家宗教政策，宣扬邪教和封建迷信的。

(6) 散布谣言，扰乱社会秩序，破坏社会稳定的。

(7) 散布淫秽、色情、赌博、暴力、凶杀、恐怖或者教唆犯罪的。

(8) 侮辱或者诽谤他人，侵害他人合法权益的。

(9) 含有法律、行政法规禁止的其他内容的。

上述 9 项内容就是互联网违法与不良信息判断的"九不准"，是界定网络信息内容安全的主要依据。

《网络安全法》第十二条对"九不准"进行了浓缩，进一步从法律的角度明确了责任，规定"任何个人和组织使用网络应当遵守宪法法律，遵守公共秩序，尊重社会公德，不得危害网络安全，不得利用网络从事危害国家安全、荣誉和利益，煽动颠覆国家政权、推翻社会主义制度，煽动分裂国家、破坏国家统一，宣扬恐怖主义、极端主义，宣扬民族仇恨、民族歧视，传播暴力、淫秽色情信息，编造、传播虚假信息扰乱经济秩序和社会秩序，以及侵害他人名誉、隐私、知识产权和其他合法权益等活动"。此外，《互联网电子公告服务管理规定》《互联网新闻信息服务管理规定》《互联网文化管理暂行规定》《互联网视听节目服务管理规定》等也对违法与不良信息的内涵进行了重申和明确。

在 2016 年 4 月 19 日召开的网络空间安全和信息化工作座谈会上，习近平总书记强调

---

① 2018 年 9 月份举报受理处置情况，http://www.cyberpolice.cn/wfjb/html/xxgg/20181026/4484.shtml，2018 年 12 月 22 日最后访问。

要依法加强网络空间治理，加强网络内容建设，营造一个风清气正的网络空间环境。①网络信息内容安全是网络信息安全保障体系的重要组成部分，对国家安全有着重要的影响。违法与不良信息充斥网络，不仅危害公共秩序和个人利益，还会危及国家经济安全、政治安全和金融秩序，这关系到社会的稳定大局和人民群众的切身利益。目前我国对于网络信息内容安全的管理，政府主管部门及相关领域的主管部门承担主要行政管理责任；网络运营者是网络信息内容的制造者、传播者、控制者和存储者，对其管理平台上的网络信息内容承担审查的义务。

二、国外网络信息内容管理概况

网络信息内容的安全问题是世界各国在治理互联网时都会遇到的共性问题，无论哪个国家，基于维护公共秩序及保障国家安全的考虑，在面对泛滥的违法与不良信息时，都会考虑结合自己的国情，制定相应的法律法规或规范性文件。

美国的互联网管理立法一直处于世界领先地位，虽然在言论自由与内容监管的边界上，美国社会仍未达成一致意见，但在暴恐信息、儿童色情、知识产权等焦点领域，网络运营者都自己决定或按政府要求采取一定的内容审查措施。例如，美国的互联网公司会根据用户和企业价值取向建立自己的内容审查标准，使用技术过滤方法重点过滤暴恐信息、淫秽或"软色情"信息、侵犯和侮辱性言论、垃圾信息等违法与不良信息。虽然舆论长期呼吁互联网平台内容过滤的透明公开化，但社交媒体审核和过滤的细节却作为商业机密并未公布，并且开始尝试合作构建审查系统。2016 年年底，Facebook、YouTube、Twitter 和微软4 家公司宣布成立"反恐怖主义全球互联网论坛"(Global Internet Forum of Counter Terrorism，GIFCT)，目的在于遏制社交平台上快速传播的恐怖主义视频和图片。2017 年 12月，Twitter 推出新的规则过滤掉 Twitter 上含有的"仇恨"和"辱骂"内容，包括宣传和颂扬暴力的内容。2017 年底，Facebook、YouTube、Twitter 和微软宣布，他们在合作的过滤平台上联手删除了社交网络上超过 4 万个恐怖主义的视频和图片。②为了打击社交媒体恐怖主义，美国国会于 2015 年 12 月 9 日出台《打击恐怖主义使用社交媒体法》。③此外，对于判定为淫秽(包括儿童色情)、对儿童有害、诽谤、对国家安全构成威胁的内容、宣传赌博等非法活动、卖淫、侵犯知识产权、仇恨言论和煽动暴力的内容，美国政府可以要求互联网公司移除内容或是限制互联网访问。同时，针对淫秽信息，美国出台了《儿童在线隐私保护法》④《儿童互联网保护法案》⑤等保护儿童免受网络色情危害的法案。在知识产权保

① 习近平的网络安全观，http://www.cac.gov.cn/2018-02/02/c_1122358894.htm，2018 年 12 月 22 日最后访问。
② 刘瑞生，孙萍. 海外社交媒体的内容过滤机制对我国互联网管理的启示[J]. 世界社会主义研究，2018，(04)：49-54+95.
③ 达洁玉. 美国社交媒体管理措施及其特色梳理[J]. 传播力研究，2017，1(05)：38.
④ Children's Online Privacy Protection Rule("COPPA")，https://www.ftc.gov/enforcement/rules/rulemaking-regulatory-reform-proceedings/childrens-online-privacy-protection-rule，2018 年 12 月 22 日最后访问。
⑤ Children's Internet Protection Act(CIPA)，https://www.fcc.gov/consumers/guides/childrens-internet-protection-act，2018 年 12 月 22 日最后访问。

护方面,美国政府出台了《数字千年版权法》①《打击在线侵权和假冒行为法》②《禁止网络盗版法》③等数个法案。

2018 年 1 月 1 日起,针对社交媒体平台的监管,德国正式实施了《社交媒体管理法》,该法案针对网络上的"仇恨、煽动性言论以及虚假新闻内容",整合并修订了 2015 年以来德国司法部颁布的一系列相关法令,对在德国境内提供内容服务的社交平台提出了严格的监管要求。④该法案要求德国社交媒体公司在线审查非法内容,同时强调了对于宣扬种族、性别、社群、宗教歧视等"仇恨言论"内容的审查。该法案要求在德国拥有超过 200 万注册用户的大型社交媒体平台(如 Facebook、Instagram、Twitter 和 YouTube)承担自行清理平台上内容的责任,必须建立有效透明的程序,以接受和审查涉嫌刑法第 22 条规定的"非法内容"的投诉,包括诽谤、诋毁、新纳粹、暴力煽动等内容。⑤大型社交媒体平台必须在收到投诉后的 24 小时内阻止或删除"明显非法"内容,但如果需要进一步调查,则必须至少有一周时间。在特别复杂的情况下,公司可以将案件提交给由行业资助但政府授权的机构,该机构需要在 7 天内做出决定,而处罚的罚金最高可达 5000 万欧元。⑥

俄罗斯于 2012 年 11 月实施了《互联网黑名单法》,纳入黑名单的标准最初包括儿童色情制品、宣传自杀和非法毒品等相关内容。⑦2013 年 11 月,"黑名单"制度实施一年后,相关部门进一步细化了儿童色情、宣传自杀和毒品宣传的概念。⑧2018 年俄罗斯引用了德国的法律,其中一项法律草案要求社交媒体平台拥有超过 200 万注册用户和俄罗斯的其他"信息传播组织者",在收到投诉后 24 小时内删除非法内容,如信息传播战争,煽动民族、种族或宗教仇恨,诽谤他人的荣誉、尊严或声誉,或者是违反行政法或刑法禁止传播的。另一项法律草案规定,未能删除非法内容的,个人罚款 300~500 万卢布,法人罚款 3000~5000 万卢布。其中,第一部法律已进入听证阶段,而第二部法律仍在审查中。

新加坡在 2016 年 10 月 1 日成立了信息通信媒体发展局(Info-communications Media Development Authority,IMDA,隶属于通信和信息部),负责信息通信和媒体行业的监管工作⑨。信息通信媒体发展局采取了三管齐下的规则体系。首先在许可审查上,根据广播(类

---

① THE DIGITAL MILLENNIUM COPYRIGHT ACT OF 1998, https://www.copyright.gov/legislation/dmca.pdf,2018 年 12 月 22 日最后访问。

② Combating Online Infringement and Counterfeits Act. https://www.congress.gov/bill/111th-congress/senate-bill/3804,2018 年 12 月 22 日最后访问。

③ 陈磊. 美国《禁止网络盗版法案》评析[J]. 科技创新与知识产权,2012(3):18.

④ 史安斌,张卓. 德国社交媒体管理法:挑战与探索,http://dy.163.com/v2/article/detail/DH78LD5B05259M1U.html,2018 年 12 月 22 日最后访问。

⑤ 社交媒体公司在德国面临内容审查新规,http://finance.sina.com.cn/stock/usstock/c/2018-01-11/doc-ifyqqieu5737672.shtml,2018 年 12 月 22 日最后访问。

⑥ 德国施行《社交媒体管理法》强化社交网络平台管理责任,http://k.sina.com.cn/article_1726918143_66eeadff020004ymd.html?from=news&subch=onews,2018 年 12 月 22 日最后访问。

⑦ 俄罗斯互联网黑名单制即将付诸表决,http://tech.163.com/12/0721/10/86UA0ULG000915BF.html,2018 年 12 月 22 日最后访问。

⑧ 阵春彦. 俄罗斯互联网"黑名单"制度摭析[J]. 青年记者,2018(16):71-72.

⑨ As the regulator of the infocomm and media sectors in Singapore, IMDA aims to create a conducive and vibrant environment that enables the growth of businesses while protecting consumers' interests and providing them with access to more innovative services and media choices, https://www.imda.gov.sg/regulations-licensing-and-consultations/overview,2018 年 12 月 22 日最后访问。

别许可)通知进行监管，要求互联网服务提供商和互联网内容提供商必须遵守许可条件，并审查判断其内容是否符合互联网类别许可和互联网运行准则的要求。对于互联网行业而言，新加坡《互联网运行准则》(Internet Code of Practice)在第4(1)条中明确了禁止的材料是基于公共利益、公共道德、公共秩序、公共安全、民族和谐或其他适用新加坡法律禁止的材料。在第 4(2)条列举了一些具体的考虑因素，这表明在网络信息内容审查方面新加坡重点关注的问题是与种族、宗教、国家利益、公共利益有关，以及含有色情和对儿童有害的内容。[①]除此之外，新加坡 2015 年 2 月 2 日生效的《远程赌博法》第 20(1)条，明确规定未经授权的网站禁止宣传远程赌博。此外，新加坡信息通信媒体发展局鼓励新加坡的内容提供商制定行业行为准则。自 2012 年 2 月 23 日起，互联网类别许可规则要求 SingTel、StarHub 和M1 等互联网接入服务提供商为用户提供互联网过滤服务。[②]

日本的内务及通信部(Ministry of Internet Affairs and Communications，MIC)负责监管电信、互联网和广播行业。由于日本政府在实践中非常尊重言论自由和新闻自由，因此其互联网行业的特点是自我监管，没有独立的监管委员会。互联网行业已经成立了一些行业协会，其中包括移动平台的内容评估和监控协会以及管理在线阻止儿童色情内容传播的互联网内容安全协会。此外，各个行业都制定了相关规范，并在社交媒体上加强了自主管理。例如，日本互联网行业制定了《网络事业者伦理准则》等一系列规范来使经营者自律，成为解决网络问题的重要渠道。对于社交媒体传播广告带来的侵犯消费者权益问题，一些著名广告代理店联袂组成的"WOM 市场协议会"推出了《网络博客广告报酬以及渠道的对策指南》。对于造谣传谣等行为，日本的很多企业、大学制定了《网络伦理章程》，要求职员、学生在社交媒体上发表负责任的言论，违反章程的人将面临被开除的巨大风险。[③]

日本政府在 2001 年的《提供者责任限制法》中规定互联网服务提供商要建立自我监管体系，以管理涉及非法或令人反感的内容，包括诽谤、侵犯隐私权和侵犯版权的内容。行业协会据此制定了指导方针，任何人都可以向服务提供商直接投诉侵犯其个人权利的材料，

① INTERNET CODE OF PRACTICE，Prohibited Material：4. (1) Prohibited material is material that is objectionable on the grounds of public interest，public morality，public order，public security，national harmony，or is otherwise prohibited by applicable Singapore laws. (2) In considering what is prohibited material，the following factors should be taken into account: (a) whether the material depicts nudity or genitalia in a manner calculated to titillate; (b) whether the material promotes sexual violence or sexual activity involving coercion or non-consent of any kind; (c) whether the material depicts a person or persons clearly engaged in explicit sexual activity; (d) whether the material depicts a person who is，or appears to be，under 16 years of age in sexual activity，in a sexually provocative manner or in any other offensive manner; (e) whether the material advocates homosexuality or lesbianism，or depicts or promotes incest，paedophilia，bestiality and necrophilia; (f) whether the material depicts detailed or relished acts of extreme violence or cruelty; (g) whether the material glorifies，incites or endorses ethnic，racial or religious hatred，strife or intolerance.

② As the regulator of the infocomm and media sectors in Singapore，IMDA aims to create a conducive and vibrant environment that enables the growth of businesses while protecting consumers' interests and providing them with access to more innovative services and media choices，https://www.imda.gov.sg/ egulations-licensing-and-consultations/overview，2018 年 12 月 22 日最后访问。

③ 日本官民大联合净化网络社交媒体，http://world.huanqiu.com/exclusive/2014-09/5137976.html，2018 年12 月 22 日最后访问。

可以要求将其删除或找出内容发布者。[1]2003 年实施的《交友类网站限制法》规定利用交友类网站发布希望援助交际的信息，可判处 100 万日元以下罚款。交友类网站在做广告时要明示禁止儿童使用，网站有义务传达儿童不得使用的信息，并采取措施确认使用者不是儿童。家长作为监护人，必须懂得如何使用过滤软件过滤儿童不宜的内容，并和孩子保持良好的交流沟通。[2]2012 年版权法修正案将故意下载侵犯版权的内容定为刑事犯罪。[3]2017年 6 月，通过了一项新的法律，允许向警方寻求窃听许可令，以调查涉嫌与恐怖主义有关的更多罪行。

第二节　　网络信息内容管理的通用规定

一、网络信息内容管理的依据

我国目前关于网络信息内容安全的管理并没有统一的规定，主要散见于不同效力层级的法律法规和规范性文件之中。表 9.2.1 按时间顺序列出了目前有效的各类规范性文件，从表 9.2.1 中可以看出我国对网络信息内容管理的发展历程。

表 9.2.1　我国网络信息内容管理相关配套规定

序号	名　称	关于内容安全审查的规定	文　号	颁布时间
1	《中华人民共和国计算机信息系统安全保护条例》	第七条规定了不得利用计算机信息系统从事危害国家利益、集体利益和公民合法利益的活动	国务院令第 147 号	1994 年 2 月 18 日
2	《中华人民共和国广告法》	第二章规定了广告内容准则，并对其广告内容进行了明确的规定	中华人民共和国主席令第 34 号	1994 年 10 月 27 日
3	《计算机信息网络国际联网管理暂行规定》	第十三条规定了从事国际联网业务的单位和个人不得利用国际联网从事危害国家安全、泄露国家秘密等违法犯罪活动，不得制作、查阅、复制和传播妨碍社会治安的信息和淫秽色情等信息	国务院令第 195 号	1996 年 2 月 1 日
4	《国务院关于修改<中华人民共和国计算机信息网络国际联网管理暂行规定>的决定》	在禁止内容的范围上同《计算机信息网络国际联网管理暂行规定》相同，但对使用网络传播违法与不良信息的行为加重了处罚	国务院令第 218 号	1997 年 5 月 20 日

[1] 萩原有里. 网络服务提供者的损害赔偿责任：以日本法为中心[J]. 科技与法律，2004(02)：24-30.

[2] 日本出台"交友类网站限制法"，http://pinglun.youth.cn/zt/200906/t20090605_922999_1.htm，2018 年 12月 22 日最后访问。

[3] 日本通过版权法修正案下载需谨慎或"人财两伤"，http://media.people.com.cn/n/2012/0628/c40606-18397704.html，2018 年 12 月 22 日最后访问。

续表一

序号	名　称	关于内容安全审查的规定	文　号	颁布时间
5	《广播电视管理条例》	第三十二条规定广播电台、电视台应当提高广播电视节目质量，增加国产优秀节目数量，禁止制作、播放载有下列内容的节目：① 危害国家的统一、主权和领土完整的；② 危害国家的安全、荣誉和利益的；③ 煽动民族分裂，破坏民族团结的；④ 泄露国家秘密的；⑤ 诽谤、侮辱他人的；⑥ 宣扬淫秽、迷信或者渲染暴力的；⑦ 法律、行政法规规定禁止的其他内容	国务院令第 228 号	1997 年 8 月 1 日
6	《计算机信息网络国际联网安全保护管理办法》	第五条明确规定了 9 类禁止内容，"九不准"标准开始形成	公安部令第 33 号	1997 年 12 月 30 日
7	《中华人民共和国计算机信息网络国际联网管理暂行规定实施办法》	第二十条明确了互联单位、接入单位和用户不得发布和传播危害国家安全、泄露国家秘密、妨碍社会治安、淫秽色情这四类信息	国信〔1998〕第 003 号	1997 年 12 月 8 日
8	《中华人民共和国电信条例》	第五十六条列出了"九不准"，较之前增加了反对宪法所确定的基本原则、损害国家荣誉和利益、破坏国家宗教政策的内容：① 反对宪法所确定的基本原则的；② 危害国家安全，泄露国家秘密，颠覆国家政权，破坏国家统一的；③ 损害国家荣誉和利益的；④ 煽动民族仇恨、民族歧视，破坏民族团结的；⑤ 破坏国家宗教政策，宣扬邪教和封建迷信的；⑥ 散布谣言，扰乱社会秩序，破坏社会稳定的；⑦ 散布淫秽、色情、赌博、暴力、凶杀、恐怖或者教唆犯罪的；⑧ 侮辱或者诽谤他人，侵害他人合法权益的；⑨ 含有法律、行政法规禁止的其他内容的	国务院令第 291 号	2000 年 9 月 25 日
9	《互联网信息服务管理办法》	第十五条明确规定了"九不准"，第十六条、第二十条在处罚依据上做出更详细的规定	国务院令第 292 号	2000 年 9 月 25 日
10	《互联网电子公告服务管理规定》	第九条明确列出电子公告发布的信息内容应遵循"九不准"	信息产业部令第 3 号	2000 年 11 月 6 日
11	《全国人民代表大会常务委员会关于维护互联网安全的决定》	从宏观上规定了网络信息内容安全可能涉及的行政处罚、刑事犯罪与承担的责任		2000 年 12 月 28 日

续表二

序号	名　　称	关于内容安全审查的规定	文　　号	颁布时间
12	《互联网上网服务营业场所管理条例》	规范网吧对网络信息内容的管理，禁止利用互联网上网服务营业场所制作、下载、复制、查阅、发布、传播以及以其他方式使用含有禁止内容的信息。其和"九不准"比较，增加了一项"危害社会公德或者民族优秀文化传统的信息"	国务院令第363号	2002年9月29日
13	《文化部关于加强网络游戏产品内容审查工作的通知》	第四条规定经营性互联网文化单位应当按照国家有关规定对拟进口的网络游戏产品内容进行严格的审核		2004年5月14日
14	《最高人民法院、最高人民检察院关于办理利用互联网、移动通讯终端、声讯台制作、复制、出版、贩卖、传播淫秽电子信息刑事案件具体应用法律若干问题的解释》(一)(二)	对利用互联网、移动通信终端制作、复制、出版、贩卖、传播淫秽电子信息的定罪、数量标准、方式等问题做出了相关规定	法释〔2004〕11号、法释〔2010〕3号	2004年9月6日、2010年2月4日
15	《中华人民共和国治安管理处罚法》	第三章规定的违反治安管理的行为和处罚中，有对内容审查的规定	中华人民共和国主席令第38号	2005年8月28日
16	《互联网安全保护技术措施规定》	规定互联网服务提供者、互联网使用单位在信息服务中具有发现、停止传输违法信息的义务，并应保留相关记录	公安部令第82号	2005年12月13日
17	《信息网络传播权保护条例》	全面规定了互联网内容传播不得侵犯他人合法著作权	国务院令第468号	2006年5月18日
18	《互联网视听节目服务管理规定》	第十六条规定视听节目不得含有以下内容：① 反对宪法确定的基本原则的；② 危害国家统一、主权和领土完整的；③ 泄露国家秘密、危害国家安全或者损害国家荣誉和利益的；④ 煽动民族仇恨、民族歧视，破坏民族团结，或者侵害民族风俗、习惯的；⑤ 宣扬邪教、迷信的；⑥ 扰乱社会秩序，破坏社会稳定的；⑦ 诱导未成年人违法犯罪和渲染暴力、色情、赌博、恐怖活动的；⑧ 侮辱或者诽谤他人，侵害公民个人隐私等他人合法权益的；⑨ 危害社会公德，损害民族优秀文化传统的；⑩ 有关法律、行政法规和国家规定禁止的其他内容	信息产业部令第56号	2007年12月20日

续表三

序号	名　称	关于内容安全审查的规定	文　号	颁布时间
19	《网络游戏管理暂行办法》	第九条规定网络游戏不得含有以下内容：① 违反宪法确定的基本原则的；② 危害国家统一、主权和领土完整的；③ 泄露国家秘密、危害国家安全或者损害国家荣誉和利益的；④ 煽动民族仇恨、民族歧视，破坏民族团结，或者侵害民族风俗、习惯的；⑤ 宣扬邪教、迷信的；⑥ 散布谣言，扰乱社会秩序，破坏社会稳定的；⑦ 宣扬淫秽、色情、赌博、暴力，或者教唆犯罪的；⑧ 侮辱、诽谤他人，侵害他人合法权益的；⑨ 违背社会公德的；⑩ 有法律、行政法规和国家规定禁止的其他内容的	文化部令第49号	2010 年 6 月 3 日
20	《互联网文化管理暂行规定》	第十六条规定互联网文化单位不得提供载有明确禁止内容的文化产品：① 反对宪法确定的基本原则的；② 危害国家统一、主权和领土完整的；③ 泄露国家秘密、危害国家安全或者损害国家荣誉和利益的；④ 煽动民族仇恨、民族歧视，破坏民族团结，或者侵害民族风俗、习惯的；⑤ 宣扬邪教、迷信的；⑥ 散布谣言，扰乱社会秩序，破坏社会稳定的；⑦ 宣扬淫秽、赌博、暴力或者教唆犯罪的；⑧ 侮辱或者诽谤他人，侵害他人合法权益的；⑨ 危害社会公德或者民族优秀文化传统的；⑩ 有法律、行政法规和国家规定禁止的其他内容的	文化部令第51号	2011 年 2 月 17 日
21	《最高人民法院关于审理侵害信息网络传播权民事纠纷案件适用法律若干问题的规定》	对网络用户和网络服务提供者侵害信息网络传播权的行为进行了详细的规定	法释〔2012〕20号	2013 年 1 月 1 日
22	《最高人民法院、最高人民检察院关于办理利用信息网络实施诽谤等刑事案件适用法律若干问题的解释》	对利用信息网络实施诽谤、寻衅滋事、敲诈勒索、非法经营等行为进行规定	法释〔2013〕21号	2013 年 9 月 9 日
23	《即时通信工具公众信息服务发展管理暂行规定》	第六条规定即时通信工具服务使用者注册账号时，应当与即时通信工具服务提供者签订协议，承诺遵守法律法规、社会主义制度、国家利益、公民合法权益、公共秩序、社会道德风尚和信息真实性等"七条底线"。即时通信工具服务使用者从事公众信息服务活动，应当遵守相关法律法规		2014 年 8 月 7 日

序号	名　称	关于内容安全审查的规定	文　号	颁布时间
24	《关于授权国家互联网信息办公室负责互联网信息内容管理工作的通知》	授权互联网信息办公室管理互联网内容的职责	国发〔2014〕33 号	2014 年 8 月 26 日
25	《互联网用户账号名称管理规定》	第六条规定任何机构或个人注册和使用的互联网用户账号名称，不得含有规定禁止情形		2015 年 2 月 4 日
26	《互联网新闻信息服务单位约谈工作规定》	第四条规定了互联网内容管理时的约谈程序		2015 年 4 月 28 日
27	《中华人民共和国刑法修正案(九)》	第二百八十六条、第二百八十七条规定了网络服务提供商以及网络使用者所要履行的义务和责任，明确违禁行为及相关处罚措施	中华人民共和国主席令第 30 号	2015 年 8 月 29 日
28	《中华人民共和国反恐怖主义法》	规定了电信业务经营者、互联网服务提供者、网信、电信、公安、国家安全等主管部门对含有恐怖主义、极端主义内容的信息要采取相应的措施	中华人民共和国主席令第 36 号	2015 年 12 月 27 日
29	《互联网信息搜索服务管理规定》	第七条规定互联网信息搜索服务提供者不得以链接、摘要、快照、联想词、相关搜索、相关推荐等形式提供含有法律法规禁止的信息内容		2016 年 6 月 25 日
30	《移动互联网应用程序信息服务管理规定》	第六条规定移动互联网应用程序提供者和互联网应用商店服务提供者不得利用移动互联网应用程序从事危害国家安全、扰乱社会秩序、侵犯他人合法权益等法律法规禁止的活动，不得利用移动互联网应用程序制作、复制、发布、传播法律法规禁止的信息内容		2016 年 6 月 28 日

序号	名　称	关于内容安全审查的规定	文　号	颁布时间
31	《未成年人网络保护条例(草案征求意见稿)》	为实现对未成年人的保护，设置了特别的公示、审查制度，并采取了特定的技术措施		2016 年 9 月 30 日
32	《互联网直播服务管理规定》	第九条规定互联网直播服务提供者以及互联网直播服务使用者不得利用互联网直播服务从事危害国家安全、破坏社会稳定、扰乱社会秩序、侵犯他人合法权益、传播淫秽色情等法律法规禁止的活动，不得利用互联网直播服务制作、复制、发布、传播法律法规禁止的信息内容		2016 年 11 月 4 日
33	《互联网新闻信息服务管理规定》	第十六条规定互联网新闻信息服务提供者和用户不得制作、复制、发布、传播法律、行政法规禁止的信息内容	国家互联网信息办公室令第 1 号	2017 年 5 月 2 日
34	《互联网信息内容管理行政执法程序规定》	规定了互联网信息内容管理的具体行政执法程序	国家互联网信息办公室令第 2 号	2017 年 5 月 2 日
35	《中华人民共和国网络安全法》	第十二条规定了互联网信息内容安全的具体内容，并对"九不准"从法律的角度明确了责任	中华人民共和国主席令第 53 号	2016 年 11 月 7 日
36	《互联网论坛社区服务管理规定》	第六条规定互联网论坛社区服务提供者不得利用互联网论坛社区服务发布、传播法律法规和国家有关规定禁止的信息		2017 年 8 月 25 日
37	《互联网用户公众账号信息服务管理规定》	第十一条规定互联网用户公众账号信息服务使用者不得通过公众账号发布法律法规和国家有关规定禁止的信息内容		2017 年 9 月 7 日

续表六

序号	名　称	关于内容安全审查的规定	文　号	颁布时间
38	《互联网新闻信息服务新技术新应用安全评估管理规定》	第三条规定互联网新闻信息服务提供者调整增设新技术新应用，应当建立健全信息安全管理制度和安全可控的技术保障措施，不得发布、传播法律法规禁止的信息内容		2017 年 10 月 30 日
39	《微博客信息服务管理规定》	第十二条规定微博客服务提供者和微博客服务使用者不得利用微博客发布、传播法律法规禁止的信息内容		2018 年 2 月 2 日

二、网络信息内容的管理主体

我国始终主张政府在互联网治理中应当发挥主导作用，因此，负有网络安全管理职责的政府部门以及特定领域的主管部门是网络信息内容安全的管理主体。目前，负责网络信息内容安全监管的机构主要有以下几家，如图 9.2.1 所示。

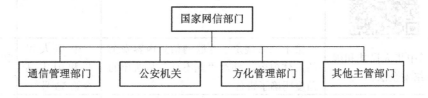

图 9.2.1　我国网络信息内容安全监管机构

(一) 国家网信部门

国家互联网信息办公室最早通过国务院《关于授权国家互联网信息办公室负责互联网信息内容管理工作的通知》(国发〔2014〕33 号)的授权，承担了网络安全管理的职能，其中包括"授权重新组建的国家互联网信息办公室负责全国互联网信息内容管理工作，并负责监督管理执法"。[1]《网络安全法》明确授权国家网信部门负责统筹协调网络安全工作和相关监督管理工作，在第五十条明确了网络信息安全审查的职责与职权，即"国家网信部门和有关部门依法履行网络信息安全监督管理职责，发现法律、行政法规禁止发布或者传

---

[1] 国务院关于授权国家互联网信息办公室负责互联网信息内容管理工作的通知(国发〔2014〕33 号)，http://www.gov.cn/zhengce/content/2014-08/28/content_9056.htm，2018 年 12 月 22 日最后访问。

输的信息的,应当要求网络运营者停止传输,采取消除等处置措施,保存有关记录;对来源于中华人民共和国境外的上述信息,应当通知有关机构采取技术措施和其他必要措施阻断传播"。

(二) 通信管理部门

通信管理部门在中央隶属于工业和信息化部(内设信息通信管理局和网络安全管理局),在地方一般系当地的通信管理局。通信管理部门既要对通信业务进行管理,也要对通信内容进行管理,具体包括:

(1) 依法对电信和互联网等信息通信服务实行监管,承担互联网行业管理;承担市场秩序、设备进网、服务质量、用户权益和个人信息保护等监管工作。

(2) 指导督促电信企业和互联网企业落实网络与信息安全管理责任,组织开展网络环境和信息治理活动,配合处理网上有害信息,配合打击网络犯罪和防范网络失窃密。[1]

国家网信部门与通信管理部门基于不同的分工,经常合作进行联合执法,国家网信部门做出的一些处罚决定,最终也要通过通信管理部门予以执行。例如,2018年9月,河北省网信办依法依规查处31家违法违规网站,其中涉嫌网络诈骗网站13家,涉嫌赌博游戏网站8家,涉嫌低俗色情网站9家,涉嫌政治类有害信息网站1家。对上述网站,河北省网信办依法警告、暂停更新18家,并会同河北省通信管理部门注销、关停了13家。[2]

(三) 公安机关

公安机关网络安全保卫部门的职责是打击网络信息违法犯罪行为,是维护网络社会安全和秩序的重要力量。公安部网络安全保卫总局和各地网络安全保卫总队负责指导并组织实施互联网违法信息监控和情报信息收集工作,指导、监督、检查并组织实施信息网络违法犯罪案件的查处工作,指导并组织实施信息网络技术侦察工作。

近年来,公安机关一方面通过严厉打击网络攻击、网络诈骗、网络赌博等严重侵害公民生命财产安全的违法犯罪活动以及网上传播极端宗教思想和暴恐活动,来直接进行网络内容安全的管理;另一方面,公安机关与网信、工信、文化等部门配合,通过联合执法来加强网络信息内容安全的管理。例如,2016年7月,公安部为解决网络诈骗违法犯罪非接触、跨地域的特点,启动网络诈骗举报联动处置工作机制。公安部网络违法犯罪举报网站联合国家互联网信息办公室互联网违法和不良信息举报中心,会同地方相关部门及国内主要商业网站,开展了共同防范、联合打击网络诈骗违法犯罪活动的行动。[3]

(四) 文化管理部门

互联网信息内容中许多内容与文化相关,因此文化部门在履行行政管理职责时,对于

---

① 工业和信息化部机构职责(中央编办发〔2015〕17号),http://www.scio.gov.cn/ztk/xwfb/jjfyr/35081/jgjs3 5086/Document/1490727/1490727.htm,2018年12月22日最后访问。

② 9月份河北省网信办依法依规查处31家违法违规网站,http://www.heb.chinanews.com.cn/hbzy/2018100 9384748.shtml,2018年12月22日最后访问。

③ 公安部联合国家互联网信息办公室启动网络诈骗举报联动处置工作机制,http://www.mps.gov.cn/n2254 098/n4904352/c5419918/content.html,2018年12月22日最后访问。

互联网文化产品也要承担相应的信息内容管理职责。《互联网文化管理暂行规定》第六条规定，国家文化部门负责对全国互联网文化单位提供的互联网文化产品和开展的文化活动进行监督管理。县级以上人民政府文化行政部门负责本行政区域内互联网文化活动的监督管理工作。县级以上人民政府文化行政部门或者文化市场综合执法机构对互联网文化活动中违反国家有关法规的行为实施处罚。

(五) 其他主管部门

除了国家网信部门、通信管理部门、公安机关、文化管理部门对网络信息内容进行管理外，各领域的行政主管部门也负责各自领域网络信息内容的管理。据不完全统计，中央层面就有 50 多家机构负责其主管领域的网络信息内容管理。例如，国务院新闻办公室负责互联网新闻的信息内容管理，教育部负责教育网络的信息内容管理，食品药品监督管理局负责药品信息内容的管理，国家新闻出版广电总局负责互联网出版、互联网视听节目的信息内容管理。

在我国网络信息内容安全治理的过程中，多个管理部门之间的协作也是一大特色。从最早期的网吧内容专项治理，到针对互联网视听节目、淫秽色情网站、网络赌博、网络游戏等业务的专项治理，再发展到针对网络侵权盗版的"剑网行动"、打击淫秽色情信息的"净网行动"等，都采用了网信、公安、工信、工商、文化等部门联动的方式，且都取得了较好的治理效果。

三、网络运营者的内容审查义务

对于网络信息内容的治理，除了政府应当履行监管职责外，我国还根据"谁运营谁负责"和"谁接入谁负责"原则，强调网络运营者的"主体责任"，要求网络运营者主动对其运营的网站和提供的网络服务承担信息内容安全管理义务，对用户使用该服务所进行的活动和发布的内容负责。

《网络安全法》第四十七条规定："网络运营者应当加强对其用户发布的信息的管理，发现法律、行政法规禁止发布或者传输的信息的，应当立即停止传输该信息，采取消除等处置措施，防止信息扩散，保存有关记录，并向有关主管部门报告。"该条明确规定了网络服务提供商的安全审查义务，具体包括以下几项内容。

(一) 建立网络信息内容管理制度

网络运营者对于运营平台上的内容，应当从制度上落实内容管理的机构、人员和责任，同时辅之以一定的过滤与审查技术，及时发现用户发布的违法与不良信息，以便及时采取有效措施。鉴于目前网络违法与不良信息态势严峻，我国许多大型互联网公司设置了专门的管理机构，并招聘了大量内容审查人员履行信息内容审查职责。例如，今日头条成立了国内最大的审核编辑机构，该机构人数已经超过 4000 人(含海外产品)，专门负责对今日头条平台上的内容进行审核。①

---

① 今日头条将打造国内最大的内容审核编辑团队，http://finance.sina.com.cn/roll/2018-01-03/doc-ifyqiwuw5770577.shtml，2018 年 12 月 22 日最后访问。

相关的规范性文件中对此义务还有细化的规定。例如，《互联网用户账号名称管理规定》第四条详细说明了对于"账号名称"这一细分领域，如何建立网络信息内容管理制度，具体包括"落实安全管理责任，完善用户服务协议，明示互联网信息服务使用者在账号名称、头像和简介等注册信息中不得出现违法和不良信息，配备与服务规模相适应的专业人员，对互联网用户提交的账号名称、头像和简介等注册信息进行审核，对含有违法和不良信息的，不予注册；保护用户信息及公民个人隐私，自觉接受社会监督，及时处理公众举报的账号名称、头像和简介等注册信息中的违法和不良信息"。

(二) 公示并告知用户

《网络安全法》第四十八条规定："任何个人和组织发送的电子信息、提供的应用软件，不得设置恶意程序，不得含有法律、行政法规禁止发布或者传输的信息。"该条的法律效力可以从两个方面来看，一是规定了网络用户本身的禁止性行为，即不得发送、传播任何违法与不良信息；二是网络服务商应当公示并告知用户这一义务。在实践中，告知的方式一般是以用户协议的方式在用户注册账号时即明确告知其不得发布任何含有法律、行政法规禁止发布或者传输的信息。

例如，新浪微博在《微博服务使用协议》第 4.10 条将违法与不良信息的"九不准"转化为协议条款，第 4.12 条规定了微博官方的审查权利，如表 9.2.2 所示。

表 9.2.2　新浪微博服务使用协议

4.10
用户在使用微博服务过程中，必须遵循以下原则：
4.10.1 不得违反中华人民共和国法律法规及相关国际条约或规则；
4.10.2 不得违反与网络服务、微博服务有关的网络协议、规定、程序及行业规则；
4.10.3 不得进行任何可能对互联网或移动网正常运转造成不利影响的行为；
4.10.4 不得上传、展示或传播任何不实虚假、冒充性的、骚扰性的、中伤性的、攻击性的、辱骂性的、恐吓性的、种族歧视性的、诽谤诋毁、泄露隐私、色情淫秽、恶意抄袭、暴力、血腥、自杀、自残的或其他任何非法的信息资料；
4.10.5 不得侵犯任何个人、企业事业单位或社会团体的合法权益，包括但不限于专利权、著作权、商标权，或姓名权、名称权、名誉权、荣誉权、肖像权、隐私权等；
4.10.6 不得以任何方式损害各级国家机关及政府形象；
4.10.7 不得以任何方式损害微博运营方及其关联公司的商誉或信誉等合法权益；
4.10.8 不得从事其他任何影响微博运营方正常运营、破坏微博经营模式或其他有害微博生态的行为；
4.10.9 不得为其他任何非法目的而使用微博服务。
4.12
微博运营方有权对用户使用微博服务的行为及信息进行审查、监督及处理,包括但不限于用户信息(账号信息、个人信息等)、发布内容(位置、文字、图片、音频、视频、商标、专利、出版物等)、用户行为(构建关系、@信息、评论、私信、参与话题、参与活动、营销信息发布、举报投诉等)等范畴。

(三) 及时处置违法信息

当网络运营者发现其用户发布违法信息时，应当如何进行处置？《网络安全法》第四十七条规定了 4 个措施：① 立即停止传输该信息；② 采取消除等处置措施；③ 保存有关记录；④ 向有关主管部门报告。前两项措施的目的是及时消除影响，防止信息扩散；后两项措施的目的是查明责任人，明晰法律责任，《互联网信息服务管理办法》第十六条也有类似的规定。[①]

(四) 建立投诉与举报制度

为了提升违法与不良信息的发现率，动员全社会参与到网络信息内容的治理中来，《网络安全法》第四十九条规定："网络运营者应当建立网络信息安全投诉、举报制度，公布投诉、举报方式等信息，及时受理并处理有关网络信息安全的投诉和举报。"网络运营者处理举报与投诉不及时的，主管部门会约谈并采取一定的措施。例如，在新闻信息服务领域，《互联网新闻信息服务单位约谈工作规定》第四条规定，互联网新闻信息服务单位未及时处理公民、法人和其他组织关于互联网新闻信息服务的投诉、举报，情节严重的，国家互联网信息办公室、地方互联网信息办公室可对其主要负责人、总编辑等进行约谈。

目前我国大型互联网网站主要通过两种方式建立投诉与举报制度，一种是自建，即在自己平台上设置举报机制；另一种是在主页设置链接，链接至国家"违法与不良信息举报中心"的网站，用户在发现违法与不良信息后，可以及时在该平台上进行举报。如图 9.2.2 所示，单击新浪网首页右上角网上有害信息举报专区图标，则网页自动跳转至中央网信办违法和不良信息举报中心。

图 9.2.2　互联网投诉举报机制

(五) 配合监督检查的义务

《网络安全法》第四十九条规定了网络运营者有配合监督检查的义务。国家管理部门

[①] 《互联网信息服务管理办法》第十六条："互联网信息服务提供者发现其网站传输的信息明显属于本办法第十五条所列内容之一的，应当立即停止传输，保存有关记录，并向国家有关机关报告。"

在依法实施网络信息内容安全的监督检查时，网络运营者依法应予以配合，并提供相关数据和技术支持。

四、网络信息内容安全执法程序

2017 年 6 月 1 日，国家互联网信息办公室制定了《互联网信息内容管理行政执法程序规定》，该规定从以下几个方面规范了网络信息内容管理的行政执法程序。

(一) 管辖

1. 地域管辖

行政处罚由违法行为发生地互联网信息内容管理部门管辖，违法行为发生地应作广义理解，具体包括实施违法行为的网站备案地工商登记地(工商登记地与主营业地不一致的，应按主营业地)，网站建立者、管理者、使用者所在地，网络接入地，计算机等终端设备所在地等。

2. 管辖权转移

各级互联网信息内容管理部门负责本行政区域内违法案件的管辖，上级互联网信息内容管理部门可直接办理下级互联网信息内容管理部门管辖的案件，也可将自己管辖的案件移交下级部门。

3. 移送管辖

互联网信息内容管理部门发现案件不属于其管辖的，应当及时移送有管辖权的互联网信息内容管理部门。出现当事人的同一违法行为，有两个以上互联网信息内容管理部门均有管辖权的情况，应当由先行立案的互联网信息内容管理部门管辖；必要时，可以移送主要违法行为发生地的互联网信息内容管理部门管辖。

互联网信息内容管理部门发现属于其他行政机关管辖的，应当依法移送有关机关，发现违法行为涉嫌犯罪的，应当及时移送司法机关。

(二) 调查取证

1. 人员与回避

执法人员在进行调查取证时人数不少于两名，必要时可以聘请专业人员进行协助。在可能影响案件公正处理的情况下，执法人员应当自行回避。向案件当事人收集、调取证据的，应当告知其有申请办案人员回避的权利。向有关单位、个人收集、调取证据时，应当告知其有如实提供证据的义务。执法人员对在办案过程中知悉的国家秘密、商业秘密、个人隐私、个人信息应当依法保密。

2. 证据

在办案过程中，办案人员可依法收集的证据类型包括电子数据、视听资料、书证、物证、证人证言、当事人的陈述、鉴定意见、检验报告、勘验笔录、现场笔录、询问笔录等。收集和保全电子数据证据，互联网信息内容管理部门可以采取现场取证，远程取证，责令有关单位、个人固定和提交证据等措施。现场取证、远程取证结束后应当制作"电子取证工作记录"。

(三) 调查措施

1. 立案前的初查取证

在立案前，互联网信息内容管理部门不得限制初查对象的人身、财产权利，但可以采取询问、勘验、检查、鉴定、调取证据材料等调查措施，进行取证。

2. 立案后的调查取证

在立案后，互联网信息内容管理部门可以对物品、设施、场所采取先行登记保存等措施。对需要先行登记保存的物品，要先经互联网信息内容管理部门负责人批准，违法事实不成立或者违法事实成立但依法不应当予以没收的，应当在 7 日内解除先行登记保存。

3. 委托调查取证

互联网信息内容管理部门在办案过程中需要其他地区互联网信息内容管理部门协助调查、取证的，应当出具委托调查函。

4. 约谈

除了以上的调查措施，根据调查的具体情况，互联网信息内容管理部门还可以组织听证或者以约谈的方式进行调查。

(四) 行政处罚措施

拟做出行政处罚决定的，应当报互联网信息内容管理部门负责人审查，互联网信息内容管理部门负责人根据不同情况，分别做出如下决定：① 确有应受行政处罚的违法行为的，根据情节轻重及具体情况，做出行政处罚决定；② 违法行为轻微，依法可以不予行政处罚的，不予行政处罚；③ 违法事实不能成立的，不予行政处罚；④ 违法行为已构成犯罪的，移送司法机关。对情节复杂或者重大违法行为给予较重的行政处罚，互联网信息内容管理部门负责人应当集体讨论决定。

具体的行政处罚措施主要包括：

(1) 警告、责令改正、没收违法所得。网络运营者对法律、行政法规禁止发布或者传输的信息未停止传输、采取消除等处置措施、保存有关记录的，电子信息发送服务提供者和应用软件下载服务提供者知道其用户设置恶意程序，发布或传输法律、行政法规禁止的信息的，未停止提供服务，采取消除等处置措施，保存有关记录，由有关主管部门责令改正，给予警告，没收违法所得。

(2) 罚款、责令暂停相关业务、停业整顿、关闭网站、吊销相关业务许可证或者吊销营业执照。网络运营者、电子信息发送服务提供者和应用软件下载服务提供者，有以上的情形，有关主管部门责令改正，给予警告后拒不改正或者情节严重的，处十万元以上五十万元以下罚款，并可以责令暂停相关业务、停业整顿、关闭网站、吊销相关业务许可证或者吊销营业执照，对直接负责的主管人员和其他直接责任人员处一万元以上十万元以下罚款。

(3) 拘留、罚款。任何个人和组织设立用于实施违法犯罪活动的网站、通信群组，或者利用网络发布涉及实施违法犯罪活动的信息，尚不构成犯罪的，由公安机关处五日以下拘留，可以并处一万元以上十万元以下罚款；情节较重的，处五日以上十五日以下拘留，可以并处五万元以上五十万元以下罚款，关闭用于实施违法犯罪活动的网站、通信群组。单位有前述行为的，由公安机关处十万元以上五十万元以下罚款，并对直接负责的主管人员和其他直接责任人员依照前款规定处罚。

第三节　特定领域网络信息内容管理

除了上述一般性规定外，对于一些特定类型的网络信息，如网络游戏、网络直播、即时通信等，国家网信部门及相关部门还制定了专门的规范性文件，以实现对该领域内容的专门性管理。

一、网络游戏内容管理

网络游戏是指由软件程序和信息数据构成，通过互联网、移动通信网等信息网络提供的游戏产品和服务。[1]截至 2018 年 6 月，我国网络游戏用户规模达 4.8 亿，网民使用率为60.6%。从产值上看，仅 2018 年 1～5 月，网络游戏(包括客户端游戏、手机游戏、网页游戏等)业务收入 743 亿元，同比增长 24.5%。[2]因此，网络游戏已经成为我国文化产业的重要组成部分。

网络游戏不同于一般的文化产品，其参与性、互动性对于特别是青少年用户具有巨大的吸引力，甚至影响用户的价值观和人生观。一些游戏通过设计致人沉迷，还有少数游戏产品传播违法与不良信息或存在价值观导向偏差。此外，互联网上大量存在的黄赌毒信息也在日益侵蚀网络游戏这一行业。2018 年 1 月 25 日，文化部公布了六起典型违法案件，北京微游互动网络科技有限公司等 6 家公司运营的网络游戏中，均含有色情、赌博等法律禁止的内容。[3]2017 年，全国公安机关通过群众举报受理、自律联盟和行业协会组织等渠道，依法查处涉嫌网络赌博、血腥暴力、色情低俗的"德扑圈""德友圈""魔域"等网络游戏应用程序 3975 款。[4]在当前网络游戏内容安全态势严峻的背景下，加强网络游戏的内容审查，是目前互联网信息内容审查的一个重要工作。

(一) 审查依据

网络游戏内容的审查，除了依据本章第二节关于网络信息内容安全审查的一般性规定外，还应当遵循网络游戏这一文化产品的特殊规范性文件，具体如表 9.3.1 所示。

---

[1] 网络游戏管理暂行办法，http://www.gov.cn/flfg/2010-06/22/content_1633935.htm，2018 年 12 月 22 日最后访问。

[2] 第 42 次《中国互联网络发展状况统计报告》，http://www.cnnic.net.cn/hlwfzyj/hlwxzbg/hlwtjbg/201808/t20180820_70488.htm，2018 年 12 月 22 日最后访问。

[3] 文化部公布六起典型案件：加强网游市场监管　严查违法违规内容，http://game.people.com.cn/n1/2018/0124/c40130-29782918.html，2018 年 12 月 22 日最后访问。

[4] 全国公安机关查处 3975 款涉嫌网赌、暴力色情等网络游戏，http://www.sohu.com/a/224702833_162522，2018 年 12 月 22 日最后访问。

表 9.3.1　网络游戏内容审查相关规定

序号	名　称	发布时间	发布机构
1	《文化部关于加强网络游戏产品内容审查工作的通知》(文市发〔2004〕14 号)	2004 年 5 月 14 日	文化部
2	《网络游戏管理暂行办法》(文化部令第 49 号)	2010 年 6 月 3 日	文化部
3	《互联网文化管理暂行规定》(文化部令第 51 号)	2011 年 2 月 17 日	文化部

其中,《网络游戏管理暂行办法》是目前网络游戏内容审查的主要依据,它系统地对网络游戏的娱乐内容、市场主体、经营活动、运营行为和法律责任等方面做出明确规定,是进行网络游戏内容审查的操作指南。

(二) 审查机关

国务院文化行政部门是网络游戏的主管部门,负责网络游戏内容审查,并聘请有关专家承担网络游戏内容审查、备案与鉴定的有关咨询和事务性工作。县级以上人民政府文化行政部门依照职责分工负责本行政区域内网络游戏的监督管理。

(三) 审查内容

1. 一般内容审查

网络游戏不得含有以下内容:

(1) 违反宪法确定的基本原则的。

(2) 危害国家统一、主权和领土完整的。

(3) 泄露国家秘密、危害国家安全或者损害国家荣誉和利益的。

(4) 煽动民族仇恨、民族歧视,破坏民族团结,或者侵害民族风俗、习惯的。

(5) 宣扬邪教、迷信的。

(6) 散布谣言,扰乱社会秩序,破坏社会稳定的。

(7) 宣扬淫秽、色情、赌博、暴力,或者教唆犯罪的。

(8) 侮辱、诽谤他人,侵害他人合法权益的。

(9) 违背社会公德的。

(10) 有法律、行政法规和国家规定禁止的其他内容的。

与"九不准"相比较,网络游戏内容审查的范围增加了"违背社会公德"这一项内容。特别需要指出的是,当前我国互联网上存在大量进口网络游戏,并占据了主要的游戏市场。《网络游戏暂行管理办法》明确,进口网络游戏应当在获得国务院文化行政部门内容审查批准后方可运营,同样适用前述标准进行审查。

2. 特殊内容审查

基于网络游戏运营过程中游戏主体、游戏内容的特殊性,还应当对以下内容进行审查:

(1) 涉及未成年人的内容审查。基于未成年人保护的需要,以未成年人为对象的网络游戏不得含有诱发未成年人模仿违反社会公德的行为和违法犯罪的行为的内容,以及恐怖、残酷等妨害未成年人身心健康的内容。网络游戏经营单位应当按照国家规定,采取技术措施，禁止未成年人接触不适宜的游戏或者游戏功能，限制未成年人的游戏时间，预防未成年人沉迷网络。

(2) 涉及虚拟货币内容的审查。基于国家金融秩序稳定的考虑，网络游戏运营企业发行网络游戏虚拟货币的，应当遵守以下规定：① 网络游戏虚拟货币的使用范围仅限于兑换网络游戏运营企业自身提供的网络游戏产品和服务，不得用于支付、购买实物或者兑换其他单位的产品和服务；② 发行网络游戏虚拟货币不得以恶意占用用户预付资金为目的；③ 保存网络游戏用户的购买记录。保存期限自用户最后一次接受服务之日起，不得少于180 日；④ 将网络游戏虚拟货币发行种类、价格、总量等情况按规定报送注册地省级文化行政部门备案。

(四) 运营者义务

网络游戏运营者应当建立自审制度，明确专门部门，配备专业人员负责网络游戏内容和经营行为的自查与管理，保障网络游戏内容和经营行为的合法性。网络游戏运营单位发现网络游戏用户发布违法信息的，应当依照法律规定或者服务协议立即停止为其提供服务，保存有关记录并向有关部门报告。

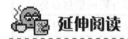 **延伸阅读**
....

国产网游《花千骨》含色情低俗内容被查处①

2018 年 8 月，天津市文化市场行政执法总队在开展网络游戏专项整治行动过程中，执法人员通过网络远程勘验发现天津天象互动科技有限公司经营的国产网络游戏《花千骨》含有违背社会公德内容。该游戏内提供的部分女性角色服饰类道具，玩家选择穿戴后出现不同程度的裙摆下隐私部位未着衣物。

根据《网络游戏管理暂行办法》第九条第(九)项的规定，该游戏被认定为含有违背社会公德内容。依据《网络游戏管理暂行办法》第三十条第(一)项规定，应由县级以上文化行政部门或者文化市场综合执法机构责令改正，没收违法所得，并处 1 万元以上 3 万元以下罚款；情节严重的，责令停业整顿直至吊销《网络文化经营许可证》；构成犯罪的，依法追究刑事责任。

本案中，天津市文化市场行政执法总队执法人员据此对该公司做出罚款人民币 3 万元、没收违法所得人民币 76 250.92 元的行政处罚。

二、互联网新闻信息服务内容管理

互联网新闻信息服务是指通过网站、应用程序、论坛、博客、微博客、公众账号、即时通信工具、网络直播等形式向社会公众提供新闻信息的一种内容服务，包括互联网新闻

---

① 天津：查处一起提供含有色情低俗等禁止内容的网络游戏产品和服务案，http://www.shdf.gov.cn/shdf/contents/2837/384088.html，2018 年 12 月 11 日最后访问。

信息采编发布服务、转载服务、传播平台服务等。①截至 2018 年 6 月，我国网络新闻用户规模为 6.63 亿，网民使用比例为 82.7%；手机网络新闻用户规模达到 6.31 亿，占手机网民的 80.1%。从数据上看，网络新闻已经成为用户获知时事资讯的最主要的渠道。新闻媒体网站的发展和手机网络新闻用户规模的扩大，使得新闻信息的传播速度更快、范围更广，但也带来了新闻失实甚至涉嫌诈骗等问题。2015 年 9 月，国家新闻出版广电总局公开通报《扬子晚报》等 15 家媒体刊登虚假失实报道的查办情况，共有 15 家媒体和 17 名采编人员被处罚和处理；②2016 年 4 月 22 日，国家新闻出版广电总局公开通报《财经》杂志微信公众号等 15 家媒体发布虚假失实报道的查办情况③。这表明互联网新闻内容也存在大量的违法与不良信息，需要进行监管和审查。

(一) 审查依据

互联网新闻信息服务内容的审查，除了依据本章第二节关于网络信息内容安全审查的一般性规定外，还应当遵循互联网新闻特殊审查的规范性文件，具体如表 9.3.2 所示。

表 9.3.2 互联网新闻信息服务内容审查相关规定

序号	名 称	发布时间	发布机构
1	《互联网新闻信息服务单位约谈工作规定》	2015 年 04 月 28 日	国家互联网信息办公室
2	《互联网新闻信息服务管理规定》	2017 年 5 月 2 日	国家互联网信息办公室
3	《互联网新闻信息服务新技术新应用安全评估管理规定》	2017 年 10 月 30 日	国家互联网信息办公室

其中，《互联网新闻信息服务管理规定》是互联网新闻信息服务的主要审查依据，它系统地对新闻信息服务提供商的服务资质审查、服务运行、内容审查及相关法律责任做出了明确规定。

(二) 审查机关

国家互联网信息办公室负责全国互联网新闻信息服务的监督管理执法工作，地方互联网信息办公室依据职责负责本行政区域内互联网新闻信息服务的监督管理执法工作。国家互联网信息办公室会同国务院电信、公安、新闻出版广电等部门建立信息共享机制，加强工作沟通和协作配合，依法开展联合执法等专项监督检查活动。

(三) 审查内容

互联网新闻信息服务的审查内容如下：

(1) 一般内容审查。互联网新闻信息服务提供者和用户不得制作、复制、发布、传播法律、行政法规禁止的信息内容，应当遵循网络信息内容审查的一般性规定。

---

① 互联网新闻信息服务单位许可信息，http://www.cac.gov.cn/2018-09/10/c_1122842142.htm，2018 年 12 月 22 日最后访问。

② 国家新闻出版广电总局公开通报 15 家媒体刊发虚假失实报道的查处情况，http://www.xinhuanet.com/politics/2015-09/28/c_1116698187.htm，2018 年 12 月 11 日最后访问。

③ 国家新闻出版广电总局公开通报 15 家媒体发布虚假失实报道的查处情况，http://www.gov.cn/xinwen/2016-04/23/content_5067101.htm，2018 年 12 月 11 日最后访问。

(2) 特殊内容审查。互联网新闻信息服务提供者转载新闻信息，应当转载中央新闻单位或省、自治区、直辖市直属新闻单位等国家规定范围内的单位发布的新闻信息，注明新闻信息来源、原作者、原标题、编辑真实姓名等，不得歪曲、篡改标题原意和新闻信息内容，并保证新闻信息来源可追溯。

（四）运营者义务

互联网新闻信息服务提供商应当设立专人对互联网新闻信息内容负总责，同时应当健全信息发布审核、公共信息巡查、应急处置等信息安全管理制度及相关技术保证措施，并建立监督管理制度。

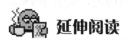 延伸阅读

今日头条、凤凰新闻违法传播新闻信息被查处[①]

2017 年 12 月，今日头条和凤凰新闻手机客户端违反国家有关互联网法律法规和管理要求，传播色情低俗信息。今日头条在尚未获得互联网新闻信息服务资质的情况下，手机客户端违规转载新闻信息，且"标题党"问题突出，严重干扰了网上传播秩序；凤凰新闻手机客户端违规自采和转载新闻信息，扰乱了网上传播秩序。

《互联网新闻信息服务管理规定》第十五条、十六条规定，互联网新闻信息服务提供者转载新闻信息时，不得歪曲、篡改标题原意和新闻信息内容，并保证新闻信息来源可追溯，并且不得制作、复制、发布、传播法律、行政法规禁止的信息内容；第二十四条、第二十五条明确了违反上述条文的法律责任。

根据上述规定，2017 年 12 月 29 日，国家互联网信息办公室指导北京市互联网信息办公室，针对今日头条、凤凰新闻手机客户端持续传播色情低俗信息、违规提供互联网新闻信息服务等问题，分别约谈两家企业负责人，责令企业立即停止违法违规行为。

三、互联网直播服务内容管理

互联网直播是基于互联网平台，以视频、音频、图文等形式向公众持续发布实时信息的活动。互联网直播服务提供者是指提供互联网直播平台服务的主体。[②]截至 2018 年上半年，我国互联网直播用户规模达到 4.25 亿，占网民使用率的 53.0%[③]，互联网直播已经成为公众生活中非常重要的文化产品。

作为一种新兴媒体，互联网直播一方面发展迅猛，另一方面内容参差不齐，许多内容

---

① 北京网信办约谈今日头条、凤凰新闻手机客户端负责人　两家企业将暂停部分频道内容更新，http:// www.cac.gov.cn/2017-12/29/c_1122187494.htm，2018 年 12 月 22 日最后访问。

② 互联网直播服务管理规定，http://www.cac.gov.cn/2016-11/04/c_1119847629.htm，2018 年 12 月 22 日最后访问。

③ 第 42 次《中国互联网络发展状况统计报告》，http://www.cnnic.net.cn/hlwfzyj/hlwxzbg/hlwtjbg/201808/t2 0180820_70488.htm，2018 年 12 月 22 日最后访问。

导向存在明显偏差，或以色情低俗内容吸引眼球，或宣扬奢靡生活和拜金主义，或直播虐杀动物、聚众斗殴、飙酒等暴力猎奇和违法有害内容，社会影响极为恶劣，部分平台甚至成为违法和不良信息滋生传播的"重灾区"。因此，加强对互联网直播内容的监管是当前网络信息内容安全审查的重要内容。

(一) 审查依据

对于互联网直播内容的审查，除了依据本章第二节关于网络信息内容安全审查的一般性规定外，还应当遵循互联网直播特殊审查的规范性文件，即《互联网直播服务管理规定》。《互联网直播服务管理规定》由国家互联网信息办公室于 2016 年 11 月 4 日发布，它系统地对互联网直播的内容、监管主体、主体资质及相关义务做出了明确的规定，是互联网直播内容审查的指南。

(二) 审查机关

国家互联网信息办公室负责全国互联网直播服务信息内容的监督管理执法工作。地方互联网信息办公室依据职责负责本行政区域内的互联网直播服务信息内容的监督管理执法工作。国务院相关管理部门依据职责对互联网直播服务实施相应监督管理。

(三) 审查内容

互联网直播服务提供者和服务使用者不得利用互联网直播服务从事危害国家安全、破坏社会稳定、扰乱社会秩序、侵犯他人合法权益、传播淫秽色情等法律法规禁止的活动，不得利用互联网直播服务制作、复制、发布、传播法律法规禁止的信息内容。

互联网直播发布者发布新闻信息，应当真实准确，客观公正；转载新闻信息应当完整准确，不得歪曲新闻信息内容，并在显著位置注明来源，保证新闻信息来源可追溯。

(四) 运营者义务

互联网直播服务提供者应积极落实企业主体责任，健全信息审核、信息安全管理、值班巡查、应急处置、技术保障等制度，并组建与服务相适应的技术团队。对直播实施分级分类管理，建立互联网直播发布者信用等级管理体系，建立黑名单管理制度。互联网直播服务提供者应当加强对评论、弹幕等直播互动环节的实时管理，配备相应管理人员。

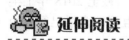 **延伸阅读**

浙江省松阳县查处短视频平台传播淫秽视频①

2018 年 7 月 28 日，浙江省松阳县网警打掉了一个专门搭建网络直播平台、以传播淫秽视频牟取暴利的犯罪团伙，并捣毁了 4 个涉黄涉赌的直播平台，冻结涉案资金 500 多万

---

① 涉黄又涉赌，这个犯罪团伙的成员多为 90 后，http://www.chinapeace.gov.cn/2018-07/27/content_114756
32.htm，2018 年 12 月 22 日最后访问。

元。该犯罪团伙先后共搭建、经营了 5 个直播平台，并利用 QQ 群发布 APP 网络直播平台链接，直播淫秽色情信息或网络赌博的内容。其中，一部分网络直播间由团伙自己经营，以淫秽色情表演等低俗内容来吸引网民充值；另一部分直播房间，犯罪团伙直接将其对外出租，由赌博团伙操纵，在手机直播平台上开场设局进行网络赌博。

根据《互联网直播服务管理规定》第九条，互联网直播服务提供者以及互联网直播服务使用者不得利用互联网直播服务从事传播淫秽色情等法律法规禁止的活动，不得利用互联网直播服务制作、复制、发布、传播法律法规禁止的信息内容。情节严重的，还可能构成制作、复制、出版、贩卖、传播淫秽物品牟利罪。

因此，在网络直播中传播淫秽视频的，不仅违反了《网络安全法》及相关规定，同时违反了《刑法》，浙江松阳警方对涉案人员进行了抓捕。

四、互联网信息搜索服务内容管理

互联网信息搜索服务是指运用计算机技术从互联网上搜集、处理各类信息供用户检索的服务。[1]截至 2018 年 6 月，我国互联网信息搜索服务用户规模为 6.56 亿，网民使用率为81.9%，系网民使用的互联网信息服务中排名第二的高频服务。[2]近年来，互联网信息搜索服务市场流量争夺激烈，各大搜索企业不断加大对人工智能的投入，增强搜索引擎的精准性。但基于商业的考虑，信息搜索服务在内容上也出现了一系列偏差，如搜索排名，价高者得；搜索平台，把关缺失；搜索信息，虚假成灾；搜索路径，陷阱重重。[3]

互联网信息搜索是信息时代的"导航仪"，是互联网信息检索服务的通用工具，其搜索结果具有广泛的社会认可度和影响力，具有较强的公共属性。但同时，互联网搜索也是一种商业服务，企业有权利通过各种合法技术和途径获取商业利益(如通过商业竞价排名、关键词付费搜索等)。因此，互联网信息搜索服务一直是互联网信息管理与审查的难点。

(一) 审查依据

对于互联网信息搜索服务内容的审查，除了依据本章第二节关于网络信息内容安全审查的一般性规定外，还应当遵循互联网信息搜索特殊审查的规范性文件，即《互联网信息搜索服务管理规定》。《互联网信息搜索服务管理规定》由国家互联网信息办公室于 2016 年6 月 25 日发布，它系统地对互联网信息搜索服务的管理章程、内容监管、盈利措施及举报监督等做出了明确的规定，是互联网直播内容审查的指南。

(二) 审查机关

国家互联网信息办公室负责全国互联网信息搜索服务的监督管理执法工作，地方互联

---

① 互联网信息搜索服务管理规定，http://www.cac.gov.cn/2016-06/25/c_1119109085.htm，2018 年 12 月 22日最后访问。

② 第 42 次《中国互联网络发展状况统计报告》，http://www.cnnic.net.cn/hlwfzyj/hlwxzbg/hlwtjbg/201808/t20180820_70488.htm，2018 年 12 月 22 日最后访问。

③ 网站搜索以价排名　网络内容建设亟待加强，http://www.cac.gov.cn/2016-06/30/c_1119137811.htm，2018年 12 月 11 日最后访问。

网信息办公室依据职责负责本行政区域内互联网信息搜索服务的监督管理执法工作。互联网信息搜索服务行业组织应当建立健全行业自律制度和行业准则，指导互联网信息搜索服务提供者建立健全服务规范，督促互联网信息搜索服务提供者依法提供服务，接受社会监督，进而提高互联网信息搜索服务从业人员的职业素养。

(三) 审查内容

1. 一般内容审查

互联网信息搜索服务提供者不得以链接、摘要、快照、联想词、相关搜索、相关推荐等形式提供含有法律法规禁止的信息内容，即不得含有违法与不良信息"九不准"的内容，这属于常规审查。

2. 特殊内容审查

(1) 基于互联网信息搜索的公共属性，互联网信息搜索服务提供者应当提供客观、公正、权威的搜索结果，不得损害国家利益、公共利益，以及公民、法人和其他组织的合法权益。

(2) 互联网信息搜索同时也是一种商业行为，尤其对付费搜索信息服务。因为长期对其性质界定不清，同时缺乏规范，导致了诸多因信息搜索而产生的悲剧。例如，在"魏则西案"中，大学生魏则西在搜索其所患有的"滑膜肉瘤"的关键词时，被搜索引擎引导至武警北京总队第二医院，在花费将近 20 万元医药费后，不治身亡。事后发现，百度公司向民营医院收取高额的搜索广告费，任何用户在搜索相关疾病的关键词时，均会被搜索引擎有意引导至该医院。基于商业考虑，百度公司甚至没有严格审核这些医院的资质，由此引发了公众对搜索引擎商业化与公益性的讨论。

针对这一乱象，《互联网信息搜索服务管理规定》明确规定，互联网信息搜索服务提供者在提供付费搜索信息服务时，应当依法查验客户有关资质，明确付费搜索信息页面比例上限，醒目区分自然搜索结果与付费搜索信息，对付费搜索信息逐条加注显著标识。互联网信息搜索服务提供者提供商业广告信息服务，应当遵守相关法律法规。这一规定承认了搜索引擎的商业性质，但同时也要求对商业搜索予以明示，并审查客户资质，建立了搜索引擎商业化的基本模式。

(四) 运营者义务

互联网信息搜索服务提供者不得提供含有法律法规禁止的信息内容，在提供服务过程中，发现搜索结果明显含有法律法规禁止内容的信息、网站及应用，应当停止提供相关搜索结果，保存有关记录，并及时向国家或者地方互联网信息办公室报告。

互联网信息搜索服务提供者应当建立健全公众投诉、举报和用户权益保护制度，依法承担对用户权益造成损害的赔偿责任。互联网信息搜索服务提供者应当落实主体责任，建立健全信息审核、公共信息实时巡查、应急处置及个人信息保护等信息安全管理制度，具有安全可控的防范措施，为有关部门依法履行职责提供必要的技术支持。

互联网信息搜索服务提供者及其从业人员不得通过断开相关链接或者提供含有虚假信息的搜索结果等手段，牟取不正当利益。

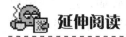延伸阅读

百度因发布含有迷信内容的广告被罚 60 万元①

百度网盟是北京百度网讯科技有限公司(以下简称百度)旗下为 30 万网站合作伙伴进行投放和传播的平台,通过多种定向方式帮助客户锁定目标人群,并以丰富的样式将客户的推广信息展现在目标人群浏览的各类网页上。2018 年北京市工商行政管理局海淀分局第 2286 号行政处罚决定书显示,2017 年 2 月~2018 年 1 月百度通过百度网盟给多家企业发布违法内容广告,其中甚至有假借宗教及知名宗教界人士名义牟利的违法广告。例如,某广告内容竟然是某著名宗教界人士为您"改运旺运"、宗教界人士"奉请了一批吉祥法物"等;有的广告直接宣扬宿命论:"你的生肖决定了你这辈子是穷苦命还是富贵命!"2018 年 11 月 20 日,北京市工商行政管理局海淀分局对百度根据《中华人民共和国广告法》的规定做出没收广告费用并罚款 60 万元的处罚决定。

根据《互联网信息搜索服务管理规定》第十条、十一条规定,互联网信息搜索服务提供者应当提供客观、公正、权威的搜索结果,不得损害国家利益、公共利益,以及公民、法人和其他组织的合法权益。互联网信息搜索服务提供者提供商业广告信息服务,应当遵守相关法律法规。

根据《中华人民共和国广告法》第九条第(八)项的规定,广告不得有含有淫秽、色情、赌博、迷信、恐怖、暴力的内容,百度以上行为已构成发布含有迷信内容广告的违法行为。依据《中华人民共和国广告法》第五十七条第(一)项的规定,发布有本法第九条规定的禁止情形的广告的由工商行政管理部门责令停止发布广告,对广告主处二十万元以上一百万元以下的罚款,情节严重的,并可以吊销营业执照,由广告审查机关撤销广告审查批准文件,一年内不受理其广告审查申请;对广告经营者、广告发布者,由工商行政管理部门没收广告费用,处二十万元以上一百万元以下的罚款,情节严重的,并可以吊销营业执照、吊销广告发布登记证件。

五、互联网视听节目服务内容管理

互联网视听节目服务是指制作、编辑、集成,并通过互联网向公众提供视音频节目,以及为他人提供上载传播视听节目服务的活动。②互联网视听节目平台已经串联视频、文学、漫画、音乐、线下娱乐、智能娱乐硬件等多个领域,构建了以影视内容为核心、衍生内容为辅助的内容生态布局,成为互联网文化传播的重要平台。但一些网站基于商业利益的考虑,为追求高点击率,将低俗元素作为制胜法宝,无底线、无节操,甚至严重

---

① 北京市工商行政管理局海淀分局 行政处罚决定书(京工商海处字〔2018〕第 2286 号),http://qyxy.baic. gov.cn/newChange/newChangeAction!getCreditInfoDetail.dhtml?ent_id=DCBB0FD56D324C87AD672F5D 35EA3437&info_categ=040178&chr_id=bj_fzc_hd_fzk_jch_hdsongwei__20170801__4161220&docno=un defined&ent_name=&random=56105,2018 年 12 月 11 日最后访问。

② 互联网视听节目服务管理规定,http://www.cac.gov.cn/2007-12/21/c_1112139286.htm,2018 年 12 月 22 日最后访问。

违法的内容污染了网络空间。由于视听内容监管成本较高，执法力度较弱，这在一定程度上也纵容了违法内容的传播，虽然有关部门三令五申，但仍有一些网站平台屡屡触碰红线。

2018年1月19日，文化部监测到所谓"儿童邪典片"网络舆情后，立即部署百度、腾讯、优酷、爱奇艺等主要互联网文化单位开展排查清理工作，累计下线动漫视频27.9万余条，封禁违规账号1079个。[①]2018年，国家版权局在打击网络侵权盗版"剑网2018"专项行动中，15家重点短视频平台共下架删除各类涉嫌侵权盗版短视频作品57万部，严厉打击涉嫌侵权盗版的违规账号，采取封禁账号、停止分发、扣分禁言等措施予以清理。[②]

(一) 审查依据

早在2007年，原信息产业部就出台了《互联网视听节目服务管理规定》(信息产业部令第56号)。互联网视听节目服务内容的审查，除了依据一般性网络信息内容安全审查规定外，还应遵循《互联网视听服务管理规定》的要求。《互联网视听服务管理规定》系统地对互联网视听节目服务的资质审查、内容监管、监督配合、法律责任等做出了明确规定。

(二) 审查机构

国务院广播电影电视主管部门作为互联网视听节目服务的行业主管部门，负责对互联网视听节目服务实施监督管理，统筹互联网视听节目服务的产业发展、行业管理、内容建设和安全监管。国务院信息产业主管部门作为互联网行业主管部门，依据电信行业管理职责对互联网视听节目服务实施相应的监督管理。地方人民政府广播电影电视主管部门和地方电信管理机构依据各自职责对本行政区域内的互联网视听节目服务单位及接入服务实施相应的监督管理。

互联网视听节目服务单位组成的全国性社会团体负责制定行业自律规范，倡导文明上网、文明办网，营造文明健康的网络环境，传播健康有益的视听节目，抵制腐朽落后思想文化传播，并在国务院广播电影电视主管部门指导下开展活动。

(三) 审查内容

1. 一般内容审查

互联网视听节目服务单位提供的、网络运营单位接入的视听节目应当符合法律、行政法规、部门规章的规定；视听节目不得含有"九不准"内容以及有关法律、行政法规和国家规定禁止的其他内容。

2. 特殊内容审查

基于互联网视听节目服务的特殊性，《互联网视听服务管理规定》还要求服务商应当

---

① 文化部严查危害未成年人身心健康的网络动漫游戏产品，http://www.gov.cn/xinwen/2018-02/10/content_5265577.htm，2018年12月22日最后访问。

② 15家短视频平台下架侵权盗版作品57万部，http://www.gov.cn/xinwen/2018-11/07/content_5338225.htm，2018年12月22日最后访问。

依法维护用户权利，履行对用户的承诺，对用户信息保密，不得进行虚假宣传或误导用户、做出对用户不公平不合理的规定、损害用户的合法权益；提供有偿服务时，应当以显著方式公布所提供服务的视听节目种类、范围、资费标准和时限，并告知用户中止或者取消互联网视听节目服务的条件和方式。网络运营单位提供互联网视听节目信号传输服务时，应当保障视听节目服务单位的合法权益，保证传输安全，不得擅自插播、截留视听节目信号。

(四) 运营者义务

互联网视听节目服务单位及其相关网络运营单位，应自觉遵守宪法、法律和行政法规，接受互联网视听节目服务行业主管部门和互联网行业主管部门的管理。完善相关管理条例，对于从事特殊视听服务的，应要求其取得相关资质。互联网视听节目服务单位对含有违反本规定内容的视听节目，应当立即删除，并保存有关记录，履行报告义务，落实有关主管部门的管理要求。

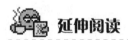 **延伸阅读**

为儿童"邪典"视频提供传播平台的优酷、爱奇艺被依法查处[①]

2018年2月，按照全国"扫黄打非"工作小组办公室的部署要求，广东、北京两地"扫黄打非"部门深入查办涉儿童"邪典"视频案件。在依法从严查处广州胤钧公司的同时，对与该公司开展业务合作并提供传播平台的优酷、爱奇艺公司，为该公司提供传播平台的腾讯公司立案调查。

在本案中，广州胤钧公司在未取得行政许可的前提下，擅自从事网络视频制作、传播活动，用经典动画片中的角色玩偶实物及彩泥黏土等制作道具，将制作过程拍成视频，或将有关成品摆拍制作带有故事情节的视频，上传至优酷、爱奇艺、腾讯等视频平台。该公司于2016年11月分别与优酷、爱奇艺视频平台签订合同，利用"欢乐迪士尼"账号上传视频，从中获利220余万元。经审核鉴定，其中部分含有血腥、惊悚内容。2月5日，该案在文化执法部门前期调查取证的基础上，已由广州市天河区公安机关刑事立案查处。2月6日，广州市天河区工商行政管理局依法吊销了该公司营业执照。

根据《互联网视听节目服务管理规定》第十六条，互联网视听节目服务单位提供的、网络运营单位接入的视听节目应当符合法律、行政法规、部门规章的规定；第十八条第二款，互联网视听节目服务单位主要出资者和经营者应对播出和上载的视听节目内容负责。依据第二十四条第二款，传播的视听节目内容违反本规定的，由县级以上广播电影电视主管部门予以警告、责令改正，可并处3万元以下罚款；情节严重的，根据《广播电视管理条例》第四十九条的规定予以处罚。北京、广东两地文化执法部门对其做出相应行政处罚，责令优酷、爱奇艺公司改正违法违规行为，警告并处以罚款。

---

① 优酷、爱奇艺等一批为儿童"邪典"视频提供传播平台的互联网企业被依法查处，http://www.shdf.cn/shdf/contents/767/358957.html，2018年12月12日最后访问。

六、即时通信工具服务内容管理

即时通信工具，是指基于互联网面向终端使用者提供即时信息交流服务的应用[①]，是目前互联网用户使用频率最高的应用。常见的即时通信工具包括腾讯 QQ、微信、陌陌、旺旺、易信等，使用这些工具所产生的数据类型可以涵盖文字、声音、图片、视频。

即时通信工具发展到现在，不再是一个单纯的聊天工具，已经发展成集交流、资讯、娱乐、搜索、电子商务、办公协作和企业客户服务等为一体的综合化信息平台。截至 2018 年 6 月，我国即时通信用户规模达到 7.56 亿，手机即时通信用户已达 7.50 亿。[②]由于其高覆盖率，即时通信也会被不法分子利用来传播违法与不良信息，危害网络公共秩序安全，严重的甚至会构成犯罪。例如，在一起利用微信群传播淫秽视频牟利案中，犯罪嫌疑人在 2017 年 9 月～2018 年 3 月期间，将淫秽视频上传至某平台，然后制作成打赏链接，将链接发至微信群，群成员可通过微信红包支付赏金观看淫秽视频，涉及淫秽视频上传者共 235 余人，涉案总金额达 1000 余万元，遍布全国多地。[③]因此，依法加强对即时通信内容的审查，对于保护网络传播秩序和清朗网络空间具有重要的意义。

(一) 审查依据

对于即时通信工具服务内容的审查，除了依据本章第二节关于网络信息内容安全审查的一般性规定外，还应当遵循即时通信特殊审查的规范性文件，即《即时通信工具公众信息服务发展管理暂行规定》。《即时通信工具公众信息服务发展管理暂行规定》由国家互联网信息办公室于 2014 年 8 月 7 日发布，它系统地对即时通信工具服务提供者的相关资质、管理责任、用户审核及内容监管等做出了明确的要求，是即时通信工具服务内容审查的指南。

(二) 审查机构

国家互联网信息办公室负责统筹协调指导即时通信工具公众信息服务发展管理工作，省级互联网信息内容主管部门负责本行政区域的相关工作。互联网行业组织应当积极发挥作用，加强行业自律，推动行业信用评价体系建设，促进行业健康有序发展。

(三) 审查内容

即时通信工具服务使用者在注册使用即时通信工具时，应当承诺遵守法律法规、社会主义制度、国家利益、公民合法权益、公共秩序、社会道德风尚和信息真实性等"七条底线"，不得利用即时通信工具发布任何违法与不良信息。

即时通信工具服务使用者为从事公众信息服务活动而开设公众账号的，应当经即时通信工具服务提供者审核，由即时通信工具服务提供者向互联网信息内容主管部门分类备案。

① 即时通信工具公众信息服务发展管理暂行规定，http://www.cac.gov.cn/2014-08/07/c_1111983456.htm，2018 年 12 月 22 日最后访问。

② 第 42 次《中国互联网络发展状况统计报告》，http://www.cnnic.net.cn/hlwfzyj/hlwxzbg/hlwtjbg/201808/t20180820_70488.htm，2018 年 12 月 22 日最后访问。

③ 广州公安机关成功侦破特大网络传播淫秽物品牟利案，http://news.sina.com.cn/c/2018-11-02/doc-ihnfikve6487011.shtml，2018 年 12 月 22 日最后访问。

新闻单位、新闻网站开设的公众账号可以发布、转载时政类新闻，取得互联网新闻信息服务资质的非新闻单位开设的公众账号可以转载时政类新闻。其他公众账号未经批准不得发布、转载时政类新闻。即时通信工具服务提供者应当对可以发布或转载时政类新闻的公众账号加注标识。

(四) 运营者义务

即时通信工具服务提供者应当落实安全管理责任，建立健全各项制度，配备与服务规模相适应的专业人员，保护用户信息及公民个人隐私，自觉接受社会监督，及时处理公众举报的违法与不良信息。即时通信工具服务提供者应当按照"后台实名、前台自愿"的原则，要求即时通信工具服务使用者通过真实身份信息认证后注册账号，并对其发布的信息进行审核。对违反协议约定的即时通信工具服务使用者，即时通信工具服务提供者应当视情节采取警示、限制发布、暂停更新、关闭账号等措施，并保存有关记录，向有关主管部门报告。

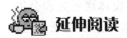 **延伸阅读**

遂宁市判决一起利用 QQ 传播淫秽物品案①

2017 年 3 月，蓬溪县人民法院依法判决一起利用 QQ 传播淫秽物品案。在本案中，被告人张某某于 2015 年 7 月～至 2016 年 2 月期间相继创建多个 QQ 群，并发展为交流传播淫秽视频、小说及图片的平台。2016 年 3 月 26 日，张某某向其中一个 QQ 群上传 8 个 ZIP 压缩包文件，经蓬溪县公安局鉴定，其中有 50 个视频和 32 张图片属于淫秽物品。同时，张某某还任另外 2 个 QQ 群的群主，张某某明知以上 2 个 QQ 群有上传交流淫秽视频和小说的行为而未加制止或采取措施，放任淫秽视频、小说的传播。经蓬溪县公安局鉴定，其中一 QQ 群中有 5 个视频和 1331 部小说属于淫秽物品。

根据《即时通信工具公众信息服务发展管理暂行规定》第六条第二款，即时通信工具服务使用者注册账号时，应当与即时通信工具服务提供者签订协议，承诺遵守法律法规、社会主义制度、国家利益、公民合法权益、公共秩序、社会道德风尚和信息真实性等"七条底线"；依据第九条，对违反本规定的行为，由有关部门依照相关法律法规处理。《中华人民共和国刑法(修订)》第三百六十四条规定，传播淫秽的书刊、影片、音像、图片或者其他淫秽物品，情节严重的，处二年以下有期徒刑、拘役或者管制。蓬溪县人民法院依法判处被告人张某某犯传播淫秽物品罪，判处有期徒刑 8 个月，缓刑 1 年，对作案手机依法予以没收。

七、社交媒体内容管理

社交媒体是一种建立在 Web 2.0 技术之上的互动社区，是用来进行社会互动的媒体，

---

① 四川：遂宁市判决一起利用 QQ 传播淫秽物品案，http://www.shdf.gov.cn/shdf/contents/2854/318534.html，2018 年 12 月 12 日最后访问。

其特点是赋予了每个人创造内容并加以传播的权利。[①]社交媒体主要包括综合类社交和垂直细分类社交，综合类社交主要满足用户进一步展现自我、认识他人的社交需求，以微博、微信朋友圈、QQ 空间为代表；垂直细分类社交是指在特定领域为用户提供社交关系连接，主要包含婚恋社交、社区社交、职场社交等类别，如百度贴吧、豆瓣、领英、世纪佳缘等。[②]

截至 2018 年 6 月，微信朋友圈、QQ 空间的使用率分别为 86.9%、64.7%，基本保持稳定。[③]根据统计数据对比分析，社交应用移动化、全民化趋势进一步增强，逐步成为网民消费碎片化时间的主要渠道。近年来，随着移动互联网人口红利的消失，社交平台也开始在不同领域进行渗透，如广告、短视频、电商、游戏和教育等。社交媒体已经成为网民使用频率最高的移动应用程序，其内容一旦出现安全问题，产生影响的速度和范围均会远远超过传统媒体。因此，世界各国均加强了对社交媒体的审查。

2017 年 9 月，国家网信办指导北京市、广东省网信办对新浪微博、百度贴吧、腾讯微信对其用户发布信息未尽到管理义务的违法行为立案查处，依法分别给予最高、从重罚款。[④]2018 年 4 月 19 日，新浪微博官方发布关于近期发布违规信息的自媒体账号处理公告，发现有部分自媒体认证账号发布垃圾营销、涉黄低俗、虚假诈骗等有害信息及违法信息，新浪官方已撤销这些账号的认证信息，对其中严重违规的账号予以关闭处理。[⑤]社交媒体内容存在大量的黄赌毒乃至危害国家安全的内容，因此必须及时落实相应监管、审查制度和相应措施，以确保一个风清气正的网络空间环境。

(一) 审查依据

互联网社交媒体服务内容的审查，除了依据本章第二节关于网络信息内容安全审查的一般性规定外，还应当遵循社交媒体特殊审查的规范性文件，具体如表 9.3.3 所示。

表 9.3.3　社交媒体内容审查相关规定

序号	名　　称	发布时间	发布单位
1	《互联网论坛社区服务管理规定》	2017 年 8 月 25 日	国家互联网信息办公室
2	《互联网用户公众账号信息服务管理规定》	2017 年 9 月 7 日	国家互联网信息办公室
3	《微博客信息服务管理规定》	2018 年 2 月 2 日	国家互联网信息办公室

[①] 曹博林. 社交媒体：概念、发展历程、特征与未来：兼谈当下对社交媒体认识的模糊之处[J]. 湖南广播电视大学学报，2011(03)：65-69.

[②] 第 41 次《中国互联网络发展状况统计报告》，http://www.cnnic.net.cn/hlwfzyj/hlwxzbg/hlwtjbg/201803/t20180305_70249.htm，2018 年 12 月 22 日最后访问.

[③] 第 42 次《中国互联网络发展状况统计报告》，http://www.cnnic.net.cn/hlwfzyj/hlwxzbg/hlwtjbg/201808/t20180820_70488.htm，2018 年 12 月 22 日最后访问.

[④] 严格执法形成震慑规范执法彰显法治：2017 年全国网信行政执法工作扎实推进，http://www.12377.cn/txt/2018-02/05/content-40216227.htm，2018 年 12 月 16 日最后访问.

[⑤] 部分微博账号发违规信息被撤销认证，http://k.sina.com.cn/article_2286908003_884f726302000bqrj.html，2018 年 12 月 16 日最后访问.

表 9.3.3 中的规范性文件为互联网社交媒体服务的主要审查依据。《互联网论坛社区服务管理规定》系统地对服务主体的监管职责、信息内容管理、用户身份审查及用户禁止行为等方面进行了明确规定；《互联网用户公众账号信息服务管理规定》系统地对信息内容安全管理、人员安排、用户身份及相关信息、服务义务、信息监管、内容控制、举报投诉和配合执法等方面进行了明确规定；《微博客信息服务管理规定》系统地对平台的资质、平台信息内容安全管理、用户身份审查、信息分级管理、辟谣措施、举报投诉和配合执法等方面进行了明确规定。

(二) 审查机构

国家互联网信息办公室负责全国社交媒体内容服务的监督管理执法工作，地方互联网信息办公室依据职责负责本行政区域内社交媒体内容服务的监督管理执法工作。

(三) 审查内容

社交媒体的审查内容如下：

(1)《互联网论坛社区服务管理规定》中明确规定，互联网论坛社区服务提供者不得利用互联网论坛社区服务发布、传播法律法规和国家有关规定禁止的信息。互联网论坛社区服务提供商与用户签订协议时，协议中应明确用户不得利用互联网论坛社区服务发布、传播法律法规和国家有关规定禁止的信息，发现含有法律法规和国家有关规定禁止的信息的，应当立即停止传输该信息，采取消除等处置措施，保存有关记录，并及时向国家或者地方互联网信息办公室报告。互联网论坛社区服务提供者应当加强对注册用户虚拟身份信息、板块名称简介等的审核管理，不得出现法律法规和国家有关规定禁止的内容。

(2)《互联网用户公众账号信息服务管理规定》中明确规定，互联网用户公众账号信息服务使用者应当履行信息发布和运营安全管理责任，加强对本平台公众账号的监测管理，并遵守新闻信息管理、知识产权保护、网络安全保护等法律法规和国家有关规定，维护网络传播秩序；发现有发布、传播违法信息的，应当立即采取消除等处置措施，防止传播扩散，保存有关记录，并向有关主管部门报告。互联网用户公众账号信息服务使用者应当对用户公众账号留言、跟帖、评论等互动环节进行实时管理，对管理不力、出现法律法规和国家有关规定禁止的信息内容的，互联网用户公众账号信息服务提供者应当依据用户协议限制或取消其留言、跟帖、评论等互动功能。互联网用户公众账号信息服务使用者不得通过公众账号发布法律法规和国家有关规定禁止的信息内容。

(3)《微博客信息服务管理规定》中明确规定，微博客服务提供者和微博客服务使用者不得利用微博客发布、传播法律法规禁止的信息内容；微博客服务提供者发现微博客服务使用者发布、传播法律法规禁止的信息内容，应当依法立即停止传输该信息，采取消除等处置措施，保存有关记录，并向有关主管部门报告。若发现微博客服务使用者发布、传播谣言或不实信息，应当主动采取辟谣措施。微博客服务提供者应当对申请前台实名认证账号的微博客服务使用者进行认证信息审核，并进行相应的备案。

(四) 运营者义务

社交媒体运营者的义务如下：

(1)《互联网论坛社区服务管理规定》中规定，互联网论坛社区服务提供者应当落实主体责任，建立健全信息审核、公共信息实时巡查、应急处置及个人信息保护等信息安全管理制度，具有安全可控的防范措施，配备与服务规模相适应的专业人员，为有关部门依法履行职责提供必要的技术支持。用户管理方面，应当按照"后台实名、前台自愿"原则落实用户身份，同用户签订协议，对用户发布的信息进行管理，建立健全投诉、举报制度并及时处理投诉、举报。

(2)《互联网用户公众账号信息服务管理规定》中规定，互联网用户公众账号信息服务提供者应当落实信息内容安全管理主体责任，配备与服务规模相适应的专业人员和技术能力，履行信息发布和运营安全管理责任，设置专岗专人负责，建立健全用户注册、信息审核、应急处置、安全防护等相关管理制度；制定和公开管理规则和平台公约，与使用者签订服务协议，明确权利义务。互联网用户公众账号信息服务提供者应建立互联网用户公众账号信息服务使用者信用等级管理体系，同时要对使用者的账号信息、服务资质、服务范围等信息进行审核，分类加注标识，并向有关单位进行备案；记录使用者发布的内容和日志信息，并按规定留存不少于6个月；在使用者终止使用服务后，应当为其提供注销账号的服务。互联网用户公众账号信息服务提供者应采取必要措施保护使用者个人信息安全，但对于违反法律法规、服务协议和平台公约的互联网用户公众账号，应依法依约采取相应处置措施，保存有关记录，并向有关主管部门报告。互联网用户公众账号信息服务提供者应接受社会公众和行业组织的监督，同时配合有关主管部门依法进行监督检查，并提供必要的技术支持和协助。

(3)《微博客信息服务管理规定》中规定，微博客服务提供者应当落实信息内容安全管理主体责任，建立健全用户注册、信息发布审核、信息辟谣、跟帖评论管理、用户日志信息管理(明确保存时间不少于6个月)、应急处置、从业人员教育培训等制度及总编辑制度，提供安全可控的技术保障，配备与服务规模相适应的管理人员。对于社交平台本身而言，应制定平台服务规则，与微博客服务使用者签订服务协议。对于用户管理而言，则应落实用户身份，并定期对用户信息进行核验，保障微博客使用者的信息安全。根据微博客服务使用者的主体类型、发布内容、关注者数量、信用等级等制定具体管理制度，提供相应服务，并进行备案。微博客服务提供者应自觉接受社会监督，设置投诉举报入口，及时处理投诉举报信息，遵守国家相关法律法规规定，配合有关部门开展监督管理执法工作，并提供必要的技术支持和协助。

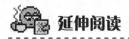 延伸阅读

涂某发布含有虚假信息的微博被拘留[①]

2018年6月13日，涂某以"孤单的一天"为名发布了一条内容为"6月13日，下午16点贵州省赫章县，夜郎大道通电力公司对面，虐待儿童天有点冷，把小孩关在铁笼子"的微博，并附上一张小孩在一个狗笼子里的照片。

---

① 赫章一男子发布虚假信息被行政拘留10日，http://www.fzshb.cn/2018/zf_0622/33393.html，2018年12月18日最后访问。

该信息发布后，在公安民警进行网络巡查时被发现。经核实该信息为虚假信息，实际情况为：金某带其孩子在宾馆前玩耍时，金某的兄长购买了一新狗笼养狗，金某的孩子由于好奇进入狗笼玩耍，正好被路过的涂某看见。涂某自认为是虐待儿童，便拍照并以"孤单的一天"的网名将照片上传至微博，发表了上述不实信息。

根据《微博客信息服务管理规定》第十二条的规定，微博客服务使用者不得利用微博客发布、传播法律法规禁止的信息内容。涂某的行为已涉嫌发布虚假信息，扰乱公共秩序，公安机关依据《治安管理处罚法》第二十五条第一项规定，对其做出行政拘留 10日的处罚。

八、移动互联网应用程序内容管理

移动互联网应用程序(简称 APP)是指通过预装、下载等方式获取并运行在移动智能终端上、向用户提供信息服务的应用软件。移动互联网应用程序提供者，是指提供信息服务的移动互联网应用程序所有者或运营者。[1]近年来，各类应用程序不断融合社交、信息服务、金融、交通出行及民生服务等功能，移动互联网服务场景不断丰富，移动数据量持续扩大，移动应用程序业已成为公众生活中的重要内容。由于移动应用的开发质量参差不齐，安全漏洞和隐患频发，用户隐私窃取成为常态，相关安全风险逐渐扩大。

2018 年 9 月，12321 网络不良与垃圾信息举报受理中心共收到有效举报手机应用安全问题(APP)36267 件次，经网秦、腾讯、金山毒霸等 11 个安全引擎过滤，其中有 1156 个应用存在安全隐患，103 个应用存在高度风险；335 个应用存在恶意行为，其中恶意扣费 134个(40.1%)、隐私窃取 126 个(37.6%)、流氓行为 85 个(25.4%)。[2]移动互联网应用程序中的内容安全问题日益严峻，对其内容的管理是当前网络信息内容安全面临的重要内容。

(一) 审查依据

对于移动互联网应用程序内容的审查，除了依据本章第二节关于网络信息内容安全审查的一般性规定外，还应当遵循移动互联网应用程序内容特殊审查的规范性文件，即《移动互联网应用程序信息服务管理规定》。《移动互联网应用程序信息服务管理规定》由国家互联网信息办公室于 2016 年 6 月 28 日发布，它系统地对移动互联网应用程序提供者和互联网应用商店服务提供者的资质、内容、责任以及审查义务进行了明确规定，是移动互联网应用程序内容审查的指南。

(二) 审查机构

国家互联网信息办公室负责全国移动互联网应用程序信息内容的监督管理执法工作，地方互联网信息办公室依据职责负责本行政区域内的移动互联网应用程序信息内容的监督管理执法工作。

---

① 移动互联网应用程序信息服务管理规定，http://www.cac.gov.cn/2016-06/28/c_1119122192.htm，2018 年12 月 22 日最后访问。

② 12321 举报中心 9 月下架处置恶意 APP 75 款，https://www.12321.cn/arc?aid=11931.html，2018 年 12 月22 日最后访问。

（三）审查内容

移动互联网应用程序提供者和互联网应用商店服务提供者不得利用移动互联网应用程序从事危害国家安全、扰乱社会秩序、侵犯他人合法权益等法律法规禁止的活动，不得利用移动互联网应用程序制作、复制、发布、传播法律法规禁止的信息内容。

（四）运营者义务

移动互联网应用程序提供者应当建立健全信息内容审核管理机制，对发布违法违规信息内容的，视情况采取警示、限制功能、暂停更新、关闭账号等处置措施，保存记录并向有关主管部门报告。

移动互联网应用程序提供者应当依法保障用户在安装或使用过程中的知情权和选择权，未向用户明示并经用户同意，不得开启收集地理位置、读取通讯录、使用摄像头、启用录音等功能，不得开启与服务无关的功能，不得捆绑安装无关应用程序；尊重和保护知识产权，不得制作、发布侵犯他人知识产权的应用程序；应记录用户日志信息，并保存 60 日。

互联网应用商店服务提供者应当对督促应用程序提供者发布合法信息内容，建立健全安全审核机制，配备与服务规模相适应的专业人员；督促应用程序提供者发布合法应用程序，尊重和保护应用程序提供者的知识产权。对违反前款规定的应用程序提供者，视情况采取警示、暂停发布、下架应用程序等措施，保存记录并向有关主管部门报告。

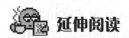 **延伸阅读**

....

"互动作业" APP 违法违规被查处①

2018 年 10 月 16 日，全国"扫黄打非"办公室部署北京市"扫黄打非"部门对"互动作业" APP 违法违规经营问题进行查处。经查，"互动作业" APP 由北京千阳远望信息技术有限公司经营。该 APP 存在大量危害未成年人身心健康的低俗色情互动信息，并存在未经许可擅自开展网络出版服务等问题。根据《移动互联网应用程序信息服务管理规定》第六条，移动互联网应用程序提供者不得利用移动互联网应用程序制作、复制、发布、传播法律法规禁止的信息内容。据此，北京市文化市场行政执法总队向该公司下达责令改正通知书和行政处罚告知书，责令立即停止"互动作业" APP 的运营服务，并拟对其做出罚款的行政处罚。2018 年 10 月 26 日上午 11 时 20 分，该 APP 停止运营。

课 后 习 题

1. 简述网络运营者的内容审查义务。
2. 简述特定领域的网络信息内容安全管理内容。

---

① 北京"扫黄打非"部门查处"互动作业" APP 违法违规行为，http://www.shdf.gov.cn/shdf/contents/767/387673.html，2018 年 12 月 2 日最后访问。

3. 针对自己曾接触过的网络信息内容，判断其是否违反相关规定。

参 考 文 献

[1] 曹博林. 社交媒体：概念、发展历程、特征与未来：兼谈当下对社交媒体认识的模糊之处[J]. 湖南广播电视大学学报，2011 (03)：65-69.

[2] 陈春彦. 俄罗斯互联网"黑名单"制度探析[J]. 青年记者，2018(16)：71-72.

[3] 陈磊. 美国《禁止网络盗版法案》评析[J]. 科技创新与知识产权，2012（03）：18.

[4] 达洁玉. 美国社交媒体管理措施及其特色梳理[J]. 传播力研究，2017，1(05)：38.

[5] 刘瑞生，孙萍. 海外社交媒体的内容过滤机制对我国互联网管理的启示[J]. 世界社会主义研究，2018，3(04)：49-54+95.

[6] 寿步. 网络安全法实务指南[M]. 上海：上海交通大学出版社，2017.

第十章　个人信息保护

内容提要 ✍

本章介绍大数据时代与个人信息保护，个人信息保护制度概述，个人信息安全保障义务，个人信息的收集，处理与去识别化，个人信息的删除权与更正权等内容，力图使读者了解我国个人信息保护的现状以及个人信息的相关权利。

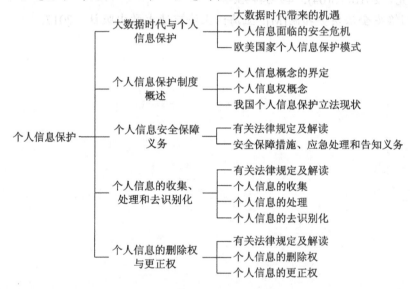

第一节　大数据时代与个人信息保护

随着网络技术纵深发展与广泛应用，人类社会已经进入大数据时代。无数关于"你""我""他"的个人信息以数据的形式犹如一叶扁舟被裹挟在这汹汹浪潮之中。如何理解大数据时代？如何在大数据时代保护个人信息，本节对此进行概念的厘清和深入分析。

一、大数据时代带来的机遇

(一) 大数据——宝贵的战略资源

大数据，是一种规模大到在获取、存储、管理、分析方面远远超出常规数据库软件工具能力范围的数据集合。它具有海量的数据规模、快速的数据流转、多样的数据类型与价值密度低四大特征。大数据分析与传统分析不同，它不采用随机样本的路径展开分析，而是对全体数据进行处理；它不太关注精确性，更多关注多样性；它断然放弃对因果关系的追求，更多关注相关性的处理。①

大数据，与能量、物质一道成为人类社会赖以生存和发展的三大基础性资源。个人信息作为大数据中的最重要组成部分，已经成为极其重要的战略资源。如果大数据是一种新兴产业，那么这种产业实现盈利的关键在于增强对数据的"加工能力"，通过"加工"实现数据的"价值"或"增值"。

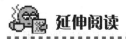 **延伸阅读**

大数据是"未来的新石油"吗？②

美国政府把大数据看作"未来的石油"，其于 2012 年 3 月推出的"大数据研发计划"(Big Data Research and Development Initiative)核心目的在于提升数据加工能力。③2016 年 5 月 23 日，美国又发布了"联邦大数据研发战略计划"，"为在数据科学、数据密集型应用、大规模数据管理与分析领域开展和主持各项研发工作的联邦各机构提供一套相互关联的大数据研发战略，维持美国在数据科学和创新领域的竞争力"。④2012 年 5 月，英国政府宣布建立世界首个开放数据研究所，鼓励本国民众从政府开放数据中寻求产品、服务创新的新机遇，以促进经济的发展。⑤

(二) 我国的大数据战略规划

2015 年 9 月，国务院发布了《促进大数据发展行动纲要》，系统部署大数据发展工作。《促进大数据发展行动纲要》核心部署三方面主要任务：一要加快政府数据开放共享，推动资源整合，提升治理能力。二要推动产业创新发展，培育新兴业态，助力经济转型。发展大数据在工业、新兴产业、农业农村等行业领域应用，推动大数据发展与科研创新有机结合，推进基础研究和核心技术攻关，形成大数据产品体系，完善大数据产业链。三要强化安全保障，提高管理水平，促进健康发展。健全大数据安全保障体系，强化安全支撑。⑥同年 9 月 18 日，贵州省启动我国首个大数据综合试验区的建设工作，计划通过综合试验区

---

① 维克托·迈尔-舍恩伯格，肯尼思·库克耶. 大数据时代[M]. 盛杨燕，周涛，译. 杭州：浙江人民出版社，2013：4-96.

② 大数据真的是"未来的新石油"？http://www.cssn.cn/sf/bwsf_cb/201312/t20131206_896725.shtml，2018 年 12 月 27 日最后访问。

③ 王忠. 美国推动大数据技术发展的战略价值及启示[J]. 中国发展观察，2012(06)：44-45.

④ 田倩飞. 美国发布联邦大数据研发战略计划[J]. 科研信息化技术与应用，2016，7(04)：95-96.

⑤ 英国政府十万英镑建立世界首个开放数据研究所(1)，http://world.people.com.cn/GB/157578/17974219.html，2019 年 1 月 9 日最后访问。

⑥ 促进大数据发展行动纲要(国发〔2015〕50 号)，http://www.zyczs.gov.cn/html/gwy/2018/9/1536891531491.html，2019 年 1 月 9 日最后访问。

建设探索大数据应用的创新模式，培育大数据交易新的做法，开展数据交易的市场试点，鼓励产业链上下游之间的数据交换，规范数据资源的交易行为，促进形成新的业态。①

2016 年 3 月 17 日，《中华人民共和国国民经济和社会发展第十三个五年规划纲要》提出"实施国家大数据战略"：把大数据作为基础性战略资源，全面实施促进大数据发展行动，加快推动数据资源共享开放和开发应用，助力产业转型升级和社会治理创新。例如，加快政府数据开放共享、促进大数据产业健康发展。②

二、个人信息面临的安全危机

随着大数据时代的来临，云计算、人工智能几乎如影而至③，"润物细无声"地扎根于我们生活中的"点点滴滴"。我们每个人似乎都无法逃脱被裹挟其中的"命运"。企业和其他组织越来越"贪婪"地收集和处理海量数据用以提供个性化的商业服务。例如，用数据和数据提取能力来洞察个人的生活状况，进而转变经营模式，以期在新的商业竞争环境下获取生存和发展的良机。当下，在各种利益的驱使下，个人信息和其他敏感数据都成为人们觊觎的"黄金宝藏"。随着大数据的聚合和指数级的爆炸增长，数据提取加工能力的(数据分析、利用和挖掘能力)迅猛提高，加之政策法律的滞后性，使得数据争夺愈演愈烈，"个人信息黑市"越发活跃，相关热点事件层出不穷。

第一，数据已经成为信息网络背景下的重要资源。各个网络平台将数据作为自己的"矿场"，如顺丰、菜鸟引发物流数据大战。2017 年 6 月 1 日，阿里旗下的菜鸟发布的《关于顺丰暂停物流数据接口的声明》称：5 月 31 日晚上 6 点，接到顺丰发来的数据接口暂停告知。对此，顺丰方面回应称：2017 年 5 月，"菜鸟基于自身商业利益出发，要求丰巢提供与其无关的客户隐私数据，此类信息隶属于客户，丰巢本着'客户第一'的原则，拒绝这一不合理要求。菜鸟随后单方面于 2017 年 6 月 1 日 0 点切断丰巢信息接口"。之后，阿里系平台将顺丰从物流选项中剔除，菜鸟同时封杀第三方平台接口。顺丰、菜鸟的物流数据之战表明，为了在未来竞争中谋求有利的位置，企业之间的数据竞争日益趋于激烈。

第二，网上个人信息黑市"繁荣"。在大数据时代，个人信息买卖已形成产业链，贩卖个人信息的信息黑市十分活跃。刚买了房，装修公司电话顷刻便至；刚买过车，保险公司电话随之而来。诸如此类个人信息泄露之事已经司空见惯。在一些信息贩子手中，只要提供一个人的手机号码，他就能查到机主最私密的个人信息。这些隐私信息包括打车记录(时间可精确到秒)、名下资产、全国开房记录、通话清单、实时位置(卫星定位)等。华住旗下多家酒店品牌疑似发生大规模信息泄露事件，数据涉及约 1.23 亿条官网注

① 全国首个大数据综合试验区建设在黔启动，http://politics.people.com.cn/n/2015/0920/c70731-27608666.html，2019 年 1 月 9 日最后访问。
② 中华人民共和国国民经济和社会发展第十三个五年规划纲要，http://www.xinhuanet.com/politics/2016lh/2016-03/17/c_1118366322.htm，2018 年 12 月 27 日最后访问。
③ 云计算，大数据，人工智能三者有何关系？http://cloud.idcquan.com/yjs/115806.shtml，2019 年 1 月 9 日最后访问。

册资料、1.3 亿条入住登记身份信息；有"暗网"用户声称手握 3 亿条顺丰快递客户数据，包括寄收件人姓名、地址、电话等个人信息。[①]事实上，在安全领域除了使用技术窃取数据之外，更多的数据泄露是内部人员所为，"黑客和内鬼"已经成为个人信息泄露的两大源头。个人信息黑市的繁荣，实则揭示了我国个人信息被肆意侵害程度之深、内容之广和危害之巨。

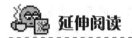延伸阅读

个人信息泄露事件，让人触目惊心[②]

亚信安全副总裁陆光明表示："从产业规模看，2016 年底我国网络电子认证市场还不到 200 亿元，但是黑产的规模已经高达千亿元左右。"现金贷平台向数据公司购买所谓的"数据产品"，实际是后者通过爬虫技术爬取用户在移动通信运营商、淘宝等知名电商网站、微信、支付宝等社交网络上的行为轨迹，以及包括央行征信报告、水电煤使用等在内的生活信息。此举将用户的个人隐私置于极大的风险当中。[③]

国际上发生个人信息泄露的事件也层出不穷，如 Facebook 用户信息泄露事件[④]、Uber 信息泄露事件[⑤]、五角大楼 AWS S3 配置错误导致 18 亿公民信息泄露事件[⑥]、趣店数百万学生数据泄露事件[⑦]、雅虎 30 亿账号全部泄露事件[⑧]、美国信用机构 Equifax 信息泄露事件[⑨]、韩国加密货币交易所客户信息泄露事件[⑩]等。如此严重的信息泄露事件，让人触目惊心。

---

① 网上"黑市"个人信息随意买卖，http://news.cctv.com/2017/02/16/ARTIqhoohtKhk8Fj93QT9tE0170216. shtml，2019 年 1 月 12 日最后访问。

② 电子身份验证有漏洞，身份信息在黑市上被明码标价，http://news.cctv.com/2018/05/22/ARTIdmrxl ZFoNBqgnO0FlsLx180522.shtml，2018 年 12 月 19 日最后访问。

③ 个人信息买卖黑链：淘宝25页和京东3年数据仅需1元，http://finance.sina.com.cn/consume_/xiaofei/2017-11-23/doc-ifypacti7090780.shtml，2018 年 12 月 19 日最后访问。

④ Facebook 账户被黑客攻破？对方称已获取 1.2 亿个用户信息，http://dy.163.com/v2/article/detail/ DVRS73BE0522w90T.html，2018 年 12 月 19 日最后访问。

⑤ Uber 信息泄露事件遭多国调查，或将受到重罚，http://tech.ifeng.com/a/20171123/44774218_0.shtml，2018 年 12 月 19 日最后访问。

⑥ 五角大楼 AWS S3 配置错误，意外在线暴露包含全球 18 亿用户的社交信息，https://www.sohu.com/ a/205831467_354899，2018 年 12 月 19 日最后访问。

⑦ 趣店学生数据泄露事件，对我们有什么启示？http://www.sohu.com/a/206421285_122288，2018 年 12 月 19 日最后访问。

⑧ 雅虎 30 亿用户信息被泄漏，http://baijiahao.baidu.com/s?id=1580855050771560762&wfr=spider&for=pc，2018 年 12 月 19 日最后访问。

⑨ Equifax 数据泄露事件后 将面临被集体起诉与传票，http://baijiahao.baidu.com/s?id=158619745585 6276293&wfr=spider&for=pc，2018 年 12 月 19 日最后访问。

⑩ 韩国最大交易所 Bithumb 价值 350 亿韩元加密货币被盗，https://baijiahao.baidu.com/s?id=160449093 6543414207&wfr=spider&for=pc，2018 年 12 月 19 日最后访问。

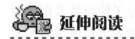 **延伸阅读**

《APP 个人信息泄露情况调查报告》[①]

中国消费者协会于 2018 年 8 月 29 日发布了《APP 个人信息泄露情况调查报告》。调查报告显示：个人信息泄露总体情况比较严重，遇到过个人信息泄露情况的人数占比为 85.2%，没有遇到过个人信息泄露情况的人数占比为 14.8%。值得注意的是，个人信息泄露后约有 1/3 受访者选择自认倒霉。近七成受访者认为手机 APP 在自身功能不必要的情况下获取用户隐私权限，近八成受访者认为手机 APP 采集个人信息的原因是推销广告，超过八成的受访者认为当前手机 APP 在用户个人信息保护方面需要加强。

在信息泄露后遭遇的问题方面，约 86.5% 的受访者曾受到推销电话或短信的骚扰，约 75.0% 的受访者接到诈骗电话，约 63.4% 的受访者收到垃圾邮件，排名位居前三位。在信息泄露的主要途径方面，一是经营者未经本人同意收集个人信息，约占调查总样本的 62.2%。二是经营者或不法分子故意泄露、出售或者非法向他人提供个人信息，约占调查总样本的 60.6%；网络服务系统存有漏洞造成个人信息泄露占比 57.4%；不法分子通过木马病毒、钓鱼网站等手段盗取、骗取个人信息和经营者收集不必要的个人信息分别占 34.4% 和 26.2%。

三、欧美国家个人信息保护模式

(一) 欧盟的立法保护模式

欧洲国家较早关注个人信息的保护问题。欧盟主要采用立法保护模式对个人信息予以规制，目前已经建立起比较完善的个人信息保护法律制度体系。例如，早在 1995 年，欧盟就通过了《欧洲议会暨欧盟理事会关于保护个人资料处理与自由流通指令》(以下简称《个人数据保护指令》)。《个人数据保护指令》要求欧盟会员国在指令通过的三年内将指令转化为国内法。例如，德国 1990 年就制定了本国的个人资料保护法(2003年、2009 年经过两次修订)，该法采用了综合立法的方式，一并适用于公私部门。《一般数据保护条例》(General Data Protection Regulation，GDPR)是欧盟对个人数据保护立法进行的重大变革和完善。例如，在此条例之前个人信息保护是以属地管辖为原则，而此条例将管辖范围扩充到了属人管辖，强调只要相关产品或服务涉及了欧盟境内信息主体的个人数据，就必须遵循该条例规范。欧盟的个人信息保护法律体系如表 10.1.1 所示。

[①] 中消协调查报告：八成多受访者遭 APP 个人信息泄露(附报告全文)，http://www.ec.com.cn/article/dssz/ scyx/201808/31855_1.html，2018 年 12 月 19 日最后访问。

表 10.1.1 欧盟的个人信息保护法律体系

时 间	立法规范文本	核 心 内 容
1995 年	《个人数据保护指令》（已废止）	(1) 指令界定了个人数据的内涵，阐述了个人数据在民事领域的法律保护规制体系； (2) 确立了欧盟个人数据保护的 6 项重要原则，即合法原则、终极原则、透明原则、合适原则、保密和安全原则以及监控原则； (3) 目的在于划定个人数据保护底线标准，促进欧盟内部个人数据的交流与共享
1997 年	《电子通信数据保护指令》（已废止）	(1) 对 1995 年的《个人数据保护指令》加以补充，突出电子通信部门应坚守的保密和安全原则； (2) 强调了个人数据在电子通信领域的安全保护
1998 年	《私有数据保密法》	(1) 进一步规范使用个人数据时必须遵守的相关规定； (2) 强化了对成员国之间个人数据传输行为的规范
2002 年	《隐私与电子通信指令》	(1) 取代了《电子通信数据保护指令》(1997)； (2) 直面互联网、电子商务等通信技术发展带来的新挑战，重点对电子商务中个人数据及隐私进行保护； (3) 突出地指向电子通信中的个人数据保护问题，涵盖传真、互联网、电子邮件、无线电通信等方面； (4) 有条件地认可了网络服务提供者使用用户cookies的合法性，对网络服务提供者利用 cookies 记录和挖掘用户个人信息圈定了相应条件； (5) 将法人的数据权益涵盖进隐私保护的范畴，进一步保护商业通信保密； (6) 明确电子通信服务提供商的安全保障义务和告知义务
2016 年	《一般数据保护条例》	(1) 强调信息主体享有的重要权利：被遗忘权和删除权、知情权、反对权(拒绝权)、个人数据信息可携权； (2) 对个人数据信息处理行为划定更高标准。例如，要求信息主体"同意"需要达到具体、清晰的程度；处理儿童个人数据信息时，须取得其父母等监护人的同意等； (3) 个人数据信息监管方面，取消了以往对于成员国在对个人数据信息进行处理或转移到境外时需进行许可、备案的程序，但要求企业或机构必须建立完善的内部问责机制

(二) 美国的行业自律为主、立法为辅的模式

美国整体上更加注重保持经济发展活力和企业的创造力，不倾向通过强制性法律法规干涉企业经济发展。美国对于个人信息保护模式整体上是以行业自律为主，立法为辅。

1. 美国行业自律体系框架

美国行业自律体系框架如下：

一是建议性的行业指导规范。例如，早在 1998 年，"在线隐私联盟"(行业自律组织)

就发布了关于个人信息保护的行业指导规范，旨在要求企业保证信息主体的知情权以及承担对个人信息的安全保障义务。

二是网络隐私认证计划。美国互联网企业自身也非常重视保护个人信息与隐私，该计划对合乎标准要求的企业发放安全认证标志(如 TRUSTE 和 BBB Online 标志)，获得标志的企业需要服从计划参与者组成的机构的管理和监督。

三是技术保护。使用隐私安全软件是技术保护的主要路径，如美国最有影响力的万维网联盟(W3C)推出的"隐私偏好设定平台(P3P)"。

四是国际合作保护的安全港协议。美国与欧盟在 2000 年签署了《安全港协议》，旨在协调双方在个人信息保护方面的差异。但是，由于美国"棱镜"计划的曝光等影响，欧盟法院 2015 年 10 月判定该协议无效。

2. 美国立法保护体系

美国在立法保护上也有成功的实践，极具前瞻性，具有重要的启发意义，如表 10.1.2 所示。

表 10.1.2　美国立法保护体系

时　间	立法规范文本	核　心　内　容
1974 年	《联邦隐私权法》	(1) 对个人信息(数据)予以详细的界定； (2) 首次确立"正当信息原则"，明确政府、企业等获取和使用个人信息应遵循的原则，限制政府行为等对个人信息利益的侵害； (3) 该法案被纳入《美国法典》
1986 年	《联邦电子通信隐私法案》	(1) 主要处理电子商务中的个人信息保护问题。 (2) 该法案特别强调信息主体的通信自由和通信秘密。除非法院发布检查令，否则任何机构均不可对个人进行通信监察
2010 年	《消费者信息隐私法案》	(1) 延续了信息主体的知情权和个人数据使用者的安全保障义务； (2) 明确了七大基本原则，即透明原则、信息主体控制系原则、尊重信息主体初衷原则、确保访问畅通原则、信息准确性原则、安全原则和责任原则； (3) 该法案规定的消费者信息保护了与特定个体具有紧密关联性的信息

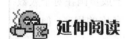　**延伸阅读**

常州大学怀德学院 2600 名学生信息泄露"被入职"[①]

2018 年 9 月 6 日，对于今年刚从江苏省常州大学怀德学院会计专业毕业的李静(化名)来说是悲喜交加的一天。当天，刚入职不久的她兴高采烈地登录江苏省税务局官网查询自己的工资薪金，却发现上面显示的"江苏宏鑫保险代理有限公司"并不是她入职的单位。

[①] 常州大学怀德学院 2600 名学生信息泄露"被入职"，http://hb.ifeng.com/a/20180913/6878102_0.shtml，2019 年 2 月 1 日最后访问。

"页面显示我从今年 4 月开始入职了这家保险公司，每个月 3500 元，至 7 月 31 日已经拿到 4 笔工资，合计 14000 元。"李静表示，她十分不解，随后便通知自己本科室友张小曦(化名)也查一下自己的纳税记录。结果，税务局官网显示，张小曦入职的也是江苏宏鑫保险代理有限公司。而事实上，张小曦目前并未就职任何企业。事件发生后，学校也立即请各班级辅导员和学生干部立即在全校范围内展开清查。目前，据学校统计，已经有 2600 余名学生的个人信息遭到泄露，主要涉及 2014、2015 两级学生，其中大部分是已经毕业的 2014 级学生。

第二节　个人信息保护制度概述

一、个人信息概念的界定

由于法律传统、用语习惯等不同，世界各国在个人信息保护立法中使用的基本概念也有所差异。其中，欧盟各国及受 1995 年《个人数据保护指令》立法影响的国家普遍使用"个人数据"概念；美国、加拿大、澳大利亚、新西兰等普通法国家(英国除外)和受美国影响较大的 APEC(Asia-Pacific Economic Cooperation，亚太经济合作组织)成员等多使用"隐私"概念；日本、韩国、俄罗斯和我国等国则多使用"个人信息"[1]概念。现简要摘录如下。

观点一：1995 年欧盟《个人数据保护指令》的规定。个人数据(个人信息)是"有关一个被识别或可识别的自然人的任何信息"，并进一步说明，"可以识别的自然人是指通过身份证号码或身体、生理、精神、经济、文化、社会身份等一个或多个因素可直接或间接确定的特定的自然人"。

观点二：英国 2017 年 9 月 14 日发布的《数据保护法令》(Data Protection Bill)的观点。其把个人数据被界定为任何与已识别或可识别的在世的人相关的信息。[2]

观点三：《网络安全法》第七十六条的规定。个人信息是指以电子或者其他方式记录的能够单独或者与其他信息结合识别自然人个人身份的各种信息，包括但不限于自然人的姓名、出生日期、身份证件号码、个人生物识别信息、住址、电话号码等。

观点四：《信息安全技术　个人信息安全规范》(GB/T 35273—2017)第 3.1 条的规定。该规定对个人信息的定义沿袭了《网络安全法》第七十六条的规定，认为个人信息是指以电子或者其他方式记录的能够单独或者与其他信息结合识别特定自然人身份或者反映特定自然人活动情况的各种信息；不同之处在于其更加详尽地列举了常见个人信息，其中包括姓名、出生日期、身份证件号码、个人生物识别信息、住址、通信联系方式、通信记录和内容、账号密码、财产信息、征信信息、行踪轨迹、住宿信息、健康生理信息、交易信息

---

[1] 个人信息概念滥觞于 1968 年联合国"国际人权会议"中提出的"资料保护"(Data Protection)，该年被称为"资料革命年"。最早的国内个人信息保护立法是德国黑森州《个人资料保护法》(1970)，而最早的国家个人信息保护立法则是瑞典的《资料法》(1973)。

[2] 齐爱民，张哲. 识别与再识别：个人信息的概念界定与立法选择[J]. 重庆大学学报(社会科学报)，2018，24(02)：119-131.

等。在该规范后附录 A 专门以列举的方式列明了常见的个人信息。

此外，《中华人民共和国个人信息保护法(草案)》(2017 版)(以下简称《个人信息保护法草案》)①的关于个人信息的规定也沿袭了《网络安全法》的规定。综上所述，上述定义的核心是围绕信息的"可识别性"展开的。简言之，个人信息是指与个体密切相关且能够直接或间接识别自然人个人身份信息的总称。个人信息的核心要素如图 10.2.1 所示。实际上，2018 年 5 月 1 日实施的《信息安全技术　个人信息安全规范》还提供了判定某项信息是否属于个人信息的基本路径：一是识别，即从信息到个人，由信息本身的特殊性识别出特定自然人；二是关联，即从个人到信息，如已知特定自然人，则由该特定自然人在其活动中产生的信息(个人位置、通话记录、浏览记录等)属于个人信息。只要符合上述两种情形之一，即可判定为个人信息。

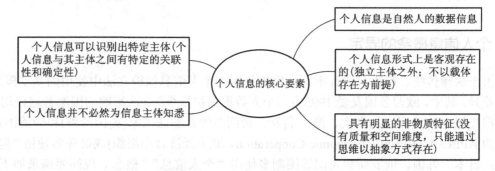

图 10.2.1　个人信息的核心要素

此外，个人敏感信息是与个人信息关系密切的概念，从范围上个人信息包含个人敏感信息，个人敏感信息又包含个人隐私信息。为了免于混淆，《信息安全技术　个人信息安全规范》对其做了明确的界定。个人敏感信息是指一旦泄露、非法提供或滥用可能危害人身和财产安全，极易导致个人名誉、身心健康受到损害或歧视性待遇等的个人信息，主要包括身份证件号码、个人生物识别信息、银行账号、通信记录和内容、财产信息、征信信息、行踪轨迹、住宿信息、健康生理信息、交易信息、14 岁以下(含)儿童的个人信息和自然人的隐私信息等。

二、个人信息权概念

个人信息保护核心处理和平衡两种冲突：一是个人信息主体与信息流转主体对个人信息的控制之间的冲突②；二是个人信息保护与个人信息商业(大数据产业)化之间的冲突。而化解上述两种冲突的前提是法律应当赋予信息主体享有个人信息权，进而构建平衡个人与个人、个人与社会之间的法律框架。

---

① 2017 年 3 月，全国人大代表、全国人大常委、财经委副主任委员吴晓灵，全国人大代表、中国人民银行营业管理部主任周学东以及 45 位全国人大代表今年两会提交《关于制定〈中华人民共和国个人信息保护法〉的议案》，建议尽快制定《中华人民共和国个人信息保护法》，同时将《中华人民共和国个人信息保护法(草案)》作为附件提交。

② 张涛. 个人信息权的界定及其民法保护：基于利益衡量之间展开[D]. 长春：吉林大学，2012：45-54.

(一) 个人信息权概念的界定

《个人信息保护法(草案)》(2017版)第二章名称即为"个人信息权",其中第11条明确规定:"自然人的个人信息权包括信息决定、信息保密、信息查询、信息更正、信息封锁、信息删除、信息可携、被遗忘,依法对自己的个人信息所享有的支配、控制并排除他人侵害的权利。"换言之,个人信息权,是指信息主体对其信息享有占有、使用、收益、处分,并有权防止他人侵害的权利。[①]个人信息权的具体内容如表10.2.1所示。

表 10.2.1　个人信息权的具体内容

《个人信息保护法(草案)》	个人信息权内容	具 体 内 容
第 12 条	信息决定权	个人信息权人得以直接控制与支配其个人信息,并决定其个人信息是否被收集、处理与利用以及以何种方式、目的、范围收集、处理与利用
第 13 条	信息保密权	个人信息权人得以请求信息处理主体保持信息隐秘性
第 14 条	信息访问权	个人信息权人得以查询、访问其个人信息及其有关的处理的情况,并要求答复
第 15 条	信息更正权	个人信息权人得以请求信息处理主体对不正确、不全面的个人信息进行更正与补充,或对过时的个人信息进行更新
第 16 条	信息可携权	信息主体有权就其被收集处理的个人信息获得对应的副本,并可以在技术可行时直接要求信息控制者将这些个人信息传输给另一控制者
第 17 条	信息封锁权	在法定或约定事由出现时,个人信息权人得以请求信息处理主体以一定方式暂时停止或限制该个人信息的处理
第 18 条	信息删除权	在法定或约定事由出现时,个人信息权人得以请求信息处理主体无条件删除其个人信息
第 19 条	被遗忘权	在法定或约定事由出现时,信息主体得以请求信息处理主体无条件断开与该个人信息的任何链接,销毁该个人信息的副本或复制件

(二) 个人信息权的法律属性

关于个人信息权的法律属性人们争议较大,总结起来有以下几种观点,如表10.2.2所示。

表 10.2.2　个人信息权的法律属性学说

序号	观点	主 要 内 容	备 注
1	基本权利和自由说	个人信息是个人基本权利与自由的客体	《通用数据保护条例》
2	物权说或所有权说	个人信息是特殊的物权客体,即无体物或无形财产	《个人信息权的法哲学论纲》(张莉)、《信息权在我国民法典编纂中的立法遵从》(余筱兰)

① 李伟民. "个人信息权"性质之辨与立法模式研究:以互联网新型权利为视角[J]. 上海师范大学学报:哲学社会科学版,2018,47(03):67-74.

续表

序号	观点	主要内容	备注
3	隐私权说	个人信息是隐私，美国采用"信息隐私"的概念，将信息保护纳入隐私保护之下	英美法"大隐私"模式
4	一般人格权说	个人信息是一般性人格要素。信息自决权是一般人格权的一部分	德国通说
5	新型财产权	认为它是主体对其个人信息的商业价值进行支配的一种新型财产权	《个人信息的财产权保护》（刘德良）
6	人格权兼财产权说	个人信息既是人格要素，也是财产要素，故个人信息权既是人格权也是财产权	
7	具体人格权说	个人信息权是一项具体人格权	《论个人信息权的法律保护》（王利明）
8	新型民事权利说	个人信息权是独立的新型民事权利	《"个人信息权"性质之辨与立法模式研究——以互联网新型权利为视角》（李伟民）

　　上述观点比较而言，观点 7 的意见更具现实意义，更具可操作性；观点 5 和观点 8 的意见更具前瞻性[①]，即个人信息权属于新型民事权利。

三、我国个人信息保护立法现状

(一) 我国港台地区的相关立法

　　1996 年，香港地区就开始施行《个人信息受保护的规定》。该规定主要是针对香港在世的个人信息资料保护：可以用来确定别人的身份信息，便于人们对信息的查看以及解决信息被侵害的法律救济。该规定适用于那些利用个人信息资料的所有人，信息使用者必须严格按照该条例使用个人信息，如如何合法收集个人资料、确保信息的正确性、信息留置的时长、发现错误如何纠正信息资料等。此外，香港特别设置了专门的保护个人信息监督机构。

　　我国台湾地区早在 1995 年即制定了《电脑处理个人资料保护法》(简称"旧个资法")；2010 年修改通过了《个人资料保护法》(简称"新个资法")，并于 2012 年 10 月 1 日正式实施。"新个资法"沿袭了"旧个资法"的内容框架，基于适应信息时代个人资料保护的普遍性需要，在个人资料内涵、规范对象的范围以及法律责任和救济方面进行了全面推进。"新个资法"对个人资料收集和处理的规范主要限于两类对象：公务机关和非公务机关。[②] 该法律规定了个人信息受侵害时，侵害方应该遵循的法律准则，做出相应的赔偿，其主要区别是公共机构需要承担无过错责任，非公共机构需要承担过错责任。

---

① 随着互联网和通信技术的高速发展，民事主体和权利课题处于不断扩张的状态，权利内容必然相应发生变化。在互联网、大数据、人工智能语境下，虚拟的主体和客体成为民法新的内容，我们需要用发展的眼光迎接新型权利的到来。

② 王秀哲. 我国台湾地区个人资料立法保护评析[J]. 理论月刊，2015(12)：96-101+150.

(二) 我国大陆地区的相关立法

我国大陆地区对个人信息保护的立法简要梳理如下，如表 10.2.3 所示。

表 10.2.3 我国大陆地区的相关立法

序号	名 称	主 要 内 容
1	《中华人民共和国民法总则》	第一百一十一条："自然人的个人信息受法律保护。任何组织和个人需要获取他人个人信息的，应当依法取得并确保信息安全，不得非法收集、使用、加工、传输他人个人信息，不得非法买卖、提供或者公开他人个人信息。"这为个人信息保护奠定了基础
2	《刑法修正案(九)》	第二百五十三条规定了侵犯公民信息罪，第二百八十六条规定了拒不履行网络安全管理义务的犯罪
3	《中华人民共和国居民身份证法》	第十九条规定了侵害个人信息的民事责任、行政责任和刑事责任
4	《全国人民代表大会常务委员会关于加强网络信息保护的决定》	系统规定了受保护的个人信息的范围，收集、存储和利用个人信息的原则、条件，收集和存储人的保密义务、安全保障义务，禁止发送商业电子信息，信息权人的救济措施等
5	《中华人民共和国消费者权益保护法》	基本沿袭了《全国人民代表大会常务委员会关于加强网络信息保护的决定》的规定
6	《网络安全法》	对个人信息及个人信息的保护均予以规定
7	《电信和互联网用户个人信息保护规定》	第四条就使用了"用户个人信息"的概念，将其限定在电信业务经营者和互联网信息服务提供者在提供服务的过程中所收集的能够识别用户的信息，并采取列举的方式，将用户使用服务的时间、地点等信息纳入其中
8	《电信和互联网服务 用户个人信息保护 定义及分类》(YD/T 2781—2014)	"用户个人信息"界定为电信业务经营者和互联网信息服务提供者在提供服务过程中收集的能够单独或者与其他信息结合识别用户和涉及用户个人隐私的信息
9	《信息安全技术 公共及商用服务信息系统个人信息保护指南》(GB/Z 28828—2012)	个人信息的界定上更加科学，即可为信息系统所处理、与特定自然人相关、能够单独或通过与其他信息结合识别该特定自然人的计算机数据
10	《中国金融移动支付 检测规范 第 8 部分：个人信息保护》(JR/T 0098.8—2012)	指信息系统所处理、与特定自然人相关、能够单独或通过与其他信息结合识别该特定自然人的计算机数据
11	《互联网企业个人信息保护测评标准》	测评标准也明确指出，不适用于经不可逆的匿名化或去身份化处理，使信息或信息集合无法合理识别特定用户身份的信息

时至今日，我国专门的个人信息保护法正在紧锣密鼓地制定中。2017 年 3 月，吴晓灵、周学东等 45 位全国人大代表提交了《关于制定〈中华人民共和国个人信息保护法〉的议案》，建议尽快制定《中华人民共和国个人信息保护法》(以下简称《个人信息保护法》)并提交了《个人信息保护法(草案)》。《个人信息保护法》专家建议稿起草人张新宝教授表示，《个人信息保护法》一方面要整合、修改和补充原有的法律规范，建立规范、系统的法律体系；另一方面又不可能面面俱到，只能明确基本原则、基本制度、基本行为规范和法律责任。因此，《个人信息保护法》只有和其他法律有效协同，才能让个人信息保护制度兼备稳定性和开放性。

2018 年 8 月 27 日，民法典各分编草案首次提请十三届全国人大常委会第五次会议审议。草案将个人信息和隐私保护列入"人格权编"中，规定自然人的个人信息受法律保护；收集使用自然人个人信息的，应当遵循合法、正当、必要原则，并应当征得被收集者同意。全国人大常委会法制工作委员会主任沈春耀在做草案说明时表示：针对隐私权和个人信息保护领域存在的突出问题，在现行法律规定基础上，草案进一步强化对隐私权和个人信息的保护，并为即将制定的《个人信息保护法》留下衔接空间。[①]

2018 年 9 月 10 日，十三届全国人大常委会立法规划正式发布，69 件法律草案列入第一类项目，其中《个人信息保护法》是第 61 个项目。之前《个人信息保护法》"缺席"了十二届全国人大常委会的立法规划，仅被列入十一届立法规划的三类项目，这次在立法序列上出现了"跳跃式前进"。可以说，我国个人信息法的出台为时不远。

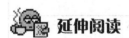 **延伸阅读**

韩某窃取转卖新生婴儿信息案[②]

案情概要： 2014 年年初至 2016 年 7 月期间，上海市疾病预防控制中心工作人员韩某利用其工作便利，进入他人账户窃取上海市疾病预防控制中心全市新生婴儿信息，并出售给黄浦区疾病预防控制中心工作人员张某某，再由张某某转卖给被告人范某某。直至案发，韩某、张某某、范某某非法获取新生婴儿信息共计 30 万余条。2015 年初～2016 年 7 月期间，范某某通过李某向王某某、黄某出售上海新生婴儿信息共计 25 万余条。2015 年 6～7 月，吴某某从王某某经营管理的大犀鸟公司内秘密窃取 7 万余条上海新生婴儿信息。2015 年 5 月～2016 年 7 月期间，龚某某通过微信、QQ 等联系方式，向吴某某出售新生婴儿信息 8000 余条，另分别向孙某某、夏某某二人出售新生儿信息共计 7000 余条。

审判结果： 上海市浦东新区检察院于 2016 年 8 月 18 日以韩某等 8 人涉嫌侵犯公民个人信息罪将其批准逮捕，同年 11 月 25 日提起公诉。2017 年 2 月 8 日，上海市浦东新区法院以侵犯公民个人信息罪分别判处韩某等 8 人有期徒刑二年零三个月至七个月不等。

---

① 任文岱. 民法典草案分编强化个人信息保护[N]. 民主法制报，2018-9-2(07).
② 最高检发布侵犯个人信息犯罪案例　上海疾控中心员工贩卖新生儿信息获刑，http://www.sohu.com/a/141005503_289260，2019 年 2 月 1 日最后访问。

第三节　个人信息安全保障义务

　　《2016 中国网民权益保护调查报告》显示，84%的网民曾受到个人信息泄露带来的不良影响，因为垃圾信息、诈骗信息、个人信息泄露等遭受的经济损失为人均 133 元，总体经济损失约 915 亿元。个人信息安全保障形势严峻，对网络运行者科以必要的安全保障义务，对保障用户信息安全等合法权益意义重大。

一、有关法律规定及解读

　　我国《网络安全法》第四十二条规定：“网络运营者不得泄露、篡改、毁损其收集的个人信息；未经被收集者同意，不得向他人提供个人信息。但是，经过处理无法识别特定个人且不能复原的除外。网络运营者应当采取技术措施和其他必要措施，确保其收集的个人信息安全，防止信息泄露、毁损、丢失。在发生或者可能发生个人信息泄露、毁损、丢失的情况时，应当立即采取补救措施，按照规定及时告知用户并向有关主管部门报告。”此外，《网络安全法》第二十一条、第四十条、第四十一条、第四十三条、第四十四条、第四十五条等对个人信息安全保护均有涉及，与本条一并构筑起个人信息安全保障法律体系。

　　《网络安全法》第四十二条主要是关于个人信息安全保障义务的规定，具体规定了个人信息安全原则、个人信息匿名化处理(详见本章第四节阐释)和个人信息泄露报告义务等。本条款是大数据从业者非常关心的一个条款(也被称为大数据条款)。“经过处理无法识别特定个人且不能复原的”所包含的匿名化标准为大数据流通和交易环节提供了法律依据和要求，同时提出了网络运营者要承担的义务以及出现问题时要遵守双重告知的原则。

　　《网络安全法》第四十二条关于个人信息保护的规定借鉴了一些国际组织和国家的规定。例如，个人信息安全原则是个人信息保护制度的一项重要原则。经济合作与发展组织《隐私保护与个人数据跨国流通指南》规定，个人数据应当受到合理的安全保护，以免发生丢失或未经授权的获取、破坏、使用、修改或披露。欧盟《通用数据保护条例》规定，数据处理应当采取合适的技术措施和组织管理措施，防止未经授权的访问、非法处理、数据丢失、损毁或破坏。[①]

　　网络运营者应当对用户信息严格保密，并建立用户信息保护制度。个人信息的保密和安全，是信息主体享有的个人信息权中的主要内容。因此，信息收集者、存储者等应对个人信息采取合理有效的安全保护措施，防止个人信息被非法窃取、泄露、篡改、毁损、丢失等情形发生。一旦出现上述情形，上述主体应及时采取措施，并将上述情况及时告知信息主体和有关部门。

---

① 杨合庆. 中华人民共和国网络安全法解读[M]. 北京：中国法制出版社，2017：92.

二、安全保障措施、应急处理和告知义务

(一) 安全保障措施

通常而言，《网络安全法》规定的安全保障措施包含三类：一是物理措施，二是技术措施，三是管理措施。为了保护个人信息安全，网络运营者应采取的措施如表 10.3.1 所示。

表 10.3.1　个人信息安全保障措施

序号	措　　施	备　注
1	明确相关部门、岗位及分支机构的用户信息安全管理责任	责任落实到人
2	构建用户个人信息收集、使用等合理正当的工作程序和安全管理制度	正当程序管理
3	对相关工作人员实行权限管理，对批量输出、复制、销毁个人信息等行为进行审查，并采取防止泄露等具体措施	信息审查制度
4	妥当保管记录用户个人信息的载体(如硬盘)，采取相应的安全储存措施	安全存储制度
5	对存储用户个人信息的信息系统实行接入审查，采取防止入侵、渗透、防范木马病毒等措施	安全存储制度
6	记录并保存对用户个人信息进行操作的人员、时间、地点、具体事项等信息	记录事件制度
7	根据有关部门的规定开展通信网络安全防护工作	

(二) 应急处置预案

表 10.3.1 所列的安全保障措施并非万无一失，一旦发生信息安全事件，个人信息控制者应当根据应急响应预案及时处理，包括但不限于以下内容：

第一，详细记录事件内容。例如，发现信息安全事件的时间、人员、地点、涉及安全信息的种类和范围、发生时间的系统名称、该事件对其他关联系统等的影响、是否已经联系有关部门。

第二，妥当评估信息安全事件可能造成的影响。

第三，采取必要合理的措施控制信息安全事态发展，以及时消除隐患。

第四，按照《国家网络安全事件应急预案》有关规定及时上报有关部门、机关和机构。

(三) 双重报告义务

个人信息收集和使用者及时处置个人信息安全风险并及时报告是其重要义务，这是国际上通行的义务规定。例如，《通用数据保护条例》第 33 条规定，一旦发生数据泄露等事件，数据控制者应在 72 小时内通知监管机构，除非该事件不可能造成对个人权利和自由的破坏等；第 34 条规定，如果数据泄露对自然人的权利和自由有很高的风险，数据控制者应当立即通知数据主体。

我国《网络安全法》第四十二条的规定原则上规定了，在发生或者可能发生信息泄露、毁损、丢失等情况下，数据控制者应当立即采取补救措施，按照规定及时向用户和有关主

管部门报告。报告内容应该包括：涉及数据种类、数量、内容、性质，数据泄露等的原因，事件可能造成的不利影响，已经采取或拟采取的处置措施，事件处置人员等的联系方式，责任主体的处理方案等。至于报告时间，有待之后相关具体规定落实，原则上应及时处理，控制在事故发生 12 小时之内。

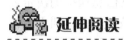 **延伸阅读**

重庆查处违反《网络安全法》首案[①]

重庆市公安局网安总队在日常检查中发现，重庆市某科技发展有限公司自《网络安全法》正式实施以来，在提供互联网数据中心服务时，存在未依法留存用户登录相关网络日志的违法行为。重庆市公安局网安总队根据《网络安全法》第二十一条(三)项、第五十九条等规定，决定给予该公司警告处罚，并责令限期十五日内进行整改。重庆市公安局网安总队将依据《网络安全法》等法律法规的相关规定，进一步加大网络安全监管力度，对未落实网络安全等级保护制度、网络实名认证、侵害公民个人信息等违法行为，以及从事危害网络安全的活动，或者为他人从事危害网络安全的活动提供技术支持、广告推广、支付结算等帮助的违法行为严格依法查处，构成犯罪的将依据我国《刑法》第二百五十三条之一追究刑事责任。

第四节　个人信息的收集、处理和去识别化

违法收集个人信息通常是滥用个人信息的重要源头。数据挖掘等通信技术的发展，大大增强了人们转化数据的能力，个人信息的违规处理事件时有发生。因此，规范个人信息的收集、处理以及通过匿名化防范消除用户个人信息，达到保护个人信息和合理使用个人信息的目的，显得尤为重要。

一、有关法律规定及解读

《网络安全法》第四十一条规定："网络运营者收集、使用个人信息，应当遵循合法、正当、必要的原则，公开收集、使用规则，明示收集、使用信息的目的、方式和范围，并经被收集者同意。网络运营者不得收集与其提供的服务无关的个人信息，不得违反法律、行政法规的规定和双方的约定收集、使用个人信息，并应当依照法律、行政法规的规定和与用户的约定，处理其保存的个人信息。"

《网络安全法》第四十二条规定："未经被收集者同意，不得向他人提供个人信息。但是，经过处理无法识别特定个人且不能复原的除外。"

《关于加强网络信息保护的决定》第二条规定："网络服务提供者和其他企业事业单位

[①] 重庆一网络公司未留存用户登录日志被网安查处，http://waz.hncd.gov.cn/portal/zt/waxcz/wfal/webinfo/2017/09/1505609222626173.htm，2019 年 1 月 8 日最后访问。

在业务活动中收集、使用公民个人信息，应当遵循合法、正当、必要的原则，明示收集、使用信息的目的、方式和范围，并经被收集者同意，不得违反法律、法规的规定和双方的约定收集、使用信息。"

上述法律法规等条款主要是就网络运营者而言的，规定了关于个人信息收集、处理和匿名化处理的内容。其中，《网络安全法》第四十一条、《关于加强网络信息保护的决定》第二条规定了网络运营者收集、使用个人信息应当遵循的原则。《网络安全法》第四十二条规定了个人信息应当经过匿名化方法处理、消除个人信息的用户身份特征后方可加以利用。本条实际上也规定了个人信息数据利用的合法方式。域外欧盟的《通用数据保护条例》、日本的《个人信息保护法》、德国的《个人数据保护法》、美国联邦贸易委员会2016年10月发布的关于数据处理的政策等相关规定均规定了应当采取合理措施(主要是匿名化)使相关数据充分地去身份化。

二、个人信息的收集

(一) 个人信息收集的界定

个人信息收集，是指基于特定目的取得信息主体个人信息的行为，其核心特征即为获得个人信息的控制权。收集方式主要包括个人信息主体主动提供，通过与个人信息主体交互或者记录个人信息主体行为等自动采集，通过共享、转让、搜集公开信息等间接方式获取等。个人收集的分类详如图10.4.1所示。

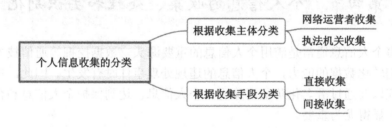

图 10.4.1　个人信息收集的分类

(二) 个人信息收集的原则

根据《网络安全法》第四十一条等规定，对个人信息的收集应符合下列原则：

(1) 遵循合法、正当和必要原则。合法原则，是指网络运营者收集、使用个人信息必须有合法根据，而且收集、使用的方法也有合法根据。这里合法根据包括：《网络安全法》和相关法律、法规，经用户同意或授权，收集人与用户签订的合法协议。正当和必要原则，包括目的特定原则和收集使用限制原则。目的特定原则是指个人信息的收集、处理与使用应当根据特定目的(如公共部门履行职责之目的)进行，不得超出目的而恣意收集和使用个人信息；收集使用限制原则与目的特定原则紧密相关，要求收集和使用个人信息应当限定在必要的限度内，避免对信息主体造成过度侵扰和损害。

(2) 符合公开透明原则。公开透明原则，即以明确、易懂和合理的方式公开处理个人信息的范围、目的、规则等，并接受外部监督。具体而言，网络运营者要公开其收集、使用个人信息的规则，告知被收集人收集、使用个人信息的目的、方法和范围等，确保个人信息主体的知情权。告知具体内容主要包括以下方面：一是收集、使用规则；二是收集、处理和使用个人信息的目的；三是收集、处理和使用个人信息的方法；四是收集的具体内容和留存时间；五是个人信息的使用范围，包括披露或向其他组织和机构提供其个人信息的范围；六是个人信息的保护措施；七是若将个人信息转移或委托于其他组织和机构，要向信息主体告知转移或委托的目的、转移或委托个人信息的具体内容和使用范围、接受委托个人信息获得者的名称、地址和联系方式等信息；八是提供个人信息后可能存在的风险；九是不提供个人信息可能出现的后果；十是收集人的名称、地址、联系方式等信息；十一是客户的投诉渠道及联系方式。[①]

(3) 满足选择同意原则。选择同意原则，即向个人信息主体明示个人信息处理目的、方式、范围、规则等，征求其授权同意。

(三) 个人信息收集的具体要求

根据《信息安全技术 个人信息安全规范》5.1～5.4 的规定，对收集个人信息的要求进一步细化和具体化，包括收集个人信息的合法性要求、收集个人信息的最小化要求、收集个人信息的授权同意要求、征得授权同意要求的例外情形等，如表 10.4.1 所示。

表 10.4.1 个人信息收集的具体要求

序号	要 求	具 体 内 容
5.1	收集个人信息的合法性要求	(1) 不得欺诈、诱骗、强迫个人信息主体提供其个人信息； (2) 不得隐瞒产品或服务所具有的收集个人信息的功能； (3) 不得从非法渠道获取个人信息； (4) 不得收集法律法规明令禁止收集的个人信息
5.2	收集个人信息的最小化要求	(1) 收集的个人信息的类型应与实现产品或服务的业务功能有直接关联。直接关联是指没有该信息的参与，产品或服务的功能无法实现。 (2) 自动采集个人信息的频率应是实现产品或服务的业务功能所必需的最低频率。 (3) 间接获取个人信息的数量应是实现产品或服务的业务功能所必需的最少数量
5.3	收集个人信息时的授权同意	(1) 收集个人信息前，应向个人信息主体明确告知所提供产品或服务的不同业务功能分别收集的个人信息类型，以及收集、使用个人信息的规则(如收集和使用个人信息的目的等)，并获得个人信息主体的授权同意。 (2) 间接获取个人信息时： ① 应要求个人信息提供方说明个人信息来源，并对其个人信息来源的合法性进行确认。 ② 应了解个人信息提供方已获得的个人信息处理的授权同意范围，包括使用目的，个人信息主体是否授权同意转让、共享、公开披露等。如本组织开展业务需进行的个人信息处理活动超出该授权同意范围，应在获取个人信息后的合理期限内或处理个人信息前，征得个人信息主体的明示同意

① 马民虎. 网络安全法适用指南[M]. 北京：中国民主法制出版社，2018：172-173.

续表

序号	要　求	具　体　内　容
5.4	征得授权同意的例外	(1) 与国家安全、国防安全直接相关的； (2) 与公共安全、公共卫生、重大公共利益直接相关的； (3) 与犯罪侦查、起诉、审判和判决执行等直接相关的； (4) 出于维护个人信息主体或其他个人的生命、财产等重大合法权益但又很难得到本人同意的； (5) 所收集的个人信息是个人信息主体自行向社会公众公开的； (6) 从合法公开披露的信息中收集个人信息的，如合法的新闻报道、政府信息公开等渠道； (7) 根据个人信息主体要求签订和履行合同所必需的； (8) 用于维护所提供的产品或服务的安全稳定运行所必需的，如发现、处置产品或服务的故障； (9) 个人信息控制者为新闻单位且其在开展合法的新闻报道所必需的； (10) 个人信息控制者为学术研究机构，出于公共利益开展统计或学术研究所必须，且其对外提供学术研究或描述的结果时，对结果中所包含的个人信息进行去标识化处理的； (11) 法律法规规定的其他情形

三、个人信息的处理

关于个人信息处理的界定，有狭义和广义之分。例如，《通用数据保护条例》第 4 条第 (2)项规定即采用广义的角度，认为"处理"是指对个人数据或者个人数据集合的任何单一或一系列的自动化或者非自动化操作，如对其收集、记录、组织、建构、存储、适配或者修改、检索、咨询、使用、披露、传播、排列组合、限制、删除或销毁；[①]从狭义的角度而言，个人信息处理是指个人信息控制者或个人信息代为处理者对其控制的个人信息进行加工、使用和分析利用的行为。鉴于个人信息的收集等有专门的规定，因此本书中关于个人信息的使用采用狭义说更为妥当。具体而言，其包括以下内容：

(1) 个人信息的加工。它是指对个人信息进行录入、整理、聚合、挖掘、恢复等除收集、转移、使用、销售或删除之外的信息处理行为。加工行为也需符合合法、正当和必要原则，遵循告知同意机制，以保障有关数据的保密性、完整性和可用性。例如，2017 年 3 月 15 日通过的《中华人民共和国民法总则》第一百一十一条规定，任何组织和个人需要获取他人个人信息的，不得非法加工他人的个人信息。《网络安全法》第四十二条规定："网络运营者不得泄露、篡改、损坏其收集的个人信息。"

(2) 个人信息的使用。根据《网络安全法》第四十一条的规定，网络运营者使用个人信息，也应遵循合法、正当、必要的原则，公开使用规则，明示使用信息的目的、方式和范围，并经被收集者同意。

---

① 欧盟《一般数据保护条例》GDPR(汉英对照)[M]. 瑞柏律师事务所，译. 北京：法律出版社，2018：42.

(3) 个人信息的分析利用。个人信息的分析利用原则上应当征得权利人同意，例外情形下无需征得其同意：① 为履行法定义务需要对相关数据予以处理；② 为了履行当事人一方为数据主体的合同，需要对数据予以处理；③ 为了保护权利人的重大利益而需要对数据予以处理。个人信息的分析利用通常包括"数字画像"和"产品或服务改进计划"。"数字画像"又称"用户画像"，是指通过收集、汇聚、分析个人信息，对某特定自然人的个人特征，如其职业、经济、健康、教育、个人喜好、信用、行为等方面做出分析或预测，形成其个人特征模型的过程。其中，直接使用特定自然人的个人信息，形成该自然人的特征模型，称为"直接用户画像"；使用来源于特定自然人以外的个人信息，如其所在群体的数据，形成该自然人的特征模型，称为"间接用户画像"。[①] "产品或服务改进计划"，是指产品或服务提供者除了为提供特定产品或服务目的必须进行个人信息的处理之外，为了进一步改善产品或服务的质量，提高用户体验效果，会通过处理用户的某些信息对产品或服务使用情况进行了解。[②]

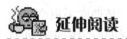 **延伸阅读**

关于用户个人信息收集、使用原则的公告

尊敬的客户：

您好！

为了保护广大电信用户的合法权益，维护网络信息安全和用户个人信息安全，提升电信服务水平，遏制网络信息违法行为，根据《全国人民代表大会常务委员会关于加强网络信息保护的决定》、工业和信息化部《电信和互联网用户个人信息保护规定》(工业和信息化部第 24 号令)等有关规定，现针对用户个人信息收集、使用原则公告如下：

一、您在我公司各类营业网点(含自有营业厅、网上营业厅、授权合作代理商等)办理移动电话/固定电话/宽带及其他业务入网、过户、用户资料变更以及需要出示用户证件的有关业务时，应配合出示本人有效证件原件并进行登记。

(一) 登记信息包括用户姓名、证件类型、证件号码及地址。同时，为更好地提供服务，需要您提供如联系人、联系电话、通信地址、电子邮箱等信息。

(二) 您所提供的信息应保证真实、准确、完整，并及时更新，否则由此产生的风险及责任需由您自行承担。

二、我公司依据相关法律、法规合法、正当收集及使用个人信息，并遵循以下原则：

(一) 不以欺骗、误导或者强迫等方式或者违反法律、行政法规以及双方的约定收集、使用信息。

(二) 不收集提供服务所必需以外的用户个人信息或者将信息使用于其提供服务之外的目的。

(三) 对在提供服务过程中收集、使用的用户个人信息严格保密，不泄露、篡改或者毁损，不出售或者非法向他人提供，司法机关或行政机关基于法定程序要求我公司提供的情

① 《信息安全技术　个人信息安全规范》(GB/T 35273—2017)。
② 马民虎. 网络安全法适用指南[M]. 北京：中国民主法制出版社，2018：176.

况除外。

特此公告。

中国移动通信集团内蒙古有限公司

2017 年 9 月 27 日

四、个人信息的去识别化

随着互联网的发展，在信息时代海量的个人信息数据日渐成为有重大价值的资产，可谓企业最有价值的财产和新型商业模式的基石。我国《网络安全法》第四十二条规定，原则上"未经被收集者同意，不得向他人提供个人信息"，但是经过处理无法识别特定个人且不能复原的除外。由于个人信息的核心特征为可识别化，为了保护个人信息安全和在商业领域合理使用个人信息数据的目的，去识别化技术便应运而生。其中，去识别化技术主要可以分为两大类：匿名化和去标识化。

2016 年 10 月，美国联邦贸易委员会发布了关于匿名化的政策：一是要求采取合理措施使得相关数据充分去身份化；二是要求必须公开承诺对处理之后数据的应用限定在非身份化的模式下，不再进行身份识别；三是要求如果将这些数据提供给第三方，双方必须签订合同并要求第三方不得对数据进行身份的再识别，以及采取有效措施监督对方履行该义务。可以说，通过匿名化技术或去识别化技术消除个人信息的用户特征后加以利用，成为个人信息数据利用的常见方式。

(一) 个人信息的匿名化

自 1997 年美国学者 Samarati 和 Sweeney 提出 k-anonymity 匿名模型后，数据匿名化技术在计算机科学领域方兴未艾，目前已经发展出许多成熟的技术解决方案。随着大数据时代的到来，通过法律保护个人信息逐渐为世界各国所采纳，关于数据匿名化逐渐在法学领域兴起。

根据《信息安全技术　个人信息安全规范》(GB/T 35273—2017)第 3.13 条的界定，所谓匿名化(anonymization)，是指通过对个人信息的技术处理，使得个人信息主体无法被识别，且处理后的信息不能复原的过程；个人信息经匿名化处理后所得的信息，在性质上已经不属于个人信息。[①]该界定与欧盟《通用数据保护条例》对匿名化的界定基本一致。《通用数据保护条例》将其界定为"它是将个人数据移除可识别个人信息的部分，并且通过这一方法，数据主体不会再被识别。匿名化数据不属于个人数据，因此无须适用条例的相关要求，机构可以自由地处理匿名化数据"。[②]因此，法律领域下的匿名化标准要求为：不可能被识别，或者被识别的可能性极低。

不过，有学者提出，随着技术的发展，完全不能恢复的匿名化信息是不存在的。[③]因此，《信息技术安全　个人信息安全规范》和欧盟《通用数据保护条例》的规定存在不合理之处。

① 《信息安全技术　个人信息安全规范》(GB/T 35273-2017)。

② 王融. 数据匿名化的法律规制[J]. 信息通信技术，2016，10(04)：38-44.

③ Paul Ohm. Broken promises of privacy: Responding to the surprising failure of anonymization[J]. UCLA Law Review，2010(57)：1701.

(二) 个人信息的去标识化

1. 去标识化概念的界定

根据《信息安全技术 个人信息安全规范》第3.14条的界定,所谓去标识化(de-identification),又称为"假名化",它是指通过对个人信息的技术处理,使其在不借助额外信息的情况下,无法识别个人信息主体的过程。去标识化是建立在个体基础之上的,保留了个体颗粒度,采用假名、加密、哈希函数等技术手段替代对个人信息的标识。[①]经过"假名化"处理后的数据为"假名数据",假名数据结合了特定信息后会恢复身份属性。例如,"张雯,35 岁,心脏病患者"是真实个人数据,经过假名化处理后生成假名数据:"00250,35 岁,心脏病患者"。

综上所述,匿名化和去标识化均属于去识别化的范畴,但是在去识别化程度上匿名化比去标识化更加彻底,经过匿名化处理后的个人信息数据要达到不能被复原的程度,而经过去标识化处理后的个人信息数据可以通过技术手段再识别。此外,匿名数据本身不属于个人信息的范畴,而去标识化后的假名数据仍然属于个人信息范畴。

2. 去标识化的过程与方法

收集个人信息后,个人信息控制者宜立即进行去标识化处理,并采取技术和管理方面的措施,将去标识化后的数据与可用于恢复识别个人的信息分开存储,并确保在后续的个人信息处理中不重新识别个人。

去标识化过程通常可分为确定目标、识别标识、处理标识以及验证批准等步骤,并在上述各步骤的实施过程中和完成后进行有效的监控和审查,如图 10.4.2 所示。

常见的个人信息去识别化方法有屏蔽、随机、泛化、加密等,如表 10.4.2 所示。

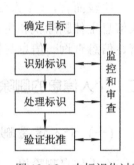

图 10.4.2 去标识化过程

表 10.4.2 个人信息去标识化方法

方法	描　述	举　例
屏蔽	对标识符数据项进行抑制处理,对其进行删除或者隐藏。屏蔽可以针对整个数据项进行,也可以选择对数据项的一部分进行	屏蔽身份证号 440524188001-010014 时,可选择直接删除,也可使用 440524********0014 代替
随机	使用随机产生或分配的数据代替原来的数据项。随机方法可以包括噪声添加、完全随机产生、数据项重排置换等	中文姓名使用随机生成的姓和汉字表示,如使用随机生成的"啊呢吧"代替"周伯通"
泛化	通过降低数据精度,使用概括、抽象的办法表示原有数据项。对于数值型数据项,可以使用取整、取最大值等方法对数据进行泛化	如实数数据 1.732 可以泛化为 1,"张三"可以泛化为"张某某"
加密	采用密码学方法对数据项进行变换,包括对称加密、非对称加密和杂凑运算等。如果需要保留原有数据项的某些特性,还可以使用保序加密或保留格式加密等算法	如身高 1.73 可以加密为 1.46

---

① 《信息安全技术 个人信息安全规范》(GB/T 35273—2017)。

第五节　个人信息的删除权与更正权

一、有关法律规定及解读

个人信息与特定自然人个体身份的识别信息紧密相关。由于当前个人信息泄露、滥用现象严重，为了恢复个人信息主体对个人信息的控制，我国《网络安全法》第四十三条规定："个人发现网络运营者违反法律、行政法规的规定或者双方的约定收集、使用其个人信息的，有权要求网络运营者删除其个人信息；发现网络运营者收集、存储的其个人信息有错误的，有权要求网络运营者予以更正。网络运营者应当采取措施予以删除或者更正。"《个人信息保护法(草案)》(2017)第 15 条和第 18 条分别规定了信息更正和删除的权利："个人信息权人得以请求信息处理主体对不正确、不全面的个人信息进行更正与补充，或对过时的个人信息进行更新。""在法定或约定事由出现时，个人信息权人得以请求信息处理主体无条件删除其个人信息。"

比较而言，《个人信息保护法(草案)》(2017)对个人信息的保护更加全面，除了赋予个人信息主体删除权和更正权之外，根据该草案规定，还赋予自然人个体信息决定、信息保密、信息查询、信息封锁、信息可携、被遗忘等权利。

二、个人信息的删除权

(一) 个人信息删除权的界定

个人信息删除权，是指个人信息主体在法定或约定事由出现的情况下，请求网络运营者或信息控制者删除其个人信息的权利。《网络安全法》第四十三条规定了个人信息删除权，本条规定的情形通常包括：① 网络运营者收集、使用行为不具有合法性，如收集、使用行为未得到被收集者的同意且无法律依据；被收集者的同意已被撤销或者无效；收集、使用的信息超出法定或约定的范围。② 收集、使用个人信息的特定目的消失，使对个人信息的保存及处理、利用失去了正当性和必要性。③ 约定的收集、使用或保存个人信息的期限届满。

欧盟《通用数据保护条例》第十七条规定了被遗忘权或删除权(right to be forgotten and erasure)，即在下列情形下数据主体有权要求数据控制者及时删除其个人数据：

(1) 就收集或以其他方式处理个人数据目的而言，该个人数据已非必要；

(2) 数据主体根据本条例第六条第 1 款(a)项或第九条第二款(a)项撤回同意，并且没有其他有关数据处理的法律依据；

(3) 数据主体根据本条例第二十一条第一款反对处理，并且不存在关于数据处理更重要的合法依据，或者数据主体根据本条例第二十一条第二款反对处理；

(4) 个人数据被非法处理；

(5) 根据控制者所应遵守的欧盟或成员国法律规定的法定义务，个人数据必须被删除；

(6) 个人数据根据本条例第八条第一款所述的社会信息服务而收集的。①

与欧盟《通用数据保护条例》第十七条规定的被遗忘权不同，我国《网络安全法》第四十三条确立的删除权行使条件比较有限，仅限于违反法律法规或约定，义务承担者比较明确(限于信息收集、使用者)。

(二) 个人信息删除权的行使

根据《信息安全技术　个人信息安全规范》第7.6条的规定，就个人信息控制者而言：

第一，符合以下情形的，个人信息主体要求删除的，应及时删除个人信息：个人信息控制者违反法律法规规定，收集、使用个人信息的；个人信息控制者违反与个人信息主体的约定，收集、使用个人信息的。

第二，个人信息控制者违反法律法规规定或违反与个人信息主体的约定向第三方共享、转让个人信息，且个人信息主体要求删除的，个人信息控制者应立即停止共享、转让行为，并通知第三方及时删除。

第三，个人信息控制者违反法律法规规定或与个人信息主体的约定，公开披露个人信息，且个人信息主体要求删除的，个人信息控制者应立即停止公开披露行为，并发布通知要求相关接收方删除相应的信息。

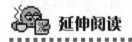 延伸阅读

阿里巴巴中国站隐私政策关于个人信息删除的规定②

您可以通过"(一)访问您的个人信息"中列明的方式删除您的部分个人信息。在以下情形中，您可以向我们提出删除个人信息的请求：如果我们处理个人信息的行为违反法律法规；如果我们收集、使用您的个人信息，却未征得您的明确同意；如果我们处理个人信息的行为严重违反了与您的约定；如果您不再使用我们的产品或服务，或您主动注销了账号；如果我们永久不再为您提供产品或服务。若我们决定响应您的删除请求，我们还将同时尽可能通知从我们处获得您的个人信息的主体，要求其及时删除，除非法律法规另有规定，或这些主体获得您的独立授权。当您从我们的服务中删除信息后，我们可能不会立即从备份系统中删除相应的信息，但会在备份更新时删除这些信息。

三、个人信息的更正权

(一) 个人信息更正权的界定

个人信息更正权，是指信息主体在具备法定或约定事由的情形下，请求信息处理主体

① 京东法律研究院. 欧盟数据宪章：《一般数据保护条例》(GDPR)评述及实务指引[M]. 北京：法律出版社，2018：240.
② 天猫国际隐私权政策, https://rule.tmall.hk/rule/rule_detail.htm?id=1522&tag=self，2018年12月27日最后访问。

对不准确、不完整、过时的个人信息进行及时更正、补充和更新的权利。《网络安全法》第四十三条规定了个人信息更正权。

欧盟《通用数据保护条例》第十六条规定了更正权，即"数据主体有权要求控制者及时更正其不准确的个人数据。考虑到处理的目的，数据主体应当有权将不完整的个人数据补充完整，包括通过提供补充声明的方式"。①俄罗斯《个人信息保护法》第十四条规定，个人数据不完整、过时、不准确时，数据主体有权要求运营商更新其个人数据。②

综上，我国对个人信息更正权的规定与国际上相关规定基本一致。只有确保个人信息的准确性、完整性和及时更新，依法收集个人信息的国家机关、非国家机关才能依据该信息做出科学合理的决定，确保服务的质量，也能保护个人信息的完整性和准确性。

(二) 个人信息更正权的行使

根据《信息安全技术　个人信息安全规范》第 7.5 条的规定，个人信息更正权行使的方法须由个人信息控制者提供，即个人信息主体发现个人信息控制者所持有的该主体的个人信息有错误或不完整的，个人信息控制者应为其提供请求更正或补充信息的方法。

在《信息安全技术　个人信息安全规范》附录 D 隐私政策模板中列举了更正个人信息更正的规范表达："当您发现我们处理的关于您的个人信息有错误时，您有权要求我们做出更正。您可以通过'(一)访问您的个人信息'中罗列的方式提出更正申请。如果您无法通过上述链接更正这些个人信息，您可以随时使用我们的 Web 表单联系，或发送电子邮件至××××。我们将在 30 天内回复您的更正请求。"

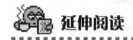 **延伸阅读**

华为《隐私政策》关于个人信息更正的规定③

您应确保提交的所有个人数据都准确无误。华为会尽力维护个人数据的准确和完整，并及时更新这些数据。在适用的法律要求的情况下，您可能：① 有权访问我们持有的关于您的特定的个人数据；② 要求我们更新或更正您的不准确的个人数据；③ 拒绝或限制我们使用您的个人数据；④ 要求我们删除您的个人数据。如果您想行使相关的权利，请点击此处在线反馈给我们。为保障安全，您可能需要提供书面请求。如果我们有合理依据认为这些请求存在欺骗性、无法实行或损害他人隐私权，我们则会拒绝处理请求。

如果您认为我们对您的个人信息的处理不符合适用的数据保护法律，您可以与法定的数据保护机构联系。欧盟地区数据保护机构的联系方式请参考：http://ec.europa.eu/justice/article-29/structure/data-protection-authorities/index_en.htm。

---

① 京东法律研究院. 欧盟数据宪章：《一般数据保护条例》(GDPR)评述及实务指引[M]. 北京：法律出版社，2018：239.

② 杨合庆. 中华人民共和国网络安全法解读[M]. 北京：中国法制出版社，2017：97.

③ 隐私政策，https://www.huawei.com/cn/privacy-policy，2019 年 2 月 1 日最后访问.

课 后 习 题

1. 简述个人信息和个人信息权的概念。

2. 谈谈欧盟"被遗忘权"和我国"个人信息删除权"的异同。

3. 随着大数据时代的来临,云计算、人工智能几乎如影而至。一方面,企业和其他组织越来越"贪婪"地汲取更多的数据(主要是个人信息),为用户提供个性化的商业服务;另一方面,处于"裸奔"状况的个人信息亟须合理且有效地保护。你如何看待这种现象?

参 考 文 献

[1] 360 法律研究院. 中国网络安全法治绿皮书(2018)[M]. 北京: 法律出版社, 2018.

[2] 阿丽塔.L.艾伦, 理查德.C.托克音顿. 美国隐私法: 学说、判例与立法[M]. 冯建妹, 石宏, 郝倩, 等译. 北京: 中国民主法制出版社, 2004.

[3] 刁胜先, 等. 个人信息网络侵权问题研究[M]. 上海: 上海三联书店, 2013.

[4] 京东法律研究院. 欧盟数据宪章:《一般数据保护条例》(GDPR)评述及实务指引[M]. 北京: 法律出版社, 2018.

[5] 马民虎. 网络安全法律遵从[M]. 北京: 电子工业出版社, 2018.

[6] 马民虎. 网络安全法适用指南[M]. 北京: 中国民主法制出版社, 2017.

[7] 维克托·迈尔-舍恩伯格, 肯尼思·库克耶. 大数据时代[M]. 盛杨燕, 周涛, 译. 杭州: 浙江人民出版社, 2013.

[8] 杨合庆. 中华人民共和国网络安全法解读[M]. 北京: 中国法制出版社, 2017.

第十一章　网络安全监测预警与应急处理制度

内容提要

本章主要介绍网络安全监测预警和应急处理的组织机构和基本原则，网络安全监测预警制度和信息通报制度，网络安全事件应急处置制度以及网络通信临时管制制度，力图使读者全面了解《网络安全法》中规定的网络安全监测预警与应急处理制度。

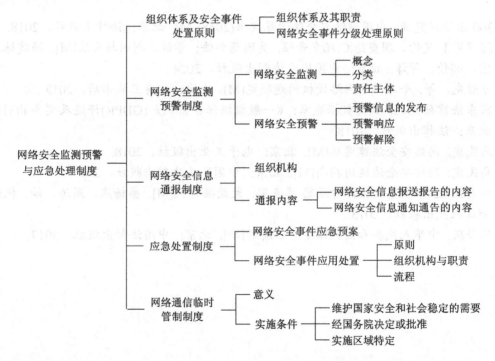

本书第一章中已经介绍到，检测(包括监测)和响应是网络安全模型的重要内容；在本书第六章的网络运营者的安全要求中也介绍了网络运营者对网络进行监测、网络安全事件的应急响应和报告的责任。除此之外，《网络安全法》第五章还专门提出了国家层面的网络安全监测预警与信息通报制度、应急预案制度，其目的是强调国家的网络安全监测预警和应急制度的建设，以提高网络安全保障能力，通过建立网络安全监测预警和信息通报制度，防止突发的网络安全事件危害公民、组织，甚至国家的利益。

当前，我国网络安全形势严峻，网络运行面临诸多安全风险，网络安全事件频发。鉴于此，有必要按照"早发现、早报告、早处置"的原则，建立高效的国家网络安全监测预警与信息通报制度，有效应对网络安全威胁。同时，在发生网络安全事件时，为了做好应急处置工作，需要事前制订应急预案；为了实现"反应灵敏、协调有序、运转高效"的应急机制，需要加强统筹协调，这些都需要通过立法做出相应规定。在一定条件下，可以对特定区域对网络通信采取限制等临时措施，也同样需要通过立法对相关条件做出规定。本章结合相关立法和规范性文件的规定，对我国网络安全监测预警制度、网络安全信息通报制度、应急处置制度进行简要介绍。

第一节 组织体系及安全事件处置原则

一、组织体系及其职责

《网络安全法》第五十一～五十六条明确了重要行业、部门、省级以上有关部门及国家网信部门在网络安全监测预警及信息通报中的领导、监管或协作等职责，结合《网络安全法》第二十一条、二十五条对网络运营者的监测、应急的具体要求，网络安全监测预警与信息通报制度的组织体系可以表示为图 11.1.1 所示。

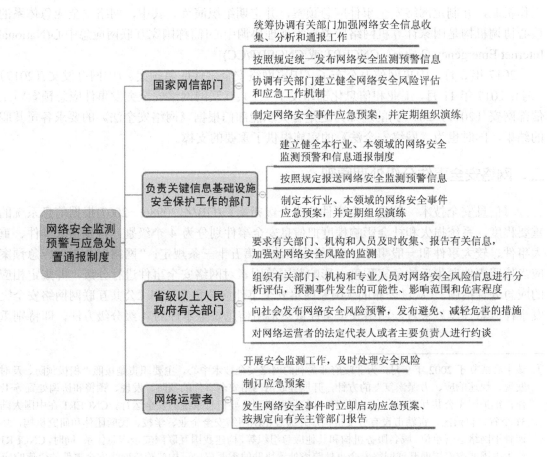

图 11.1.1 网络安全监测预警与应急处置通报制度的组织体系

网络安全监测预警、信息通报与应急处置并不是独立的，而是一系列连续的动作，它们在各类应急方案里都会有具体的规定，并且实行行政管理和行业管理的双重监督管理体系和上下联动的应急体系。

(1) 网络运营者：作为网络主管或网络运营的第一责任人，承担具体的网络安全监测工作和及时处理安全风险的责任，并在发生网络安全事件时立即启动应急预案，按规定向有关主管部门报告。

(2) 省级以上人民政府有关部门：当网络安全事件发生的风险增大时，承担有关信息收集、安全风险信息收集/评估和安全风险预警信息的发布等职能；并在日常网络安全监督管理中发现网络存在较大安全风险或者发生安全事件时，可以按照规定的权限和程序对该网络的运营者的法定代表人或者主要负责人进行约谈。网络运营者应当按照要求采取措施，进行整改，消除隐患。

(3) 负责关键信息基础设施安全保护工作的部门：建立健全本行业、本领域的网络安全监测预警和信息通报制度，并按照规定报送网络安全监测预警信息；制定本行业、本领域的网络安全事件应急预案，并定期组织演练。

(4) 国家网信部门：统筹协调有关部门加强网络安全信息收集、分析和通报工作，按照规定统一发布网络安全监测预警信息；协调有关部门建立健全网络安全风险评估和应急工作机制，并制定网络安全事件应急预案，并定期组织演练。其中，网络安全应急体系的核心协调机构是国家计算机网络应急技术处理协调中心[简称国家互联网应急中心(National Internet Emergency Center，CNCERT 或 CNCERT/CC)][①]。

2017 年 6 月，中央网信办公布了《国家网络安全事件应急预案》(中网办发文〔2017〕4 号)；2017 年 11 月，工业和信息化部印发了《公共互联网网络安全突发事件应急预案》(工信部网安〔2017〕281 号)的通知，这是有关职能部门根据《网络安全法》的要求各司其职的结果，同时也为《网络安全法》的实施提供了重要的支撑。

二、网络安全事件分级处理原则

《信息安全技术　信息安全事件分类分级指南》(GB/Z 20986—2007)根据信息系统的重要程度、系统损失和社会影响程度把信息安全事件划分为 4 个级别：特别重大事件、重大事件、较大事件和一般事件。《网络安全法》第五十三条规定："网络安全事件应急预案应当按照事件发生后的危害程度、影响范围等因素对网络安全事件进行分级，并规定相应的应急处置措施。"从已公布的《国家网络安全事件应急预案》和《公共互联网网络安全突发事件应急预案》来看，网络安全事件依然沿用信息安全事件的 4 级分级方法，即特别重

---

① 该中心成立于 2002 年 9 月，为非政府非盈利的网络安全技术中心，主要职责是按照"积极预防、及时发现、快速响应、力保恢复"的方针，开展互联网网络安全事件的预防、发现、预警和协调处置等工作，维护国家公共互联网安全，保障基础信息网络和重要信息系统的安全运行。CNCERT 在中国大陆 31 个省、自治区、直辖市设有分支机构，并通过组织网络安全企业、学校、民间团体和研究机构，协调骨干网络运营单位、域名服务机构和其他应急组织等，构建我国互联网安全应急体系。同时，CNCERT 作为中国非政府层面开展网络安全事件跨境处置协助的重要窗口，构建跨境网络安全事件的快速响应和协调处置机制。

大网络安全事件、重大网络安全事件、较大网络安全事件和一般网络安全事件，只是不同领域不同等级的具体内容有所不同，如表 11.1.1 所示。

表 11.1.1　网络安全事件在不同领域的划分标准(示例)

事件分级	《国家网络安全事件应急预案》	《公共互联网网络安全突发事件应急预案》
特别重大网络安全事件	(1) 重要网络和信息系统遭受特别严重的系统损失，造成系统大面积瘫痪，丧失业务处理能力； (2) 国家秘密信息、重要敏感信息和关键数据丢失或被窃取、篡改、假冒，对国家安全和社会稳定构成特别严重威胁； (3) 其他对国家安全、社会秩序、经济建设和公众利益构成特别严重威胁、造成特别严重影响的网络安全事件	(1) 全国范围大量互联网用户无法正常上网； (2) CN 国家顶级域名系统解析效率大幅下降； (3) 1 亿以上互联网用户信息泄露； (4) 网络病毒在全国范围大面积爆发； (5) 其他造成或可能造成特别重大危害或影响的网络安全事件
重大网络安全事件	(1) 重要网络和信息系统遭受严重的系统损失，造成系统长时间中断或局部瘫痪，业务处理能力受到极大影响； (2) 国家秘密信息、重要敏感信息和关键数据丢失或被窃取、篡改、假冒，对国家安全和社会稳定构成严重威胁； (3) 其他对国家安全、社会秩序、经济建设和公众利益构成严重威胁、造成严重影响的网络安全事件	(1) 多个省大量互联网用户无法正常上网； (2) 在全国范围有影响力的网站或平台访问出现严重异常； (3) 大型域名解析系统访问出现严重异常； (4) 1000 万以上互联网用户信息泄露； (5) 网络病毒在多个省范围内大面积爆发； (6) 其他造成或可能造成重大危害或影响的网络安全事件
较大网络安全事件	(1) 重要网络和信息系统遭受较大的系统损失，造成系统中断，明显影响系统效率，业务处理能力受到影响； (2) 国家秘密信息、重要敏感信息和关键数据丢失或被窃取、篡改、假冒，对国家安全和社会稳定构成较严重威胁； (3) 其他对国家安全、社会秩序、经济建设和公众利益构成较严重威胁、造成较严重影响的网络安全事件	(1) 1 个省内大量互联网用户无法正常上网； (2) 在省内有影响力的网站或平台访问出现严重异常； (3) 100 万以上互联网用户信息泄露； (4) 网络病毒在 1 个省范围内大面积爆发； (5) 其他造成或可能造成较大危害或影响的网络安全事件
一般网络安全事件	除上述情形外，对国家安全、社会秩序、经济建设和公众利益构成一定威胁、造成一定影响的网络安全事件	(1) 1 个地市大量互联网用户无法正常上网； (2) 10 万以上互联网用户信息泄露； (3) 其他造成或可能造成一般危害或影响的网络安全事件

注：发生上表中任一情形时即构成对应等级的网络安全事件。

不同等级的网络安全事件对应不同层次的预警、应急响应，三者之间的简单对照如表 11.1.2 所示。其中，预警分级和应急响应与各组织机构对应的任务职责见后续内容。

表 11.1.2　网络安全事件与预警、应急响应的简单对照关系

事件分级	预警分级	应急响应
特别重大网络安全事件	红色	Ⅰ级响应
重大网络安全事件	橙色	Ⅱ级响应
较大网络安全事件	黄色	Ⅲ级响应
一般网络安全事件	蓝色	Ⅳ级响应

第二节　网络安全监测预警制度

一、网络安全监测

(一) 网络安全监测的概念

网络安全监测是指通过对网络和安全设备日志、系统运行数据等信息进行实时采集，以关联分析等方式对监测对象进行风险识别、威胁发现、安全事件事实告警及可视化展示。网络安全监测是及时、准确预警和有效管控网络安全风险的前提和基础，通过监测研判的结果能够为预警提供科学的依据。《信息安全技术　网络安全监测基本要求与实施指南》[2018 年 9 月 17 日，国家市场监督管理总局、国家标准化管理委员会发布《中华人民共和国国家标准公告(2018 年第 11 号)》，批准发布《信息安全技术　网络安全监测基本要求与实施指南》等 454 项国家标准，标准号为 GB/T 36635—2018，于 2019 年 4 月 1 日正式实施]把网络安全监测分为监测对象和监测活动两部分。其中，监测对象为网络安全监测过程与活动提供数据源，主要包括物理环境、通信环境、区域边界、计算机存储、安全环境；监测活动指通过数据分析的方法识别与发现信息安全问题与状态。监测活动主要包括以下几个环节：

(1) 接口连接，即实现与监测对象或监测数据源的连通和数据交互。

(2) 数据采集，即获取监测对象的数据，并按要求将其转换为标准格式数据。

(3) 数据的分类存储。

(4) 数据分析，即发现安全事件、识别安全风险的过程。

(5) 展示与告警，即根据安全事件级别、事态严重性、合规性、风险等因素判断告警级别，触发告警信息。网络安全监测的可视化模型如图 11.2.1 所示。

(二) 网络安全监测的分类

按照监测目标的不同，网络安全监测分为以下 4 类：

(1) 信息安全事件监测：对可能或正在损害监测对象正常运行或产生信息安全损失的事件，按照信息安全事件分类、分级要求，进行分析和识别。

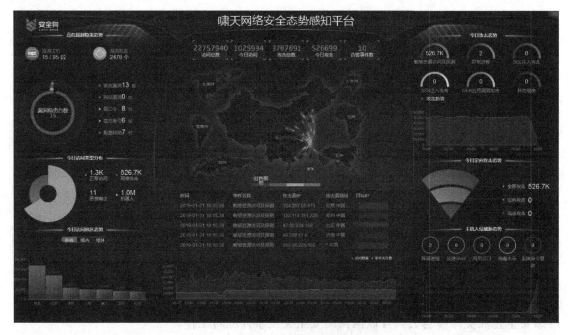

图 11.2.1　网络安全监测的可视化模型

(2) 运行状态监测：对监测对象的运行状态进行实时监测，包括网络流量、各类设备和系统的可用性状态信息等，从运行状态方面判断监测对象信息安全事态。

(3) 威胁监测：对监测对象的安全威胁进行评估分析，发现资产所面临的信息安全风险。

(4) 策略与配置监测：按照监测对象既定的安全策略和相关设备或系统的配置信息进行核查分析，并评估其安全性。

《公共互联网网络安全突发事件应急预案》将网络安全监测分为事件监测和预警监测。事件监测是指以发现可能发生或已发生的网络安全突发事件，并将相关信息报告有关部门为目标的监测，即前文所说的信息安全事件监测。例如，"基础电信企业、域名机构、互联网企业应当对本单位网络和系统的运行状况进行密切监测""网络安全专业机构、网络安全企业应当通过多种途径监测、收集已经发生的公共互联网网络安全突发事件信息"。预警监测是指通过多种途径监测、收集漏洞、病毒、网络攻击最新动向等网络安全隐患和预警信息，对发生突发事件的可能性及其可能造成的影响进行分析评估。预警监测至少包括前述所说的运行状态监测和威胁监测。

从监测时间来看，重要活动期间及节假日期间的网络安全需要重点监测，因为各种病毒、挂马网页活动具有"节日性"特征。例如，"双十一"、中秋节等节日前后，购物交易类钓鱼网站会大幅增加，而这些钓鱼网站或是窃取网民的个人身份信息、社交平台账号密码信息，危害网民信息安全；或是骗取网民支付转账，侵害网民财产安全。

此外，从监测对象来看，要重点监测关键信息基础设施的安全，因为这些系统一旦发生网络安全事故，势必会影响重要行业正常运行，对国家政治、经济、科技、社会、文化、国防、环境以及人民生命财产造成严重损失。在信息时代，没有任何一种方案或模式能够预防所有的安全风险，因此，要不断完善网络风险监测机制，切实发挥安全预警的作用。

(三) 网络安全监测的责任主体

网络安全监测的责任主体是指在整个网络安全监测体系中承担不同责任的主体。"谁主管谁负责、谁运行谁负责"是《国家网络安全事件应急预案》对网络安全预警监测责任主体定的基调,要求:① 各单位组织对本单位建设运行的网络和信息系统开展网络安全监测工作;② 重点行业主管或监管部门组织指导做好本行业网络安全监测工作;③ 各省(自治区、直辖市)网信部门结合本地区实际,统筹组织开展对本地区网络和信息系统的安全监测工作。该要求表明,网络安全监测实施主体不仅是作为个体的网络运营者,还包括相关行业主管部门和政府相关部门。

网络安全监测的责任主体因行业领域的不同也有差异。就工业和信息化部主管的行业领域而言,根据《公共互联网网络安全突发事件应急预案》的规定,基础电信企业、域名机构、互联网企业负责本单位网络安全突发事件预防、监测、报告和应急处置工作,为其他单位的网络安全突发事件应对提供技术支持。CNCERT、中国信息通信研究院、中国软件评测中心、国家工业信息安全发展研究中心(以下统称网络安全专业机构)负责监测、报告公共互联网网络安全突发事件和预警信息,为应急工作提供决策支持和技术支撑。鼓励网络安全企业支撑参与公共互联网网络安全突发事件应对工作。

二、网络安全预警

网络安全预警是根据网络安全预警监测的结果,对可能发生的突发事件,按照紧急程度、发展态势和可能造成的危害程度发布不同等级的预警信息,实施不同等级预警响应的行为。对网络安全风险进行预警,便于有关方面及时采取必要措施,防范或者应对针对网络的攻击、侵入、干扰、破坏和非法使用以及网络意外事故,使网络处于稳定可靠运行的状态,保障网络数据的完整性、保密性和可用性。

预警分为定向式预警和广播式预警。定向式预警指对特定隐患与事件进行针对性预警,常见的有特殊通知、行业内部通知等。这类预警具有清晰指向性,而广播式预警的预警媒介、预警对象都具有广泛性。广播式预警通常会借助报纸、刊物、论坛或网络等平台开展工作,预警渠道多,并且面向社会公众传递信息网络安全现状,广泛普及相关知识。广播式预警一般会采取定期的、滚动式的公布形式,以此来强化预警效果。

(一) 预警信息的发布

预警信息包括的类别、预警级别、起始时间、可能影响范围、警示事项、应采取的措施和时限要求、发布机关等。依照《网络安全法》第五十一条、第五十四条的规定,国家网信部门拥有统一面向社会发布网络安全监测预警信息的权力;而省级以上政府有关部门只有在网络安全事件发生的风险增大时,才有权根据风险评估结果,通过政府门户网站、新闻媒体、委托国家互联网应急中心发布等方式及时向社会发布网络安全风险预警,并采取避免、减轻危害的措施。面向社会发布预警信息也可通过网站、短信、微信等多种形式。

各省(自治区、直辖市)、各部门在对监测信息进行研判后,认为需要立即采取防范措施的,应当及时通知有关部门和单位,对可能发生重大及以上网络安全事件的信息及时向国家网络安全应急办公室(以下简称应急办)报告。预警信息的公布，随预警程度的不同，公布的主体也不同。一般来说，红色预警信息由国家应急办统一发布；橙色预警信息可能是部应急办统一发布，也可能是行业主管统一发布；而黄色或蓝色预警信息则由各部门在各自的地区或行业内发布，如表 11.2.1 所示。

表 11.2.1　不同程度预警信息的公布主体

预警等级	《公共互联网网络安全突发事件应急预案》	《国家网络安全事件应急预案》
红色预警	由部应急办报国家应急办统一发布(或转发国家应急办发布的红色预警)，并报部领导小组	应急办组织研判，确定和发布红色预警和涉及多省(自治区、直辖市)、多部门、多行业的预警
橙色预警	部应急办统一发布，并报国家应急办和部领导小组	各省(自治区、直辖市)、各部门可根据监测研判情况，发布本地区、本行业的橙色及以下预警
黄色、蓝色预警	相关省(自治区、直辖市)通信管理局可在本行政区域内发布，并报部应急办，同时通报地方相关部门	
达不到预警级别但又需要发布警示信息	部应急办和各省(自治区、直辖市)通信管理局可以发布风险提示信息	

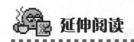 **延伸阅读**

预警信息发布案例

——关于 Drupal core 远程代码执行漏洞的安全公告

2018 年 3 月 29 日，国家信息安全漏洞共享平台(China National Vulnerability Database，CNVD)收录了 Drupal core 远程代码执行漏洞(CNVD-2018-06660，对应 CVE-2018-7600)。综合利用上述漏洞，攻击者可实现远程代码执行攻击。目前，漏洞细节尚未公开。

一、漏洞情况分析

Drupal 是一个由 Dries Buytaert 创立的自由开源的内容管理系统，用 PHP 语言写成。在业界 Drupal 常被视为内容管理框架，而非一般意义上的内容管理系统。

Drupal 6、7、8 多个子版本存在远程代码执行漏洞，远程攻击者可利用该漏洞执行任意代码，从而影响到业务系统的安全性。

CNVD 对上述漏洞的综合评级为"高危"。

二、漏洞影响范围

Drupal 的 6.x、7.x 和 8.x 版本受此漏洞影响。

CNVD 秘书处对该系统在全球的分布情况进行了统计，全球系统规模约为 30.9 万，用户量排名前五的分别是美国(48.5%)、德国(8.1%)、法国(4%)、英国(3.8%)和俄罗斯(3.7%)，而在我国境内的分布较少(0.88%)。

三、漏洞修复建议

目前，厂商已发布补丁和安全公告以修复该漏洞，具体修复建议如下。

1. 推荐更新

主要支持版本推荐更新到 Drupal 相应的最新子版本。

(1) 7.x 版本更新到 7.58。更新地址：https://www.drupal.org/project/drupal/releases/7.58。

(2) 8.5.x 版本更新到 8.5.1。更新地址：https://www.drupal.org/project/drupal/releases/8.5.1。

(3) 8.4.x 版本更新到 8.4.6。更新地址：https://www.drupal.org/project/drupal/releases/8.4.6。

(4) 8.3.x 版本更新到 8.3.9。更新地址：https://www.drupal.org/project/drupal/releases/8.3.9。

2. 使用 patch 更新

如果不能立即更新，请使用对应 patch。

(1) 8.5.x、8.4.x、8.3.x patch 地址：https://cgit.drupalcode.org/drupal/rawdiff/?h=8.5.x&id=5ac8738fa69df34a0635f0907d661b509ff9a28f。

(2) 7.x patch 地址：https://cgit.drupalcode.org/drupal/rawdiff/?h=7.x&id= 2266d2a83db50-e2f97682d9a0fb8a18e2722cba5。

3. 其他不支持版本

Drupal 8.0、8.1、8.2 版本已彻底不再维护，如果还在使用这些版本的 Drupal，请尽快更新到 8.3.9 或 8.4.6 版本。

Drupal 6 也受到漏洞影响，此版本由 Drupal 6 Long Term Support 维护。

(二) 预警响应

预警响应是指针对即将发生的网络安全突发事件的特点，在发布预警信息后，为了避免、减轻其可能造成的危害，预警响应主体所采取的相关措施。根据突发事件预警等级的不同，预警响应主体和响应措施均有所不同。根据对网络安全事件的分级，预警响应也分为 4 级，由高到低依次用红色、橙色、黄色和蓝色标示，分别对应可能发生特别重大、重大、较大和一般网络安全突发事件。结合《国家网络安全事件应急预案》和《公共互联网网络安全突发事件应急预案》的相关规定，可以得出不同等级网络安全事件的预警响应主体和响应内容不同，如表 11.2.2 所示。

表 11.2.2　不同等级网络安全事件的预警响应内容

预警响应	内　容
红色预警响应	(1) 应急办组织预警响应工作，组织专家/专业机构对事态发展情况进行跟踪研判，研究制定防范措施和应急工作方案，协调调度各方资源； (2) 有关省(自治区、直辖市)、部门实行 24 小时值班，加强监测和事态发展信息搜集工作，组织指导开展应急处置或准备、风险评估和控制工作，重要情况报应急办； (3) 相关技术支撑队伍进入待命状态，针对预警信息制定应对方案并做好应急准备工作
橙色预警响应	(1) 有关省(自治区、直辖市)、部门启动相应应急预案，组织开展预警响应工作，做好风险评估、应急准备和风险控制工作，并及时将事态发展情况报应急办； (2) 应急办密切关注事态发展，有关重大事项及时通报相关省(自治区、直辖市)和部门； (3) 相关技术支撑队伍做好应急准备工作
黄色、蓝色预警响应	(1) 有关单位加强信息收集和网络安全风险监测； (2) 有关地区、部门网络安全事件应急指挥机构启动相应应急预案，指导组织开展预警响应

(三) 预警解除

预警发布部门或地区根据实际情况，确定是否解除预警，及时发布预警解除信息。《公共互联网网络安全突发事件应急预案》规定，工业和信息化部应急办和省(自治区、直辖市)通信管理局发布预警后，应当根据事态发展，适时调整预警级别并按照权限重新发布；经研判不可能发生突发事件或风险已经解除的，应当及时宣布解除预警，并解除已经采取的有关措施。相关省(自治区、直辖市)通信管理局解除黄色、蓝色预警后，应及时向部应急办报告。

第三节　网络安全信息通报制度

网络安全信息通报制度是指为了促进网络安全信息共享、提高网络安全预警、防范和应急水平，对监测收集的网络安全事件信息和预警信息报送和通告的制度。网络安全事件本身固有的突发性、破坏性强的特点决定了必须建立快速有效的网络安全信息通报制度。安全信息通报是网络安全管理过程中传递信息、积极防范、协调联通、综合防御的有效手段，也是国家网络安全管理的基础性工作。

一、网络安全信息通报的组织机构

网络安全信息通报的组织机构是指负责网络安全信息报送报告和通知通告的部门和单位。《网络安全法》对网络安全信息通报机制做了原则性规定，即建立国家层面、关键行业和领域，以及省级以上政府有关部门、网络运营者之间的全国性、立体的网络安全信息通报机制，如图 11.1.1 所示。随后的《公共互联网网络安全突发事件应急预案》也做了一些规定，如"认为可能发生特别重大或重大突发事件的，应当立即向部应急办报告；认为可能发生较大或一般突发事件的，应当立即向相关省(自治区、直辖市)通信管理局报告"《国家网络安全事件应急预案》规定，"各省(区、市)、各部门将重要监测信息报应急办，应急办组织开展跨省(区、市)、跨部门的网络安全信息共享"等。除此之外，2009 年实施的《互联网网络安全信息通报实施办法》的有关规定则更为详细，但该办法于 2019 年 1 月 1 日起废止。

在通信行业，由工业和信息化部指导、监督、检查全国信息通报工作，工业和信息化部通信保障局(以下简称通信保障局)负责信息通报具体工作。通信保障局委托 CNCERT 收集、汇总、分析、发布互联网网络安全信息。通信管理局、基础电信业务经营者、跨省经营的增值电信业务经营者、CNCERT、互联网域名注册管理机构、互联网域名注册服务机构、中国互联网协会为网络安全信息报送单位。

二、网络安全信息的通报内容

网络安全信息的通报内容因行业、领域的不同不尽相同，网络安全信息的通报内容包括事件信息和预警信息。事件信息是指已经发生的网络安全事件信息；预警信息是指存在潜在安全威胁或隐患但尚未造成实际危害和影响的信息，或者对事件信息分析后得出的预防性信息。网络安全信息通报包括自下而上的网络安全信息的报送报告和自上而下的网络安全信息的通知通告。

(一) 网络安全信息报送报告的内容

事件信息报送报告的内容包括事件发生单位概况、事件发生时间、事件简要经过、初步估计的危害和影响、已采取的措施、其他应当报告的情况。预警信息报送报告的内容包括：信息基本情况描述；可能产生的危害及程度；可能影响的用户及范围；截至信息报送时，已知晓该信息的单位/人员范围；建议应采取的应对措施及建议。

根据报送报告的单位不同，要求报送的网络安全信息项目存在差异，具体规定如下。

1. 基础电信业务经营者

基础电信业务经营者报送的网络安全信息项目如下：

(1) 阻断、拥塞、服务系统瘫痪、解析异常、域名劫持、用户数据丢失等异常情况。

(2) 漏洞等网络安全隐患及处置情况。

(3) 发生拒绝服务攻击或其他流量异常事件情况。

(4) 木马和僵尸网络、病毒等恶意代码传播情况。

(5) 路由系统出现的路由劫持情况[①]。

(6) 垃圾邮件监测、预警和处置情况。

(7) 获知的由本单位提供服务的重要信息系统用户内部发生的网络安全异常情况。

(8) 通过各种渠道获得的其他信息。

2. 互联网域名注册管理、服务机构

互联网域名注册管理、服务机构提供本单位域名系统解析服务异常等情况，包括系统稳定性、解析成功率、响应时间、解析数据和数据库等方面出现的异常情况，网页挂马、网络仿冒、域名劫持等网络安全事件，域名系统相关的系统漏洞等网络安全风险信息及处置情况，可疑域名或域名注册行为等情况，通过各种渠道获得的其他信息。

3. 增值电信业务经营者

增值电信业务经营者(IDC、门户网站、搜索引擎服务提供商等)报送的网络安全信息如下：

(1) IDC：提供 IDC 网络出口链路中断或拥塞情况；由 IDC 提供服务的网站或托管主机感染病毒、木马和僵尸恶意代码，或被利用实施网络攻击、网络仿冒等网络安全事件的情况；通过各种渠道获得的其他信息。

(2) 门户网站、搜索引擎服务提供商等：提供网络接入链路中断或拥塞情况，系统瘫痪、遭到入侵或控制、应用服务中断等情况，用户数据被篡改、丢失等情况，垃圾邮件发现和处置情况，系统感染恶意代码情况，网页篡改、网络仿冒等情况，通过各种渠道获得的其他信息。

---

① 路由劫持指若同一 IP 地址前缀有多个自治系统为宣告者，且自治系统之间无隶属关系或未得到该 IP 地址前缀的授权，则判定为域间路由劫持。

4. 中国互联网协会

中国互联网协会提供垃圾邮件相关情况，互联网用户反映的影响互联网业务的重要网络安全情况，通过各种渠道获得的其他信息。

5. CNCERT

CNCERT 提供本单位自主监测到的信息，各信息报送单位报送的信息，通过国际、国内合作单位等渠道获得的信息，通过各种渠道获得的其他信息。

6. 通信管理局

通信管理局重点报送本行政区域内或与本行政区域相关的重要网络安全信息，通过各种渠道获得的其他信息。

(二) 网络安全信息通知通告的内容

事件信息通知通告的内容主要包括事件统计情况、造成的危害、影响程度、态势分析和典型案例；预警信息通知通告的内容主要包括受影响的系统、可能产生的危害和危害程度、可能影响的用户及范围、建议应采取的应对措施及建议。

以交通运输行业的信息通报为例，交通运输行业的信息通报机制涉及建立通报组织机构、确定本行业的重要信息系统，在此基础上，根据相关规定，确定通报范围、通报时间等。交通运输行业信息通报组织机构中，需要确定行业信息安全主管部门，组织管理信息通报工作；通报工作执行主体，按照要求完成相关信息报送；相关工作组，即在行业信息安全主管部门指导下，按国家及部通报有关要求开展相关工作，提供相应技术支持。通报范围主要为行业内非涉密基础信息网络、重点网站与重要信息系统。信息通报形式分为定期报送、即时报送和专项报送。定期报送以月度、季度为周期，主要报送非涉密基础信息网络、重点网站和重要信息系统的安全状况等；即时报送主要针对突发或紧急安全事件、重大网络与信息安全威胁隐患预警信息及网络安全违法犯罪活动线索等；在重大活动期间和重要敏感时期，应按照国家或行业管理工作有关要求专项报送行业网络与信息安全情况。

第四节　应急处置制度

一、网络安全事件应急预案

应急预案作为一种事前预防措施，可以最大限度地预防和减少网络安全事件及其造成的损害，维护国家安全和社会稳定，保障公民合法权益免受侵犯。网络安全事件应急预案是规定网络安全事件应对的基本原则、组织体系、运行机制以及处置等的工作方案。应急预案是应对网络安全事件的主要依据和行动规范。在发生网络安全事件时，负责网络安全事件应急处置工作的有关部门要立即启动网络安全事件应急预案，不得延误，相关人员应按规定及时到位，履行职责，按照应急预案的要求采取相应的应对措施。

《网络安全法》第五十三条规定："国家网信部门协调有关部门建立健全网络安全风险

评估和应急工作机制，制定网络安全事件应急预案，并定期组织演练。负责关键信息基础设施安全保护工作的部门应当制定本行业、本领域的网络安全事件应急预案，并定期组织演练。网络安全事件应急预案应当按照事件发生后的危害程度、影响范围等因素对网络安全事件进行分级，并规定相应的应急处置措施。"

2017 年 6 月，中央网信办公布了国家层面的《国家网络安全事件应急预案》。制定《国家网络安全事件应急预案》是网络安全的一项基础性工作，是落实《中华人民共和国突发事件应对法》的需要，更是实施《网络安全法》、加强国家网络安全保障体系建设的本质要求。同时，应急处置需要上下联动，对大规模网络攻击事件的处置甚至要形成全国"一盘棋"态势。为此，应急预案必须成为一个体系，《国家网络安全事件应急预案》只是总纲，之下还有以下几类预案，各预案间有机衔接：

(1) 部门应急预案。国务院有关部门根据《国家网络安全事件应急预案》和部门职责，为应对网络安全事件制定的预案。

(2) 行业应急预案。例如，《证券期货业网络与信息安全事件应急预案》《银行业重要信息系统突发事件应急管理规范(试行)》《公共互联网网络安全突发事件应急预案》《工业控制系统信息安全事件应急管理工作指南》等。

(3) 地方应急预案。省级网络安全应急预案及各市(地)、县(市)级网络安全应急预案。上述预案在各省网信小组领导下，按照分类管理、分级负责的原则，由地方网信部门分别制定。

(4) 企事业单位应急预案。各企事业单位根据有关法律法规制定本单位的网络安全应急预案。

(5) 专项应急预案。举办重大活动，应制定重大活动期间网络安全应急预案。

二、网络安全事件应急处置

网络安全事件应急处置是指网络安全事件发生后，根据网络安全事件的级别，启动相应的网络安全事件应急预案，对网络安全事件进行处置的一系列行为。网络安全事件应急处置涉及处置原则、处置组织机构与职责以及处置流程，分述如下。

(一) 网络安全事件应急处置原则

1. 党的领导原则

习近平总书记指出"没有网络安全就没有国家安全"。网络安全事件性质、危害的特殊性，决定了网络安全事件应急工作必须坚持党的领导。在党的领导下完善国家网信管理机构、政府职能部门、社会组织与公民参与的有机衔接、联动融合的网络安全事件应急机制，是做好应急工作的组织保证。应急预案明确中央网络安全和信息化领导小组是领导网络安全事件应对工作的最高决策机构，地方党委网络安全和信息化领导小组构成应对网络安全事件组织指挥体系，并由中央网信办统筹协调组织国家网络安全事件应对工作。这种组织指挥体系符合我国国情，反映了党中央对国家网络安全工作的总体布局，体现了统一领导、统筹协调、分工负责的网络安全工作架构，是落实党委领导下的行政领导责任制在网络安全应急工作中的具体体现。

2. 分级负责原则

分级负责是为实现全国全网"一盘棋"，构建网络安全事件预警预报信息系统，完善专业化、社会化相结合的应急技术支援保障体系，形成政府主导、部门协调、全社会共同参与的应急管理工作格局的必然要求。应急预案对网络安全事件预防和处置工作强调坚持"谁主管谁负责、谁运营谁负责"的原则，并按照不同责任主体，明确了国家和地方两级应急组织指挥体系，规定了组织指挥关系、处置决策权限、信息通报渠道、技术资源协调等机制和责任、任务分工。应急预案所明确的对特别重大网络安全事件的应急响应由国家层面组织实施，对重大、较大和一般网络安全事件分别由有关省(自治区、直辖市)、部门和事发地区、部门组织实施应对的分工部署，强化了各级职能机构的主体责任，有利于发挥地方各级人民政府履行本行政区域应急管理工作行政领导机关的职能作用，有利于落实网络安全事件应急处置工作责任制。分级负责还要求各地区、各部门要加强沟通协调，理顺关系，明确职责，搞好条块之间的衔接和配合。对有失职、渎职、玩忽职守等行为的，要建立并落实责任追究制度，要依照法律法规追究责任。

3. 预防为主原则

"预防为主"是做好应急工作的基本原则。坚持预防为主就是要居安思危，准备在前，料事在先，防患于未然。网络安全应急管理要"应"在平时、"急"在事前，在发现苗头和控制征兆、排除隐患上用力气、下工夫。预防是一种常态化的工作要求，要消除或避免重大网络安全事件，就必须敏锐而及时地发现风险隐患，果断地采取有效控制措施，把事件的苗头消灭在萌芽状态。开展预防工作要积极做好网络安全检查、风险评估、消除隐患、加固系统，做好网络安全事件监测、研判、预警和信息共享，做好应急工具、装备器材、专业队伍及应急资金储备，做好应急预案研究、制定和应急演练，加强风险防控、危机应对知识的普及宣传、教育和应急处置专业技术培训等工作，真正做到"备为战、练为战"有备无患。一切准备在网络安全事件发生之前，一切努力为在网络安全事件发生之时的有效应对。

4. 快速反应原则

网络安全事件是专业性、技术性较强的特殊突发公共事件，具有控制难、发展快、影响广、危害大等特点。为了有效控制事态发展，避免更大的灾难和损失，应对处置的第一要求就是：快！在应急工作中要围绕"快"做文章、动脑筋，做到发现快、报告快、研判快、决策快、响应快、处置快、恢复快，以求最大限度地减少和避免损失。

一是建立高效权威的指挥决策机制。要在组织体制、运行机制、法规标准和保障系统等方面建立健全互联互通、联防联动、资源共享的网络安全事件应急指挥体系。明确各层级指挥关系、职能任务、相关责任和运行规则，落实到机构，落实到责任人。应急指挥机构无论是常设或非常设，都必须做到统一指挥、协调迅速地组织处置应对网络安全事件，做到责任明确、无缝连接、高效运行。

二是设计科学有序的处置响应流程。切合实际的应急预案和清晰顺畅的处置流程是规范应急处置工作的基本依据，是争取时间、减少损失的智慧选择。网络安全事件应急处置流程是以安全事件为核心，以处置过程为牵引，建立各工作环节、要素、主客体的关联关系，以清晰描述安全事件应急处置过程、步骤、内容、动作要求等相互关系的科学方法论。

网络安全事件应急处置流程有助于规范各相关部门在依法采取应急处置措施的过程中各司其职，充分发挥处置工作各环节责任主体的主导作用和快速协同处置突发网络安全事件。

三是建设技术精湛的专业应急队伍。网络安全应急专家团队和专业应急技术队伍是处置网络安全事件工作中不可或缺的重要技术力量。要建立健全专家咨询机制，为网络安全事件的预防和处置提供专业技术咨询，由经验丰富的专家团队分析网络安全态势，研判网络安全事件，参与制定应急预案，提供应急决策建议，指导应急技术队伍开展处置工作。要逐步建立国家、地方(部门)和企事业单位多层次的应急技术支援保障体系，分级承担网络安全事件的应急技术支援任务，负责网络安全事件的监测、发现、报告，协助事发单位(地区)或主管部门做好控制事态、防止蔓延、消除隐患、系统加固和恢复等工作，协助相关部门开展网络安全事件调查和评估工作。

5．一切为民原则

以人民为中心是我党始终坚持的治国理政思想，"保护公众利益"是应急工作的基本出发点。预案以预防和减少损失、危害为目标，坚持防控结合、常态与非常态结合，在应急处置工作的各个阶段、各个层面充分考虑尽可能地降低应急工作的行政成本和资源代价。要积极面向社会公众大力宣传网络安全和应急防护知识，加强应急管理科普宣教工作，全面普及预防、避险、自救、互救、减灾等知识和技能，不断提高社会公众维护网络安全意识和应对突发网络安全事件能力。要高度重视网络安全事件的信息发布、舆论引导和舆情分析工作，加强相关信息的核实、审查和管理，为积极稳妥的处置网络安全事件营造良好的舆论环境，坚持及时准确、主动引导和正面宣传为主的原则，维护公众知情权，及时、准确、客观地向社会发布相关信息，维护社会稳定大局。要充分依靠人民群众和社会各方面力量积极参与应对网络安全事件，发挥人民团体在动员群众、宣传教育、社会监督等方面的作用，鼓励公民、法人和其他社会组织为应对网络安全事件提供技术和资金支持，形成全社会共同参与、齐心协力做好应急工作的局面，全面提升网络安全事件的应急处置能力。

6．开放合作原则

网络颠覆了传统的地域概念，网络安全事件较之其他公共安全事件更为错综复杂，它不仅涉及技术、产业、经济、军事等领域，更会涉及各国、各地区、各行业、各社会层面，应对网络安全事件是一个国家化、社会化问题。网络安全事件的应对不但要广泛汇集本国的社会技术、数据、人才和科研机构等资源，建立国家网络安全事件应急服务体系，还要加强与有关国家、地区及国际组织在网络安全事件监测预警、信息共享、技术支援等方面的沟通与合作，广泛参与有关国际组织和国际规则制定并发挥积极作用，共同应对各类跨国或世界性突发网络安全事件。要积极学习、借鉴有关国家在网络安全事件预防、应急处置和应急体系建设等方面的有益经验，促进我国网络安全应急管理工作水平的不断提高。[①]

(二) 网络安全事件应急处置组织机构与职责

《网络安全法》第五十五条规定："发生网络安全事件，应当立即启动网络安全事件应

---

① 中国互联网协会　宫亚峰：坚守最后防线　做好网络安全应急工作，中国信息安全微信公众号，2019年2月16日最后访问。

急预案,对网络安全事件进行调查和评估,要求网络运营者采取技术措施和其他必要措施,消除安全隐患,防止危害扩大,并及时向社会发布与公众有关的警示信息。"该条规未明确应急处置机构,图 11.1.1 中的每一个主体都与之相关。随后的《国家网络安全事件应急预案》对网络安全事件应急处置组织机构与职责做了具体规定,内容如下。

1. 领导机构与职责

在中央网络安全和信息化领导小组的领导下,中央网络安全和信息化领导小组办公室统筹协调组织国家网络安全事件应对工作,建立健全跨部门联动处置机制;工业和信息化部、公安部、国家保密局等相关部门按照职责分工负责相关网络安全事件应对工作。必要时成立国家网络安全事件应急指挥部,负责特别重大网络安全事件处置的组织指挥和协调。

2. 办事机构与职责

国家网络安全应急办公室(应急办)设在中央网信办,具体工作由中央网信办网络安全协调局承担。应急办负责网络安全应急跨部门、跨地区协调工作和指挥部的事务性工作,组织指导国家网络安全应急技术支撑队伍做好应急处置的技术支持工作。有关部门派负责相关工作的司局级同志为联络员,联络应急办工作。

3. 各部门职责

中央和国家机关各部门按照职责和权限,负责本部门、本行业网络和信息系统网络安全事件的应急处置工作。

4. 各省(自治区、直辖市)职责

各省(自治区、直辖市)网信部门在本地区党委网络安全和信息化领导小组统一领导下,统筹协调组织本地区网络和信息系统网络安全事件的应急处置工作。

(三) 网络安全事件应急处置流程

根据《国家网络安全事件应急预案》的规定,应急处置流程主要包括事件报告、应急响应、应急结束和调查评估等工作。其处置流程如图 11.4.1 所示。

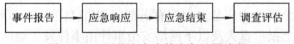

图 11.4.1　网络安全事件应急处置流程

1. 事件报告

网络安全事件发生后,事发单位应立即启动应急预案,实施处置并及时报送信息。各有关地区、部门立即组织先期处置,控制事态,消除隐患,同时组织研判,注意保存证据,做好信息通报工作。对于初判为特别重大、重大网络安全事件的,应立即报告应急办。

2. 应急响应

网络安全事件应急响应分为 4 级,分别对应特别重大、重大、较大和一般网络安全事件,其中 I 级为最高响应级别。

1) I 级响应

属于特别重大网络安全事件的,及时启动 I 级响应,成立指挥部,履行应急处置工作的统一领导、指挥、协调职责。应急办 24 小时值班。

有关省(自治区、直辖市)、部门应急指挥机构进入应急状态,在指挥部的统一领导、指挥、协调下,负责本省(自治区、直辖市)、本部门应急处置工作或支援保障工作,24小时值班,并派员参加应急办工作。

有关省(自治区、直辖市)、部门跟踪事态发展,检查影响范围,及时将事态发展变化情况、处置进展情况报应急办。指挥部对应对工作进行决策部署,有关省(自治区、直辖市)和部门负责组织实施。

2) Ⅱ级响应

网络安全事件的Ⅱ级响应由有关省(自治区、直辖市)和部门根据事件的性质和情况确定。

(1) 事件发生省(自治区、直辖市)或部门的应急指挥机构进入应急状态,按照相关应急预案做好应急处置工作。

(2) 事件发生省(自治区、直辖市)或部门及时将事态发展变化情况报应急办。应急办将有关重大事项及时通报相关地区和部门。

(3) 处置中需要其他有关省(自治区、直辖市)、部门和国家网络安全应急技术支撑队伍配合和支持的,应急办予以协调。相关省(自治区、直辖市)、部门和国家网络安全应急技术支撑队伍应根据各自职责积极配合,提供支持。

(4) 有关省(自治区、直辖市)和部门根据应急办的通报,结合各自实际有针对性地加强防范,防止造成更大范围的影响和损失。

3) Ⅲ级、Ⅳ级响应

事件发生地区和部门按相关预案进行应急响应。

3. 应急结束

(1) Ⅰ级响应结束。应急办提出建议,报指挥部批准后,及时通报有关省(自治区、直辖市)和部门。

(2) Ⅱ级响应结束。由事件发生省(自治区、直辖市)或部门决定,报应急办,应急办通报相关省(自治区、直辖市)和部门。

4. 调查评估

特别重大网络安全事件由应急办组织有关部门和省(自治区、直辖市)进行调查处理和总结评估,并按程序上报;重大及以下网络安全事件由事件发生地区或部门自行组织调查处理和总结评估,其中重大网络安全事件相关总结调查报告报应急办。总结调查报告应对事件的起因、性质、影响、责任等进行分析评估,提出处理意见和改进措施。

事件的调查处理和总结评估工作原则上应在应急响应结束后30天内完成。

第五节　网络通信临时管制制度

一、网络通信临时管制措施的意义

网络通信管制,是指为社会公共安全和处置重大突发事件的需要,在一定区域和时期内,切断网络通信服务,暂停网络数据传输的强制措施。现实社会中,出现重大突发事件,为确保应急处置、维护国家和公众安全，有关部门往往会采取交通管制等措施。网络空间也不例外。

《网络安全法》对建立网络安全监测预警与应急处置制度专门列出一章做出了规定，明确了发生网络安全事件时，有关部门需要采取的措施；并特别规定：因维护国家安全和社会公共秩序，处置重大突发社会安全事件的需要，经国务院决定或者批准，可以在特定区域对网络通信采取限制等临时措施。

在当前全社会都普遍使用信息技术的情况下，网络通信管制作为重大突发事件管制措施中的一种，重要性越来越突出。例如，在暴恐事件中，恐怖分子越来越多地通过网络进行组织、策划、勾连、活动，这个时候可能就要对网络通信进行管制。但是这种管制影响是比较大的，因此《网络安全法》规定实施临时网络管制要经过国务院决定或者批准，这是非常严谨的。

处置重大突发事件时实施通信管制是一种必要手段，也是国际上通行的做法，可切断不法分子的联通渠道，避免事态进一步恶化，维护社会稳定。从其他国家的法律和实践来看，英国、韩国、俄罗斯等国均在电信法中规定，国家有紧急状态下暂停或关闭通信服务的权利。2005 年英国伦敦"7·7"恐怖爆炸发生后，官方曾实行蜂窝通信管制。埃及政府2011 年为应对国内骚乱，也曾对其境内的互联网和移动通信网络实施通信管制。2016 年 6 月 5 日，哈萨克斯坦发生恐怖袭击，阿克托别市启动反恐红色警戒，暂停网络通信服务；直到 6 月 7 日，阿克托别市才恢复了因紧急情况而进入临时管制的网络通信服务。除社会事件外，自然灾害发生时通信管制也是备选应急管理手段之一。美国卡特里娜飓风期间，美国联邦通信委员会在加大通信基础设施抢修力度、恢复通信的同时，也限制了部分地区的公众通信，以确保警察、消防等救灾安保部门通信顺畅。2009 年 7 月 5 日，乌鲁木齐发生打砸抢烧严重暴力犯罪事件后，为了稳控当地的局面，新疆维吾尔自治区部分地区对互联网实施了限制措施，互联网与外部网络不能联通。随着局势的稳定，一些专业网站、专业平台、专业信息逐步解除限制，直至解除所有网络管制。

二、网络通信临时管制措施的实施条件

(一) 维护国家安全和社会稳定的需要

一旦决定采取网络通信临时管制措施，那么势必对大量用户的正常通信、访问网站产生影响，因此必须对网络通信临时管制措施进行严格限制。网络通信临时管制措施只能在维护国家安全和社会公共秩序，处置重大突发社会安全事件需要时方可适用，除此之外，不得适用网络通信临时管制措施。

《网络安全法》第五十八条使用的"重大突发社会安全事件"应包括《特别重大、重大突发公共事件分级标准(试行)》中对群体性事件、金融突发事件、涉外突发事件、影响市场稳定的突发事件、刑事案件划定的"重大"和"特别重大"社会安全事件，也包括恐怖袭击这类自然归属的重大突发社会安全事件。

(二) 经国务院决定或批准

对于需要采取网络临时管制措施，符合条件的，国务院可以直接决定；也可以是地方

政府、相关部门等向国务院提出采取网络临时管制措施的申请，经国务院批准后执行。也就是说，采取网络临时管制措施需要国务院决定或批准。

(三) 实施区域特定

对网络通信实施临时管制措施，是维护国家安全和社会稳定的需要，但这并不意味着可以无限制地使用该措施，因为该措施的使用必然会给网络运营者和用户带来不便和损失，甚至会造成权利侵害。因此，即使采用该措施，也应当有其限度。由于网络通信临时管制措施针对的是特定区域的特定事件，因此其实施范围应当仅限于该特定区域，不得超出该特定区域实施网络通信临时管制措施。

在应对网络安全问题时，要注意培养网络运营商和用户的自治意识。立法是重要手段，但网络自律也不可缺少。在互联网发展初期，政府干预很少，但网络保持了良好的运行秩序，因为当时的运营商、用户有良好的网络自律意识。在立法缺位时，相关行业规范对维护网络环境稳定起着重要的作用。在进行网络临时管制时，可以参考西方国家根据威胁程度不同，对突发性危机事件实行分级管制，不同威胁对应不同等级的管制，降低成本与损失，平衡效益与安全。此外，要注意对受损私权利的救济，在进行网络临时管制时，可能会出现征用关键通信设施、责令相关单位停产停业的情况，这些情况下个人财产会有所损失。在网络临时管制结束后，应对权利受损主体予以适当补偿，平衡公共利益与个人权益。

课 后 习 题

1. 网络安全事件应急处置组织机构与职责是什么？
2. 网络通信临时管制措施实施的条件是什么？

参 考 文 献

[1] 360法律研究院. 中国网络安全法治绿皮书(2018)[M]. 北京：法律出版社，2018.
[2] 马民虎. 网络安全法律遵从[M]. 北京：电子工业出版社，2018.
[3] 寿步. 网络安全法实务指南[M]. 上海：上海交通大学出版社，2017.
[4] 王春晖. 维护网络空间安全：中国网络安全法解读[M]. 北京：电子工业出版社，2018.
[5] 杨合庆. 中华人民共和国网络安全法解读[M]. 北京：中国法制出版社，2017.

第十二章　未成年人网络安全保护

内容提要

本章介绍未成年人网络安全保护的现实问题、概念界定和我国立法现状，列举一些国外未成年人网络安全保护措施，探讨这些措施对我国未成年人网络安全保护的启示，并提出完善措施，力图使读者了解未成年人网络安全保护的主要内容。

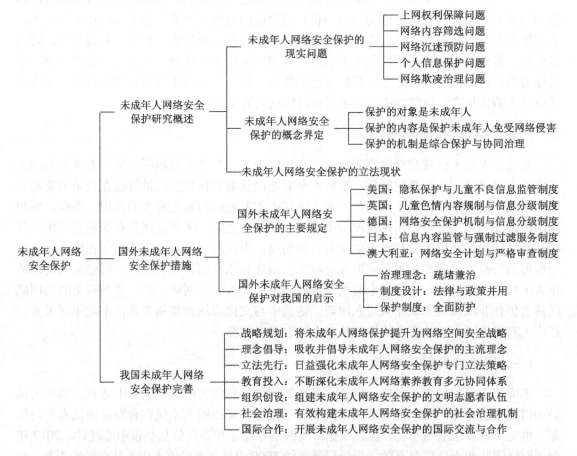

第一节　未成年人网络安全保护研究概述

随着信息技术与互联网的普及和应用，网络已日趋深度融入人们的生活、学习、娱乐、工作等方面，并全面改变了人们的行为方式，深刻影响了人类的历史进程。根据第 42 次《中国互联网络发展状况统计报告》显示：截至 2018 年 6 月，我国网民规模达 8.02 亿，互联网普及率为 57.7%，其中青少年网民(19 周岁以下)约占全体网民的 21.8%，达 1.75 亿，网民中学生群体最大，占整体网民的 24.8%，54%的网民在过去半年曾遇到过网络安全问题①。大量网络安全问题的爆发，使其不再是一个单纯的技术问题，而成为我们所处时代不容忽视的社会问题。有调查指出，有 90%的未成年人使用互联网，未成年人逐渐成为网民主力军，深受网络影响，70%以上的未成年人网络犯罪案件因网络而起②。由此可见，未成年人网络保护问题日益凸显，网络空间已成为未成年人保护的新领域，诸多现实问题亟待解决。

一、未成年人网络安全保护的现实问题

随着互联网技术的飞速发展、网络的全面普及，网络已然成为人们日常生活中不可或缺的重要元素。当今未成年人的成长与网络发展休戚相关，紧密相连，他们既是丰富网络资源的最大受益者，也可能成为网络不良信息侵蚀的最终受害者。由于未成年人年龄小，心理生理发育尚未成熟，他们在面对网络侵害时往往缺乏辨别力、自制力和自觉力，防范意识低，警惕性弱，极易被窃取个人信息，并遭犯罪侵害。此外，未成年人好奇心强，学习能力强，但又缺乏判断是非、甄别善恶的能力，极易在网络不良信息的错误引领下成为网络谣言的传播者、网络霸凌的影响者和网络色情的受害者。

(一) 上网权利保障问题

未成年人的上网权利保障不到位。部分地区由于公益性上网场所缺失，未成年人缺乏正常的上网渠道。在互联网时代，谁能充分有效地获取数据信息，谁就能在竞争中崭露头角。因此，畅通未成年人上网途径，对未成年人的发展起着至关重要的作用。然而，纵观我国，未成年人安全有效用网状况却不容乐观。城乡之间、区域之间仍存在较大差距，且这些数字鸿沟随着信息通信技术的发展日益明显。中国的网络用户主要集中在城市，农村与城市的公益性上网设施配备情况差距较大。由此导致在部分农村地区，网吧是当地未成年人上网的主要场所。尽管国家有关法规限制未成年人进入网吧，但一些利欲熏心的网吧经营者仍在非法接纳未成年人进入网吧。这其中与文化市场管理稽查队伍不足不无关系。在广大农村地区，文化市场的管理基本上处于空白状态。

(二) 网络内容筛选问题

未成年人受到暴力、色情、凶杀、恐怖等网络信息危害严重，大量不适宜未成年人接触的网络信息充斥网络，危害未成年人的身心健康。互联网上不仅存有海量的优秀学习资源，也充斥许多违法与不良信息。根据中央网信办违法和不良信息举报中心统计，2017 年全国网络违法和不良信息有效举报受理量高达 5000 万件。未成年人由于社会经验不足，自

① 第 42 次中国互联网络发展状况统计报告，http://www.cnnic.net.cn/hlwfzyj/hlwxzbg/hlwtjbg/201808/t20180820_70488.htm，2018 年 12 月 19 日最后访问。

② 国家互联网信息办公室关于《未成年人网络保护条例(草案征求意见稿)》公开征求意见的通知，http://www.cac.gov.cn/2016-09/30/c_1119656665.htm，2018 年 12 月 19 日最后访问。

我控制能力较差，长期接触此类信息势必沉溺其中，不能自拔，这将严重危害未成年人的身心发展，并造成未成年人自我认知的扭曲。

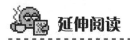

儿童邪典片事件①

2017 年欧美爆发"儿童邪典片"事件，动画制作公司将儿童熟悉的卡通人物包装成为血腥暴力或软色情内容，甚至是虐童的动画或真人小短片。以教育孩子为幌子，制作一些不适宜儿童观看的视频，扭曲未成年人的价值观和世界观。2017 年 7 月，《纽约时报》报道了这一情况，在社会各界的强烈抗议下，YouTube 开始大规模下线这类视频，并封禁账号。直至 2017 年 11 月，YouTube 宣布删除了超过 50 个相关频道、15 万个视频。然而，2018 年大量"儿童邪典片"传入中国，文化部严查"儿童邪典片"，下线动漫视频 27.9 万余条。

(三) 网络沉迷预防问题

网络游戏导致未成年人沉迷网络的案例层出不穷，社会机构假借"矫治网络沉迷"名义侵害未成年人身心健康的问题也时有发生。目前，中国游戏产业正经历前所未有的繁荣盛世，与之相对，防止未成年人沉迷网络的难度呈逐层加码、节节推高之势。《王者荣耀研究报告》显示，王者荣耀用户规模早在 2017 年就突破了 2 亿。其中，14 岁以下的小学生用户占 3.5%，达 700 万人；19 岁及以下用户占比 25.7%，达 5100 万人。目前在未成年人网络成瘾因素中，游戏成瘾占到 82%。②2018 年 6 月 18 日，游戏成瘾被世界卫生组织列入精神疾病，防止未成年人沉迷网游必须引起高度重视。

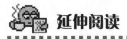

蓝鲸游戏事件③

蓝鲸(Blue Whale)又称"蓝鲸死亡游戏""'蓝鲸'挑战""4:20 叫醒我"，是一个源自俄罗斯的社交网络游戏，现已流传到多个国家。游戏通过洗脑方式，鼓励参与者在 50 天内完成各种自残任务，并在第 50 天要求参与者自杀。游戏的参与者在 10～14 岁，完全顺从游戏组织者的摆布与威胁，凡是参与的没有人能够活下来，至今已经有 130 名俄罗斯青少年自杀，而且这个游戏还在向世界扩张。中国浙江省宁波市，一个群组发布了一名 10 岁的女孩

① 儿童邪典片，https://baike.baidu.com/item/%E5%84%BF%E7%AB%A5%E9%82%AA%E5%85%B8%E7%89%87，2019 年 3 月 22 日最后访问(此案件详情可参见本书第九章)。
② 记者观察："游戏盛世"下，未成年人防沉迷任重道远，http://m.people.cn/n4/2018/0705/c125-11245264.html，2018 年 12 月 21 日最后访问。
③ 蓝鲸，https://baike.baidu.com/item/%E8%93%9D%E9%B2%B8/20785015，2019 年 3 月 22 日最后访问。

因蓝鲸游戏而自残的一些照片。2017 年 5 月，中国最大的互联网服务门户腾讯公司在其社交网络平台 QQ 上关闭了 12 个可能涉及蓝鲸游戏的相关网络群组。

(四) 个人信息保护问题

未成年人个人信息泄露严重，且缺乏专门的规制规则。追根溯源，未成年人个人信息泄露可归咎于多方面。

第一，未成年人是潜在的消费群体，有着巨额商业利润可供商家挖掘，如培训、升学、就业等，这就促使众多商家处心积虑地滥采未成年人信息，并予以滥用和售卖，严重危及未成年人的身心安全。

第二，有部分家长有意无意地披露孩子的个人信息，如经常在社交媒体上"晒娃""晒成绩"。值得警惕的是，近年来未成年人个人信息泄露案件频发，犯罪分子利用掌握的个人信息针对未成年人实施违法犯罪活动的情况屡有发生。

第三，部分未成年人缺乏自我保护意识，有时为了一时方便，会轻易泄露个人信息。

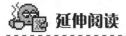 **延伸阅读**
....

裸条贷事件[①]

2016 年中国爆发"裸条贷"事件。"裸条贷"是非法分子利用互联网金融和社交平台，让贷款人拍摄"裸照"作"担保"，非法发放高息贷款的行为。犯罪分子要求贷款人用手持身份证的裸体照片替代借条，当贷款人违约不还款时，放贷人以通过互联网公开裸体照片和与贷款人父母联系为手段逼迫贷款人还款。部分未成年少女缺乏理性消费观念，纷纷中招。2017 年，涉及 100 多位未成年少女的 10 GB"裸条"照片和视频资料的流出引爆了舆论热点，部分少女因此精神失常，甚至自杀。

(五) 网络欺凌治理问题

网络欺凌的发生与立法上缺少制度保障不无关系。网络欺凌是网络时代衍生的新生事物，特指以网络为媒介，通过网络舆论，对他人做出恶意中伤的网络攻击。网络欺凌多发于未成年人群体，且危害甚大，相关部门有必要针对行为类型进行严加规制，有效应对。具体来看，网络欺凌主要包括以下几类：

(1) 网络公开。此种网络欺凌指未成年人通过互联网曝光他人隐私，如未成年人在网络上曝光他人家庭隐私、情感隐私等。

(2) 网上辱骂。未成年人为发泄个人愤懑，在网络上对老师、同学、朋友以及不相关的陌生人进行随意谩骂、恶言攻击，致使他人声誉受损，名节受污。

(3) 人身攻击。未成年人杜撰事实，或添油加醋夸大事情经过，并通过网络造势，对他人进行人身攻击。

[①] 裸条，https://baike.baidu.com/item/%E8%A3%B8%E6%9D%A1/19735772，2019 年 3 月 22 日最后访问。

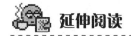

梅根事件[①]

梅根事件是美国网络暴力第一案。2006 年，13 岁的梅根体重超重，情绪一直不太好。梅根希望通过网络认识朋友，调解情绪，母亲同意她在 MySpace 上申请一个账户。母亲想，让女儿通过网络交朋友也许不错，因为梅根是个敏感的女孩，需要感情交流。后来，梅根在网上结识了一个叫乔希的 16 岁英俊男孩，乔希说她很漂亮。事实上，这个乔希并不存在，他是梅根一个朋友的妈妈虚拟出来的。她和她的女儿一直通过网络捉弄梅根，让梅根认为这个叫乔希的男生喜欢上了她。六周之后，乔希突然变脸，说梅根行为不端，朋友们也因此觉得她很肮脏，很多网友也加入了这场网上暴行，骂她"肥婆""娼妓"。多个女生自称是乔希，通过 MySpace 给梅根发信息，称很讨厌她，并不断地羞辱她。一开始，13 岁的梅根还击，用她能想到的最难听的话回敬侮辱她的人，可是这招致了对方变本加厉地报复，更加恶毒的咒骂透过网络铺天盖地地袭来，梅根脆弱的心灵受到了极大的伤害。最后，这位 13 岁的小姑娘在卧室壁橱的横梁上用皮带自缢身亡。

二、未成年人网络安全保护的概念界定

(一) 保护的对象是未成年人

《未成年人保护法》

我国《网络安全法》明确界定网络安全是指通过采取必要措施，防范对网络的攻击、侵入、干扰、破坏和非法使用以及意外事故，使网络处于稳定可靠运行的状态，以及保障网络数据的完整性、保密性、可用性的能力。基于此，我们认为网络安全保护是指采用法律法规、制度规范、管理办法、技术手段、道德教化等防范措施对网络中的诸多危险因素进行有效防控，进而保障网络稳定可靠运行以及网络数据的完整性、保密性、可用性的能力。如果说一般意义上的网络安全保护对象是网络与网络数据，那么未成年人网络安全保护的对象则侧重未成年人这个特殊主体而非网络本身。

根据我国《中华人民共和国未成年人保护法》(以下简称《未成年人保护法》)规定，未成年人是指未满 18 周岁的公民。这一年龄阶段的青少年处于生理和心理的双重骤变期，一方面，生理特征日趋明显，他们面临着由未成年向成年的蜕变困境；另一方面，心理需求与日俱增，且与生理需求不相匹配，他们陷入心理需求无法得到满足的苦恼之中。总体而言，这一年龄阶段的青少年身心尚未发展成熟，对外界诱惑、不良信息的抵御能力较差，极易在网络亚文化的渲染下误入歧途。从这个意义上说，国家有必要调集社会力量加强对未成年人用网安全的正性引导，并提高未成年人的自我保护能力，有效保证未成年人免受网络暴力、网络欺凌、网络犯罪等不法行为的侵害。换言之，增强未成年人网络安全庇护，是预防未成年人遭受网络不良信息侵害的隔离屏障，也是防止未成年步入违法犯罪道路的

---

① 梅根事件，https://baike.baidu.com/item/%E6%A2%85%E6%A0%B9%E4%BA%8B%E4%BB%B6，2019 年 3 月 22 日最后访问。

拦截堤坝。

(二) 保护的内容是保护未成年人免受网络侵害

美国非营利性组织"儿童网络保护"认为未成年人遭受网络侵害的来源主要有三个，即联系危险、内容危险和商业危险。联系危险是指未成年人通过互联网与他人建立联系后，在现实空间中进一步同他人进行线下接触时所遭受的不法侵害；内容危险是指网络世界中充斥的暴力图片、血腥场景、色情视频等网络亚文化信息对未成年人的毒害；商业危险是指商业机构基于商业目的非法采集未成年人的个人信息，并在使用过程中不当泄露所致的伤害。[①]《未成年人网络保护条例(送审稿)》总则第二条明确提出了未成年人网络安全保护的内容："国家保护未成年人合法的网络活动，保障未成年人平等、充分、合理地使用网络，保护未成年人免受网络违法信息侵害，避免未成年人接触不适宜接触的信息，保护未成年人网上个人信息，防范未成年人沉迷网络。"

《未成年人网络保护
条例(送审稿)》

(三) 保护的机制是综合保护与协同治理

未成年人网络保护涉及方方面面，家庭、学校、社会、政府都应当从不同的角度发挥各自的重要作用。同时，未成年人网络保护也是一项长期性工作。在推进未成年人网络保护的过程中，行政管理并不是唯一的手段，教育、引导等手段的辅助性作用也十分明显，在学校、家庭中，使用非强制性手段更符合实际情况。因此，未成年人网络安全保护必须强调综合保护，协同治理，既应规定强制性的行政手段，也需规定教育、引导等非强制性手段。

三、未成年人网络安全保护的立法现状

目前涉及未成年人网络安全保护内容、具有法律性质的强制性规定主要包括《网络安全法》《刑法》《关于维护互联网安全的决定》《未成年人保护法》《计算机信息网络国际联网安全保护管理办法》《中华人民共和国电信条例》《互联网信息服务管理办法》《互联网上网服务营业场所管理条例》等。其中，2017 年发布的《未成年人网络保护条例(送审稿)》中倡导疏堵结合的保护措施，保障未成年人的网络安全。"堵"的措施主要体现为智能终端产品在销售前必须安装未成年人上网保护软件；任何组织和个人不得通过网络以文字、图片、音视频等形式威胁、侮辱、攻击、伤害未成年人；网络游戏服务提供者采取技术措施，禁止未成年人接触不适宜接触的游戏，限制未成年人连续上线游戏的时间和单日累计上线游戏的时间，禁止未成年人在每日凌晨至早上八点使用网络游戏服务等。"疏"的措施主要体现为县级以上人民政府根据当地经济社会发展情况，规划并建设公益性上网场所，为未成年人健康上网拓宽渠道；国家、社会、学校帮助并指导未成年人及其监护人学习网络相关知识，提高网络素养，引导未成年人正确使用互联网；国家支持有利于未成年人健康成长的专门网站、应用程序等网络内容平台的建设与发展等。《未成年人网络安全保护条例(送审稿)》概览如图 12.1.1 所示。

---

① 罗力. 发达国家儿童网络安全保护探析[C]//上海市哲学社会科学规划办公室. 国外社会科学前沿. 上海：上海人民出版社，2014：321.

《未成年人网络保护条例(送审稿)》概览

立法目的：营造健康、文明，有序的网络环境，保障未成年人网络空间安全，保护未成年人合法网络权益，促进未成年人健康成长

基本原则：未成年网络保护涉及方方面面，家庭、学校、社会、政府都应当从不同的角度发挥各自的重要使用。同时，未成年人网络保护也是一项长期性工作。在推进未成年人网络保护的过程中，行政管理并不是唯一的手段，教育、引导等手段的辅助性作用也十分明显，针对学校、家庭使用非强制性手段更符合实际情况。因此，起草过程中坚持综合治理原则，既规定了强制性的行政手段，也规定了教育、引导等非强制性手段

立法制度：《未成年人网络保护条例(送审稿)》起草过程中，围绕研究确定的问题，对于存在立法空白的，创设性地设计了相关法律制度，如不宜信息提示制度，未成年人个人信息保护制度等；对于立法层极较低的，通过《未成年人网络保护条例(送审稿)》提高效力，如对有关违法信息管理，提高了处罚力度，对于已有成熟制度的，沿用现行制度，如网络游戏管理制度，通过这样的处理方式，既能通过《未成年人网络保护条例(送审稿)》立法填补空白，完善管理，同时也尊重了现行管理制度，有利于推动《未成年人网络保护条例》顺利出台

主要内容：一是明确了未成年人网络保护的管理体制，《未成年人网络保护条例(送审稿)》规定了国务院和地方各级人民政府，各级网信、教育、工信、公安、文化、卫生计生、新闻出版广电等部门依据各自职责开展未成年人网络保护工作，共青团、妇联以及其他社会团体协助开展工作，行业组织加强行业自律，家庭、学校发挥各自作用(第三～五条)

二是建立了网上内容管理制度，《未成年人网络保护条例(送审稿)》鼓励制作或发布健康、正面的网上信息，禁止制作、发布、传播违法信息，规定了不宜信息提示义务，并规定了违法信息和不宜信息的判定标准由国家网信部门和国务院文化、新闻出版广电等部门指导相关行业组织制定(第六～九条)

三是对预装未成年人上网保护软件做出了选择性要求，《未成年人网络保护条例(送审稿)》要求公共上网场所应当安装未成年人上网保护软件，智能终端设备在出厂时或销售前，应当安装未成年人上网保护软件或者为安装未成年人上网保护软件提供便利并进行显著提示(第十一条和第十二条)

四是强化了对未成年人网上个人信息保护，《未成年人网络保护条例(送审稿)》规定了收集、使用未成年人个人信息的，须经未成年人或其监护人同意，规定了搜索结果不得显示违反《未成年人网络保护条例(送审稿)》规定的未成年人个人信息，规定了未成年人或其监护人有权要求网络信息服务提供者删除、屏蔽网络空间的未成年人个人信息(第十六～十八条)

五是就网络欺凌问题做出了规定，《未成年人网络保护条例(送审稿)》规定了任何组织和个人不得通过网络以文字、图片、视频等形式威胁、侮辱、攻击、伤害未成年人，未成年人的父母或其他监护人，学校及其他组织和个人发现网络欺凌的，负责辅助义务(第二十一条)

六是规范了网络沉迷的预防和干预活动。《未成年人网络保护条例(送审稿)》强调家庭、学校在防范未所年人沉迷网络中的预防和干预作用，规定了教育、卫生计生等部门干预未成年人沉迷网络的共管机制，禁止通过非法手段干预未成年人沉迷网络，规定了网络游戏服务提供者进行身份注册，采取技术措施防范网络沉迷的责任(第十九条、第二十条、第二十二条、第二十三条)

七是规定了法律责任，《未成年人网络保护条例(送审稿)》对监护人监护不力，制作复制传播违法信息，未对不宜信息进行提示、未安装未成年人上网保护软件且未为安装未成年人上网保护软件提供便利，网络游戏未进行实名验证和防沉迷、违反未成年人个人信息保护规定，通过非法手段干预未成年人沉迷网络、实施网络欺凌、违反举报管理规定等违反《未成年人网络保护条例(送审稿)》的行为，设置了相应的处罚(第五章)

图 12.1.1　《未成年人网络安全保护条例(送审稿)》概览

尽管上述规范均涉及未成年人网络安全保护内容，对建构未成年人安全用网屏障大有裨益，有大加表彰、广为适用的必要性，但是其缺陷也是明显的。这些规范过于原则和抽象，在实践中较难操作，严重掣肘未成年人网络安全保护的功能发挥。与此同时，这些规范散见于刑民规范、行政规章之中，法律位阶、效力等级相差甚远，面临相互冲突和竞相调整的选择困境。从这个层面上说，专门出台《未成年人网络保护法》，确凿网络保护目的，明确监管责任分配，厘清公权干预限度，显然有助于未成年人网络安全的特殊保护，对保驾护航未成年人健康发展、全力培植新时代社会主义新人大有裨益。同时，对于已加入或缔结有关未成年人保护国际公约的我国而言，也是在履行和承担应尽的国际义务和责任。

第二节　国外未成年人网络安全保护措施

为确保网络世界的秩序与健康发展，20 世纪 90 年代时未成年人网络保护已引起全球关注，世界各国都制定了相应的法律法规。但是，各国关于未成年人法律保护模式不尽相同，我国需在甄别优劣利弊的基础上予以合理借鉴。关于未成年人网络保护模式，以美国为代表的是国家主导管理模式，以澳大利亚、法国为代表的是行业自律和终端用户选择模式。

一、国外未成年人网络安全保护的主要规定

(一) 美国：隐私保护与儿童不良信息监管制度

随着互联网的快速发展和普遍使用，儿童安全上网问题日益引发政府关注，政府出台了专门法律予以特别保护，如确立美国儿童不良信息监管制度。不可否认，儿童心智尚未成熟，缺乏自我克制和理性甄别的能力，在面对不良商家诱惑倾销时缺乏对外防御的招架之力，在不设防的情况下极易泄露个人信息，进而使自身陷入商业侵害的高危风险之中。因此，为避免儿童合法利益受到不法分子的非法侵害，美国国会于 1998 年制定了《儿童在线隐私保护法》，旨在规制任何个人或者企业在线收集未满 13 周岁儿童个人信息的行为，保护儿童隐私权不受非法侵害，全力打击利用网络针对儿童个人信息收集、使用与泄露相关的违法犯罪行为。该法律规定，网络运营者在收集、提供与使用儿童个人信息时应征求儿童的父母或监护人的同意，且此类同意必须能得到事后证明。[①]

依照美国现行法律，传播普通色情内容信息是合法的。但是，传播淫秽和儿童色情信息是法律所禁止的犯罪行为，特别是儿童色情信息，一直都是美国司法机构严厉打击的对象。因此，网络平台应当采取一定的措施防止此类信息的传播，但在法律上色情与淫秽之间的界限并不分明。美国国会于 1996 年颁布了《通信正派法案》，明确规定在明知的状态下通过网络向未满 18 周岁的未成年人发送或者展示"淫秽或不雅的"内容的行为属于犯罪。

---

① 北京市互联网信息办公室. 国内外互联网立法研究[M]. 北京：中国社会科学出版社，2014：202.

(二) 英国：儿童色情内容规制与信息分级制度

较美国专门保护模式而言，英国针对未成年人安全上网问题仍坚持采用传统的分散保护模式。目前，英国尚未正式颁布一部专门指向未成年人网络安全保护的单行法规，其相关保护条文通常散列于普通立法和特定判例之中。细数英国未成年人网络安全保护规范，当首推《1978 年青少年保护法》。该法对儿童色情防范予以特别规定，强调任何拍摄、允许拍摄、散发、展示、广告未满 16 周岁儿童伤风化的行为都是犯罪，并可获最高三年监禁的惩罚。同时，面临不断扩大的儿童网络色情侵害，英国还专门修订了《淫秽出版物法令》，并在《1994 年刑事正义和公共秩序法》中明确了儿童色情的范围。该法将伤风化儿童照片的范围从真实照片拓展至虚拟照片，全面加强儿童色情保护的安全屏障。此外，英国还寻求国际规则的支持，通过签署国际公约，加强儿童色情打击力度，并向政府传递严格防范儿童色情的决心。例如，英国已加入的《欧洲理事会网络犯罪公约》，就明确要求法律对制作、传播儿童虚拟色情信息的行为进行惩处。在加强儿童色情信息保护的同时，英国还对儿童色情侵害的重灾区——影视行业予以特别要求，强调对网络播放电影按年龄进行标注，并经由专门委员会评审后分级。

2001 年英国的《电子出版物法》对电子出版物相关条款进行了修订，"有伤风化的儿童虚拟照片"的网络传播也被认为是一种特殊的出版，从而将这样的行为界定为犯罪，有力地保障了未成年人的利益。[①]在英国的判例法中，司法部门努力为未成年人的网络活动提供保障。2011 年，苏格兰警察厅破获一起制作有伤风化的儿童图片的案件。在该案中，警察逮捕了一位名叫史蒂文·弗里曼的男子，该男子通过网络和英国最大的恋童癖组织"儿童淫秽信息交流群"联系，散布了 3000 张儿童色情图片供其他成员分享与交易。史蒂文·弗里曼最终被判处 30 个月以上的不定期刑罚，而该组织其他 4 个成员也分别被判处了 12 个月到 24 个月不等的刑期。

(三) 德国：网络安全保护机制与信息分级制度

与英同相似，德国也采用分散保护模式。其单行法规主要有《德国基本法》《青少年保护法》、德国各联邦签署的《德国保护人性尊严与青少年电子媒体权益保护邦际条约》等。这些单行法规均包含未成年人色情保护、暴力侵害保护、知识产权保护等内容，且通适于网络空间。例如，向未成年人提供色情信息、暴力视频，甚或宣扬种族歧视思想的行为均为犯罪。同时，例外规定父母和子女之间的信息沟通不受此限。此外，鼓吹纳粹和宣扬种族仇恨的行为也被明令禁止，并纳入刑罚惩戒范围之内。[②]

概括而言，目前德国构建的未成年人网络安全保护机制为三级保护，分别是政府设立的未成年人网络安全保护机构(如儿童及青少年媒体权益保护委员会)、公私协助机制(如儿童和青少年保护专员)和行业自律机制。此外，德国危害儿童及青少年媒体审查署设置了"网

---

① Iran Cram .Contested Words: Legal Restrictions on Freedom of Speech in Liberal Democracies[M].
Alder-shot: Ashgate Publishing Ltd，2006:167.
② 赵国玲. 预防青少年网络被害的教育对策研究：以实证分析为基础[M]. 北京：北京大学出版社，2010：
148.

络信息分级审查制度",互联网内容提供者有义务对内容进行年龄分级,并做出标识,然后家长根据相应的软件标识决定是否过滤。值得赞赏的是,根据德国软件分级系统(Unterhaltungssoftware Selbstkontrolle, USK)的提示,任何电子游戏都需要经过 USK 的评级后才能在德国境内出售,违反 USK 评级将游戏出售给不适龄的玩家将受到法律制裁。[①]

(四) 日本:信息内容监管与强制过滤服务制度

日本对未成年人网络安全保护侧重实效,强调通过信息监管和过滤服务机制筑牢未成年人网络安全保护的防控堤坝。据 2008 年日本涉网犯罪数据显示,全年共发生儿童色情案件 254 件,同比增长 90%。鉴于儿童色情侵害的严峻形势、高危风险,日本在 2009 年紧锣密鼓地发布《保证青少年安全安心上网环境的整顿法》(又称《不良网站对策法》),明确国家、行业协会、民间团体、网销企业、软件开发商等在未成年网络安全保护问题上的严格责任,严令责任主体积极推广未成年人色情过滤软件,升级未成年人网络保护程序,最大限度地实现未成年人安全上网目标。此外,该法明确国家的监管责任,主张在内阁设立青少年不良网络信息对策及环境整顿促进会,并将其作为保障未成年人安全上网的最高机构。这一机构的主要职责是制订保障未成年人安全上网的计划,计划中需囊括不良信息过滤软件的基本性能提升、使用范围拓展等内容。《不良网站对策法》还积极鼓励、大力支持民间组织成立促进过滤机构,以整合多元社会资源,集结多样社会力量,致力不良信息过滤软件的研发、推广和普及。同时,该法明确要求政府部门、公共团体强力驰援从事过滤软件开发的民间组织和公司企业。例如,日本电信服务商 NTTDOCOM0 公司已主动增加手机上网受限服务条款,对未成年人上网群体提供强制性不良信息过滤服务。

此外,《加强青少年网络环境安全法》也针对网络不良信息过滤制定了相关条款,即通信商在向未满 18 岁未成年人提供服务时,有义务在手机中安装有害信息过滤软件。据此,2010 年日本总务省发布全国通知,明令通信商在为未成年人提供上网服务时,必须为其安装有害信息过滤软件。对于拒绝安装者,通信商必须得到监护人同意,方能提供上网服务。在《加强青少年网络环境安全法》的严格规定之下,日本通信商开始积极研发有害信息过滤软件,并竞相推出未成年人安全上网套餐。例如,多科莫公司的"限制访问套餐"不仅具备有害信息过滤功能,且附设零点至六点的自动断网功能,在有效设置未成年人安全上网屏障的同时,减少过度上网带来的健康损害。

此外,日本还力推《交友类网站限制法》,严格禁止交友网站发布诸如"希望援助交际""得到怜爱"等信息,若有违反,可判最高 100 万罚款。同时,交友网站在广告宣传过程中要醒目提示禁止未成年人使用,并在网站运行过程中采用技术措施确认使用者非儿童。此外,儿童监护人也应积极履行监管责任,积极学习如何过滤有害信息,并与子女畅通交流。为加强国家监管效果,日本各级警察部门还广开举报途径,设置专门举报电话,并向公众公布。仅仅依靠群众举报是远远不够的,日本警局还积极寻求网络巡查路径,通过实时监控网站、论坛、贴吧,全覆盖查处未成年人有害信息,若有发现,立即删除,并给予发布者和管理者重惩。[②]

---

① 陈韵博. 暴力网络游戏与青少年:一个涵化视角的实证研究[M]. 广州:暨南大学出版社,2015:229.
② 金泽刚. 网络游戏与青少年违法犯罪[M]. 上海:上海三联书店,2016:252.

(五) 澳大利亚：网络安全计划与严格审查制度

澳大利亚对于未成人上网安全的规定明确，强调依法保障。根据法律规定，澳大利亚上网用户必须实名登记，且年满 18 周岁。未达年龄者上网，需由监护人签约，并履行未成年人安全上网监管义务。在明确网络服务商和监护人监管责任的同时，澳大利亚还注重未成年人安全上网投入。例如，2008 年，澳大利亚斥资 8200 万澳元打造"互联网安全计划"，从严制定网络审查制度，全力营造健康的未成年人安全上网环境。这一计划中明令要求网络服务商安装强制过滤器，及时阻遏有害信息传播。[①]

澳大利亚前总理吉拉德曾坦言，实行网络审查制度是安全上网计划中不可或缺的决策，该举动涉及道德建设，攸关儿童发展，应将其与其他行业管控列于同等重要的位置。如同影院不会播放关涉儿童色情内容的电影，网络也应严格此方面的内容管控。为此，吉拉德致信七大主要媒体，要求他们执行严格的网络监管制度，并自律网络信息的发布和传播。

二、国外未成年人网络安全保护对我国的启示

(一) 治理理念：疏堵兼治

追根溯源，域外未成年人网络安全措施之所以收效较好，是因为强调疏堵兼治。在堵塞未成年人网络危害路径上，通过积极安装过滤软件，制定禁止传播不健康信息的法律规范，力求堵塞住不良网络信息的危害路径；在疏通未成年人网络安全保护路径上，表彰主动出击，源头治理，从规范未成年人网络行为入手。提供巨额资金，持续开展未成年人网络保护计划；进行网络安全宣讲，引导未成年人合理使用网络。未来，随着网络的全面普及、网络安全风险的日趋凸显，采取疏堵结合的未成年人网络安全措施的必要性将日渐增强。与此同时，为增强未成年人网络安全措施效果，需要增加"疏"的成本投入，提高"堵"的监管力度，以使"疏""堵"措施能够通力合作，相得益彰。

(二) 制度设计：法律与政策并用

域外未成年人网络保护的制度设计采用多维视角，从法律与政策相互动、立法与自律相并行的角度予以切入。不可否认，未成年人网络安全保护是一项系统性工程，既涉及社会伦理的价值指引，又涉及科学技术的后盾保护，需综合多方因素、协调多元力量予以实现。其中，对于未成年人网络安全基本权益的保护问题，由法律加以规定；对于未达侵害未成年人网络安全基本权益，但未来风险较大或现实威胁加剧的情形予以政策规定。我国对于未成年人网络安全保护虽在政策上屡屡涉及，但具体到硬性的法律规定，仍然较为缺乏，有必要就我国未成年人网络安全保护的基础问题制定专门的法律规范。

(三) 保护维度：全面防护

深入考察，国外保护未成年人网络安全立法并非专属某个部门，而是联袂各部门，予

---

① 何哲. 网络社会时代的挑战、适应与治理转型[M]. 北京：国家行政学院出版社，2016：143.

以专门规定，集民事、行政、刑事法律规范于一体进行保护。这种法律规范既强调各部门之间的分工协调，又凸显各部门之间的通力合作，进而有效避免局限部门所致的效果不彰、保护不力问题。鉴于此，我国需尽快制定和通过专门的《未成年人网络安全保护法》，以期完善未成年人网络安全保护措施，提高未成年人网络安全保护力度。

第三节　我国未成年人网络安全保护完善

一、战略规划：将未成年人网络保护提升为网络空间安全战略

2016 年 12 月发布的《国家网络空间安全战略》提出了九大战略任务，旗帜鲜明地亮剑我国网络安全保护的坚定立场。但遗憾的是，《国家网络空间安全战略》没有将未成年人网络安全保护作为战略任务之一。未成年人作为网络用户的新生力量，不仅肩挑祖国明天建设的重任，也背扛网络未来引领的要职。由此可见，保护未成年人网络安全乃社会各界义不容辞的责任。从这个层面上说，国家有必要对未成年人网络安全予以特别保护，并予以统一部署，整体谋划。同时，国家各部门应积极承担保护未成年人网络安全的职责，并采取切实可行的措施畅通未成年人的健康上网路径，精心培养具有核心竞争力的少年网络专才，严格规范网红人物的思想言行。同时，对于触犯刑法规范的网络不法行为予以重磅之击，对于贻害未成年人身心健康的网络侵害行为予以严格惩戒。唯此，才可趋利避害，并在积极营造未成年人网络安全环境的同时，助益未成年人健康成长。

二、理念倡导：吸收并倡导未成年人网络安全保护的主流理念

目前，全球已达成多项关于未成年人保护的国际公约，在一定程度上促成了一些共识性保护理念的形成，具体包括以下 4 个方面：

第一，国家亲权理念。此种理念凸显国家的家长地位，强调国家有责任、有义务以家长之名对未成年人的错行给予教育、规谏和治疗。[①]

第二，儿童福利理念。未成年人错行矫治不是对儿童的一种惩罚，而是一种普遍的福利，每一个实施错行的儿童都应当平等地得到国家的关爱，并通过错行矫治的福利复归社会。[②]

第三，平等保护理念。平等保护理念是人人均享宪法和法律平等保护的平等权的延伸，具体包括宪法和法律规定的权利应不加歧视地适用于所有未成年人，科予之义务应不分差别一律平等。

第四，优先保护理念。[③]考虑到未成年人身心尚未成熟，需特别关照，其权利保护程度应高于普通公民。任何机构、任何个人，无论基于何种目的、何种情况、何种环境，都应

---

① 苗伟明，吴羽，李振林，等. 未成年人构罪论[M]. 上海：上海人民出版社，2017：76-78.

② 吴海航. 日本少年事件相关制度研究[M]. 北京：中国政法大学出版社，2011：18-19.

③ 郑素华. 儿童文化引论[M]. 北京：社会科学文献出版社，2015：176.

当将儿童权利置于优先发展、优先保护的地位。

上述理念直指未成年人的生存权和发展权，对未成年人网络安全保护措施的制定、施行起着至关重要的指导作用。

三、立法先行：日益强化未成年人网络安全保护专门立法策略

鉴于未成年人网络安全保护的重要性，出台专门法律法规已成为世界主流趋势。目前，国家已将《未成年人网络保护条例》起草工作纳入正式立法日程。关于此部条例，应以《未成年人保护法》为依据，全面凸显未成年人网络保护的共识理念、通用原则。同时，借鉴域外优秀做法，并结合我国国情，厘定规范内容。在具体立法上应把握以下 4 个方面：

第一，立法目的。《未成年人网络保护条例》旨在肃清未成年人网络安全环境，阻遏网络不良信息侵害，保障未成年人充分使用网络。此即意味着条例内容不再局限于禁止和限制网络使用，也应当考虑如何鼓励和促进网络发展，以此保证网络上有充裕的正性信息，适时满足良性引导未成年人健康上网，并实现保护自身的合理需求。与此同时，强化政府的网络监管职责，倚重行业自律机制，双管齐下，致力于未成年人网络安全保护。

第二，立法原则。准确把握《未成年人网络保护条例》的立法尺度，做到粗细得当。对于已有相关规定的，应在相关规定的基础上进一步细化，并明确各部门的职责和分工；对于国外立法中的成熟做法，在符合我国国情，且全面适用不违反法律原则的基础上，可予以移植，并进行相对较粗的尝试性规定。在实践过程中，根据实践中存在的问题、累积的经验，再予以逐步细化，防止立法过急所致的体系失衡弊病。

第三，立法内容。条例应包含总则和分则。总则包括未成年人网络安全保护的目的、任务、原则、范围等。

分则则指涉未成年人网络安全保护的具体应用，涵括政府保护、家庭保护、学校保护、社会保护、法律责任和附则等内容。

第四，立法关系。未成年人网络安全涉及权利保护和义务履行等诸多方面，需在立法中妥善处理好以下几组复杂关系：中国国情与域外经验的共性关系、现实世界的个人言行与虚拟空间的网络言行的共通关系、唱响新时代中国特色社会主义主旋律与保护未成年人个性化成长的协调关系、政府刚性管控与网络自由秩序的平衡关系、法律规范与技术措施的协作关系、公权力机关和民间团体的合作关系。

四、教育投入：不断深化未成年人网络素养教育多元协同体系

网络素养教育意在提高未成年人正确使用网络的能力，并消弭网络负面影响。立基于此，网络素养教育应从以下 6 个方面切入：

(1) 将网络素养教育提升到国家战略的高度，通过设立网络素质教育专门机构，提升国民整体上网素质。

(2) 将网络素养教育纳入国家教育的百年发展大计，既强调制度的后盾保障，又凸显规划的超前引领。在学校教育课程中增设网络素养教育课程，并组建专门的教学团队，建立单独评估体系。

(3) 建立和谐的网络环境。在网络素养教育中，要特别重视大众传媒的积极作用，强

调在充分整合多方力量，协力挖掘各种新媒体、自媒体强大潜能的基础上，营造温馨、和谐、安全的未成年人用网环境。

(4) 以实证研究为基础，以新时代中国特色社会主义国情为依托，着力打造契合未成年人网络使用需求、迎合网络未来发展方向的网络素养培育体系。

(5) 鼓励社会组织对外开设积极健康的网络体验课程，并全面参与到网络素养教育之中。

(6) 整合多方社会资源，调动多种社会力量，集结多样宣教模式，全力提升全民网络素养水平，进而使国家、社会、学校、家庭、媒体齐心协力、众志成城，共同参与未成年人网络健康环境建设。

五、组织创设：组建未成年人网络安全保护的文明志愿者队伍

组建未成年人网络安全保护的文明志愿者队伍有助于充分调动多种社会力量，充分发挥民间组织在指引未成年人形成良好用网习惯方面的积极性。未成年人网络安全保护的文明志愿者应着力于网络知识的普及、网络潜能的挖掘，以未成年人用网水平的整体提升，达成未成年人网络安全保护目的；未成年人网络安全保护的文明志愿者队伍有助于塑造未成年人健康上网、安全上网的观念。未成年人通过参与网络安全建设，可以树立正向积极的人生目标，陶冶乐观向上的生活情趣，提高在网络世界中辨别是非、甄别善恶、评价美丑的能力，着力正能量传递。

六、社会治理：有效构建未成年人网络安全保护的社会治理机制

未成年人网络安全保护是关乎国家发展、牵涉民族命运、攸关社会进步的系统工程，需聚合多方社会力量，从法律规制、行政监管、行业自律、技术保障的角度切入，着力构建多元社会治理机制。政府应承担未成年人网络保护的统一引导职责，并承担首要责任；家庭是未成年人网络监管责任的具体落实者，需在法律中明确未成年人网络监护权；学校是未成年人网络保护的助力者，应当通过提升教师网络素养，间接影响未成年人形成正确的上网方式，塑造健康的网络观；网络业界是未成年人网络保护环境的缔造者，应严格自律，坚决抵制网络不良信息的制作和传播；社会组织是未成年人网络保护的民间监管者，在履职过程中应坚决秉持中立原则，做到不偏不倚；司法机关是未成年人网络保护的惩戒机关，需及时介入，尽心践履"守夜人"的职责。

七、国际合作：开展未成年人网络安全保护的国际交流与合作

目前，英美等一些西方国家在互联网理论和实践方面已积累了较为丰富的经验，并在互联网法律规制、监督机制、技术保障等方面推展开来。具体到未成年人网络保护，世界各国均能结合自身情况形成某些特殊理念，付诸成功实践。综合来看，我国未成年人网络保护尚处于起步阶段，有必要借鉴域外有益做法和成功经验，积极开展对外交流。事实上，迅猛发展的互联网技术在便利人们日常生活，助力社会经济发展的同时，也赋予各方参与主体艰巨的网络监管重任。众所周知，未成年人网络保护关联诸多方面，是一项系统性的

复杂工程，需联袂公司企业、民间组织、学术机构、研发团队等多元力量参与其中，统合法律、行政、技术、教育等多维度监控手段，予以协调推进，综合治理。此外，我国应当加强国家与国家之间的相互联系，精诚合作，携手世界人民达成网络安全共识，推动网络空间国际规则的制定，在打造网络安全命运共同体的同时，着力多边、民主、透明的全球互联网治理体系的构建。

课 后 习 题

1. 简述未成年人网络安全保护的基本概念。
2. 阐释当前未成年人网络安全保护针对哪些具体问题。
3. 归纳域外国家与地区关于未成年人网络安全保护的重要经验。
4. 论述将来我国未成年人网络安全保护理念及措施完善内容。

参 考 文 献

[1] Iran Cram. Contested Words: Legal Restrictions on Freedom of Speech in Liberal Democracies[M]. Alder-shot: Ashgate Publishing Ltd, 2006:167.

[2] 北京市互联网信息办公室. 国内外互联网立法研究[M]. 北京: 中国社会科学出版社, 2014: 202.

[3] 陈韵博. 暴力网络游戏与青少年: 一个涵化视角的实证研究[M]. 广州: 暨南大学出版社, 2015: 229.

[4] 何哲. 网络社会时代的挑战、适应与治理转型[M]. 北京: 国家行政学院出版社, 2016: 143.

[5] 金泽刚. 网络游戏与青少年违法犯罪[M]. 上海: 上海三联书店, 2016: 252.

[6] 罗力. 发达国家儿童网络安全保护探析[C]//上海市哲学社会科学规划办公室. 国外社会科学前沿. 上海: 上海人民出版社, 2014: 321.

[7] 苗伟明, 吴羽, 李振林, 等. 未成年人构罪论[M]. 上海: 上海人民出版社, 2017: 76-78.

[8] 吴海航. 日本少年事件相关制度研究[M]. 北京: 中国政法大学出版社, 2011: 18-19.

[9] 赵国玲. 预防青少年网络被害的教育对策研究: 以实证分析为基础[M]. 北京: 北京大学出版社, 2010: 148.

[10] 郑素华. 儿童文化引论[M]. 北京: 社会科学文献出版社, 2015: 176.

第十三章 网络安全技术标准

内容提要

本章首先介绍标准的基本概念、分类、制修订程序等内容；其次梳理网络安全领域的国家标准、行业标准、团体标准、企业标准和国际标准，并分析当前网络安全技术标准的基本概况和未来的发展趋势；最后简要概括网络安全技术标准的意义和应用，力图使读者了解网络安全技术标准的基本内容。

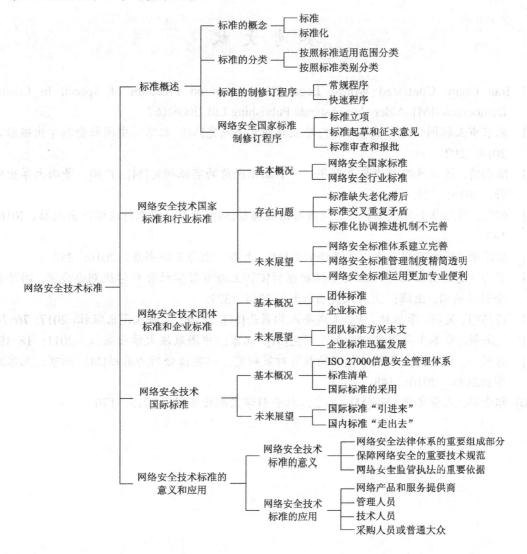

第一节　标　准　概　述

一、标准的概念

(一) 标准

《标准化法》　　《标准化法实施条例》

标准，是指农业、工业、服务业以及社会事业等领域需要统一的技术要求。根据我国《中华人民共和国标准化法》和《中华人民共和国标准化法实施条例》等法律规定，对下列需要统一的技术要求应当制定标准：

(1) 工业产品的品种、规格、质量、等级或者安全、卫生要求。

(2) 工业产品的设计、生产、试验、检验、包装、储存、运输、使用的方法或者生产、储存、运输过程中的安全、卫生要求。

(3) 有关环境保护的各项技术要求和检验方法。

(4) 建设工程的勘察、设计、施工、验收的技术要求和方法。

(5) 有关工业生产、工程建设和环境保护的技术术语、符号、代号、制图方法、互换配合要求。

(6) 农业(含林业、牧业、渔业，下同)产品(含种子、种苗、种畜、种禽，下同)的品种、规格、质量、等级、检验、包装、储存、运输以及生产技术、管理技术要求。

(7) 信息、能源、资源、交通运输的技术要求。

(二) 标准化

标准化，是指为了在既定范围内获得最佳秩序，促进共同利益，对现实问题或潜在问题制定共同使用和重复使用的条款以及编制、发布和应用文件的活动。

标准是标准化的主要成果之一。一份标准通常由封面、前言、引言、正文、附录和参考文献等部分组成。正文一般包含标准适用范围、规范性引用文件、术语定义和本标准具体内容，附录中一般包括标准内容的示例、使用模板等。图 13.1.1 所示为一份标准的目录，图 13.1.2 所示为一份标准的封面。

同时，每个标准都必须明确以下几个概念：

(1) 标准号：由标准的代号、编号、发布年代三部分组成。

(2) 标准状态：标准实施之日起，至标准复审重新确认、修订或废止的时间，称为标准的有效期，又称标龄。

(3) 归口单位：实际上就是指按国家赋予该部门的权利和承担的责任，各司其职，按特定的管理渠道对标准实施管理。

(4) 替代情况：在标准文献里就是新的标准替代原来的旧标准。即在新标准发布之日起，原替代的旧标准作废。另外，还有一种情况是某项标准废止，而没有新的标准替代的。

(5) 实施日期：标准实施日期是有关行政部门对标准批准发布后生效的时间。

(6) 提出单位：提出建议实行某条标准的部门。

(7) 起草单位：负责编写某项标准的部门。①

图 13.1.1　标准目录[《信息技术　安全技术　信息安全风险管理》(GB/T 31722—2015)]

---

① 标准的制定和类型，http://www.cn-standard.net/bzfenlei.shtml，2018 年 12 月 17 日最后访问。

ICS 35.040
L 80

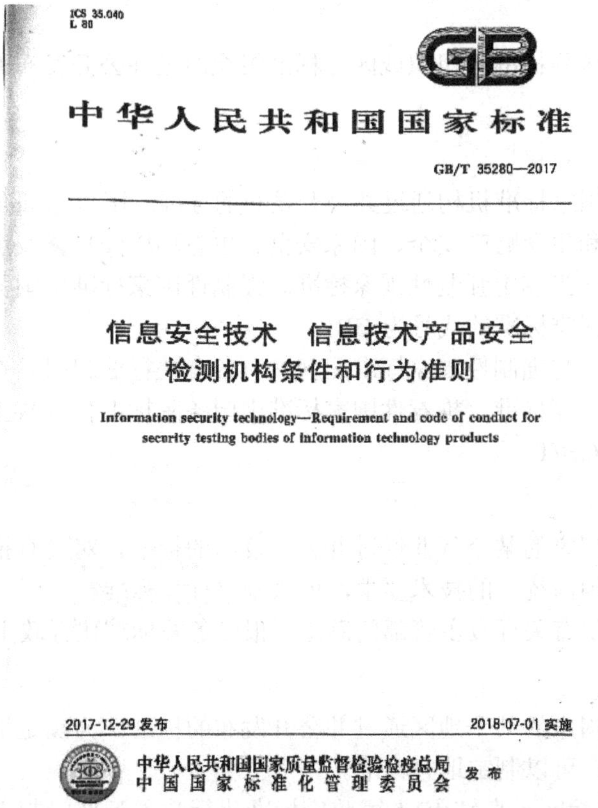

中华人民共和国国家标准

GB/T 35280—2017

信息安全技术　信息技术产品安全
检测机构条件和行为准则

Information security technology—Requirement and code of conduct for
security testing bodies of information technology products

2017-12-29 发布　　　　　　　　　　　　　　　2018-07-01 实施

中华人民共和国国家质量监督检验检疫总局　发布
中国国家标准化管理委员会

图 13.1.2　标准封面[《信息安全技术信息技术产品安全检测
机构条件和行为准则》(GB/T 35280—2017)]

二、标准的分类

(一) 按照标准适用范围分类

按照标准适用范围，可将标准划分为国际标准(International Standard)、区际标准(Regional Standard)、国家标准(National Standard)、行业标准(Branch Standard)、地方标准(Provincial Standard)、团体标准(Association Standard)和企业标准(Company Standard)共七大类[①]。

1. 国际标准

国际标准是指由国际标准化组织或国际标准组织通过并公开发布的标准。国际标准在世界范围内统一使用。

国际标准制定机构包括国际标准化组织(International Organization for Standardization，ISO)、国际电工委员会(International Electrotechnical Commission，IEC)和国际电信联盟(International Telecommunication Union，ITU)，以及国际标准化组织确认并公布的其他国际组织。

---

① 《标准化工作指南　第 1 部分　标准化和相关活动的通用术语》(GB/T 2000.1—2014)。

2. 区际标准

区际标准是指由区际标准化组织或区际标准组织通过并公开发布的标准。区际标准在区际范围内统一使用。

3. 国家标准

国家标准是指由国家标准机构通过并公开发布的标准。国家标准在全国范围内有效。

对保障人身健康和生命财产安全、国家安全、生态环境安全以及满足经济社会管理基本需要的技术要求，应当制定强制性国家标准。强制性国家标准由国务院批准发布或者授权批准发布。强制性国家标准的代号为 GB。

对满足基础通用、与强制性国家标准配套、对各有关行业起引领作用等需要的技术要求，可以制定推荐性国家标准。推荐性国家标准由国务院标准化行政主管部门制定。推荐性国家标准的代号为 GB/T。

4. 行业标准

行业标准是指在国家的某个行业通过并公开发布的标准。对没有推荐性国家标准、需要在全国某个行业范围内统一的技术要求，可以制定行业标准。

行业标准由国务院有关行政主管部门制定，报国务院标准化行政主管部门备案。

5. 地方标准

地方标准是指在国家的某个地区通过并公开发布的标准。为满足地方自然条件、风俗习惯等特殊技术要求，可以制定地方标准。

地方标准由省(自治区、直辖市)人民政府标准化行政主管部门制定；设区的市级人民政府标准化行政主管部门根据本行政区域的特殊需要，经所在地省(自治区、直辖市)人民政府标准化行政主管部门批准，可以制定本行政区域的地方标准。地方标准由省(自治区、直辖市)人民政府标准化行政主管部门报国务院标准化行政主管部门备案，由国务院标准化行政主管部门通报国务院有关行政主管部门。

6. 团体标准

团体标准是指各类学会、协会、商会、联合会、产业技术联盟等社会团体，为了协调相关市场主体共同制定的、满足市场和创新需要的一种技术标准。团体标准由本团体成员约定采用或者按照本团体的规定供社会自愿采用。

国务院标准化行政主管部门会同国务院有关行政主管部门对团体标准的制定进行规范、引导和监督。

7. 企业标准

企业标准是指针对企业范围内需要协调、统一的技术要求、管理要求和工作要求所指定的标准。企业可以根据需要自行制定企业标准，或者与其他企业联合制定企业标准。

(二) 按照标准类别分类

按照标准所规定的内容的类别，可将标准分为基础标准(Basic Standard)、术语标准(Terminology Standard)、符号标准(Symbol Standard)、分类标准(Classification Standard)、试验标准(Testing Standard)、规范标准(Specification Standard)、规程标准(Code of Practice

Standard)、指南标准(Guide Standard)、产品标准(Product Standard)、过程标准(Process Standard)、服务标准(Service Standard)、接口标准(Interface Standard)、数据待定标准(Standard on Data to Be Provided)共十三大类[①]。

1．基础标准

基础标准是指具有广泛的适用范围或包含一个特定领域的通用条款的标准。基础标准可以直接应用，也可以作为其他标准的基础。

2．术语标准

术语标准是指界定特定领域或学科中使用的概念的指称及其定义的标准。术语标准通常包含术语及其定义，有时还附有示意图、注、示例等。

3．符号标准

符号标准是指界定特定领域或学科中使用的符号的表现形式及其含义或名称的标准。符号通常分为文字符号和图形符号，其中文字符号又可分为字母符号、数字符号、汉字符号或它们组合而成的符号，图形符号又可分为产品技术文件用、设备用、标志用图形符号。

4．分类标准

分类标准是指基于诸如来源、构成、性能或用途等相似特性对产品、过程或服务进行有规律地排列或划分的标准。分类标准有时给出或含有分类原则。

5．试验标准

试验标准是指在适合指定目的的精确度范围内和给定环境下，全面描述试验活动以及得出结论的方式的标准。试验标准有时附有与测试有关的其他条款，如取样、统计方法的应用、多个试验的先后顺序等。试验标准在适当时可以说明从事试验活动需要的设备和工具。

6．规范标准

规范标准是指规定产品、过程或服务需要满足的要求以及用于判定其要求是否得到满足的证实方法的标准。

7．规程标准

规程标准是指为产品、过程或服务全生命周期的相关阶段推荐良好惯例或程序的标准。规程标准汇集了便于获取和使用信息的实践经验和知识。

8．指南标准

指南标准是指以适当的背景知识给出某主题的一般性、原则性、方向性的信息、指导或建议，而不推荐具体做法的标准。

9．产品标准

产品标准是指规定产品需要满足的要求以保证其适用性的标准。产品标准除了包括适用性的要求外，也可直接包括或以引用的方式包括诸如术语、取样、检测、包装和标签等方面的要求，有时还可包括工艺要求。产品标准可分为不同类别的标准，如尺寸类、材料

---

① 《标准化工作指南 第 1 部分 标准化和相关活动的通用术语》(GB/T 2000.1—2014)。

类和交货技术通则类产品标准。

10．过程标准

过程标准是指规定过程需要满足的要求以保证其适用性的标准。

11．服务标准

产品标准是指规定服务需要满足的要求以保证其适用性的标准。服务标准可以在诸如洗衣、饭店管理、运输、汽车维护、远程通信、保险、银行、贸易等领域内编制。

12．接口标准

接口标准是指规定产品或系统在其互连部位与兼容性有关的要求的标准。

13．数据待定标准

数据待定标准是指列出产品、过程或服务的特性，而特性的具体值或其他数据需根据产品、过程或服务的具体要求另行制定的标准。典型情况下，一些标准规定由供方确定数据，另一些标准规定由需方确定数据。

三、标准的制修订程序

(一) 常规程序

我国国家标准制修订程序分为 9 个阶段：预阶段、立项阶段、起草阶段、征求意见阶段、审查阶段、批准阶段、出版阶段、复审阶段和废止阶段，如图 13.1.3 所示。其他标准制修订程序参照国家标准执行。

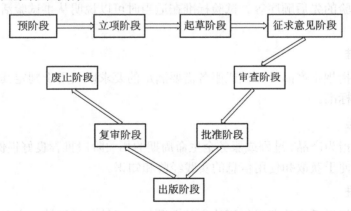

图 13.1.3　我国国家标准制修订程序

(1) 预阶段：在研究论证的基础上提出制定项目建议。

(2) 立项阶段：对项目建议进行必要的、可行性分析和充分论证。

(3) 起草阶段：编写标准草案(征求意见稿)和编制说明。

(4) 征求意见阶段：广泛征求社会各界意见。

(5) 审查阶段：会审或函审，对送审稿进行审查；根据意见对送审稿进行修改并形成报批稿。

(6) 批准阶段：审查批准、编号，提出标准出版稿。

(7) 出版阶段：发布、印刷出版、备案。

(8) 复审阶段：对实施周期达 5 年的国家标准进行复审。经复审后的标准，若标准主要技术内容需要做较大修改才能适应当前生产、使用的需要和科学技术发展需要的，则应作为修订项目。标准修订的程序按制定标准的程序执行。

(9) 废止阶段：标准被废止后，不再实施。

(二) 快速程序

对下列情况，制修订国家标准可以采用快速程序：

(1) 对等同采用、等效采用国际标准或国外先进标准的标准制修订项目，可直接由立项阶段进入征求意见阶段，省略起草阶段。

(2) 对现有国家标准的修订项目或中国其他各级标准的转化项目，可直接由立项阶段进入审查阶段，省略起草阶段和征求意见阶段。[①]

四、网络安全国家标准制修订程序

2016 年 2 月 22 日颁布并实施的《全国信息安全标准化技术委员会标准制修订工作程序》规定，网络安全国家标准制修订程序包括标准立项、标准起草和征求意见、标准审查和报批三个步骤。

(一) 标准立项

全国信息安全标准化技术委员会秘书处征集国家信息安全主管部门的意见，编制《信安标委年度项目申报指南》，并于每年第一季度发布。

在中华人民共和国境内注册的法人单位可提出标准项目立项申请。标准项目应由三家以上(含三家)单位联合申请，并明确牵头起草单位。申请单位根据年度项目申报指南，向秘书处提交相应立项申请材料。秘书处负责对立项申请材料进行形式审查，重点审查申请者是否具备要求的条件、申请手续是否完备、申请书填写是否符合规定等。

全国信息安全标准化技术委员会工作组负责立项申请项目的初审，重点审查项目是否紧密结合信息安全重点工作、是否具有较强的针对性；拟解决的主要问题是否明确，解决问题的思路是否清晰；与已发布的和在研的信息安全国家标准项目内容是否有交叉重复等。工作组应组织工作组全体成员对通过形式审查的项目申请材料进行初次技术审查并投票，三分之二以上(含)工作组成员投票通过的项目视为通过。

全国信息安全标准化技术委员会信息安全标准体系与协调工作组联合各工作组组长召开项目评审会议，对通过初次技术审查的项目进行必要性、可行性评估和技术协调。秘书处对标准项目进行协调后，提交全国信息安全标准化技术委员会主任办公会审议。通过主任办公会审议的标准项目，秘书处将上报主管部门审批，并与项目牵头单位签署项目任务书。

---

① 中国标准制定程序，http://www.chinagb.org/article-57736.html，2018 年 12 月 17 日最后访问。

(二) 标准起草和征求意见

标准牵头单位组织参与单位等相关单位组成项目组，并确定标准编辑，在工作组的指导下开展标准编制工作。项目组在调查研究、试验验证和征求相关专家的意见的基础上，形成标准草案和相关记录，并提交工作组(由两个工作组联合承担的，由牵头工作组负责)。工作组应组织工作组成员及相关单位进行讨论，并按照协商一致的原则进行修改完善，形成标准征求意见稿和编制说明。

工作组组织全体工作组成员以会议或通信方式对标准草案进行表决，四分之三以上(含)工作组成员通过的，提交秘书处。秘书处书面征求相关部门的意见，同时在网站上公开征求意见，征求意见时间一般为45天。

秘书处将处理意见反馈给工作组。工作组组织项目组对反馈意见进行综合分析和处理。遇有重大分歧的，可由秘书处会同WG1(信息安全标准体系与协调工作组)进行协调。意见处理后形成的标准送审稿及相关文件报秘书处。

(三) 标准审查和报批

秘书处对标准送审稿及相关材料进行初审后，协助工作组组织相关委员和行业专家进行会审。参加审查的委员和专家不得少于9名，其中委员不得少于5名。秘书处成员不作为会审专家。审查原则上应协商一致，对不能协商一致的，应进行表决。赞成票为有效票的四分之三以上(含)，视为通过；弃权票不计入票数。工作组应将投票情况和不同意见书面记录在案，作为标准审查意见说明的附件，报秘书处备案。

审查通过后，工作组组织项目组修改完善，形成标准报批稿及相关文件报秘书处。秘书处对标准报批稿和相关材料进行复核后，提交全体委员投票，投票期为10个工作日。赞成票为有效票的四分之三以上(含)，视为通过；弃权票不计入票数。秘书处应将投票情况及所附意见记录在案，作为标准审查意见说明的附件。

表决通过的，由工作组组织项目组根据投票意见进行处理后，秘书处汇总报批材料，上报主任办公会审查。表决未通过的，由工作组组织项目组修改后，提交秘书处，重新进行全体委员投票。主任办公会对标准制修订工作的程序合规性进行审查，不审议标准具体内容。主任办公会审查通过的，由秘书处报国家标准化管理委员会审批，并抄送中央网信办。

第二节　网络安全技术国家标准和行业标准

一、基本概况

互联网技术迅猛发展，网络空间已成为国家继陆、海、空、大之后的第五疆域。保障网络空间安全，对于保障公民权益、保证国家安全和社会稳定至关重要。安全保障，技术为基，标准先行。《网络安全法》第十五条规定："国家建立和完善网络安全标准体系。"国务院标准化行政主管部门和国务院其他有关部门根据各自的职责，组织制定并适时修订有关网络安全管理以及网络产品、服务和运行安全的国家标准、行业标准。

(一) 网络安全国家标准

1. 管理机构

《网络安全法》第十五条规定："国务院标准化行政主管部门和国务院其他有关部门根据各自的职责，组织制定并适时修订有关网络安全管理以及网络产品、服务和运行安全的国家标准、行业标准。"我国网络安全领域国家标准由全国信息安全标准化技术委员会负责制订和修改。全国信息安全标准化技术委员会由国家标准化管理委员会领导，业务上受中央网络安全和信息化领导小组办公室指导，在信息安全技术专业领域内，从事信息安全标准化工作的技术工作组织。委员会负责组织开展国内信息安全有关的标准化技术工作，主要工作范围包括安全技术、安全机制、安全服务、安全管理、安全评估等领域的标准化技术工作。

在全国信息安全标准化技术委员会官方网站(https://www.tc260.org.cn/front/main.html，如图 13.2.1 所示)上可以查询已经发布的信息安全和网络安全国家标准以及最新国家标准征求意见稿、行业动态等内容。

图 13.2.1　全国信息安全标准化技术委员会官网[①]

全国信息安全标准化技术委员会下设秘书处和 8 个工作组，分别负责信息安全标准体系与协调、涉密信息系统安全保密标准、密码技术标准、鉴别与授权标准、信息安全评估标准、通信安全标准、信息安全管理标准、大数据安全等领域的工作。全国信息安全标准化技术委员会机构设置如图 13.2.2 所示。

---

① 全国信息安全标准化技术委员会，https://www.tc260.org.cn/front/main.html，2018 年 12 月 27 日最后访问。

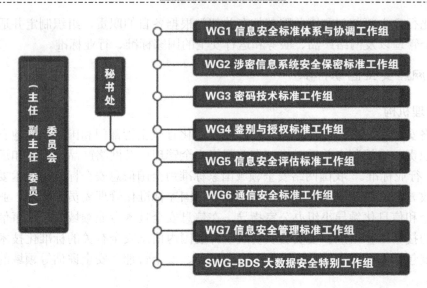

图 13.2.2　全国信息安全标准化技术委员会机构设置①

2. 发展历程

截至 2018 年 12 月，信息安全、网络安全领域正式发布并实施的国家标准已经有 200 多个，每年正式发布的网络安全领域相关国家标准数量分布如图 13.2.3 所示。

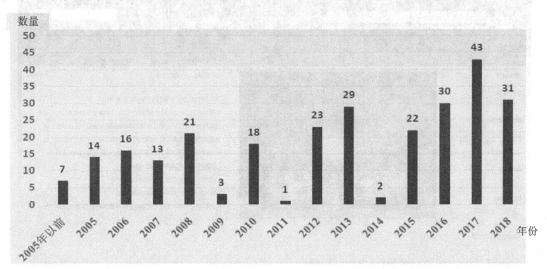

图 13.2.3　每年正式发布的网络安全领域相关国家标准数量分布

结合时代背景和国家相关政策的发布实施，网络安全领域相关国家标准发展进程主要有以下几个阶段：

(1) 2005 年以前，网络安全、信息安全相关国家标准正式发布并实施的数量极少，此时互联网尚不普及，相关的法律法规也不完善。

---

① 全国信息安全标准化技术委员会机构设置，https://www.tc260.org.cn/front/tiaozhuan.html?page=/front/gywm/jgsz_Detail，2018 年 12 月 27 日最后访问。

(2) 2003 年国家信息化领导小组发布了《关于加强信息安全保障工作的意见》，将信息安全等级保护作为国家信息安全保障工作的重中之重。公安部、国家保密局、国家密码管理委员会办公室、国务院信息化工作办公室于 2004 年 9 月 15 日联合颁布并实施《关于信息安全等级保护工作的实施意见》，并于 2007 年联合发布了《信息安全等级保护管理办法》，对信息安全等级保护的基本制度框架进行了规划，对信息安全等级保护制度做出了具体的规定。由此，网络安全工作进入了 1.0 阶段。为配合信息安全等级保护工作的开展，2005～2008 年，网络安全领域国家标准发布数量迎来了第一个高峰，标准建设工作初具规模。

(3) 2008 年国务院机构改革，国务院信息化工作办公室被撤销，原国务院信息化工作办公室职能合并至国家工业和信息化部，由工业和信息化部具体承担国家信息化领导小组办公室职能。这一时期，国家立法相对分散，立法层级较低，国家标准的制定也相对较为分散，没有形成体系。2009～2011 年，网络安全、信息安全领域国家标准发布数量显著下降，国家标准发布进入低潮期。

(4) 随着信息网络技术的迅猛发展，网民数量不断增多，网络安全领域问题开始凸显，中央和国务院进一步重视并部署了网络安全相关工作。2012 年 6 月 28 日，国务院发布了《关于大力推进信息化发展和切实保障信息安全的若干意见》。2012 年 12 月 29 日，全国人大常委会发布了《关于加强网络信息保护的决定》。2014 年 2 月 27 日，中央网络安全和信息化领导小组成立(2018 年 3 月，根据中共中央《深化党和国家机构改革方案》，中央网络安全和信息化领导小组改为中国共产党中央网络安全和信息化委员会)。2015 年以来，《关于加强社会治安防控体系建设的意见》《关于全面深化公安改革若干重大问题的框架意见》《国家信息化发展战略纲要》《国家网络空间安全战略》等文件相继出台，明确提出"健全网络安全等级保护制度"，对等级保护工作提出了新要求。2017 年 6 月 1 日正式实施的《网络安全法》在法律层面确立了网络安全等级保护制度，网络安全工作进入了 2.0 阶段。

政策法律多管齐下，共同推进网络安全保护，也让网络安全国家标准制定工作开启了新篇章。网络安全领域的国家标准数量重回高峰，且从 2016 年开始，每年正式发布的网络安全领域国家标准数量均在 30 项以上，2017 年更是达到了 43 项，超过了此前 20 年间任何一年的数量。

3. 标准清单

2017 年发布的网络安全国家标准清单如表 13.2.1 所示。

表 13.2.1　2017 年发布的网络安全国家标准清单[①]

序号	标 准 号	中 文 名 称	工作组
1	GB/T 32918.5—2017	信息安全技术 SM2 椭圆曲线公钥密码算法 第 5 部分：参数定义	WG3
2	GB/T 33560—2017	信息安全技术 密码应用标识规范	WG3
3	GB/T 35275—2017	信息安全技术 SM2 密码算法加密签名消息语法规范	WG3

---

① 已发布网络安全国家标准清单，https://www.tc260.org.cn/front/bzcx/yfgbqd.html，2018 年 12 月 27 日最后访问。2018 年官方发布的标准清单不全，因此选取 2017 年的清单。

序号	标 准 号	中 文 名 称	工作组
4	GB/T 35276—2017	信息安全技术 SM2 密码算法使用规范	WG3
5	GB/T 35291—2017	信息安全技术 智能密码钥匙应用接口规范	WG3
6	GB/T 15843.1—2017	信息技术 安全技术 实体鉴别 第1部分：总则	WG4
7	GB/T 15843.2—2017	信息技术 安全技术 实体鉴别 第2部分：采用对称加密算法的机制	WG4
8	GB/T 34953.1—2017	信息技术 安全技术 匿名实体鉴别 第1部分：总则	WG4
9	GB/T 35285—2017	信息安全技术 公钥基础设施 基于数字证书的可靠电子签名生成及验证技术要求	WG4
10	GB/T 35287—2017	信息安全技术 网站可信标识技术指南	WG4
11	GB/T 33561—2017	信息安全技术 安全漏洞分类	WG5
12	GB/T 33563—2017	信息安全技术 无线局域网客户端安全技术要求(评估保障级2级增强)	WG5
13	GB/T 33565—2017	信息安全技术 无线局域网接入系统安全技术要求(评估保障级2级增强)	WG5
14	GB/T 34990—2017	信息安全技术 信息系统安全管理平台技术要求和测试评价方法	WG5
15	GB/T 35101—2017	信息安全技术 智能卡读写机具安全技术要求(EAL4增强)	WG5
16	GB/T 35277—2017	信息安全技术 防病毒网关安全技术要求和测试评价方法	WG5
17	GB/T 35282—2017	信息安全技术 电子政务移动办公系统安全技术规范	WG5
18	GB/T 35283—2017	信息安全技术 计算机终端核心配置基线结构规范	WG5
19	GB/T 35290—2017	信息安全技术 射频识别(RFID)系统通用安全技术要求	WG5
20	GB/T 33562—2017	信息安全技术 安全域名系统实施指南	WG6
21	GB/T 33746.1—2017	近场通信(NFC)安全技术要求 第1部分：NFCIP-1安全服务和协议	WG6
22	GB/T 33746.2—2017	近场通信(NFC)安全技术要求 第2部分：安全机制要求	WG6
23	GB/T 34095—2017	信息安全技术 用于电子支付的基于近距离无线通信的移动终端安全技术要求	WG6
24	GB/T 34975—2017	信息安全技术 移动智能终端应用软件安全技术要求和测试评价方法	WG6
25	GB/T 34976—2017	信息安全技术 移动智能终端操作系统安全技术要求和测试评价方法	WG6
26	GB/T 34977—2017	信息安全技术 移动智能终端数据存储安全技术要求与测试评价方法	WG6

续表二

序号	标 准 号	中 文 名 称	工作组
27	GB/T 34978—2017	信息安全技术 移动智能终端个人信息保护技术要求	WG6
28	GB/T 35278—2017	信息安全技术 移动终端安全保护技术要求	WG6
29	GB/T 35281—2017	信息安全技术 移动互联网应用服务器安全技术要求	WG6
30	GB/T 35286—2017	信息安全技术 低速无线个域网空口安全测试规范	WG6
31	GB/T 35280—2017	信息安全技术 信息技术产品安全检测机构条件和行为准则	WG7
32	GB/T 35284—2017	信息安全技术 网站身份和系统安全要求与评估方法	WG7
33	GB/T 20985.1—2017	信息技术 安全技术 信息安全事件管理 第1部分：事件管理原理	WG7
34	GB/T 29246—2017	信息技术 安全技术 信息安全管理体系 概述和词汇	WG7
35	GB/T 35288—2017	信息安全技术 电子认证服务机构从业人员岗位技能规范	WG7
36	GB/T 35289—2017	信息安全技术 电子认证服务机构服务质量规范	WG7
37	GB/Z 24294.2—2017	信息安全技术 基于互联网电子政务信息安全实施指南 第2部分：接入控制与安全交换	WG7
38	GB/Z 24294.3—2017	信息安全技术 基于互联网电子政务信息安全实施指南 第3部分：身份认证与授权管理	WG7
39	GB/Z 24294.4—2017	信息安全技术 基于互联网电子政务信息安全实施指南 第4部分：终端安全防护	WG7
40	GB/T 34942—2017	信息安全技术 云计算服务安全能力评估方法	SWG-BDS
41	GB/T 35273—2017	信息安全技术 个人信息安全规范	SWG-BDS
42	GB/T 35274—2017	信息安全技术 大数据服务安全能力要求	SWG-BDS
43	GB/T 35279—2017	信息安全技术 云计算安全参考架构	SWG-BDS

4. 标准分类

截至2018年10月10日，已发布的网络安全国家标准共有244项，大体可以分为以下三类：

第一类是对网络空间安全提出基本要求和程序性规范，形成系统的网络安全保护基本框架。例如，《信息安全 技术网络安全威胁信息格式规范》(GB/T 36643—2018)、《信息安全技术 信息系统安全运维管理指南》(GB/T 36626—2018)、《信息技术 安全技术 信息安全管理体系要求》(GB/T 22080—2016)、《信息技术 安全技术 信息安全控制实践指南》(GB/T 22081—2016)、《信息安全技术 网络安全预警指南》(GB/T 32924—2016)等。

第二类是对近十年来迅猛发展但仍属空白的云计算、移动互联网、物联网、工业控制系统和大数据等最新技术领域做出规制。例如，《信息安全技术 大数据服务安全能力要求》(GB/T 35274—2017)、《信息安全技术 云计算安全参考架构》(GB/T 35279—2017)、《信息安全技术 移动互联网应用服务器安全技术要求》(GB/T 35281—2017)、《信息安全技术工业控制系统安全管理基本要求》(GB/T 36323—2018)等。

第三类则是对各个行业领域进行规制，并及时回应当前的社会热点问题。例如，《信息安全技术　金融信息服务安全规范》(GB/T 36618—2018)、《信息安全技术　基于互联网电子政务信息安全实施指南　第 1 部分：总则》(GB/Z 24294.1—2018)、《信息安全技术　个人信息安全规范》(GB/T 35273—2017)、《信息安全技术　中小电子商务企业信息安全建设指南》(GB/Z 32906—2016)等。

(二) 网络安全行业标准

1. 管理机构

《网络安全法》第十五条规定："国务院标准化行政主管部门和国务院其他有关部门根据各自的职责，组织制定并适时修订有关网络安全管理以及网络产品、服务和运行安全的国家标准、行业标准。"目前，我国网络安全领域行业标准主要由公安部、工业和信息化部等部门颁布并实施。

公安部信息系统安全标准化技术委员会主要负责规划和制定我国信息安全标准和技术规范，监督技术标准的实施。制定标准的工作范围包括计算机信息系统安全保护等级标准、应用系统安全等级评估检测标准、计算机信息系统安全产品标准、计算机信息系统安全管理标准等。[①]

工业和信息化部下属的网络安全管理局主要负责通信行业网络安全行业标准的制修订和实施；组织拟订电信网、互联网及其相关网络与信息安全规划、政策和标准并组织实施；承担建立电信网、互联网新技术新业务安全评估制度并组织实施；拟订电信网、互联网网络安全防护政策并组织实施；承担特殊通信管理，拟订特殊通信、通信管制和网络管制的政策、标准。[②]

2. 标准清单

由公安部颁布并实施的公共安全行业标准中，涉及网络安全领域的有近百项。2017 年公安部发布的网络安全行业标准清单如表 13.2.2 所示。

表 13.2.2　2017 年公安部发布的网络安全行业标准清单[③]

序号	标准编号	标准名称
1	GA/T 1346—2017	信息安全技术　云操作系统安全技术要求
2	GA/T 1347—2017	信息安全技术　云存储系统安全技术要求
3	GA/T 1348—2017	信息安全技术　桌面云系统安全技术要求
4	GA/T 1349—2017	信息安全技术　网络安全等级保护专用知识库接口规范

① 吴亚非. 中国信息安全年鉴[M]，2000.
② 网络安全管理局，http://www.miit.gov.cn/n1146285/n1146352/n3054355/n3057724/n3057725/c3635780/content.html，2018 年 12 月 27 日最后访问。
③ 关于发布公共安全行业标准的公告(2017 年度)，http://www.mps.gov.cn/n2254314/n2254457/n2254466/c6147454/content.html，2018 年 12 月 27 日最后访问。2018 年后公安部未发布标准清单，因此选取 2017 年的清单。

续表

序号	标准编号	标准名称
5	GA/T 1350—2017	信息安全技术　工业控制系统安全管理平台安全技术要求
6	GA/T 1389—2017	信息安全技术　网络安全等级保护定级指南
7	GA/T 1390.2—2017	信息安全技术　网络安全等级保护基本要求　第2部分：云计算安全扩展要求
8	GA/T 1390.3—2017	信息安全技术　网络安全等级保护基本要求　第3部分：移动互联安全扩展要求
9	GA/T 1390.5—2017	信息安全技术　网络安全等级保护基本要求　第5部分：工业控制系统安全扩展要求
10	GA/T 1392—2017	信息安全技术　主机文件监测产品安全技术要求
11	GA/T 1393—2017	信息安全技术　主机安全加固系统安全技术要求
12	GA/T 1394—2017	信息安全技术　运维安全管理产品安全技术要求
13	GA/T 1396—2017	信息安全技术　网站内容安全检查产品安全技术要求
14	GA/T 1397—2017	信息安全技术　远程接入控制产品安全技术要求
15	GA/T 1398—2017	信息安全技术　文档打印安全监控与审计产品安全技术要求

　　由工业和信息化部颁布并实施的通信行业网络安全行业标准有近300项。2016年工业和信息化部发布的通信行业网络安全标准清单如表13.2.3所示。

表13.2.3　2016年工业和信息化部发布的通信行业网络安全标准清单[①]

序号	标准编号	标准名称
1	YD/T 3008—2016	域名服务安全状态检测要求
2	YD/T 3009—2016	对支持H.248协议设备的安全性测试方法
3	YD/T 3010—2016	对支持H.248协议设备的安全性技术要求
4	YD/T 3038—2016	钓鱼攻击举报数据交换协议技术要求
5	YD/T 2844.5.5—2016	移动终端可信环境技术要求　第5部分：与输入输出设备的安全交互
6	YD/T 3039—2016	移动智能终端应用软件安全技术要求
7	YD/T 3148—2016	云计算安全框架
8	YD/T 3149—2016	面向移动互联网的公共认证授权体系技术要求
9	YD/T 3150—2016	网络电子身份标识eID验证服务接口技术要求
10	YD/T 3151—2016	网络电子身份标识eID桌面应用接口技术要求
11	YD/T 3152—2016	网络电子身份标识eID移动应用接口技术要求
12	YD/T 3153—2016	WEB应用安全评估系统技术要求

---

① 工业和信息化部2016年已发布的通信行业网络安全标准，http://www.miit.gov.cn/n1146285/n1146352/n3054355/n3057724/n3057733/c5255146/content.html，2018年12月27日最后访问。2017年以后工业和信息化部未发布标准清单，因此选取2016年的清单。

续表

序号	标准编号	标 准 名 称
13	YD/T 3154—2016	网络电子身份标识 eID 验证服务接口测试方法
14	YD/T 3155—2016	网络电子身份标识 eID 移动应用接口测试方法
15	YD/T 3156—2016	网络电子身份标识 eID 桌面应用接口测试方法
16	YD/T 2053—2016	域名系统安全防护检测要求
17	YD/T 2243—2016	电信网和互联网信息服务业务系统安全防护要求
18	YD/T 2585—2016	互联网数据中心安全防护检测要求
19	YD/T 3157—2016	公有云服务安全防护要求
20	YD/T 3158—2016	公有云服务安全防护检测要求
21	YD/T 3159—2016	互联网接入服务系统安全防护要求
22	YD/T 3160—2016	互联网接入服务系统安全防护检测要求
23	YD/T 3161—2016	邮件系统安全防护要求
24	YD/T 3162—2016	邮件系统安全防护检测要求
25	YD/T 3163—2016	网络交易系统安全防护要求
26	YD/T 3164—2016	互联网资源协作服务信息安全管理系统技术要求
27	YD/T 3165—2016	内容分发网络服务信息安全管理系统技术要求
28	YD/T 3166—2016	IPv4/IPv6 过渡场景下基于 SAVI 技术的源地址验证及溯源技术要求
29	YD/T 3167—2016	移动伪基站网络侧监测技术要求
30	YD/T 3169—2016	互联网新技术新业务信息安全评估指南

二、存在问题

网络安全国家标准和行业标准蓬勃发展，但是目前仍然存在以下问题：标准缺失老化滞后、标准交叉重复矛盾、标准化协调推进机制不完善①。

(一) 标准缺失老化滞后

我国国家标准制定周期平均为三年，远远落后于产业快速发展的需要，尤其是日新月异的网络安全领域。标准更新速度缓慢，"标龄"高出德、美、英、日等发达国家一倍以上。标准整体水平不高，难以支撑经济转型升级。我国主导制定的国际标准仅占国际标准总数的 0.5%，"中国标准"在国际上认可度不高，难以满足经济提质增效升级的需求。当前信息化和工业化融合、电子商务等领域对标准的需求十分旺盛，标准供给有较大缺口。

---

① 国务院. 关于印发深化标准化工作改革方案的通知，http://www.gov.cn/zhengce/content/2015-03-26/content _9557.htm，2018 年 12 月 17 日最后访问。

(二) 标准交叉重复矛盾

标准是生产经营活动的依据，是重要的市场规则，应当具有统一性和权威性。现行国家标准、行业标准、地方标准中名称相同的就有多项，存在标准技术指标不一致甚至冲突的情况。这既造成企业执行标准困难，也造成政府部门制定标准的资源浪费和执法尺度不一，不利于统一市场体系的建立。

(三) 标准化协调推进机制不完善

标准反映各方共同利益，各类标准之间需要衔接配套。很多标准涉及的技术面广，产业链长，制定过程中常出现涉及部门多、相关方立场不一致、协调难度大等问题。由于我国现阶段缺乏权威、高效的标准化协调推进机制，导致越重要的标准越容易"难产"。国家标准、行业标准、地方标准均由政府主导制定，这些标准中其实有许多应由市场主体遵循市场规律制定。有的标准实施效果不明显，相关配套政策措施不到位，尚未形成多部门协同推动标准实施的工作格局。

三、未来展望

针对以上问题，我国相继出台了一系列政策和文件，推动网络安全标准化体系进一步发展完善。在未来的一段时间内，我国网络安全技术国家标准和行业标准将呈现如下趋势。

(一) 网络安全标准体系建立完善

《网络安全法》第十五条规定："国家建立和完善网络安全标准体系。"我国将顺应全球新一代信息通信技术发展趋势，进一步整合精简强制性标准和优化推荐性标准：逐步将现行强制性国家标准、行业标准和地方标准整合为强制性国家标准，进一步优化推荐性国家标准、行业标准、地方标准体系结构，推动向政府职责范围内的公益类标准过渡，逐步缩减现有推荐性标准的数量和规模。

2016 年 8 月 12 日，中央网信办、国家质检总局、国家标准化管理委员会联合发布了《关于加强国家网络安全标准化工作的若干意见》，对网络安全标准体系的完善做出了规划：

(1) 在国家关键信息基础设施保护、涉密网络等领域制定强制性国家标准。

(2) 优化完善推荐性标准，在基础通用领域制定推荐性国家标准。

(3) 视情况在行业特殊需求的领域制定推荐性行业标准。

(4) 原则上不制定网络安全地方标准。

在"十三五"期间，通过对网络安全标准进行精简优化，我国将最终建立完善信息化标准体系。标准体系将充分体现技术先进、应用广泛、系统完整的要求，满足信息化创新发展的需要。

(二) 网络安全标准管理制度精简透明

针对当前标准缺失老化滞后、交叉重复矛盾和标准化协调推进机制不完善等一系列问题，我国将在标准管理制度上做出重大变革。

首先，加强信息化领域重点标准制修订工作的统筹协调。为了适应信息技术快速迭代、应用创新迅猛发展的趋势和需要，需要精简和优化标准评审流程，缩短标准制修订周期；加强对部门、行业、地方、团体和企业信息化标准工作的指导和监督，促进政府主导制定标准与市场自主制定标准协同发展，协调配套；推动优秀团体标准、企业标准转化为地方标准、行业标准和国家标准，扩大其适用范围；规范标准化工作各环节管理，加强技术审查，避免信息化相关标准重复立项、内容交叉、指标不一，促进工作规范有序。

其次，要进一步增强国家标准制修订工作的公开性和透明度。充分运用信息化手段，建立制修订全过程信息公开和共享平台，强化制修订流程中的信息共享、社会监督和自查自纠，有效避免推荐性国家标准、行业标准、地方标准在立项、制定过程中的交叉重复矛盾。建立标准实施信息反馈和评估机制，及时开展标准复审、维护更新，做好制修订标准与现有标准的衔接和协调，有效解决标准缺失滞后老化问题。加强标准化技术委员会管理，提高广泛性、代表性，保证标准制定的科学性和公正性。

(三) 网络安全标准运用更加专业便利

我国还致力于提升技术标准的专业性和社会化服务能力。在未来，我国将加强专业性标准化科研机构能力建设，鼓励和支持科研院所开展信息化标准的理论、方法和技术研究，夯实标准化工作基础，鼓励信息化相关标准化技术委员会、科研院所与优势团体、企业深度合作，支持建设产学研用有机结合的信息化标准创新基地。这一系列政策有助于培育形成技术研发——标准研制——产业应用的创新机制，促进信息技术研发与标准制定的有机结合，让网络安全技术标准更加专业实用。

我国还将促进标准资源共享，如免费向社会公开强制性国家标准文本、公益类推荐性标准文本，让公众能够随时随地查阅到网络安全国家标准内容。同时，我国将建立强制性国家标准实施情况统计分析报告制度，并鼓励信息化专业标准化机构面向社会开展以标准化为支撑的政策研究、技术咨询和专业技术支撑服务，对国家和行业重点标准发布解读报告，方便公众理解网络安全技术标准重要条款，并在实务中正确有效地运用。

第三节　网络安全技术团体标准和企业标准

一、基本概况

除了国家标准和行业标准外，团体标准和企业标准也是网络安全标准体系中的重要组成部分。《网络安全法》第十五条规定："国家支持企业、研究机构、高等学校、网络相关行业组织参与网络安全国家标准、行业标准的制定。"

(一) 团体标准

2018 年 1 月 1 日正式实施的新版《标准化法》第十八条规定："国家鼓励学会、协会、商会、联合会、产业技术联盟等社会团体协调相关市场主体共同制定满足市场和创新需要的团体标准，由本团体成员约定采用或者按照本团体的规定供社会自愿采用。"该条文第一次从法律上确定了"团体标准"这一概念，为社会团体制定团体标准奠定了法律基础。

《标准化法》第二十条规定："国家支持在重要行业、战略性新兴产业、关键共性技术等领域利用自主创新技术制定团体标准、企业标准。"第二十七条规定："国家鼓励团体标准、企业标准通过标准信息公共服务平台向社会公开。"目前大部分团体标准没有公开文本，只有少部分在标准信息公共服务平台向社会公开，仅限于在线浏览，不能下载保存。

全国团体标准信息平台官网(http://www.ttbz.org.cn)如图 13.3.1 所示。

图 13.3.1　全国团体标准信息平台官网①

由于新版《标准化法》刚刚开始实施不到一年，团体标准尚属新兴事物。截至 2018 年 12 月，涉及网络安全相关的团体标准，正式发布并实施的仅有 21 项，参见本书配套资源。

(二) 企业标准

《标准化法》第十九条规定："企业可以根据需要自行制定企业标准，或者与其他企业联合制定企业标准。"第二十条规定："国家支持在重要行业、战略性新兴产业、关键共性技术等领域利用自主创新技术制定团体标准、企业标准。"

第二十七条规定："国家实行团体标准、企业标准自我声明公开和监督制度。企业应当公开其执行的强制性标准、推荐性标准、团体标准或者企业标准的编号和名称；企业执行自行制定的企业标准的，还应当公开产品、服务的功能指标和产品的性能指标。国家鼓励团体标准、企业标准通过标准信息公共服务平台向社会公开。"

企业标准信息公共服务平台官网(http://www.cpbz.gov.cn)如图 13.3.2 所示。

---

① 全国团体标准信息平台，http://www.ttbz.org.cn，2018 年 12 月 18 日最后访问。

图 13.3.2　企业标准信息公共服务平台官网[①]

　　较之团体标准，企业标准虽然历史较为悠久，但在网络安全领域的企业标准数量较少，仅有 27 项，清单参见本书配套资源。

二、未来展望

(一) 团体标准方兴未艾

　　2015 年 3 月 26 日，国务院发布的《关于印发深化标准化工作改革方案的通知》中明确指出，要培育发展团体标准。在标准制定主体上，鼓励具备相应能力的学会、协会、商会、联合会等社会组织和产业技术联盟协调相关市场主体共同制定满足市场和创新需要的标准，供市场自愿选用，增加标准的有效供给。在标准管理上，对团体标准不设行政许可，由社会组织和产业技术联盟自主制定发布，通过市场竞争优胜劣汰。国务院标准化主管部门会同国务院有关部门制定团体标准发展指导意见和标准化良好行为规范，对团体标准进行必要的规范、引导和监督。在工作推进上，选择市场化程度高、技术创新活跃、产品类标准较多的领域，先行开展团体标准试点工作。支持专利融入团体标准，推动技术进步。

　　在 2017 年 5 月 19 日发布的《"十三五"信息化标准工作指南》中，对网络安全团体标准做出了近期规划，即强化信息化团体标准的供给能力。开展信息化团体标准试点工作，鼓励有条件的协会、学会、联合会等社会团体根据技术创新和市场发展的需求，协调相关市场主体，自主制定发布团体标准，供社会自愿采用。建立团体标准自我声明公开和监督制度，形成标准竞争机制。

　　随着《网络安全法》和新版《标准化法》的全面实施，以及社会团体数量的急速增加

---

① 企业标准信息公共服务平台，http://www.cpbz.gov.cn，2018 年 12 月 18 日最后访问。

和团体联盟的不断组建，加上国家相关部门的监管引导，团体标准工作必然愈加成熟。我们可以预见，在未来的几年里，由社会团体制定的网络安全领域的标准文件在质和量上都将取得重大突破。

(二) 企业标准迅猛发展

在《关于印发深化标准化工作改革方案的通知》中，国务院明确要求放开搞活企业标准。企业根据需要自主制定、实施企业标准。鼓励企业制定高于国家标准、行业标准、地方标准，具有竞争力的企业标准。建立企业产品和服务标准自我声明公开和监督制度，逐步取消政府对企业产品标准的备案管理，落实企业标准化主体责任。鼓励标准化专业机构对企业公开的标准开展比对和评价，强化社会监督。

在《"十三五"信息化标准工作指南》中，对网络安全企业标准做出了近期规划，提升网信企业的标准创新能力。鼓励和支持网信企业将核心技术、关键设备、创新成果转化为技术标准和专利。建立完善先进的企业标准体系，引导企业建立标准化制度。鼓励企业制定严于国家标准、行业标准的企业标准，培育标准化意识，促进创新发展。培育和树立信息化标准研发和应用示范企业，总结推广试点示范经验，提升网信企业标准制定能力。

《网络安全法》及其相关配套法律的逐步实施，对网络运营者设置了更多的义务，也对企业提出了更高的要求。对大型企业来说，内部有一套完善而又比国家标准和行业标准更加严格的网络安全标准体系，必然更有利于其争夺抢占市场；对中小型企业来说，一套适应自身企业实际的网络安全标准是其立足长远发展的重要保障。在这种趋势下，网络安全领域的企业标准也必将迅猛发展，数量和质量都将更上一层楼。

第四节　网络安全技术国际标准

一、基本概况

随着世界范围内信息化水平的不断发展，信息安全逐渐成为人们关注的焦点，世界范围内的各个机构、组织、个人都在探寻如何保障信息安全的问题。英国、美国、挪威、瑞典、芬兰、澳大利亚等国均制定了有关信息安全的本国标准，国际标准化组织也发布了 ISO 17799、ISO 13335、ISO 15408 等与信息安全相关的国际标准及技术报告。

(一) ISO 27000 信息安全管理体系

ISO 27000 系列标准是信息安全管理体系系列标准，包含下列标准：

(1) ISO 27000 原理与术语(Principles and vocabulary)。

(2) ISO 27001 信息安全管理体系要求(ISMS Requirements，以 BS7799-2 为基础)。

(3) ISO 27002 信息技术 安全技术 信息安全管理实践规范(Information technology-Security techniques-Code of Practice for information Security management) (ISO/IEC17799: 2005)。

(4) ISO 27003 信息安全管理体系 实施指南(ISMS Implementation guidelines)。

(5) ISO 27004 信息安全管理体系 指标与测量(ISMS Metrics and measurement)。

(6) ISO 27005 信息安全管理体系 风险管理(ISMS Risk management)。

(7) ISO 27006 信息安全管理体系 认证机构的认可要求(ISMS Requirements for the accreditation of bodies providing certification)。

(8) ISO 27007 信息技术 安全技术 信息安全管理体系审核员指南(Information technology Security techniques ISMS auditor guidelines)。

其中,ISO 27001: 2005 已经成为世界上应用最广泛与典型的信息安全管理标准,最新版本为 ISO 27001: 2013。

ISO 27001: 2013 英文标准版目录如图 13.4.1 所示。

Contents
Page

图 13.4.1　ISO 27001: 2013 英文标准版目录

(二) 标准清单

目前,国际上已经制定了大量有关网络安全管理的国际标准。2018 年已发布的网络安全国际标准清单如表 13.4.1 所示。

表 13.4.1　2018 年已发布的网络安全国际标准清单①

国标号	标准名称(中文)	标准名称(英文)	发布时间
ISO/IEC TR 27103:2018	信息技术　安全技术　网络安全与 ISO/IEC 标准	Information technology - Security techniques - Cybersecurity and ISO and IEC Standards	2018-02
ISO/IEC 19896-1:2018	信息技术　安全技术　信息安全测试和评价人员能力要求　第 1 部分：介绍、概念和一般要求	'IT security techniques - Competence requirements for information security testers and evaluators- Part 1:Introduction, concepts and general requirements'	2018-02
ISO/IEC 27000:2018	信息技术　安全技术　信息安全管理体系　概述和词汇	Information technology - Security techniques - Information security management systems - Overview and vocabulary	2018-02
ISO/IEC TS 29003:2018	信息技术　安全技术　身份验证	Information technology - Security techniques - Identity proofing	2018-03
ISO/IEC TS 27034-5-1:2018	信息技术　安全技术　应用安全第 5-1 部分：协议和应用安全控制数据结构　XML 模式	'Information technology - Application security- Part 5-1:Protocols and application security controls data structure, XML schemas'	2018-04
ISO/IEC TS 20540:2018	信息技术　安全技术　运行环境下密码模块测试指南	Information technology - Security techniques - Testing cryptographic modules in their operational environment	2018-05
ISO/IEC 27034-7:2018	信息技术　安全技术　应用安全第 7 部分：安全保证预测框架	Information technology - Application security- Part 7:Assurance prediction framework	2018-05
ISO/IEC 27034-3:2018	信息技术　安全技术　应用安全第 3 部分：应用安全管理过程	Information technology - Application security- Part 3:Application security management process	2018-05
ISO/IEC 29100:2011/Amd 1:2018	信息技术　安全技术　隐私保护框架　补篇 1	Clarifications	2018-06
ISO/IEC 27005:2018	信息技术　安全技术　信息安全风险管理	Information technology - Security techniques - Information security risk management	2018-07
ISO/IEC 19896-3:2018	信息技术　安全技术　信息安全测试和评价人员能力要求　第 2 部分：ISO/IEC 15408 评价人员的知识、技能和有效性要求	'IT security techniques - Competence requirements for information security testers and evaluators- Part 3:Knowledge, skills and effectiveness requirements for ISO/IEC 15408 evaluators'	2018-08

---

① 已发国际标准，https://www.tc260.org.cn/front/bzcx/yfgjbz.html，2019 年 7 月 7 日最后访问。

国标号	标准名称（中文）	标准名称（英文）	发布时间
ISO/IEC 19896-2:2018	信息技术　安全技术　信息安全测试和评价人员能力要求　第2部分：ISO/IEC 19790 测试人员的知识、技能和有效性要求	'IT security techniques - Competence requirements for information security testers and evaluators- Part 2:Knowledge, skills and effectiveness requirements for ISO/IEC 19790 testers'	2018-08
ISO/IEC 27050-2:2018	信息技术　安全技术　电子发现　第2部分：电子发现治理和管理指南	Information technology - Electronic discovery- Part 2:Guidance for governance and management of electronic discovery	2018-09
ISO/IEC 27011:2016/Cor 1:2018	信息技术　安全技术　基于 ISO/IEC 27002 的电信组织信息安全控制措施实践指南　勘误1	Technical corrigendum 1	2018-09
ISO/IEC TS 19608:2018	信息技术　安全技术　基于 ISO/IEC 15408 的安全与隐私保护功能要求开发指南	Information technology - Security techniques - Guidance for developing security and privacy functional requirements based on ISO/IEC 15408	2018-10
ISO/IEC 29147:2018	信息技术　安全技术　脆弱性披露	Information technology - Security techniques - Vulnerability disclosure	2018-10
ISO/IEC 11770-2:2018	信息安全　安全技术　密钥管理　第2部分：使用对称技术的机制	IT Security techniques - Key management- Part 2:Mechanisms using symmetric techniques	2018-10
ISO/IEC 10118-3:2018	信息技术　安全技术　哈希函数　第3部分：专用哈希函数	IT Security techniques - Hash-functions- Part 3:Dedicated hash-functions	2018-10
ISO/IEC 29101:2018	信息技术　安全技术　隐私保护构架框架	Information technology - Security techniques - Privacy architecture framework	2018-11
ISO/IEC 21878:2018	信息技术　安全技术　虚拟化服务器设计和实现的安全指南	Information technology - Security techniques - Security guidelines for design and implementation of virtualized servers	2018-11
ISO/IEC 20889:2018	信息技术　安全技术　强化隐私保护的数据去识别技术	Privacy enhancing data de-identification terminology and classification of techniques	2018-11
ISO/IEC 14888-3:2018	信息技术　安全技术　带附录的数字签名　第3部分：基于离散对数的机制	IT Security techniques - Digital signatures with appendix- Part 3:Discrete logarithm based mechanisms	2018-11

(三) 国际标准的采用

我国积极同国际接轨，采用最新的国际标准。根据采用国际标准的程度不同，我国标准采用分为等同采用(Identical，代号为 IDT)和修改采用(Modified，代号为 MOD)。

等同采用指与国际标准在技术内容和文本结构上相同，或者与国际标准在技术内容上相同，只存在少量编辑性修改。

修改采用指与国际标准之间存在技术性差异，并清楚地标明这些差异以及解释其产生的原因，允许包含编辑性修改。修改采用不包括只保留国际标准中少量或者不重要的条款的情况。修改采用时，我国标准与国际标准在文本结构上应当对应，只有在不影响与国际标准的内容和文本结构进行比较的情况下才允许改变文本结构。

我国从 20 世纪 80 年代开始，即逐渐转化了一批国际信息安全基础技术标准。例如，2001 年参照国际标准 ISO/IEC 15408 制定了国家标准《信息技术　安全技术　信息技术安全性评估准则》(GB/T 18336.3—2015)，作为评估信息技术产品与信息安全特性的基础准则。

二、未来展望

(一) 国际标准"引进来"

2015 年 3 月 26 日国务院发布的《关于印发深化标准化工作改革方案的通知》明确要求提高标准国际化水平，鼓励社会组织和产业技术联盟、企业积极参与国际标准化活动，争取承担更多国际标准组织技术机构和领导职务，增强话语权。加大国际标准跟踪、评估和转化力度，加强中国标准外文版翻译出版工作，推动与主要贸易国之间的标准互认，推进优势、特色领域标准国际化，创建中国标准品牌。

2017 年 5 月 19 日发布的《"十三五"信息化标准工作指南》提出了要加强信息化标准国际交流与合作和积极参与国际标准化组织工作。发挥世界互联网大会重要平台作用，通过中欧、中德、中英等标准合作机制，推动信息化重点领域标准国际交流与合作。加大信息化领域标准翻译力度，提升与主要贸易国的一致性程度。开展国内外信息化领域标准化工作比对分析研究和国际标准化组织影响力评估，做好我国信息化国际标准规划布局。鼓励和支持专业标准化机构、科研院所、社会团体和网信企业在信息化国际标准组织中争取更多技术机构领导职务，承担秘书处工作，深入参与国际标准制修订工作。鼓励我国科研机构、团体和企业在互联网、移动通信、大数据、云计算、物联网、智慧城市、互联网金融、审计数据、智能运输、信息化与工业化融合管理体系等领域积极筹建国际标准化机构、联盟或协会。

(二) 国内标准"走出去"

2015 年 3 月 26 日国务院发布的《关于印发深化标准化工作改革方案的通知》要求结合海外工程承包、重大装备设备出口和对外援建，推广中国标准，以中国标准"走出去"带动我国产品、技术、装备、服务"走出去"，进一步放宽外资企业参与中国标准的制定。

2016 年 8 月 12 日国务院发布的《关于加强国家网络安全标准化工作的若干意见》要求实质性参与国际标准化活动和推动国际标准化工作常态化、持续化。积极参与网络空间国际规则和国际标准规则制定，提升话语权和影响力。积极参与制定相关国际标准并发挥作用，贡献中国智慧、提出中国方案。推动将自主制定的国家标准转化为国际标准，促进自主技术产品"走出去"。结合我国产业发展现状，积极采用适用的国际标准。打造一支专业精、外语强的复合型国际标准化专家队伍，提高国际标准化组织注册专家的数量。推荐有能力的专家担任国际标准组织职务，积极参加国际标准化会议，保证工作的持续性和稳定性。

2017年5月19日，中央网信办、国家质检总局、国家标准化管理委员会联合发布的《"十三五"信息化标准工作指南》明确要求加快我国信息化标准"走出去"。围绕"一带一路"信息化、中国—东盟信息港、中阿网上丝绸之路建设等重大项目和工程需要，充分依托外交、科技、商务、援助等合作平台和机制，建立信息化领域重点标准"走出去"项目库，优先在东盟、中亚、非洲和阿拉伯国家和地区开展标准应用培训和推广。

第五节　网络安全技术标准的意义和应用

一、网络安全技术标准的意义

(一) 网络安全法律体系的重要组成部分

网络安全法律体系是由保障网络安全的法律、行政法规、部门规章和相关规范性文件等多层次规范相互配合的法律体系。在这个体系中，标准是法律的延伸，具有技术性法律规定的作用，处于十分重要的位置。《网络安全法》第十五条规定："国家建立和完善网络安全标准体系。"《网络安全法》第七条规定："国家积极开展网络空间治理、网络技术研发和标准制定、打击网络违法犯罪等方面的国际交流与合作，推动构建和平、安全、开放、合作的网络空间，建立多边、民主、透明的网络治理体系。"《网络安全法》第十条规定："建设、运营网络或者通过网络提供服务，应当依照法律、行政法规的规定和国家标准的强制性要求，采取技术措施和其他必要措施，保障网络安全、稳定运行，有效应对网络安全事件，防范网络违法犯罪活动，维护网络数据的完整性、保密性和可用性。"《中华人民共和国安全生产法》第十七条规定："生产经营单位应当具备本法和有关法律、行政法规和国家标准或者行业标准规定的安全生产条件；不具备安全生产条件的，不得从事生产经营活动。"由此可见，标准所具有的法律地位及其法律效力决定了网络安全标准一旦制定和发布，就必须得到尊重，必须认真贯彻实施。

(二) 保障网络安全的重要技术规范

安全是市场准入的必要条件，标准则是严格市场准入的尺度。国家标准和行业标准规定的网络安全技术要求是维护网络空间安全的重要关口，也是不可降低的门槛。企业只有严格执行网络安全技术标准，才能避免遭受网络安全攻击，避免网络安全事件的发生，从而实现安全生产和正常经营，提升市场核心竞争力，取得客户的信任。政府部门、事业单位和普通公民也只有严格遵守网络安全技术标准的要求，方能维持正常工作和日常生活。与此同时，这些标准也指明了保障网络安全的技术指标、方法步骤等，让维护网络安全更加便捷有效。

(三) 网络安全监管执法的重要依据

网络安全监管执法部门在执法过程中，对于违法违规的行为判断，除了依据《网络安全法》等法律法规以外，还需要依据网络安全技术国家标准和行业标准。相对于法律法规，网络安全技术标准规定更加细致周密，贴近实务应用。《关于印发深化标准化工作改革方案的通知》中明确提出要"强化依据强制性国家标准开展监督检查和行政执法"。监管执法部门唯有熟悉网络安全技术标准，才能真正将网络安全维护工作落实到位。例如，《网络安全法》第二十一条规定的"网络安全等级保护制度"，就需要配合《信息安全技术　网络安全等级保护定级指南(征求意见稿)》、《信息安全技术　网络安全等级保护实施指南(征求意见稿)》等国家标准来确定具体的执法依据。

二、网络安全技术标准的应用

随着人们对网络安全认识的深入，网络安全技术标准逐渐在社会各个领域得到了广泛运用。

(一) 网络产品和服务提供商

《网络安全法》第二十二条规定："网络产品、服务应当符合相关国家标准的强制性要求。"第二十三条规定："网络关键设备和网络安全专用产品应当按照相关国家标准的强制性要求，由具备资格的机构安全认证合格或者安全检测符合要求后，方可销售或者提供。"对于在我国境内生产经营的网络产品和服务提供商而言，务必保证所提供的网络产品和服务完全符合国家的强制性标准；如果想要把网络产品和服务打入国际市场，就必须要符合相应的国际标准。

此外，网络运营者如果参与网络安全标准的制定、通过相关的网络安全认证，也更容易获得客户的信任，提高厂商形象，扩大市场份额。

(二) 管理人员

当政府、企业需要建立和实施信息安全管理体系时，管理人员可以移植改造国际上已经非常成熟的 ISO 27001 信息安全管理体系，我国制定的《信息技术　安全技术　信息安全管理体系实施指南》(GB/T 31496—2015)、《信息技术　安全技术　信息安全管理体系　概述和词汇》(GB/T 29246—2017)、《信息技术　安全技术　信息安全管理体系　要求》(GB/T 22080—2016)等国家标准也是重要参考。

(三) 技术人员

对于技术人员而言，在企业需要进行网络安全合规或者接受网络安全产品评测、网络安全检查和审计时，必然要对相关的网络安全技术标准熟悉明了，才能够完成好工作。同时，了解信息安全标准的动态可以站在信息安全产业的前沿，有助于技术人员把握信息安全产业整体的发展方向。

网络安全技术标准经常在企业合规中被广泛应用，具体内容详见本书第十四章"网络安全合规审查"。

(四) 采购人员或普通大众

对于采购人员或者普通大众而言,了解产品标准有助于选择更好的安全产品,了解评测标准则可以科学地评估系统的安全性。例如,《信息安全技术 网络脆弱性扫描产品安全技术要求》(GB/T 20278—2013)、《信息安全技术 反垃圾邮件产品技术要求和测试评价方法》(GB/T 30282—2013)、《信息安全技术 数据备份与恢复产品技术要求与测试评价方法》(GB/T 29765—2013)等。

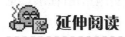 **延伸阅读**

全国信息安全标准化技术委员会出版物①

全国信息安全标准化技术委员会不定期出版网络安全技术标准相关读物,可供感兴趣的读者参考,目前主要有以下三种出版物。

1. 《信息安全标准化专题研究》

该专题研究内容主要包括国内外信息安全标准化组织及标准总体情况、信息安全标准化相关政策法律法规、技术研究热点,以及新技术应用等安全标准化发展趋势等方面。

2018 年已出版专题研究如下:

2018 年第 2 期:《国际国外信息安全标准跟踪系列——安全控制措施自动化评估框架下的硬件资产管理能力评估研究》;

2018 年第 1 期:《国际国外信息安全标准跟踪系列——工业互联网安全架构与标准化研究》。

2. 《信息安全国家标准目录(2018 版)》

该出版物由全国信息安全标准化技术委员会秘书处按照国家信息安全标准体系框架分类,梳理了所有正式发布的信息安全国家标准信息,主要包括标准编号、名称、对应国际标准、发布和实施日期,以及标准主要范围等信息,以便了解信息安全国家标准制修订整体情况。

3. 《网络安全实践指南》

《网络安全实践指南》是全国信息安全标准化技术委员会(TC260)发布的技术文件。该实践指南旨在推广网络安全标准,应对网络安全事件,改善网络安全状况,提高网络安全意识。

目前已出版指南:

(1) 《网络安全实践指南——欧盟 GDPR 关注点》(TC260-PG-20183A)。

(2) 《网络安全实践指南——应对截获短信验证码实施网络身份假冒攻击的技术指引》(TC260-PG-20182A)。

(3) 《网络安全实践指南——CPU 熔断和幽灵漏洞防范指引》(TC260-PG-20181A)。

---

① 全国信息化标准技术委员会出版物,https://www.tc260.org.cn/front/cbw.html?start=0&length=4&type=1,2018 年 12 月 27 日最后访问。

课 后 习 题

1. 简述我国网络安全技术标准体系。
2. 思考网络安全技术标准在生活和工作中还有哪些应用。

参 考 文 献

[1] 360 法律研究院. 中国网络安全法治绿皮书(2018)[M]. 北京：法律出版社，2018.
[2] GB/T 20000.1—2014. 标准化工作指南　第 1 部分：标准化和相关活动的通用术语[S].
　　　北京：中国标准出版社，2015.
[3] 马民虎. 网络安全法律遵从[M]. 北京：电子工业出版社，2018.
[4] 寿步. 网络安全法实务指南[M]. 上海：上海交通大学出版社，2017.
[5] 杨合庆. 中华人民共和国网络安全法解读[M]. 北京：中国法制出版社，2017.

第十四章　网络安全合规审查

内容提要 ✍

　　随着《网络安全法》的出台，网络安全合规工作愈发重要。为了降低企业网络安全合规风险，越来越多的企业开始启动网络安全合规服务。本章旨在系统阐释网络安全合规的基本原理(网络安全合规的概念、主体和依据等)和网络安全合规审查的内容。

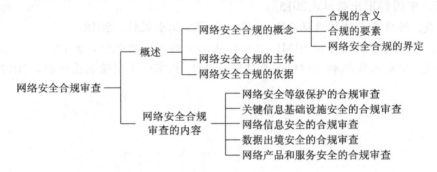

第一节　概　　述

　　2018 年是中国"网络安全合规元年"，在这一年中网络运营安全和数据信息安全始终是法律人和数据从业者的关注焦点。我们已经进入了 ABC(AI、Big Data 和 Cloud Computing)时代，数据资产构成企业的核心资产，数据应用能力决定企业的市场竞争力，网络安全和数据安全则关乎企业的声誉、价值甚至生存。为了降低企业网络安全合规风险，越来越多的企业开始启动网络安全合规服务。可以说，网络安全和数据服务合规已经成为企业不可或缺的"防火墙"。

一、网络安全合规的概念

(一) 合规的含义

　　"合规"(Compliance)一词源于金融行业。基于对金融风险控制的强烈需求，金融机构的行为应当遵循所在地的法律法规、行业准则，以避免任何可能的金融风险。我国《商业银行合规风险管理指引》将合规规定为"商业银行的经营活动与法律、规则和准则相一致"。规范国际金融竞争规则的《新巴塞尔协议》将"合规风险"界定为"银行因未能遵循法律法规、监管要求、规则、自律性组织制定的有关准则、已经适用于银行自身业务活动的行为准则，而可能遭受法律制裁或监管处罚、重大财务损失或声誉损失的风险"。由此可见，合规强调的是对规则的识别与遵守。除了商业银行领域，证券、信托等其他金融领域均已形成标准化的合规规范。

鉴于法治社会共识的建立，合规对法律及规则的强调与遵守从金融领域拓展开来，逐渐成为一种管理机制与企业文化，被普及推广到社会各个行业。对于公司治理而言，识别规则和遵守规则是公司治理的基本要素，合规是公司运行的基本机制，"主动合规"业已成为现代企业治理的基本共识。[①]我国目前社会主义法律体系已经建成，企业运营需遵守的法律法规从类别上看涉及行政、刑事、民事三个种类，从部门法上看涉及公司法、合同法、劳动法、刑法、知识产权法等。因此，从广义上看，企业合规是指在中华人民共和国内运营的企业，应当全面遵守我国法律法规、行业规则及各类准则，避免遭受法律制裁或监管处罚。从性质上看，企业合规包含了刑事合规、民事合规和行政合规。从部门法的角度，企业合规包含了各个领域法律规范与规则的合规。

目前实践中，金融合规与刑事合规是比较成熟的领域。金融合规跟随着金融产业的发展而发展，成熟度最高；刑事合规(包括企业内部反舞弊、反贪腐)随着英美企业的扩张和我国公司治理的完善，也逐渐发展壮大，开始为更多的企业所接受。此外，在法律实务中，劳动法、知识产权法等特定的部门法，也开始借助于"合规"这一概念在企业管理中推广各自的理念。国内诸多企业已经意识到法治社会中合规的重要性，将合规贯穿到企业管理的环节之中；律所和律师也开始将合规发展成为一项重要的法律服务，合规在我国具有广阔的发展前景。

(二) 合规的要素

合规检查工作应坚持客观公正、高效透明的原则，采取科学的检查方法，规范流程，控制风险，如实反映检查结果。从内容上看，合规一般包括三个基本要素：规则的识别、规则的遵守和规则的运行。

(1) 规则的识别。基于特定的目的，合规应当遵守的规则不仅包括广义的法律(法律、法规、规章及具有法律效力的规范性文件)，还包括具有约束力的行业准则、技术规范乃至特定领域的道德准则。展开合规前，应当对该领域的规则进行检索、分类、筛选、分析，并保持动态更新。

(2) 规则的遵守。完成规则的识别后，应当结合企业的具体情况，对企业的管理和业务进行清理，按照法律规范与规则的要求评估，发现已经存在或者可能存在的风险，并制定相应的管理措施与风险防范措施。

(3) 规则的运行。合规是一个综合性的体系化建设工程，本质上属于一种管理体系，应当融入企业日常管理运营的过程中，避免产生合规与业务分离的状态。因此，合规必须借助于企业的整体管理体系与架构才能够运行，要和企业的人事、财务、审计、法务、业务等各个部门乃至外部部门的合作才能够实现其目的。合规审查最佳的结果，是在企业内形成一种合规的文化，确保合规管理的持续长期运行。

---

① 李维安. 公司治理新阶段：合规、创新与发展[J]. 南开管理评论，2007(05)：1.

(三) 网络安全合规的界定

网络安全合规是指网络运营者应当全面遵守网络安全法律(如《网络安全法》)、国家标准[如《信息安全技术　个人信息安全规范》(GB/T 35273—2017)]及相关文本规范，避免遭受法律制裁或监管处罚。与刑事合规、金融合规一样，网络安全合规也属于部门法合规的一种(按前面的分类，刑事合规和金融合规不是一类)。网络安全合规调查，是指在网络安全合规服务中，经协商一致，由具备网络技术与法学双重知识背景的团队或者人员对目标企业的网络运行安全与网络信息安全等环节存在的风险进行全面深入的调查与审核。

根据前述合规的基本要素，网络运营者在进行网络安全合规时，首先，应对规则进行识别，搜集、筛选所在行业的网络安全法律法规、行业准则、技术规范乃至道德准则；其次，对企业的管理与业务风险进行评估，根据网络安全法律规范及规则的要求，发现已经存在或可能存在的风险，制定相应的管理措施；最后，应当在企业自上而下地建立整套网络安全合规的管理体系，将网络安全合规的要求贯彻到每个相关部门和业务领域，形成行之有效的网络安全合规运营管理制度。

二、网络安全合规的主体

很多非互联网企业，尤其是传统工业企业以及那些 to B[①]业务的企业，普遍认为自己不属于《网络安全法》意义上的"网络运营者"，所以无需遵守网络安全和数据合规义务。这种观点存在较大的法律风险。

在 ABC 时代，"万物互联"已经成为现实。传统的工业企业、律师和会计师事务所、金融行业、零售行业(如沃尔玛、永辉超市等)、餐饮行业(如肯德基和麦当劳)等已被网络所"侵占"。因此，网络安全合规并非少数互联网企业的"专利"。

事实上，《网络安全法》语境下的"网络运营者"是一个非常广泛的概念，包括网络(各种网络和触网的系统，如局域网、工业控制系统、自动化办公系统、社交媒体等)的所有者、管理者(含网络或内容管理)和网络服务提供者(包括网络内容服务提供商、网络平台服务提供商、网络接入服务提供商。从广义上来说，还包括《网络安全法》第二十二条提到的"网络产品、服务的提供者")。从这个意义上来说，企业可能会因为任何"触网"的要素被认定为《网络安全法》意义上的"网络运营者"，成为网络安全合规的主体。

三、网络安全合规的依据

网络安全合规的依据不仅包括《网络安全法》，还包括全国人大的决定以及其他单行法规(如国务院 292 号令)、规章(如工业和信息化部 24 号令)等，更不能忽略消费者权益保护法、民法总则、刑法等基本法。相关法律法规、司法解释、国家技术标准和政策文件等依据，具体主要包括但不限于以下内容，如表 14.1.1 所示。

---

① to B 产品主要包括两类：一类是平台型产品，如百度推广、微信公众平台、UCloud；另一类是公司自己内部的平台，如 OA、CRM、WMS 等，用户全部是内部员工。这两大类产品普通用户都很难接触到。

表 14.1.1 网络安全和数据合规的依据

序号	目 录	备注
1	《网络安全法》	
2	《刑法修正案(九)》	
3	《最高人民法院、最高人民检察院关于办理侵犯公民个人信息刑事案件适用法律若干问题的解释》	
4	《全国人民代表大会常务委员会关于加强网络信息保护的决定》	
5	《最高人民法院、最高人民检察院、公安部关于依法惩处侵害公民个人信息犯罪活动的通知》	
6	《最高人民法院关于审理利用信息网络侵害人身权益民事纠纷案件适用法律若干问题的规定》	
7	《最高人民法院、最高人民检察院关于办理利用信息网络实施诽谤等刑事案件适用法律若干问题的解释》	
8	《最高人民法院、最高人民检察院关于办理利用互联网、移动通讯终端、声讯台制作、复制、出版、贩卖、传播淫秽电子信息刑事案件具体应用法律若干问题的解释》	
9	《最高人民法院、最高人民检察院关于办理利用互联网、移动通讯终端、声讯台制作、复制、出版、贩卖、传播淫秽电子信息刑事案件具体应用法律若干问题的解释(二)》	
10	《中华人民共和国消费者权益保护法》	
11	《中华人民共和国电信条例》	
12	《电信和互联网用户个人信息保护规定》	
13	《互联网新闻信息服务许可管理实施细则》	
14	《互联网信息服务管理办法》	
15	《互联网直播服务管理规定》	
16	《移动互联网应用程序信息服务管理规定》	
17	《互联网信息搜索服务管理规定》	
18	《网络产品和服务安全审查办法(试行)》	
19	《互联网新业务安全评估管理办法(征求意见稿)》	
20	《互联网新闻信息服务管理规定》	
21	《互联网信息内容管理行政执法程序规定》	
22	《即时通信工具公众信息服务发展管理暂行规定》	
23	《电话用户真实身份信息登记规定》	
24	《互联网电子邮件服务管理办法》	
25	《个人信息和重要数据出境安全评估办法(征求意见稿)》	
26	《信息安全技术数据出境安全评估指南(草案)》	
27	《中华人民共和国密码法(草案征求意见稿)》	
28	《信息安全技术 金融信息保护规范》	
29	《信息安全技术 个人信息安全规范》	

某公司《网络安全法》智能合规解决思路①

为解决企业针对《网络安全法》合规难题，某公司网络安全与隐私保护团队提出了以下解决思路：

第一步：企业是否受《网络安全法》管辖判断。

第二步：《网络安全法》合规领域识别。对符合《网络安全法》规定情况的，进入合规领域识别环节，主要包括网络组织安全、网络运行安全、网络信息安全和网络使用安全。

第三步：网络信息安全保护其他合规要求识别。属于网络信息安全领域的，需要进行有关网络信息安全保护的其他法规与行业监管要求的判断，如行业内网络安全规定、行政法规、部门规章、司法解释、国家标准等。

第四步：网络运营者和关键基础信息运营者判定。

第五步：《网络安全法》具体合规要求。

第六步：《网络安全法》合规情况评估。②

第二节　网络安全合规审查的内容

网络安全合规审查是以网络安全尽职调查为基础的，因此在系统阐述网络安全合规调查之前，此处简要介绍网络安全尽职调查。一般而言，网络安全尽职调查是指，成立调查团队后，特定团队通过各种渠道收集资料，验证其可信程度，最终形成尽职调查报告，其中调查与收集资料是尽职调查流程中最重要的一环。网络安全尽职调查的方法包括企业实地调查、对公司提交的资料进行审查③、实地访谈、信息核实、规范收集与整理等。关于网络安全合规审查的内容，通常包括以下方面。

一、网络安全等级保护的合规审查

网络安全等级保护是保障网络安全的基础性制度，是网络安全合规的基础环节。该制度从萌芽到出台再上升到法律层面，经过了长期的过程。为重点保护基础信息网络和关系国家安全、经济命脉、社会稳定等方面的重要信息系统，从 1994 年国务院颁布的《中华人民共和国计算机信息系统安全保护条例》，到 1999 年 9 月 13 日国家发布的《计算机信息系

---

① 某公司推出《网络安全法》智能合规解决方案，http://www.sohu.com/a/146957411_170401，2019 年 2 月 1 日最后访问。

② 针对第五步得出的完整的合规要求列表，解决方案会进行全方位的合规情况评估，之后会形成符合企业现状的合规情况统计，包括网络组织安全、网络运行安全、网络使用安全、网络信息安全等 4 个层面的合规现状的详细评估。

③ 有关业务流程涉及网络和数据安全的工作制度、自查评估工作内容、信息安全事件、信息安全问题解决机制(方案)、网络安全人员的培训考核制度等。

统安全保护等级划分准则》，再到 2003 年中央办公厅、国务院办公厅转发《国家信息化领导小组关于加强信息安全保障工作的意见》(中办发〔2003〕27 号)，国家一再强调应抓紧着手建立信息安全等级保护制度。截至 2007 年 6 月，公安部、国家保密局、国家密码管理局、国务院信息化工作办公室制定并出台了《信息安全等级保护管理办法》(网络安全等级保护制度的 1.0 版本)。2017 年 6 月，我国《网络安全法》正式实施，通过该法第二十一条、第三十一条、第五十九条等条款，以网络安全基本法的形式确立了国家网络安全等级保护制度。为贯彻落实《网络安全法》规定的国家网络安全等级保护制度，公安部会同有关部门起草了《网络安全等级保护条例(征求意见稿)》(网络安全等级保护制度的 2.0 版本)。

网络安全等级保护制度作为保障和促进我国信息化建设健康发展的一项基本制度，不做等级保护(简称等保)工作就是不合规行为。网络安全等级保护工作旨在发现信息系统与国家安全标准之间存在的差距，查明目前系统存在的安全隐患和不足，通过安全整改，提高信息系统的安全防护能力。网络安全等级保护的合规工作，主要针对其实施流程而展开。

合规要点之一：审查是否定级和备案，并进行合规审查。定级是网络安全等级保护工作的首要和关键环节，是开展系统备案、建设整改、等级测评和监督检查工作的基础。因此，审查定级准确与否意义重大。定级从重要程度和危害程度两个维度展开，具体根据安全等级保护对象遭到破坏后对国家安全、社会秩序、公共利益以及公民、法人和其他组织的合法权益受到危害的程度来决定。《信息安全技术　信息系统安全等级保护定级指南》(GB/T 22240—2008)、《信息安全技术　网络安全等级保护要求》(GB/T 22239—2019)对此予以具体落实。[①]

网络运营者完成定级之后，还应当根据有关规定进行备案。根据《信息安全等级保护备案实施细则》规定，公安机关公共信息网络安全监察部门为定级工作的备案单位。信息系统运营者、使用单位或者其主管部门应当在定级之后 30 日内到公安机关公共信息网络安全监察部门办理相关备案手续。

合规要点之二：审查是否落实建设整改工作，并进行合规审查。建设整改工作是网络安全等级保护制度的核心和落脚点。系统安全保护等级确定后，网络运营者应根据信息系统的安全级别为信息系统选择最低安全控制措施，并确保信息系统具有与其安全级别对应的安全保护能力。建设整改的合规依据主要包括《关于开展信息安全等级保护安全建设整改工作的指导意见》《信息安全等级保护安全建设整改工作指南》《信息安全技术　信息系统安全等级保护基本要求》《信息安全技术　信息系统安全等级保护实施指南》《信息安全技术　信息系统通用安全技术要求》《信息安全技术　信息系统等级保护安全设计技术要

---

① 关于网络安全等级保护的定级标准，具体可分为：第一级，信息系统受到破坏后，会对公民、法人和其他组织的合法权益造成损害，但不损害国家安全、社会秩序和公共利益，如小型私营企业、中小学等；第二级，信息系统受到破坏后，会对公民、法人和其他组织的合法权益产生严重损害，或者对社会秩序和公共利益造成损害，但不损害国家安全，如中型法人组织、能源、水利、金融等关系国计民生的一般信息系统(不涉及商业秘密、敏感信息的办公系统)；第三级，信息系统受到破坏后，会对社会秩序和公共利益造成严重损害，或者对国家安全造成损害；第四级，信息系统受到破坏后，会对社会秩序和公共利益造成特别严重损害，或者对国家安全造成严重损害；第五级，信息系统受到破坏后，会对国家安全造成特别严重损害。

求》等规范和标准。

合规要点之三：审查是否开展等级测评工作，并进行合规审查。网络运营者通过委托等级测评机构开展此项工作，可以查找系统安全隐患和薄弱环节，从而发现其系统与相应等级标准要求的差距所在，并予以安全建设整改。截至 2018 年 12 月 31 日，我国全国网络安全等级保护测评机构推荐机构共 178 家。[①]

合规要点之四：审查是否开展监督检查工作，并进行合规审查。根据《公安机关信息安全等级保护检查工作规范(试行)》第三条规定："信息安全等级保护检查工作由市(地)级以上公安机关公共信息网络安全监察部门负责实施。每年对第三级信息系统的运营使用单位信息安全等级保护工作检查一次，每半年对第四级信息系统的运营使用单位信息安全等级保护工作检查一次。"信息安全等级保护检查工作主要采取询问情况，查阅、核对材料，调看记录、资料，现场查验等方式进行。其中，检查的主要内容包括：等级保护工作组织开展、实施情况，安全责任落实情况，信息系统安全岗位和安全管理人员设置情况，按照信息安全法律法规、标准规范的要求制定具体实施方案和落实情况，信息系统定级备案情况，信息系统变化及定级备案变动情况，信息安全设施建设情况和信息安全整改情况，信息安全管理制度建设和落实情况，信息安全保护技术措施建设和落实情况，选择使用信息安全产品情况，聘请测评机构按规范要求开展技术测评工作情况，根据测评结果开展整改情况，自行定期开展自查情况，开展信息安全知识和技能培训情况等。

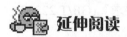 **延伸阅读**

某事业单位网站违反网络等级安全等级保护制度被处罚案件[②]

案情简介：山西忻州市某省直事业单位网站存在 SQL 注入漏洞，严重威胁网站信息安全，连续被国家网络与信息安全信息通报中心通报。根据《网络安全法》第二十一条第二款的规定，网络运营者应当按照网络安全等级保护制度的要求，采取防范计算机病毒和网络攻击、网络侵入等危害网络安全行为的技术措施；第五十九条第一款的规定，网络运营者不履行第二十一条规定的网络安全保护义务的，由有关主管部门责令改正，依法予以处置。山西忻州市网警认为该单位的行为已违反《网络安全法》相关规定，忻州市、县两级公安机关网安部门对该单位进行了现场执法检查，依法给予行政警告处罚并责令其改正。

基本分析：

第一，本案执法机构为山西忻州市、县两级公安机关网安部门。

第二，本案处罚行为为未按照网络安全等级保护制度的要求，采取防范计算机病毒和网络攻击、网络侵入等危害网络安全行为的技术措施。

① 中国网络安全等级保护网，http://www.djbh.net/webdev/web/HomeWebAction.do?p=init，2019 年 2 月 1 日最后访问。

② 网络安全法实施两月：至少 5 省份开出罚单，多因未尽安全义务，https://www.thepaper.cn/newsDetail_forward_1761215，2019 年 2 月 10 日最后访问，

第三，网络安全等级保护制度的实施为信息系统安全工作开辟了一条可落地可操作的道路。网络安全等级保护制度就是明确法律法规要求，让安全工作有法可依。

二、关键信息基础设施安全的合规审查

根据《网络安全法》要求，关键信息基础设施要求在网络安全等级保护制度的基础上实行重点保护。《网络安全法》第三章第二节"关键信息基础设施"首次对关键信息基础设施运营者(Critical Information Infrastructure Operator，CIIO)的网络安全义务从法律层面予以规定，对关键信息基础设施运营者提出了比一般网络运营者更高的法定安全保护义务。

完成关键信息基础设施的识别与确定是合规整改的前提。我国《网络安全法》《关键信息基础设施安全保护条例(征求意见稿)》都采用了"领域识别+风险识别"的方式来对关键信息基础设施或关键信息基础设施运营者进行定义。关于关键信息基础设施认定情况，主要应了解检查评估对象的关键业务，查看关键信息基础设施相关材料，判定关键信息基础设施是否存在漏报、误报；若关键信息基础设施发生变更，如新建、属性变更或废弃等，应及时向主管部门报告，查看相关证明文件。[1]本书第七章第二节专节论述了关键信息基础设施的认定，如关键信息基础设施的识别规则[2]等，此处不予赘述。

关键信息基础设施运营者比一般网络运营者承担更高的安全运行保障义务，合规审查的对象主要针对关键信息基础设施运营者，具体包括以下几个合规要点：

合规要点之一：审查政策文件要求落实情况。

合规要点之二：审查国家安全标准、行业标准等执行情况。

合规要点之三：审查信息安全等级保护落实情况。

合规要点之四：审查个人信息和重要数据保护情况。

合规要点之五：审查安全管理机构设置和人员安全管理情况。

合规要点之六：审查安全管理保障体系落实情况。

合规要点之七：审查备份与恢复情况，审查应急响应与处置情况。

三、网络信息安全的合规审查

近年来，我国不断加强个人信息保护的立法与执法活动，民事、行政和刑事领域与个人信息相关的案件频频出现(见表14.2.1)。因此，在我国境内开展生产、经营活动的企业应对与个人信息相关的合规事宜予以重视，以尽可能降低相应的法律风险。本部分首先针对个人信息安全合规问题系统展开论述，然后就网络内容审查合规予以阐释。

---

① 参见《信息安全技术　关键信息基础设施安全检查评估指南》第7.2.1条的规定。

② 例如，第一步是确定关键业务。本步需结合本地区、本部门、本行业的实际来梳理关键业务。以"电信与互联网"为例，关键业务就应包括域名解析服务、数据中心云服务、语音数据互联网基础网络及枢纽等业务。第二步是确定关键业务相关的信息系统或工业控制系统。第三步是认定关键信息基础设施。

表 14.2.1　个人信息安全事件及处理

案　例	内　容	网络信息安全合规问题	备注
支付宝年度账单事件①	支付宝在年度账单的首页左下方利用小字体、接近背景色和默认勾选同意，使相当多的用户在不知情的情况下"被同意"接受芝麻信用。签署这份极易被用户忽略的《芝麻服务协议》，意味着芝麻信用可以向第三方提供用户个人信息。芝麻信用还可以对用户全部信息进行分析并将分析结果推送给合作机构	(1) 数据收集、共享、信用评级、信用报告授权等只能通过用户明示同意的方式进行，不得以默示勾选方式进行。 (2) 当数据合法存在的原因消失或者数据信息不再被需要时，或者数据主体不再同意使用自己的数据时，数据控制者需要对其进行删除	
庞先生 VS 去哪儿网和东方航空公司事件②	庞先生因购买机票的个人信息被泄露，故将去哪儿网和东方航空公司告上法庭，要求在其各自的官方网站以公告的形式公开赔礼道歉，另要求赔偿精神损害抚慰金 1000 元	公民个人信息方面自主维权的法律通道已开通，数据控制方将承担更多的举证义务	一审被驳回，二审支持
江苏消保委 VS 百度案③	北京百度网讯科技有限公司在最终提交的整改方案中，对"手机百度""百度浏览器"中"监听电话""读取短彩信""读取联系人"等涉及消费者个人信息安全的相关权限拒不整改，也未有明确措施提示消费者 APP 所申请获取权限的目的、方式和范围并供消费者选择，无法有效保障消费者的知情权和选择权	APP 安装前需要告知用户使用权限、目的，并经用户明示同意，收集信息不得超权限和范围。经营者收集消费者个人信息应当符合正当、合法、必要原则，不应超出上述原则获取权限，更不得违法收集消费者个人信息	百度此前存在问题已整改
新浪微博 VS 脉脉④	脉脉在没有得到微博授权，也未经未注册用户许可的情况下，将脉脉用户手机通讯录里的联系人与新浪微博用户对应，并展示在脉脉用户"一度人脉"中。而且在合作终止后仍继续使用这些信息	(1) 未经用户允许和微博平台授权，不得非法抓取、使用新浪微博用户信息。 (2) 合作双方就用户个人数据共享和授权使用，需要获得用户事先明示同意和授权，即三重授权原则(用户授权+平台授权+用户授权)	

① 支付宝年度账单事件，http://www.xinhuanet.com//info/2018-01/11/c_136887608.htm，2019 年 2 月 12 日最后访问。

② 北京市一中院做出二审判决，认为现有证据表明"去哪儿网"和东方航空公司存在泄露庞先生个人隐私信息的高度可能，故应当承担侵犯隐私权的相应侵权责任。

③ 江苏省消保委对百度提起公益诉讼　南京市中院已立案，https://js.qq.com/a/20180105/023468.htm，2019 年 2 月 10 日最后访问。

④ 法院一审判决：根据合同相对性原则，脉脉与用户之间的协议仅能约束脉脉用户与淘友科技公司，对非脉脉用户不发生法律效力，淘友技术公司、淘友科技公司不能据此收集与脉脉用户有联系的非脉脉用户信息。二审维持一审判决。

关于个人信息安全保护的合规审查，主要包括以下内容：

合规要点之一：个人信息收集的合规审查。网络运营者在收集、使用个人信息时遵循合法、正当、必要的原则，公开收集、使用规则，明示收集、使用信息的目的、方式和范围，并经被收集者同意。网络运营者不得收集与其提供的服务无关的个人信息。

合规要点之二：个人信息保存的合规审查。个人信息的保存地为我国境内，个人信息保存期限应为实现目的所必需的最短时间，个人信息的保存方式应采用去标识化处理，个人敏感信息的传输和存储应采用加密等措施进行特别处理，个人信息控制者停止运营后应妥当善后。

合规要点之三：个人信息的使用。《网络安全法》要求网络运营者不得违反法律、行政法规的规定和双方约定使用个人信息。《信息安全技术 个人信息安全规范》对要求进行了细化，具体包括个人信息访问控制措施的限制、个人信息的展示限制、个人信息的使用限制、个人信息访问、个人信息更正、个人信息删除、个人信息主体撤回同意、个人信息主体注销账户、个人信息主体获取个人信息副本、约束信息系统自动决策、响应个人信息主体的请求、申诉管理。

合规要点之四：个人信息的委托处理。委托处理个人信息时，不得超出已征得个人信息主体授权同意的范围或遵守《信息安全技术 个人信息安全规范》第5.4条规定的情形；个人信息控制者应对委托行为进行个人信息安全影响评估，确保受委托者具备足够的数据安全能力，提供了足够的安全保护水平；受委托者应严格按照个人信息控制者的要求处理个人信息；个人信息控制者应对受委托者进行监督；个人信息控制者应准确记录和保存委托处理个人信息的情况。

合规要点之五：个人信息共享、转让和公开披露的合规审查，其包括审查个人信息共享、转让，个人信息的公开披露等各个环节。

合规要点之六：个人信息跨境传输的合规审查。在我国境内运营中收集和产生的个人信息向境外提供的，个人信息控制者应按照国家网信部门会同国务院有关部门制定的办法和相关标准进行安全评估，并符合其要求。

合规要点之七：个人信息安全事件处置的合规审查，包括安全事件应急处置和报告、安全事件告知等。

合规要点之八：组织管理的合规审查，包括明确责任部门与人员、开展个人信息安全影响评估、数据安全能力培训、人员管理与培训、安全审计。

关于网络内容审查的内容，主要包括但不限于以下方面：

合规要点之一：网络运营者的管理用户发布信息的义务。一旦发现法律(如《网络安全法》)、行政法规禁止发布或者传输的信息，应当立即停止传输，采取消除等处置措施，防止信息扩散，保存有关记录，并向有关主管部门报告。

合规要点之二：网络运营者的网络信息管理义务。网络运营者具有管理用户发送的电子信息、提供应用软件的义务。如果发现设置恶意程序，含有法律、行政法规禁止发布或者传输的信息，应当立即停止传输，采取消除等处置措施，防止信息扩散，保存有关记录，并向有关主管部门报告。

合规要点之三：网络运营者的网络安全维护义务。网络运营者具有建立网络信息安全投诉、举报制度的义务，公布投诉、举报方式等信息，及时受理并处理有关网络信息安全的投诉和举报。

四、数据出境安全的合规审查

我国《网络安全法》第三十七条规定："关键信息基础设施的运营者在中华人民共和国境内运营中收集和产生的个人信息和重要数据应当在境内存储。因业务需要，确需向境外提供的，应当按照国家网信部门会同国务院有关部门制定的办法进行安全评估；法律、行政法规另有规定的，依照其规定。"该条文蕴含三层含义：

其一，通过对个人信息和重要数据本地化存储的立法，来加强对数据跨境流动的控制和管辖。

其二，规制的主体是关键信息基础设施的运营者，主要涉及公共通信和信息服务、能源、交通、水利、金融、公共服务、电子政务等关键信息基础设施的运营者。

其三，数据跨境流动的安全评估机制。如果遇有特殊情况，需要数据境外跨境流动时，应当按照网信主管部门制定的办法进行安全评估。

对数据出境安全进行合规审查，通常包括以下几个合规要点：

合规要点之一：熟悉数据出境安全评估总体流程。数据出境安全评估，首先评估数据出境目的，数据出境目的不具有合法性、正当性和必要性的，不得出境；在此基础上评估数据出境安全风险，将数据出境及再转移后被泄露、损毁、篡改、滥用等风险有效地降至最低限度。

合规要点之二：把握审查安全自评估流程。网络运营者应每年开展安全自评估，满足以下条件之一时启动评估：涉及数据出境的；关键信息基础设施运营者进行数据出境之前的；已完成数据出境安全自评估的产品或业务所涉及的个人信息和重要数据出境，在目的、范围、类型、数量等方面发生较大变化、数据接收方变更或发生重大安全事件的；按照行业主管或者监管部门要求启动的。在数据出境安全自评估启动后，数据出境安全自评估工作组审查数据出境计划，对个人信息与重要数据依照流程进行评估，并形成评估报告。数据出境满足上报要求的，评估报告应按要求报送国家网信部门和行业主管部门。数据出境需获得国家网信部门、行业主管部门同意的，应在数据出境前将评估报告按要求报送国家网信部门和行业主管部门，并获得其同意。对评估结果为可以出境的，依照出境计划进行出境；对评估结果禁止出境的，提出出境计划修改建议，业务部门修改出境计划，降低数据出境安全风险后，重新进行评估。

合规要点之三：了解审查主管部门评估流程。在数据出境主管部门评估启动之后，国家网信部门、行业主管部门确定主管部门评估范围，制定主管部门评估方案，并成立主管部门评估工作组。网络运营者按要求向主管部门评估工作组提交相关材料，材料包括安全自评估报告以及相关证明资料等。主管部门评估工作组根据主管部门评估方案，通过远程检测、现场检查等方式进行主管部门评估并形成主管部门评估报告。专家委员会对主管部门评估工作组做出的主管部门评估报告、安全自评估报告进行审议并给出是否同意数据出境的建议。国家网信部门和行业主管部门根据专家委员会的建议做出决定。

五、网络产品和服务安全的合规审查

随着《网络产品和服务安全审查办法(试行)》生效实施(2017 年 6 月 1 日)，《网络安全

法》第二十二条、第三十五条所规定的安全审查要求得以具体落实。网络产品和服务安全审查，是指网络安全审查专家委员会在第三方评价基础上，对网络产品和服务的安全风险及其提供者的安全可信状况进行综合评估，其中第三方评价机构由国家依法认定。①

合规要点之一：网络产品和服务安全审查的主体。国家网信办会同有关部门成立的网络安全审查委员会由其聘请相关专家组成。网络安全审查委员会负责审议网络安全审查的重要政策，统一组织网络安全审查工作，协调网络安全审查相关重要问题。

合规要点之二：网络产品和服务安全审查的范围。关系国家安全的网络和信息系统采购的重要网络产品和服务，应当经过网络安全审查。公共通信和信息服务、能源、交通、水利、金融、公共服务、电子政务等重要行业和领域，以及其他关键信息基础设施的运营者采购网络产品和服务，可能影响国家安全的，应当通过网络安全审查。网络产品和服务是否影响国家安全由关键信息基础设施保护工作部门确定。

合规要点之三：网络产品和服务安全审查的重点：主要审查网络产品和服务的安全性、可控性，包括产品和服务自身的安全风险，以及被非法控制、干扰和中断运行的风险；产品及关键部件生产、测试、交付、技术支持过程中的供应链安全风险；产品和服务提供者利用提供产品和服务的便利条件非法收集、存储、处理、使用用户相关信息的风险；产品和服务提供者利用用户对产品和服务的依赖，损害网络安全和用户利益的风险；其他可能危害国家安全的风险。②

合规要点之四：网络产品和服务安全审查的启动。网络安全审查办公室根据国家有关部门要求、全国性行业协会建议、用户反映启动网络安全审查。

合规要点之五：网络产品和服务安全审查的评估报告。《网络产品和服务安全审查办法(试行)》第13条规定，网络安全审查办公室不定期发布网络产品和服务安全评估报告。该规定虽然没有明确报告的具体形式和内容，但极有可能应当包含符合安全审查要求的网络产品和服务及其提供者的信息和未通过安全审查的网络产品和服务名单。这种"白+黑"的信息公开制度，可以对行业监管施加影响并形成政策和法律导向。③

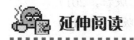 **延伸阅读**

广东省通信管理局要求 UC 浏览器整改④

2017 年 9 月 19 日，广东省通信管理局对广州市动景计算机科技有限公司提供的 UC 浏览器只能云加速产品服务存在安全缺陷和漏洞风险未能及时全面检测修补的问题，责令

---

① 对于需要进行评价的网络产品和服务以及官方认可的第三方评价机构范围，建议网络运营者参照《网络关键设备和网络安全专用产品目录(第一批)》和《关于发布承担网络关键设备和网络安全专用产品安全认证和安全检测任务机构名录(第一批)的公告》的内容，根据自身使用的路由器、交换机、PLC 设备、IDS、IPS 等不同设备对接相应认证检测机构。
② 详见《网络产品和服务安全审查办法(试行)》第四条规定。
③ 重点审查网络产品和服务的安全性，http://news.163.com/17/0208/00/CCN9DCLD00018AOP.html，2019 年 2 月 1 日最后访问。
④ 广东省通管局《网络安全法》执法出手：阿里云，荔枝 FM 等四家公司被查处，http://www.sohu.com/a/192863791_465914，2019 年 2 月 1 日最后访问。

其立即整改，采取补救措施，并要求其开展通信网络安全防护风险评估，建立新业务上线前安全评估机制和已上线业务定期核查机制，对已上线网络产品服务进行全面检查，排除安全风险隐患，避免类似事件再次发生。

本案系网络产品和服务不符合法定要求所致，根据《网络安全法》第二十二条、第六十条规定，网络产品和服务应当符合相关国家标准的强制性要求。网络产品和服务的提供者不得设置恶意程序；发现其网络产品和服务存在安全缺陷、漏洞等风险时，应当立即采取补救措施，按照规定及时告知用户并向有关主管部门报告。网络产品和服务的提供者应当为其产品和服务持续提供安全维护；在规定或者当事人约定的期限内，不得终止提供安全维护。违反该规定的，由有关主管部门责令改正，给予警告；拒不改正或者导致危害网络安全等后果的，处五万元以上五十万元以下罚款，对直接负责的主管人员处一万元以上十万元以下罚款。

课 后 习 题

1. 简述网络安全合规审查的内容。
2. 思考如何使用网络安全技术标准做好网络安全合规。

参 考 文 献

[1]　360 法律研究院. 中国网络安全法法治绿皮书(2018)[M]. 北京：法律出版社，2018.

[2]　马民虎. 网络安全法适用指南[M]. 北京：中国民主法制出版社，2017.

[3]　王春晖. 维护网络空间安全：中国网络安全法解读[M]. 北京：电子工业出版社，2018.

[4]　夏冰. 网络安全法和网络安全等级保护 2.0[M]. 北京：电子工业出版社，2017.

[5]　杨合庆. 中华人民共和国网络安全法解读[M]. 北京：中国法制出版社，2017.

　　网络安全国家标准清单　　　　网络安全国际标准、团体标准和企业标准清单　　　网络信息法学研究成果系列图书

后 记

在编写本书的过程中，我们参考了网络安全法学界的优秀学术成果，感谢马民虎、张新宝、王春晖、周汉华、寿步、谢希仁、张焕国、黄志雄、李欲晓、谢永江、杨合庆、夏冰、支振锋等各位专家的辛勤耕耘，使得我们能够了解网络安全法的技术架构、理论背景和发展进程；感谢王融、许可、刘金瑞等青年专家传播网络安全法前沿知识。我们围绕网络安全法研究体系，积极吸取学界专家的智识，总结相关教材建设的经验，将法律理论和技术知识相衔接，用新思路推动教材编写，力图将网络安全法研究的最新成果展现给大家。

我们要感谢重庆邮电大学网络空间安全与信息法学院为我们提供了网络空间安全技术与信息法学完美交融的科研环境，感谢陈纯柱、熊志海、黄良友等老师在网络法领域的躬耕与引领。目前，重庆邮电大学已经出品了在学界颇有影响力的网络信息法学研究成果系列(详细目录参见电子资源)，凝聚着编者智慧的15本网络信息法专著/教材启发了一大批具有探索精神的学子，使得我校学术薪火相传，生生不息，也为本书的编写提供了丰厚的学术营养。

本书由夏燕教授、吴渝教授、赵长江副教授、汪振林副教授、王练副教授、汪友海老师、刘波老师、李晓磊老师、吴映颖老师、徐伟老师、沈天月共同编写，感谢各位老师的辛勤的写作，使本书内容丰富，体系完整，将理论与实践相联系，以此在"网络安全法"教学画布添上斑斓的一笔。

感谢硕士研究生郑驰以及古世红、石萍等同学所做的文字校对工作，他们细致的工作为教材完善作出了贡献。感谢反复参与章节试听的王若晗、闫昊、王志文、周杰等同学，从他们热心的建议中，我们才能根据新时代学生的思维特点更好地丰富教材的内容和表现形式。

"纷繁世事多元应，击鼓催征稳驭舟"，面对网络时代带来的一系列挑战，我们希望通过梳理最新发展与研究成果、衔接法学理论与技术知识，形成一本让初学者全面掌握我国网络空间安全法律体系，让实务工作者从中获益良多的网络安全法教程。由于编写时间所限，书中难免出现疏漏或不当之处。如果您在阅读过程中发现了任何问题，均可发送邮件到邮箱 xiayan@cqupt.edu.cn，我们将在再版时予以修改，并向您致以真诚的感谢。敬请读者批评指正！

编 者 介 绍

（按照所撰写章节先后顺序排列）

刘　波　女，重庆邮电大学网络空间安全与信息法学院教师，中国政法大学法学博士，美国威廉玛丽法学院访问学者，电子数据鉴定人，具有工科和法学教育背景，主要从事证据法、电子证据相关领域的研究。

吴　渝　女，二级教授，重庆大学工学博士，博士生导师，重庆邮电大学网络空间安全与信息法学院院长，主要从事网络安全以及网络行为分析与可视化相关领域的研究。近年来承担或参与国家自然科学基金、国家社科基金等国家、省部级科研项目30余项。教育部新世纪优秀人才支持计划入选者、重庆市第二届学术技术带头人、重庆市优秀教师。

夏　燕　女，重庆邮电大学网络空间安全与信息法学院教授，硕士生导师，西南政法大学法学博士，英国牛津大学社会法律研究中心访问学者，主要从事网络法相关领域的研究。主持完成国家社科基金"网络立法问题研究：欧美经验与本土构建"等多项课题，承担多项电信与互联网公司网络安全与数据合规项目。中国互联网协会电子数据法律与政策专家组委员、中国互联网协会青年专家。

吴映颖　女，重庆邮电大学网络空间安全与信息法学院教师，西南政法大学法学博士，主要从事证据法、电子证据相关领域的研究。

汪友海　男，重庆邮电大学网络空间安全与信息法学院教师、重庆邮电大学网络空间安全与信息法学院副院长，西南政法大学法学博士，主要从事网络安全法、证据法相关领域的研究。

李晓磊　男，重庆邮电大学网络空间安全与信息法学院教师，西南政法大学法学博士，曾在江苏南通中级人民法院从事审判工作，主要从事网络安全法、网络犯罪、互联网金融法相关领域的研究。

赵长江　男，重庆邮电大学网络空间安全与信息法学院副教授，硕士生导师，西南政法大学法学博士，主要从事网络安全法、电子证据相关领域的研究，主持完成省部级重大课题"网络安全法视野下运营者合规研究"。重庆市互联网信息办公室专家顾问、中国互联网协会青年专家、中国互联网安全大会行业专家委员会专家。

汪振林　男，重庆邮电大学网络空间安全与信息法学院副教授，四川大学法学博士，日本早稻田大学访问学者，主要从事诉讼法、证据法相关领域的研究。

徐　伟　男，重庆邮电大学网络空间安全与信息法学院教师，西南政法大学法学博士，主要从事网络犯罪学、未成年人网络保护相关领域的研究。

沈天月　男，重庆邮电大学网络法治中心研究人员，工业和信息化部高级信息系统项目管理师，重庆市注册助理安全工程师，具有工科和法学教育背景，主要从事网络安全法相关领域的研究。

工　练　女，重庆邮电大学网络空间安全与信息法学院副教授，西南交通大学工学博士，具有计算机科学与技术、信息安全教育背景，主要从事网络编码、无线网络安全、智能安全相关领域的研究。